Larry Thompson

Der Fall Ashanti

Die Geschichte der ersten Gentherapie

Aus dem Amerikanischen von
Malte Heim

Springer Basel AG

Die Originalausgabe erschien 1993 unter dem Titel «Correcting the Code» bei Simon & Schuster, New York, USA.

Das Kinderphoto auf dem Umschlag der deutschen Ausgabe stellt nicht Ashanti de Silva dar, da es uns leider nicht möglich war, ein Photo von ihr zu bekommen.

Die Deutsche Bibliothek - CIP-Einheitsaufnahme
Thompson, Larry:
Der Fall Ashanti : die Geschichte der ersten Gentherapie / Larry Thompson. Aus dem Amerikan. von Malte Heim.
Einheitssacht.: Correcting the code <dt.>
ISBN 978-3-0348-6007-9 ISBN 978-3-0348-6006-2 (eBook)
DOI 10.1007/978-3-0348-6006-2

Ursprünglich erschienen bei Birkhäuser Verlag, Basel 1995
Softcover reprint of the hardcover 1st edition 1995

Umschlaggestaltung: Matlik und Schelenz, Essenheim
Gedruckt auf säurefreiem Papier, hergestellt aus chlorfrei gebleichtem Zellstoff

ISBN 978-3-0348-6007-9

9 8 7 6 5 4 3 2 1

Für meine wundervollen Töchter Dana Wynne und Julia Marie,
die ihrem Vater die Zeit ließen, diese Geschichte zu erzählen.

Inhalt

Vorwort

In der Entwicklung auf einem Gebiet der Philosophie oder der Naturwissenschaft stellt sich sehr häufig ein kritischer Augenblick ein – ein Ereignis, das einerseits von symbolischer Bedeutung ist und andererseits fast zu einem Umschwung in der ganzen Entwicklung führt. Die erste genetische Behandlung eines Menschen mit einer angeborenen Krankheit im September des Jahres 1990 war ein solcher Augenblick. Formal gesehen war die Injektion genetisch veränderter weißer Blutkörperchen (Leukozyten) in den Körper des Kindes nur wenig mehr als eine Transfusion. Das Mädchen saß auf einem Bett, der Infusionsschlauch war an ihrem Arm befestigt, und ihre eigenen Leukozyten wurden in ihren Blutkreislauf zurückgegeben.

Und doch unterschieden sich diese Leukozyten von allen anderen Zellen in der Geschichte des Universums. Sie waren im Labor genetisch dahingehend manipuliert worden, daß sie ein Enzym herstellten, das dem Kind von Geburt an fehlte. Es handelte sich um die erste Behandlung, bei der Zellen aus einem menschlichen Organismus gezielt genetisch verändert und in den Körper zurückgegeben worden waren.

Diese einfache Behandlung eröffnete Forschern auf der ganzen Welt das Gebiet der Gentherapie. In den folgenden zweieinhalb Jahren führten sie bei mehr als 100 Menschen Dutzende von Versuchen durch. Ihre Arbeit ist bereits im Begriff, eine Revolution in der Behandlung menschlicher Erkrankungen herbeizuführen, die Behandlungen wie den für den Körper katastrophalen Einsatz giftiger Chemotherapien überflüssig machen und zu Ansätzen führen wird, bei denen die biologischen Erbanlagen selbst verändert werden, so daß die Heilung von innen heraus stattfinden kann. Im nächsten Jahrhundert wird sich die Medizin infolge dieses Experiments grundlegend ändern.

Diese Revolution wird sich nicht von heute auf morgen vollziehen, aber die ersten Schritte in diese «schöne neue Welt» wurden bereits getan. Schon heute bemühen sich Forscher um eine auf Techniken der Genübertragung gestützte Behandlung von Erkrankungen, die von Krebs bis zur Duchenne-Muskeldystrophie, von der Bluterkrankheit bis zur Parkinsonkrankheit, von einem zu hohen Cholesterinspiegel bis zu Aids reichen.

Der Weg zu diesem Tag hat Jahrzehnte gedauert und ist mit dem Scheitern vieler wissenschaftlicher Karrieren gepflastert. Dies ist die Geschichte jener Forscher, die den Tag, an dem es möglich sein würde, Menschen Gene einzugeben und ihre genetischen Anlagen zu verändern, noch zu ihren Lebzeiten vor Augen hatten. Es ist die Geschichte der Sackgassen und Fehlstarts, aber auch des beschleunigten Fortschritts, der mit der gentechnischen Revolution in den 70er Jahren begann und am 14. September 1990 mit der Behandlung eines vier Jahre alten Mädchens aus Cleveland (Ohio) einen seiner Höhepunkte erreichte. Vor allem aber ist es die Geschichte einer Handvoll Wissenschaftler, die fest an die Vision der Gentherapie geglaubt haben – insbesondere W. French Anderson, der den größten Teil seines Lebens in einem staatlichen Laboratorium am National Heart, Lung and Blood Institute verbrachte und mehr als zwei Jahrzehnte der Gentherapie widmete.

Und es ist auch die Geschichte des Wettstreits und der Konflikte unter den Visionären. Viele der Wissenschaftler, die an den technischen Grundlagen der Genübertragung arbeiteten, hielten Andersons Tätigkeit zu Beginn für unerheblich. Während sie sich mit der Grundlagenforschung befaßten, konzentrierte Anderson sich darauf, ihre Erkenntnisse zu Behandlungsmethoden für Patienten auszubauen und sich einen Pfad durch den politischen und administrativen Dschungel Washingtons zu bahnen, den er vor der ersten Gentherapie eines Menschen durchqueren mußte.

Anderson war der erste, der mit einem anerkannten gentherapeutischen Experiment die Ziellinie überschritt, jedoch bauten seine Leistungen auf den Erkenntnissen vieler Wegbereiter auf. Wissenschaft ist ein gemeinschaftlicher Prozeß, bei dem Forscher einander Unterstützung, Ideen und tätige Mitarbeit gewähren. Unzählige Wissenschaftler, die grundlegende Beiträge zur Gentherapie geleistet haben, sind in diesem Buch nicht erwähnt. Das Buch beschränkt sich auf die Hauptdarsteller, die nötig sind, um die Geschichte zu erzählen. Es läßt die vielen Forscher außer acht, die ebenfalls auf diesem Gebiet mitgewirkt haben, denn dies würde die Geschichte nur unnötig verwirren. Aber auch sie verdienen Dank für ihre Beiträge.

Ich möchte W. French Anderson für die Zeit danken, die er diesem Buch opferte. R. Michael Blaese und Kenneth Culver vom National Cancer Institute brachten ebenso großzügig ihre Zeit und ihre Ideen ein. Besonders möchte ich den Familien der beiden ersten Kinder danken, die eine Gentherapie erhielten – den DeSilvas und den Cutshalls –, deren Mut und Zuversicht mich angespornt haben. Ich danke auch den vielen anderen Wissenschaftlern, die mir Interviews gewährten und mir ihr Fachgebiet zu verstehen halfen. Alle Fehler, die noch bestehen, gehen auf meine Rechnung. Ich möchte auch Gary Luke, meinem Verleger, für seine Unterstützung und Ermutigung danken, und Barbara Lowenstein, meiner Agentin, die das Erscheinen des Buches möglich machte.

Ashanti soll geheilt werden

«Wenn die Krankheit verzweifelt ist, kann ein verzweifelt Mittel nur helfen, oder keines.»
Zitat aus Hamlet, IV. Aufzug, III. Szene,
Ein Spruch an der Wand von French Andersons Büro

Rastlose Reporter – die Kugelschreiber und Mikrophone gezückt – drängten sich in einem kleinen, schmucklosen Konferenzraum des National Institute of Health, dem biomedizinischen Hauptforschungszentrum der US-Regierung. Am Morgen dieses Tages hatte der Pressedienst des NIH eine hektische Rundrufaktion gestartet, in der Rundfunkreporter und Journalisten der größeren Zeitungen, Sendeanstalten und Handelsmagazine herbeizitiert worden waren. Die Konferenz sollte den Beginn eines neuen Zeitalters in der Medizin einläuten. Die Ärzte der Zukunft würden Krankheiten nicht länger mit Skalpellen und wirksamen, aber oft toxischen Medikamenten behandeln. Die Zeit war gekommen, in der Erkrankungen von innen heraus geheilt würden, indem man die genetischen Anlagen des Patienten selbst veränderte. Zum ersten Mal waren die Moleküle mit den Erbanlagen eines Menschen manipuliert worden. Nach Jahren, die mit Leitartikeln, öffentlichen Hearings, ethischen Debatten, Kongreßanfragen, Hochschulkonferenzen, wissenschaftlichen Disputen, Gerichtsprozessen und großangelegten PR- und Werbekampagnen angefüllt waren, stand die Gentherapie endlich vor ihrem lang prophezeiten, aber oft aufgeschobenen Debüt.

Am Donnerstag, dem 13. September 1990, traten die Wissenschaftler ein, lächelten und nickten vertrauten Gesichtern zu, während sie sich einen Weg durch die Menge der Reporter bahnten. Dr. Kenneth Culver war mit 35 Jahren das jüngste Mitglied des Teams und mit der klinischen Arbeit an den Patienten betraut. Er hatte sich Sorgen um die Anerkennung seines Anteils an der wissenschaftlichen Leistung gemacht. In der Wissenschaft bedeutete diese Anerkennung alles. Ohne sie würde niemand erfahren, welchen Beitrag Culver zur ersten genetischen Behandlung geleistet hatte. Ohne diese Anerkennung würde sich sein Bemühen nicht in seiner Karriere niederschlagen. Statt Forschungsprojekte oder Beförderungen zu erlangen, wäre er auf eine Fußnote in der Geschichte der Wissenschaft reduziert. Sein Name würde höchstens als einer der Autoren jener Publikation auftauchen, in der das Experiment beschrieben wurde, aber inmitten einer langen Namensliste von Mitarbeitern untergehen. Zu Beginn jener Woche hatte Culver große Erleichterung verspürt, als seine Vorgesetzten ihn holen ließen, damit er zusammen mit ihnen für ein Foto im *Time*-Magazin posierte. Auch wenn das Foto niemals erscheinen würde, symbolisierte es für Culver seine Aufnahme in die höheren Ränge. Sie akzeptierten ihn jetzt als Mitglied des Forschungsteams, und er gehörte nicht länger nur zum technischen Hilfspersonal. Die heutige Pressekonferenz, bei der die meisten bedeutenderen Medien vertreten waren, würde ihn zu einer Berühmtheit machen. Culver lehnte sich an die Wand und wartete.

Dr. R. Michael Blaese, Leiter der Physiologischen Abteilung des National Cancer Institute, stand gleich neben dem Podium. Er sah aus wie ein zu groß geratener Teddybär. Sicherlich hätte er eine imposante Erscheinung abgegeben, wenn er nicht wegen seines Rückenleidens vornübergebeugt gegangen wäre. Als ranghöchster Forscher war Blaese der offizielle Leiter der Studie und somit Culvers Vorgesetzter; zusammen gaben sie ein wunderbares Team ab. Blaese war Fachmann für Immunologie. Er war von Natur aus schweigsam, nachdenklich und vorsichtig und hatte gute, manchmal umwälzende Ideen. Culver, ein Kinderarzt und Experte für Knochenmarktransplantationen, zeichnete sich durch sein systematisches Vorgehen, Tatkraft und Fingerfertigkeit aus. Er verlieh diesen Ideen Leben. Blaeses größere Reife und Umsicht dämpfte Culvers jugendlichen Überschwang. Gemeinsam waren sie nicht zu bremsen.

Als die Scheinwerfer aufflammten, war es Dr. W. French Anderson, der Chef der Abteilung für Molekulare Hämatologie, der als erster zum Mikrophon ging. Obwohl Anderson in der Hierarchie Blaese untergeordnet war, hatte er für dieses Experiment den Weg bereitet. Stärker als die beiden anderen und als jeder andere Wissenschaftler im Land brannte er darauf, mit der menschlichen Gentherapie beginnen zu können. Er hatte zwei Jahrzehnte seines Lebens dem Kampf geopfert, der Gentherapie über dieses Wunschstadium hinauszuhelfen. Seit 1983 leiteten seine Vision und Hingabe die Bemühungen des NIH in Sachen Gentherapieforschung, die direkt zu der Behandlung geführt hatten, die auszuprobieren sie im Begriff waren. Dank einer Kombination aus Beharrlichkeit und politischem Verstand hatte Anderson zahllose Hindernisse überwunden, die zwischen ihm und seinem Ziel gestanden hatten. Nun hatte er sein Ziel dicht vor Augen.

«Wir alle sind sehr erfreut, daß Sie so zahlreich erschienen sind – vor allem, wenn man bedenkt, daß Sie alle recht kurzfristig informiert wurden», begann Anderson. Er fuhr mit seinen Erläuterungen fort, wenn alles gut ging, würden sie am folgenden Tag damit beginnen, ein Kind, das an einer schweren, lebensbedrohenden Immunstörung leidet, genetisch zu behandeln. Sie beabsichtigten, eine intakte Kopie des Gens, das der Patientin von Geburt an fehlte, in ihre weißen Blutkörperchen einzuschleusen. Die Forscher hofften, daß diese Behandlung das

Immunsystem des Kindes letztlich in Ordnung bringen würde. Die Bedeutung des Experiments gehe jedoch weit über diesen Fall hinaus, sagte Anderson. «Wenn diese Sache klappt, könnte die Gentherapie leicht eine neue, größere Revolution in der Medizin auslösen. Sie könnte Behandlungen für Krankheiten ermöglichen, die heute noch nicht geheilt werden können.» Das Mädchen, das sie behandeln wollten, und dessen Name nicht bekannt gegeben wurde, um die Privatsphäre ihrer Familie zu schützen, war mit demselben Leiden geboren worden, das David, der als «Junge in der Blase» bekannt geworden war, in ein keimfreies Plastikzelt verbannt hatte, das zu einem Teil seines Namens geworden war, ergänzte Mike Blaese die Ausführungen Andersons. David hatte zwölf Jahre in diesem Zelt im Baylor College of Medicine in Houston verbracht. Es hatte ihn vor einem Meer von Keimen geschützt, die ihn ohne diesen Schutz rasch getötet hätten. Und es schnitt ihn für immer von den Küssen seiner Mutter und den Umarmungen seines Vaters ab.

Lange vor Aids hatte der Fall David Wissenschaft und Öffentlichkeit über die Wichtigkeit des Immunsystems und die dramatischen Folgen seines Verlustes belehrt. Der Junge war mit der häufigsten Form einer schweren, kombinierten Immunschwäche (severe combined immune deficiency oder kurz SCID) geboren worden. Ein defektes Gen am X-Chromosom verursacht diese Krankheit. Das Gen wurde erst 1993 identifiziert. Mit Standardmethoden läßt sich ein Defekt des Genes während der Schwangerschaft nicht feststellen. Kinder mit SCID haben wie Menschen im Endstadium von Aids keine Immunabwehr gegen Bakterien und Pilze. Anders als Aids, eine Krankheit, die durch ein Virus hervorgerufen wird, das selektiv die weißen weißen Blutkörperchen des Immunsystems zerstört, entsteht SCID aufgrund einer angeborenen Genmutation. Die Wirkung ist aber die gleiche; das defekte Gen bewirkt letztlich ein Fehlen derselben weißen Blutkörperchen wie bei Aidspatienten. David, der von allen bekannten Fällen am längsten überlebt hat, starb nach einer Infektion mit dem Epstein-Barr-Virus, einem mit dem Herpeserreger verwandten Virus. Die Infektion fand während einer Knochenmarktransplantation statt, die seine SCID heilen und ihn aus seinem Plastikzelt befreien sollte.

Das Mädchen, das eine bahnbrechende genetische Behandlung erhalten sollte, hatte ebenfalls SCID. Ebenso wie David hatte sie eine genetische Mutation ererbt. Der Unterschied bestand lediglich darin, daß der Mutationsort bei ihr auf Chromosom 20 und nicht am X-Chromosom lag. Aufgrund dieser Mutation konnte ihr Körper ein bestimmtes Enzym (die Adenosin-Desaminase, kurz ADA) nicht herstellen. Die ADA verhindert bei Gesunden, daß verschiedene schädliche Stoffwechselprodukte im Organismus angereichert werden, die sonst bestimmte Komponenten des Immunsystems zerstören – insbesondere die sogenannten T-Zellen, einen Zelltyp der weißen Blutkörperchen. Dieser Schaden ist insofern folgenreich, als diese Zellen die Immunreaktionen des Körpers gegen sämtliche Infektionen koordinieren. Ohne T-Zellen verliert der Körper seine komplette Immunabwehr. Eine gewöhnliche Erkältung kann dann schon gefährlich werden, und Windpokken verlaufen meist tödlich.

Derartige Immunstörungen kommen jedoch selten vor. Weniger als eines von 100000 Kindern wird mit dem Gendefekt geboren. 1993 beispielsweise gab es weltweit nur etwa 40 Kinder mit einem ADA-Mangel. Auch bis Ende der 80er Jahre starben Kinder mit diesem Leiden in der Regel vor ihrem zweiten Geburtstag. 1987 trat eine Wende ein, denn Michael S. Hershfield von der Duke University berichtete im *New England Journal of Medicine*[1], man könne das fehlende ADA-Enzym im Labor herstellen, den Kindern injizieren und auf diese Weise eine Teilimmunität erreichen. Die Behandlung war nicht perfekt, da die Kinder kein vollständig normales Immunsystem aufbauten; die langfristigen Auswirkungen der kostspieligen Behandlung waren ebensowenig bekannt.

Blaese erklärte den Medien, das NIH-Team würde im nächsten Behandlungsschritt mehrere Millionen Kopien des normalen ADA-Gens in die weißen Blutkörperchen seiner Patientin einschleusen. Die Behandlung sei ein langwieriger Prozeß, doch die ersten vorbereitenden Maßnahmen seien bereits erfolgt. Anfang September waren das Kind und seine Eltern in das Warren Grant Magnuson Clinical Center gekommen, das riesige 500-Betten-Krankenhaus des NIH, auf dem Campus als Haus 10 bekannt. In der Hämatologischen Abteilung hatte Ken Culver dem Mädchen mehrere Blutproben entnommen. Technische Assistenten isolierten aus dem Blut die weißen Blutkörperchen und gaben die roten Blutkörperchen und das Blutplasma in ihren Körper zurück. Culver brachte dann die erhaltenen Blutzellen in ein Genlabor, wo er sie mit einem gezielt veränderten Mäusevirus infizierte, dem Moloney-Mäuseleukämie-Virus. Die Wissenschaftler hatten das Virus gentechnisch unschädlich gemacht und mit dem normalen menschlichen ADA-Gen ausgestattet. Wenn dieses Virus nun menschliche Zellen infizierte, konnte es das Gen in die Chromosomen der Zellen einbringen. Diese Vorgehensweise würde das ADA-Gen dauerhaft in einige – bis zu zehn Prozent – der weißen Blutkörperchen des Mädchens integrieren.

Diese genmanipulierten weißen Blutkörperchen wären dann in der Lage, ihre eigenen ADA-Enzyme herzustellen. Anschließend könnte man sie dem Kind zusammen mit den unveränderten Leukozyten injizieren. Sobald sich die Zellen im Körper der Kleinen befänden, würde die ADA-Synthese in ihnen erneut beginnen. Auf diese Weise könnten sich in den Zellen, die das Gen enthalten, keine Schadstoffe mehr anhäufen – und wenn Anderson und Blaese recht behielten, würde auch der übrige Körper «entschlackt», so daß das Kind eine normale Immunität entwickeln könnte.

Theoretisch sollte die Behandlung anschlagen. Labortests und Tierversuche hatten ergeben, daß dieses normale Gen in defekte Zellen eingeschleust wurde und zuverlässig das fehlende Enzym herstellte. Mit dieser Technik wurden auf genetischem Wege fehlerhafte Zellen repariert, die *in vitro* (d. h. in Laborkulturen) gehalten wurden. Bei Affen waren sie erfolgreich und ohne Nebenwirkungen injiziert worden. Das einzige, was noch fehlte, war die Feuerprobe: die erfolgreiche Gentherapie bei einem menschlichen Patienten.

«Wir sind der Ansicht, daß die Gentherapie der Medizin neue und umfassendere Behandlungsmöglichkeiten bietet», resümierte Anderson am Schluß des Pressekommuniqués. «Sie könnte im nächsten Jahrhundert zu bedeutenden klinischen Resultaten führen. Die technischen Voraussetzungen für die Gentherapie bestehen bereits seit einigen Jahren. Unserer Auffassung nach ist es jetzt höchste Zeit, damit anzufangen.»

Nach etwa 45 Minuten verlor die Pressekonferenz sichtlich an Tempo. Den Reportern gingen die Fragen aus, und nur noch sporadisch flackerten Blitzlichter auf. Nachzügler und Reporter, die zu befangen gewesen waren, um vor versammelter Mannschaft zu sprechen, kesselten Anderson, Blaese und Culver nach und nach ein, um ihre Fragen einzeln zu stellen. Paul Van Nevel, ein nachdenklicher Mann, der schon lange Pressesprecher des National Cancer Institute war, hatte während der ganzen Konferenz im hinteren Teil des Raumes gestanden. «Ich bin schon auf vielen Pressekonferenzen gewesen», sagte er später, «aber auf dieser habe ich eine Gänsehaut bekommen.»[2] Sie kündigte einen Umsturz in der zukünftigen Krankenbehandlung an. Das heute angekündigte Experiment wird die Medizin der Zukunft gestalten.

Noch während Anderson über die Zukunft der Gentherapie referierte, waren Van Nevel ein Dutzend Gedanken durch den Kopf geschossen, was theoretisch alles schiefgehen konnte. Am folgenden Tag konnten die letzten Sicherheitstests der genetisch veränderten Leukozyten durch Bakterien oder Viren kontaminiert werden. Theoretisch konnte das eingeschleuste Gen die normalen Leukozyten sogar zu Leukämiezellen transformieren und so der bereits beträchtlichen Liste der Krankheiten auch noch die Diagnose «Krebs» hinzufügen. Schließlich hatte Anderson ja eingestanden, daß sich viele der theoretischen und technischen Probleme erst nach einer Behandlung von Menschen einschätzen ließen.

Außerdem war am Vorabend des Experiments eine wichtige, gesetzliche Frage noch ungeklärt: Würde die Food and Drug Administration (FDA, das US-Bundesgesundheitsamt) die Fortsetzung der Behandlung am folgenden Morgen erlauben? Obwohl die Forscher bereit waren und das geplante Experiment durch mehr als ein Dutzend Regierungsausschüsse beurteilt und genehmigt worden war, und obwohl bereits eine Pressekonferenz abgehalten worden war, auf der die neuartige Behandlung angekündigt wurde, mußte die FDA als letzte Instanz immer noch ihre Einwilligung geben. Obwohl die Familie mit ihrem kranken Kind bereits in Bethesda eingetroffen war, die Zellen des Mädchens, die im Labor kultiviert wurden, «reif» waren, und die Wissenschaftler wußten, daß jeder Aufschub dem Experiment schaden würde, konnte die FDA theoretisch immer noch nein sagen.

Anderson hatte auf der Pressekonferenz gesagt, der FDA- Stab habe zu Beginn der Woche vorläufig grünes Licht gegeben. Aber nun mußten die Akten die Bürokratie durchlaufen und die erforderlichen Unterschriften mußten zusammenkommen. Dies kann in Washington Ewigkeiten dauern. Doch die Forscher waren zuversichtlich, innerhalb von vierundzwanzig Stunden die Genehmigungen zu erhalten. Trotz ihrer lockeren und manchmal sogar kontroversen Beziehung zueinander hatte das ausführende Organ der Regierung, das die biomedizinische Forschung überwacht (die FDA), der staatlichen Forschungseinrichtung Forschung (dem NIH) auf privater und persönlicher Ebene zugestimmt.

Hiervon zumindest war Dr. Claude Lenfant, Andersons Vorgesetzter und Leiter des National Heart, Lung and Blood Institute, ausgegangen, als er Anderson angewiesen hatte, vor Beginn des Experiments eine Pressekonferenz einzuberufen. Für den Tag des Experiments hatte Lenfant einen ähnlichen Medienrummel befürchtet, wie er sich bei der ersten Implantation eines künstlichen Herzen an der University of Utah ereignet hatte. Zugleich befürchtete Lenfant, daß Andersons Team nach Beginn des Experiments zu sehr von ihrer Patientin beansprucht sein würde, als daß man noch Zeit für die Medien gefunden hätte. Lenfant hatte zudem sicherstellen wollen, daß auch das Herzzentrum seinen Anteil am Ruhm erhielt. Ungeachtet von Andersons Ruf als öffentlichkeitsfreundlichem Wissenschaftler, der seine Ergebnisse üblicherweise vor der Laienpresse offenbart, bevor er sie in Fachjournalen publiziert, war dies in den 25 Jahren, die er am NIH tätig war, seine erste Pressekonferenz gewesen.

Mike Blaese und Ken Culver hatten ebenfalls geglaubt, daß der Handel perfekt sei, als sie sich in den Medienrummel stürzten. Soweit es ihnen bekannt war, war die Zustimmung der FDA, das Experiment am folgenden Morgen zu beginnen, verabschiedet und würde jeden Augenblick eintreffen.

Anderson hingegen hatte etwas anderes gehört. Kurz bevor er zu der Pressekonferenz aufgebrochen war, hatte ihn Diane Striar, die langjährige Pressesprecherin des Herzzentrums, beiseite genommen und ihm die schlechten Neuigkeiten eröffnet. Ihr Büro, das bei öffentlichen Ankündigungen stets vorsichtig war, hatte die Pressestelle der FDA angerufen, um sich zu vergewissern, daß die Zustimmung zu erwarten war. Ein Pressebeauftragter der FDA rief daraufhin den Leiter derjenigen Abteilung im Haus an, die zu einer endgültigen Zusage befugt war. Dieser sagte jedoch nein. Dr. Gerald V. Quinnan, Direktor des Center for Biologics Evaluation and Research am FDA, sagte, das NIH «habe ein stillschweigendes Übereinkommen mit der FDA getroffen, nicht zu beginnen, bevor die FDA die zu berücksichtigenden Fakten überprüft hat»[3]. Dieser Prozeß sei seines Wissens noch nicht abgeschlossen. Maßgebliche Mitglieder der FDA, die für Quinnan arbeiteten, hatten das gentherapeutische Experiment überprüft, waren jedoch nicht erreichbar. Der FDA-Chef erklärte, Anderson, Blaese und Culver dürften nicht anfangen.

Anderson war wie gelähmt. Er konnte durch die Tür in den Raum voller wartender Reporter schauen, und wußte, daß er sich auf der Pressekonferenz, die sein Chef einberufen hatte, zeigen mußte. Ihm blieb nichts anderes übrig, als die Sache durchzuziehen. Anderson beschloß, niemandem von dieser neuen Wendung zu erzählen – weder Lenfant, noch seinen Partnern Blaese und Culver. Er befürchtete, daß die Hiobsbotschaft seine Kollegen nervös machen würde und daß das positive Zukunftsbild der NIH-Wissenschaftler, das Blaese, Culver und er den Medien auftischen wollten, auf diese Weise gänzlich verblassen würde. Andersons Sorgen waren eindeutig: «Ich glaube, das letzte, was wir uns wünschten, war, der Presse eine negative Story zu präsentieren. Wenn wir gesagt hätten, wir wüßten nicht, ob die FDA ihre Zustimmung geben würde, und wenn die Zeitungen das geschrieben hätten, hätte die FDA ganz bestimmt auf stur geschaltet.»[4] Obwohl die Pressekonferenz nicht seine Idee gewesen war, dachte Anderson, er könne sie vielleicht dazu benutzen, Druck auf die FDA auszuüben, so daß sie das Experiment bewilligte. «Wir mußten die Öffentlichkeit derart begeistern, daß die FDA ihre Zustimmung nicht versagen konnte», sagte er. «Sie durften nicht nein sagen.»

Abgesehen davon war bereits genug Druck vorhanden. Die biologische Uhr der genmanipulierten T-Zellen lief nämlich bald ab. In 24 Stunden würden sie anfangen, abzusterben. Die Zellen mußten entweder wieder in das Mädchen zurückgegeben oder eingefroren werden, damit sie erhalten blieben. Das Einfrieren tötet immer einige Zellen und verringert so die für die Behandlung verfügbare Anzahl. Zudem war die ganze Familie DeSilva aus Ohio angereist. Sie warteten begierig auf den Beginn der experimentellen Behandlung ihres kleinen Mädchens und saßen ungeduldig im 400 Meter entfernten Warteraum des NIH. Von wissenschaftlicher Seite war alles bereit. Über Radio und Fernsehen wurde bereits die Nachricht verbreitet, das Experiment könne am folgenden Morgen beginnen, wenn nur die FDA ihre Zustimmung gäbe.

Auch nach Schluß der Pressekonferenz informierte Anderson seine Kollegen nicht über die mögliche Verzögerung. «Das war klug», bestätigte Culver später Andersons Entschluß. «Ich hätte keine Ablenkung gebrauchen können. Ich hatte schon mit den Zellen und der Patientin genügend Probleme.»[5] Als Blaese später von dem Aufschub der FDA erfuhr, lachte er und sagte: «Ich wäre nicht auf die Pressekonferenz gegangen, wenn ich davon erfahren hätte. Anderson ist das vermutlich klar gewesen. Ich war ziemlich sicher, daß die Zustimmung vorlag, weil die FDA uns gebeten hatte, die Familie der Patientin herbeizurufen.»[6] Aber Blaese muß die Schwierigkeiten vorausgeahnt haben, denn er behauptete während der Pressekonferenz gegenüber den Reportern: «Die Leute müßten verrückt sein, wenn sie jetzt noch ihre Meinung ändern wollten.»

Ungeachtet des Geisteszustandes der FDA-Beamten blieb die Zustimmung der Behörde zunächst in der Schwebe. Anderson entschied daher, daß noch etwas unternommen werden müsse, um zusätzlichen Druck auf die FDA auszuüben. Er hatte hart gearbeitet, um der menschlichen Gentherapie allgemeine Anerkennung zu verschaffen, und er wollte jetzt nicht vor bürokratischen Sturheit kapitulieren. Der Aufbau dieses Konsens hatte ebenso viel Geschick in der Politik wie im Labor erfordert. Gerade die Forschung erinnert häufig an eine geheimnisvolle High-Tech-Welt, die von unerbittlicher Logik, verwirrenden Gerätschaften und verworrenen Ideen erfüllt ist, die nur ein Supergehirn verstehen kann. Wissenschaftlicher Fortschritt verlangt jedoch darüber hinaus noch Führungsqualitäten, eine hohe Vorstellungskraft und politisches Geschick. Viele Wissenschaftler tun diese Eigenschaften als unwichtig ab und legen oft nur Wert auf jene äußerst seltenen, unvergleichlichen Geistesblitze der innovativen Kreativität, die dann zu «eleganten» Lösungen führen.

Andersons Bereitschaft, sich mit seiner Wissenschaft auf politisches Glatteis zu begeben, trug entscheidend zum Fortschritt der Gentherapie bei – doch sie brachte ihm weder Freunde noch den Respekt anderer Wissenschaftler ein. Die biologisch-technischen Methoden, die den Austausch von Genen innerhalb einer menschlichen Zelle möglich machten, waren in den 80er Jahren vorwiegend in anderen Laboratorien ausgearbeitet worden, wenn auch Andersons Team seine eigenen Ansätze entwickelt hatte. So blieben noch die politischen Probleme auszuräumen, beispielsweise die Notwendigkeit, wissenschaftliche Prüfungskomitees davon zu überzeugen, daß man die Gentechnik nun unbedingt auch an Patienten erproben müsse. Nur wenige Forscher waren bereit, die nötige Zeit aufzubringen, um einer Idee öffentliche Aufmerksamkeit und politische Überzeugung zu verschaffen.

Angesichts einer möglichen Ablehnung durch die FDA beschloß Anderson, einen weiteren Trumpf auszuspielen – die Rifkin-Karte. Jeremy Rifkin, ein heftig gegen die Gentechnik wetternder Eiferer, zudem Präsident der Foundation for Economic Trends in Washington, hatte ein Mitglied seines Stabs zur Pressekonferenz des NIH entsandt, der dort ein Statement abgeben sollte. Dieses kündigte Rifkins Absicht an, ein «Moratorium sämtlicher Gentherapieexperimente an Menschen zu verlangen, bis ein Ausschuß für menschliche Eugenik eingerichtet würde, der die gesellschaftlichen und ethischen Implikationen der Gentechnik beim Menschen überprüfen soll». Rifkin, dessen Schnauzbart schon zu einer Art Markenzeichen geworden war, war den Wissenschaftlern bereits seit Jahren ein Dorn im Auge. Manchmal gelang es ihm, einzelne Forschungsprojekte durch ein Gerichtsurteil oder die Androhung eines Prozesses zu behindern. Rifkin verabscheute die Idee der menschlichen Gentherapie. Er betrachtete sie als High- Tech-Ansatz der Eugenik, sozusagen die moderne Form des Nazi-Programms zur genetischen Verbesserung der menschlichen Rasse.

Nachdem er wieder in seinem Büro saß, begann Anderson, über seine politischen Kanäle folgendes Gerücht zu verbreiten: Falls die FDA das bevorstehende therapeutische Experiment nicht genehmige, müsse das auf Druck von Rifkins Seite zurückzuführen sein. Da die meisten Wissenschaftler Rifkins wissenschaftsfeindliche Aktivitäten mit Mißtrauen beäugten, sei die FDA gut beraten, wenn sie nicht auf Rifkins Forderungen eingehe. Anderson sollte nie erfahren, ob seine Flüsterpropaganda Erfolg hatte; Kenner der FDA lächelten nur über die Vorstellung, daß diese Art der Politik etwas bewirken könne.

Mehrere hundert Meter vom Warren Grant Magnuson Clinical Center entfernt bog Raj DeSilva mit seinem braunen Mitsubishi-Bus, den er selbst hatte umbauen lassen, auf den Parkplatz der Kinderstation ein. Eine Reise mit drei kleinen Kindern kann für jede Familie anstrengend sein. Zwei der drei DeSilva-Töchter, Anoushka, die älteste, und Dilani, die jüngste, hatten wenige Monate nach ihrer Geburt einen Hirnschaden erlitten und waren aufgrund körperlicher und geistiger Behinderungen an Rollstühle gefesselt.

Ashanti Vinodani DeSilva schien die gesündeste von ihnen zu sein, als sie durch die offene Seitentür auf den Kiesweg hüpfte. Und doch war sie der eigentliche Grund, weshalb die DeSilvas über 600 Kilometer zum National Institute of Health gefahren waren. Ashanti war am 2. September 1986 mit einem ADA-Mangel geboren worden, der die Abwehrkräfte ihres Körpers zerstörte. Endlose Erkrankungen hätten sie beinahe schon vor ihrem zweiten Geburtstag getötet, bis ein bemerkenswertes, neues Medikament sie vor dem sicheren Tod bewahrte. Jetzt sollte Ashanti der erste Mensch sein, der einer Gentherapie unterzogen würde – einer möglicherweise revolutionären Behandlung. Die vier Jahre alte Ashanti DeSilva würde als Pionier in die Medizingeschichte eingehen, als der erste Mensch, dessen Gene gezielt verändert wurden, um eine Krankheit zu bekämpfen.

Während die NIH-Ärzte den Medien noch das anstehende Experiment erläuterten, waren die DeSilvas bereits vollauf damit beschäftigt, sich in der großen Kinderstation des NIH einzurichten. Die Station erinnerte eher an eine helle, freundliche Jugendherberge als an ein Krankenhaus. Sie war speziell für kranke Kinder und ihre Eltern entworfen worden. Hier sollten sich die kleinen Patienten wohlfühlen, während sie die Unbequemlichkeiten und Schmerzen, die manche Behandlungsversuche mit sich brachten, über sich ergehen ließen. Der 48jährige Raj DeSilva und seine Frau Van (37) hatten gerade eine zehnstündige Fahrt von North Olmstead, einer Vorstadt von Cleveland (Ohio), nach Bethesda (Maryland) hinter sich gebracht. Raj holte die Rollstühle für die fünfjährige Anoushka und die zweijährige Dilani aus dem Wagen und hob die beiden vorsichtig hinein. Er schob einen der Rollstühle und Van den anderen. Ashanti schlenderte hinterher. Sie gingen durch die automatischen Schiebetüren der Kinderstation, nahmen am Empfangstisch ihre Schlüssel in Empfang und drängten sich in den Aufzug, der sie in den freundlich eingerichteten zweiten Stock brachte. Endlich kamen die DeSilvas in ihren Zimmern an: eines für die Mädchen und eines für die Eltern. Die Anstrengung der Fahrt und die Angst vor dem Unerwarteten hatte die Eltern erschöpft. Nur Ashanti war energiegeladen. Sie wollte sofort im großen Spielzimmer der Kinderstation spielen gehen.

Die Technologie der Zukunft war für die DeSilvas einfach zu rasch, zu überstürzt gekommen. Sie hatten kaum Zeit gefunden, sich kritisch mit ihr auseinandersetzen zu können. Neben den Sorgen um ihre drei kranken Kinder mußten die Eltern nun sorgfältig die Risiken gegen die Vorteile abwägen; sie mußten eine Entscheidung bezüglich einer Zukunftstechnologie treffen, die eine Revolution in der Medizin verhieß. Die Ärzte, die diese neuartige Behandlungsmethode entwickelt hatten, wollten sie ausgerechnet bei ihrer Tochter erproben.

Raj DeSilva kannte sich bestens mit den neuen Techniken aus, er wußte, daß diejenigen, die sie eingeführt hatten, auch rasch ihre Verfechter wurden. Er war Chemieingenieur und arbeitete als Forschungs- und Entwicklungsleiter bei B.F. Goodrich in Avon Lake (Ohio), knapp 50 Kilometer von Cleveland entfernt. DeSilva hatte erlebt, wie Wissenschaftler und Ingenieure ihre Objektivität verloren. Er hatte gesehen, wie Ideen, die auf dem Papier gut aussahen, sich als Flops erwiesen, sobald sie unter Aufwand von Millionen von Dollars in einem Fabrikationsbetrieb in die Praxis umgesetzt werden sollten. Bevor also irgend jemand eine neue Technik bei seinem Kind anwenden wollte, hatte er noch eine Menge Fragen über unbekannte Größen in diesem Experiment und die Risiken für das Leben seiner Tochter zu beantworten.

Für Van DeSilva war die Frage des Experiments wesentlich einfacher. Obwohl sie Krankenschwester war, verließ Van sich mehr auf die Hoffnung und die Zuversicht einer Mutter. «Sie sind ganz reizende Leute», meinte Van über die NIH-Wissenschaftler, «wirklich gute Menschen und gute Ärzte. Das ist kein Experiment. In meinen Augen kann Ashanti – meine Ashanti – wirklich geheilt werden.»[7]

Für die Familie war der Weg zu einer möglichen Heilung lang und schmerzlich gewesen. Eine unwahrscheinliche Kette von unseligen Ereignissen hatte 1986 in Sri Lanka begonnen, als Van mit Ashanti schwanger war. Die DeSilvas planten, in die Vereinigten Staaten auszuwandern, doch als die dazu nötigen Papiere endlich beisammen waren, wurde ihnen klar, daß Vans Schwangerschaft viel zu weit fortgeschritten war, um ihr die Belastungen eines Transkontinentalflugs zumuten zu können. Sie entschieden, daß ihr zweites Kind in Sri Lanka zur Welt kommen sollte, und danach wollte die Familie nach Ohio ziehen.

Noch bevor Ashanti geboren wurde, traf das Unglück ein. Anoushka, die erste Tochter, bekam Fieber. Die Familie nahm an, es handele sich um eine normale Kinderkrankheit, und machte sich keine Sorgen. Plötzlich entstand aus dem Fieber, das offenbar durch einen grippalen Infekt ausgelöst worden war, eine Enzephalitis. Während das Immunsystem die Virusinfektion bekämpfte, rief es als Nebenwirkung eine Entzündung des Gehirns hervor. Durch die dabei entstehende Schwellung wurden die für die willkürlichen Bewegungen zuständigen Nerven geschädigt – das Kind ist seitdem behindert. Anoushka, die mit zehn Monaten soeben angefangen hatte, selbständig zu stehen und zu gehen, verlor die Kontrolle über ihre Beine und Füße. Sie war nicht gelähmt, konnte aber nicht mehr gehen. Im Juli 1986 kam sie in ein Krankenhaus in Colombo, wo sie bis September blieb, als in einer anderen Abteilung im gleichen Hospital Ashanti das Licht der Welt erblickte.

Während die Familie noch mit Anoushkas Schwierigkeiten kämpfte, zeigten sich bei Ashantis Geburt erste Anzeichen dafür, daß bei ihr nicht alles so war, wie es sein sollte. So infizierte sich zum Beispiel der Rest ihrer Nabelschnur. Angesichts all der übrigen Probleme – des Leidens ihrer Schwester und des bevorstehenden Umzugs nach Amerika – schenkten nicht einmal die Ärzte Ashantis ungewöhnlicher Infektion besondere Aufmerksamkeit. Die Nabelschnurinfektion ging zwar zurück, doch schienen Ashantis Lungen stärker verstopft zu sein, als es bei Neugeborenen üblich ist. Als Anoushka ungefähr einen Monat später aus dem Krankenhaus entlassen wurde, zogen die DeSilvas mit ihren beiden Töchtern in die Vereinigten Staaten. Kurz nach ihrer Ankunft in Ohio bekam Ashanti aus ungeklärter Ursache hohes Fieber, das aber wieder zurückging. Die Familie hatte sich anfangs Sorgen gemacht, aber das Fieber dann als unbedeutede Kinderkrankheit abgetan. Das Fieber war jedoch nur ein Vorbote dessen gewesen, was noch kommen sollte.

Schließlich diagnostizierte man bei Ashanti eine schwere, kombinierte Immunschwäche (SCID). Kinder mit SCID ziehen sich schrittweise zunehmend heftigere ernsthafte Infektionen durch alltägliche Erreger zu, die einem gesunden Menschen kaum zu schaffen machen. Bis Mitte der 80er Jahre erlagen Kinder mit diesem Leiden in der Regel noch vor ihrem zweiten Geburtstag einer solchen Infektion.

Obwohl dieses Leiden bereits bei der Empfängnis angelegt ist, sind Kinder mit SCID bei ihrer Geburt tatsächlich am gesündesten, und Ashanti war keine Ausnahme. Solange sie sich noch in der Gebärmutter befand, versorgte sie das Blut ihrer Mutter mit der fehlenden Adenosin-Desaminase (ADA), die Ashanti selbst nicht herstellen konnte. Die ADA ihrer Mutter entgiftete Ashantis weiße Blutkörperchen und hielt sie gesund. Bei der Geburt verfügte Ashanti über ein im wesentlichen normales Immunsystem. Als nach ihrer Entbindung die Versorgung mit der mütterlichen ADA abbrach, sammelten sich in Ashantis Körper schädliche Stoffwechselprodukte an, die ihre Leukozyten allmählich zerstörten.

Zusätzlich zirkulierten bei der Geburt Antikörper von Van DeSilva in Ashantis Blut, wie es bei jedem Neugeborenen innerhalb der ersten sechs Lebensmonate der Fall ist. Diese von der Mutter stammenden Antikörper bieten dem Kind eine passive Immunität und schützen es vor Infektionen, bis sein eigenes Immunsystem ausgereift ist. Antikörper sind besondere Proteine, die immer dann von einem bestimmten Leukozyten produziert werden, wenn ein Virus oder ein Bakterium in den Körper gelangt. Das Immunsystem stellt für jeden dieser Fremdkörper, mit dem es in Berührung kommt, spezielle Antikörper her. Die Antikörper, die in Van DeSilvas Körper zirkulierten, resultierten aus Jahren, in denen sie unterschiedlichen Erregern ausgesetzt gewesen war. Sie blieben monate- oder sogar jahrelang in Vans Blut und verliehen ihr eine lang anhaltende Immunität, indem sie den größten Teil aller eindringenden Krankheitserreger rasch neutralisierten.

Durch die Plazenta waren viele der Antikörper Vans in Ashantis Blut gelangt und gewährten ihr einen vorübergehenden Schutz. Aber als Ashanti älter wurde, hätte ihr eigenes Immunsystem einspringen müssen und Antikörper bilden sollen, während die Immunität, die sie von ihrer Mutter empfangen hatte, allmählich nachließ. Das konnte jedoch nicht geschehen. Ashantis weiße Blutkörperchen starben beinahe so schnell, wie ihr Knochenmark sie bildete, da sie einen angeborenen Defekt des ADA-Gens besaß. Statt zwei normaler Kopien des ADA-Gens wiesen Van und Raj DeSilva jeder nur eine normale Kopie des ADA-Gens und ein mutiertes Gen auf. Als Ergebnis stellten sie nur halb so viel ADA wie im Normalfall her, was ausreichte, um ihnen eine normale Immunität zu verschaffen – aber bei Ashanti sah die Sache anders aus. Für die Kinder von Raj und Van bestand eine Wahrscheinlichkeit von Eins zu Vier, daß sie zwei fehlerhafte Kopien des ADA-Gens erbten; je ein unvollständiges Gen von beiden Elternteilen. Ashanti hatte dieses Los getroffen. Ohne eine einzige normale Kopie des ADA-Gens konnte sie keine ADA herstellen. Und ohne dieses Enzym konnten die Stoffwechselgifte, die ihr Immunsystem sabotierten, nicht unschädlich gemacht werden.

Als sie neun Monate alt war, wurde Ashanti zunehmend kränker. Anfangs waren ihre Erkrankungen nicht besorgniserregend – eine laufende Nase, eine Magenverstimmung. Dann war sie ständig erkältet, weil ihre geschwächten Leukozyten die normalerweise harmlosen Schnupfenviren nicht vernichten konnten. Danach setzten heftigere, grippale Symptome ein. Ashanti hatte Fieber, und es ging ihr schlechter. Sie litt unter bakteriellen Infektionen und bekam aufgrund der ständigen Angriffe auf ihre Atemwege nur schwer Luft. Sie begann, sich häufig zu erbrechen und konnte keine Nahrung bei sich behalten. Dies führte zu einem Gewichtsverlust, und auch in ihrer körperlichen Entwicklung blieb sie zurück. Sie wurde immer schwächer. Ashanti, die zuvor ein stilles, zufriedenes Kleinkind gewesen war, weinte jetzt immer häufiger, weil sie sich ständig unwohl fühlte.

Für die DeSilvas begann eine Odyssee, wie sie Familien mit Kindern, die an solchen seltenen Erkrankungen leiden, vertraut ist. Auf der Suche nach Erklärungen und Heilungsmöglichkeiten suchten sie einen Arzt nach dem anderen auf. Sie lebten mittlerweile in North Olmsteadt (Ohio) und die Ärzte dort stellten die nächstliegenden Diagnosen: Asthma, möglicherweise Bronchitis, wahrscheinlich eine Allergie. Sie empfahlen den DeSilvas, ihr Haus von Staub, Milben und Schimmel zu säubern. Die Eltern stellten ihre Wohnung auf den Kopf, säuberten alle Räume, kauften spezielle Bettücher und Kissenbezüge aus Naturfasern, sogar einen Inhalator, der Ashantis Lungen frei machen sollte. Die Ärzte verschrieben Ashanti ein Breitband-Antibiotikum, um Infektionen vorzubeugen, sowie Mittel zur Erweiterung der Bronchien, die Asthmatikern das Atmen erleichtern, obwohl die für diese Krankheit typischen Pfeifgeräusche bei Ashanti nicht auftraten. Nichts half.

Als Ashanti etwa ein Jahr alt war, erhielt sie eine der üblichen Schutzimpfungen, die aus lebenden, abgeschwächten Virenstämmen bestand. Das hätte sie beinahe umgebracht. Nachdem sie aus der Arztpraxis zurückgekommen war, erhöhte sich Ashantis Fieber dramatisch, und sie lief blau an. Van DeSilva geriet in Panik und eilte mit ihrer Tochter in die Notaufnahme des Krankenhauses. Der diensthabende Arzt diagnostizierte eine Ohrentzündung und schickte sie nach Hause.

Inzwischen – im Frühjahr 1987 – wurde Van mit ihrem dritten Kind schwanger. Da sie bereits Mitte Dreißig war und zwei kranke Kinder hatte, führte ihr Gynäkologe eine Fruchtwasserpunktion durch, um eventuelle genetische Erkrankungen des Embryos festzustellen. Mittels einer langen Hohlnadel entnahm er der Fruchtblase etwas Flüssigkeit mit einigen embryonalen Zellen. Diese Zellen werden im Labor kultiviert und auf Chromosomen-Anomalien untersucht. Da die Chromosomen die Träger der DNA sind – der Substanz, in der die genetischen Informationen gespeichert sind –, weist eine Veränderung der Chromosomen in der Regel auf Gendefekte hin. Der Arzt, der Dilanis Zellen überprüfte, hatte eine Chromosomen-Translokation gefunden. Bei einer Translokation ist ein Stück von einem der 23 verschiedenen, jeweils doppelt vorkommenden Chromosomen «abgebrochen» und hat sich an ein anderes Chromosom angehängt. In den meisten Fällen deutet dieser Befund auf ein Leiden hin, aber der Arzt in Ohio versicherte den DeSilvas, daß die Chromosomenveränderung harmlos sei. Van beschloß, den Embryo nicht abtreiben zu lassen; Dilani wirkte bei der Geburt gesund.

Ein paar Monate zuvor, Anfang 1988, hatte B.F. Goodrich Raj DeSilva nach Hattiesburg (Mississippi) geschickt. Raj hatte von Ohio aus den Kauf und Umbau einer Produktionsanlage geleitet. Jetzt beanspruchte ihn das Projekt ein paar

Monate lang direkt vor Ort, und Raj beschloß, mit seiner Familie dorthin zu ziehen. Ashanti ging es eher schlechter als besser. Sie erbrach sich jetzt so häufig, daß die Familie sie mit spezieller Babykost fütterte, um sie am Leben zu erhalten. «Uns war klar, daß die Ärzte im dunklen tappten», sagte Raj. «Sie wußten nicht, was ihr fehlte.»

Also ergriffen die Eltern ihre eigenen Vorsichtsmaßnahmen. «Wir hielten sie von jeder Menschenansammlung fern, um zu verhindern, daß sie gefährlichen Infektionen ausgesetzt war.» Raj wusch sich jedesmal die Hände, wenn er von draußen kam. Auf diese Art und Weise versuchte er, das Risiko, seine Tochter zu infizieren, so gering wie möglich zu halten.

Ashanti blieb im Haus. Sie durfte nie auf den Spielplatz und bekam auch nie Besuch von gleichaltrigen Kindern. Bis zu ihrem zweiten Geburtstag war Ashanti DeSilva vereinsamt. Das bedeutete natürlich auch, daß Van gebunden war. Raj ging jeden Tag zur Arbeit, doch Van war ans Haus gefesselt – von ihren drei Kindern hatte eines einen Hirnschaden, eines litt ständig unter Krankheiten, und eines war ein Säugling. Ihr Entschluß, Ashanti von der Umwelt abzuschirmen, hieß aber auch, daß sie keine Babysitter akzeptieren konnten, die nicht frei von jeglichen ansteckenden Krankheiten waren. Für Van bedeutete diese Entscheidung, daß sie von den langen Stunden, Tagen und Wochen, die mit der Sorge für ihre Kinder ausgefüllt waren, nur selten Urlaub erhielt. Als die Krankheiten ihre Kinder heimsuchten, machte sie sich eine philosophische Betrachtungsweise zu eigen: Wenigstens konnten sie sich Ärzte, eine Krankenversicherung und ein Heim leisten; sie waren schuldenfrei und lebten gut. Und sie hatte Raj, der schwer arbeitete, sie gut versorgte und seine Familie sehr liebte.

Im Frühjahr 1988 zog Raj mit der Familie in eine Parterrewohnung mit zwei Schlafzimmern in Hattiesburg (Mississippi). Drei Tage später wurde die kleine Dilani krank. Ihre Eltern dachten, sie habe eine Erkältung von Ashanti aufgeschnappt. Raj ging zur Arbeit, obwohl Dilani hohes Fieber hatte. Am späten Vormittag rief Van, durch Dilanis Mattigkeit beunruhigt, die Frau eines Arbeitskollegen von Raj an, die Van und die Mädchen in ein 130 Kilometer entferntes Krankenhaus nach Jackson fuhr. Bei ihrer Ankunft ging es Dilani sehr schlecht. Die Notfallärzte nahmen sie sofort stationär auf und gaben ihr Sauerstoff. Sie wußten nicht, was der Kleinen fehlte, aber es schien ihr zusehends schlechter zu gehen. Als Raj im Krankenhaus erschien, hatte Dilani bereits einen schweren Gehirnschaden erlitten; ihr Zustand hatte sich derart verschlechtert, daß die Ärzte mit dem Tod des Mädchens rechneten. Die DeSilvas waren wie gelähmt. Jetzt hatte das Unglück auch ihr drittes Kind ereilt. Möglicherweise war die vor der Geburt festgestellte Chromosomen-Translokation schuld daran. Keiner der Ärzte, die sie mit dem Kind konsultiert hatten, hatte diese Möglichkeit vorhergesehen.

So plötzlich die Krankheit zugeschlagen hatte, so rasch schien sie wieder zu verschwinden. Nach weniger als einer Woche entließen die Ärzte ein gesundheitlich stabiles, aber gehirngeschädigtes Kind. Dilani, die erst vier Monate alt war, erlitt durch die Krankheit so weitreichende Nervenschäden, daß sie nicht einmal mehr ihre Mutter erkennen konnte. Jetzt hatten die DeSilvas nicht nur eine körperbehinderte und eine chronisch kranke Tochter, sondern auch ihr jüngstes Kind war unerklärlich und tiefgreifend geschädigt.

1988 kamen die einzigen guten Nachrichten von B.F. Goodrich: Raj war mit dem Mississippi-Projekt fertig, und die DeSilvas konnten nach Ohio zurückziehen. Der Zustand von Anoushka und Dilani stabilisierte sich. Ashanti blieb jedoch schwerkrank und konnte immer noch nicht essen; sie verlor weiterhin an Gewicht. Die Familie ging mit ihr wieder zu ihrem alten Kinderarzt, der immer noch keine Ahnung hatte, was ihr fehlte. In seiner Verzweiflung rief Raj seinen älteren Bruder Anthony DeSilva an, der sich in New York als Arzt auf Allergien spezialisiert hatte. «Nichts schlägt bei ihr an», klagte Raj. «Die Ärzte finden nicht heraus, was mit Ashanti los ist.»

Anthony glaubte ebensowenig wie Raj, daß seine Nichte an einer Allergie litt. Dafür war sie zu schwer erkrankt; einfache Allergien führen weder zu Erbrechen noch zu Entwicklungsstörungen der Art, wie Ashanti sie erlitt. «Bitte den Kinderarzt um eine Spezialuntersuchung, mit der die Konzentration der verschiedenen Antikörperklassen in ihrem Blut bestimmt wird», schlug Anthony vor. «Vielleicht leidet sie unter einen Mangel an bestimmten Antikörpern. Schick' mir eine Kopie des Befundes, und wir wollen sehen, was er aussagt.»

Raj, der sehr entschieden sein kann, wenn es um die Gesundheit seiner Kinder geht, bestand darauf, daß der Kinderarzt die Spezialuntersuchung durchführte. Eine Allergologin wurde hinzugezogen, um eine vollständige Reihe von Allergietests auszuführen, damit man auch sicher sein konnte, nichts ausgelassen zu haben. Ashantis lahmgelegtes Immunsystem reagierte auf keine der Proben (Staub, Schimmel und Katzenhaare), die ihr unter die Haut appliziert wurden. Als die Ergebnisse der Antikörpertests vorlagen, rief der Kinderarzt Raj an und sagte, es sei alles normal. Raj wollte den Befund selbst sehen. In dem Formular waren die Meßergebnisse aus Ashantis Blut den Normalwerten für die verschiedenen Antikörperklassen gegenübergestellt.

«Das ist niedrig», stellte Raj fest, als er dem Arzt gegenübersaß. «Sie sind alle niedrig; wie können Sie sagen, das sei normal?» Die bei Ashanti gemessenenen Konzentrationen lagen bei allen Antikörperklassen deutlich unter den Normalwerten. Ashanti war ständig krank, weil ihr Immunsystem nicht in der Lage war, Infektionen abzuwehren. Der Arzt nahm das Blatt aus Rajs Hand und betrachtete es noch einmal. «Ja», bestätigte er schließlich, «Sie haben recht. Es ist nicht normal. Ich weiß nicht, was ich davon halten soll.»

Dr. Velma Paschal, die Kinderallergologin, die die Tests durchgeführt hatte, sagte zu den DeSilvas: «Die Werte sind ganz bestimmt nicht normal. Ich würde sie gern Dr. Ricardo Sorensen zeigen.» Dr. Sorensen war ein auf Kinder spezialisierter Immunologe am Rainbow Babies and Children's Hospital, das zum Universitätskrankenhaus in Cleveland gehörte. Dr. Paschal arbeitete gemeinsam mit ihm in der immunologischen Klinik für Kinder. Sie machten ein Treffen aus.

Cleveland ist 25 Fahrminuten von North Olmstead entfernt. Im September 1988 packten Raj und Van DeSilva Ashanti und die beiden anderen Mädchen in ihren Wagen und fuhren voller Skepsis nach Cleveland; schließlich waren sie schon bei so vielen Ärzten gewesen. Doch vielleicht war es diesmal anders.

Der Chilene Ricardo U. Sorensen ist im Umgang mit Menschen ruhig, gelassen und entgegenkommend. Mit seinen jungen Patienten geht er sanft um, und er erinnert ihre Eltern daran, daß sie ihn jederzeit anrufen können. Er war voller Freude, daß die Errungenschaften der modernen Medizin viele Kinder heilen konnten. Aber er hat auch am Leid vieler Familien Anteil genommen, die hilflos zuschauen mußten, wie ihre unheilbar kranken Kinder immer mehr verfielen. Ashanti hatte eine dieser seltenen, furchtbaren Krankheiten, die er nur zu gut kannte.

Als Sorensen im März 1976 gerade in Cleveland angefangen hatte, behandelte sein Vorgesetzter, Dr. Stephen H. Polmar, Leiter der Immunologischen Abteilung am Rainbow Babies and Children's Hospital, gerade einen Jungen, der an einem ADA-Mangel litt. Polmar hatte entdeckt, daß die roten Blutkörperchen (Erythrozyten) eines Gesunden ADA im Überfluß enthalten, und er war der erste gewesen, der zur Behandlung des ADA-Mangels Erythrozyten-Transfusionen einsetzte. Diese Transfusionen versorgten den Jungen mit genügend Enzym, um sein Immunsystem bis zu einem gewissen Grad wiederherzustellen. Doch wirkten sie nicht bei allen ADA-Patienten. Außerdem brachten sie Komplikationen mit sich; zum einen ein Überangebot an Eisen, zum anderen sind Transfusionen immer mit dem Risiko einer Infektion behaftet. Aber diese Transfusion bewies erstmalig, daß eine Therapie möglich war, bei der das fehlende Enzym ersetzt wird. Allerdings zeigte sich, daß gereinigtes ADA-Protein allein nicht half. Das ADA-Enzym, das sich normalerweise innerhalb der Zellmembran befindet, erwies sich als zu empfindlich, um direkt ins Blut injiziert zu werden. Es «überlebte» in diesem Fall nur ein paar Minuten, was bei weitem nicht ausreichte, daß es seine Aufgaben erfüllte.

Bei Polmars Patient hatten die Ärzte den ADA-Defekt diagnostiziert, während er noch im Mutterleib war, weil eine seiner älteren Schwestern daran gestorben war. Dank der Transfusionstherapie lebte der Junge bis zu seinem achten Lebensjahr. Sein Immunsystem war zwar niemals so, wie es sein sollte, aber es reichte aus. Er überstand die üblichen Erkältungen und Kinderkrankheiten wenigstens gut genug, um zur Grundschule gehen zu können. Doch kurz vor den Sommerferien zog sich der Junge die Windpocken zu. In einem Organismus, dem die normale zelluläre Immunität fehlt, breitet sich das Varizella-Virus, das die Windpocken verursacht (ein Verwandter des Herpesvirus), wie ein Lauffeuer aus. Der Junge wurde mit einer rasch fortschreitenden Infektion sofort ins Krankenhaus eingeliefert. Damals waren die modernen antiviralen Medikamente noch nicht auf dem Markt. Polmar und Sorensen hatten keine wirksame Behandlung anzubieten. Der Junge starb innerhalb von zwölf Stunden, während sie hilflos zusehen mußten.

Diese bittere Erfahrung lenkte Sorensens Aufmerksamkeit auf den seltenen ADA-Mangel und auf die katastrophalen Folgen der Windpocken bei Personen mit Immunschwäche. Er begann, routinemäßig nach einem ADA-Mangel Ausschau zu halten.

Die meisten Kinder mit einem ADA-Mangel erkranken bald nach ihrer Geburt, in der Regel nach sechs Monaten. Bei Sorensens erster Patientin mit einem ADA-Mangel war es anders. Cynthia Cutshall war am 6. Juli 1981 in Canton (Ohio) als scheinbar normales Baby geboren worden. Sie zog sich ab und zu einen gewöhnlichen Schnupfen zu und wurde ihn auch wieder los – bis sie etwa drei Jahre alt war. Zu diesem Zeitpunkt begann sie mit der Vorschule, wo die anderen Kinder sie dem üblichen Angebot an Infektionen aussetzten. Sie entwickelte chronische Nebenhöhlenentzündungen, die sich häufig zu einer Lungenentzündung auswuchsen. «Sie war als Kleinkind niemals mit anderen, kranken Kindern zusammen», erinnert sich ihre Mutter Susan Cutshall, die als Krankenschwester im Aultman Hospital in Canton tätig war. «Ich glaube, das hat sie davor bewahrt, schon früher krank zu werden.»[9]

Seit Cynthia mit anderen Kindern zusammenkam, erlitt sie ernsthafte, zum Teil lebensgefährliche Infektionen, die nach wirksamen Antibiotika verlangten. «Sie mußte wegen ihrer hartnäckigen und schweren Sinusitis schon morgens so stark husten, daß sie ihr Frühstück wieder erbrach», sagte ihre Mutter. «Sie erbrach sich und meinte dann: ‹Okay, mir geht es wieder gut. Wir können jetzt gehen›.»

So ging es anderthalb Jahre lang, bis plötzlich eine der Nebenhöhlenentzündungen auf ihre linke Hüfte übergriff. Der Errreger *Streptococcus pneumoniae* verursachte eine septische Arthritis am Hüftgelenk – eine Gelenkentzündung, die durch den Versuch des Immunsystems entstand, die eindringenden Bakterien abzuwehren. Dieses ungewöhnliche Krankheitsbild war bedenklich; es drohte, die Viereinhalbjährige gehunfähig zu machen. Die Chirurgen schnitten das heftig entzündete Gewebe fort, um die Bakterien zu entfernen und die Hüfte zu retten, und verabreichten ihr vier Wochen lang intravenös Antibiotika. Cindy blieb bettlägrig, während ihre Hüfte heilte.

Zwei Wochen, nachdem die Antibiotika abgesetzt worden waren, zog sich Cindy eine neue Nebenhöhlenentzündung zu. Die Cutshalls waren aufgrund der nicht abreißenden Kette von Infektionen besorgt und konsultierten ihren Kinderarzt, damit er etwas unternähme. Noch bevor sie etwas sagen konnten, erklärte Dr. Lawrence V. Hofmann, ihr Kinderarzt in Canton: «Wir müssen uns für Ihr Kind dringend etwas einfallen lassen.» Im Frühjahr 1986 schickte Hofmann die Cutshalls ins Rainbow Babies and Children's Hospital zu Ricardo Sorensen.

«Cynthia war eindeutig ein ungewöhnlicher Fall», erinnerte sich Sorensen.[10] Ihr fehlten die Gaumen- und die Rachenmandeln sowie die Thymusdrüse, die normalerweise in der Mitte des Brustraums liegt und einen wichtigen Teil des Immunsystems darstellt. Der Thymus bringt den Lymphozyten bei, normales Körpergewebe zu erkennen und es in Ruhe zu lassen, wenn sie den Körper gegen Infektionen verteidigen. Die Beziehung zwischen dem Thymus und den Lymphozyten ist wechselseitig: Ohne die Thymusdrüse können die Lymphozyten nicht gegen Eindringlinge kämpfen, und der Thymus benötigt chemische Signale von aktiven Lymphozyten zu seinem Fortbestehen. Wenn der Thymus die Lymphozyten nicht richtig «erzieht», greifen sie unweigerlich normales Gewebe an und verursachen auf diese Weise eine sogenannte Autoimmunkrankheit wie beispielsweise die Multiple Sklerose oder den Systemischen Lupus Erythematodes (SLE, oft kurz «Lupus»). Wenn die Thymusdrüse überhaupt nicht arbeitet, verfügt der Körper über wenig Schutz.

Sorensen untersuchte mit Hilfe von Dr. Melvin Berger – ebenfalls Kinderimmunologe am Rainbow Babies and Children's Hospital – Cynthias Antikörperspiegel und fand ihn anomal niedrig. Außerdem besaß Cynthia zu wenig weiße Blutkörperchen. Wie er es sich zur Regel gemacht hatte, testete Sorensen auch Cynthias zelluläre Immunität – die Fähigkeit der zytotoxischen T-Lymphozyten, Eindringlinge anzugreifen. Diese Fähigkeit war bei ihr ebenfalls außerordentlich gering ausgeprägt. Das überraschte die Ärzte, weil Cynthia nicht die üblichen klinischen Symptome gezeigt hatte (Pilzinfektionen, ungewöhnlichen Durchfall), wie man sie bei Personen ohne Immunität wie zum Beispiel bei Aidspatienten findet.

Sorensen testete die ADA-Aktivität. Cynthia Cutshall besaß weniger als ein Prozent der normalen Aktivität. Sie litt an einem seltenen ADA-Mangel, der allmählich ihre Immunität zerstörte. Obwohl sie länger als die meisten Kinder mit diesem Leiden gesund geblieben war, waren auch bei Cynthia immer häufiger lebensgefährliche Infektionen eingetreten.

Sorensen schickte eine Blutprobe an seinen ehemaligen Vorgesetzten und Mentor Steve Polmar, der mittlerweile an die Washington University in St. Louis gewechselt hatte. Polmar führte weitere Tests durch und bestätigte Sorensens Diagnose. Er schlug vor, daß Sorensen mit Hershfield an der Duke University Kontakt aufnehmen solle. Der Biochemiker Hershfield verfügte über unvergleichliche Möglichkeiten, Stoffwechselanomalien wie die von Cynthia, zu untersuchen.

Wesentlich wichtiger war jedoch, daß er soeben mit der Erprobung eines neuen Arzneimittels begonnen hatte, in dem Rinder-ADA in winzigen Partikeln eingeschlossen war. Auf diese Weise wurde das Medikament vor der Zerstörung im Blut bewahrt. Die Arznei wurde wegen ihrer äußeren Schutzschicht aus Polyethylenglykol (PEG) PEG-ADA genannt. Der Arzt an der Duke University hatte gerade erst begonnen, ADA-Patienten nach dieser neuartigen Methode zu behandeln, doch schien sie erfolgreich zu sein. Cynthia Cutshall sollte die fünfte Person sein, die diese wöchentlichen Injektionen erhielt.

Cynthia sprach erstaunlich gut auf die Arznei an. «Wir gaben ihr weniger als einen Kubikzentimeter PEG-ADA, einmal pro Woche, und das änderte alles», stellte Sorensen fest. «Es war wirklich erstaunlich.» Cynthia reagierte viel rascher auf die Behandlung als die ersten ADA-Patienten. Die Ärzte kannten den Grund dafür noch nicht, aber es mochte mit denselben unbekannten Gründen zusammenhängen, aus denen sie später krank wurde als die übrigen SCID-Kinder. Im Verlauf der Behandlung verschwanden die biochemischen Anomalien in ihren Blutzellen. Ihre zelluläre Immunität besserte sich deutlich. Und ihr Körper fing an, Antikörper zu produzieren, die er vorher nicht hatte herstellen können. Am besten aber war, daß sie nicht mehr krank wurde. Der ständige Schnupfen und das Erbrechen hörten auf. Die fröhliche Cynthia Cutshall war von den Todgeweihten zurückgekehrt.

Als zwei Jahre später Ashanti DeSilva zu Sorensen kam, hatte er bereits mehr Erfahrung mit dem ADA-Mangel, als irgendein anderer Arzt auf der Welt. Sorensen erkannte an Ashantis Krankengeschichte, daß sie keine Allergien hatte. Sie hatte beinahe ihr ganzes, kurzes Leben lang Antibiotika bekommen. Erstaunlicherweise hatte sie trotzdem nie im Krankenhaus gelegen. Als die DeSilvas im September 1988 zu Sorensen kamen, wurde Ashanti gerade zwei Jahre alt – ein Alter, in dem die meisten Kinder mit ihrem Leiden tot sind. Und obwohl der ADA-Mangel äußerst selten vorkommt, befiel Sorensen eine Vorahnung.

«Verkürzen wir die ganze Prozedur doch einfach», schlug Sorensen der Kinderallergologin Velma Paschal vor, die Ashanti ins Kinderkrankenhaus gebracht hatte. «Wir machen eine Röntgenaufnahme von der Brust, um zu sehen, ob das Kind einen Thymus hat.» Wenige Minuten später kam die Aufnahme aus der Dunkelkammer. Ashanti hatte – wie schon Cynthia vor ihr – keine Thymusdrüse. «Ich war sicher, daß etwas mit dem Immunsystem dieses Mädchens nicht stimmte», sagte Sorensen.

Sie veranlaßten eine Bestimmung der Zahl der Lymphozyten und der übrigen Leukozyten. Die Lymphozytenzahl war sehr niedrig; es waren beinahe überhaupt keine vorhanden. Mit erheblichen Mühen brachte Sorensen einige wenige Lymphozyten dazu, in einer Laborkultur zu gedeihen, so daß er deren Funktionsfähigkeit untersuchen konnte. Er konnte keine Lymphozytenaktivität feststellen; Ashanti verfügte über keinerlei Immunität.

Sorensen handelte rasch. Er rief Hershfield an der Duke University an und teilte ihm mit, daß er eine weitere ADA-Patientin habe. Er sandte per Eilboten eine Blutprobe an die Duke University. Am nächsten Tag rief Hershfield Sorensen an und bestätigte die Diagnose. Ashanti DeSilva sollte die neunte Patientin werden, die das neue PEG-ADA-Arzneimittel erhalten würde.

Im November 1988 – zwei Monate nach ihrem zweiten Geburtstag – begann Ashanti DeSilvas Behandlung mit PEG-ADA. Es gelang Sorensen, sie in einer klinischen Studie der Duke University unterzubringen, in der die Wirksamkeit des neuen Medikaments erprobt werden sollte. Sie fungierte als menschliches Versuchskaninchen in einer Arzneimittelstudie, aufgrund derer später eine Zulassung der Food and Drug Administration für die Firma Enzon in South Plainfield (New Jersey) erteilt wurde. Ashantis Beitrag zur Wissenschaft rettete gleichzeitig ihr Leben – wie Sorensen es vorhergesagt hatte.

Aber PEG-ADA war kein Wundermittel. Im Januar 1989 – zwei Monate, nachdem Ashanti das Medikament zum ersten Mal erhalten hatte – zog sich die ganze Familie DeSilva einen grippalen Infekt zu. Ein paar Tage später, an einem Freitagabend, bemerkte Raj DeSilva ungewöhnliche blaue Flecken bei Ashanti. «Was sind denn das für Flecken?» fragte er Van. «Was geht da vor?» Bei jeder Berührung entstand ein weiterer blauer Fleck. Hier stimmte ganz sicher etwas nicht.[11]

Am nächsten Morgen brachte er sein Kind in aller Frühe zur Notaufnahme. Von dort aus rief er Sorensen an und bat ihn, zu kommen. Eine einfache Blutuntersuchung zeigte sofort, wo das Problem lag. Ashantis Spiegel an Blutplättchen war gefährlich gesunken. Die Blutplättchen (Thrombozyten) spielen eine entscheidende Rolle bei der Gerinnung des Blutes. Ohne Thrombozyten können spontane Blutungen auftreten. Selbst der geringste Druck auf Ashantis Haut hatte zur Folge, daß Blut aus ihren Gefäßen in das Gewebe austrat und ein blauer Fleck entstand.

Sorensen wußte nicht, weshalb Ashantis Thrombozytenspiegel gefallen war. Es konnte sich um eine wohl bekannte Reaktion auf eine Virusinfektion handeln, die von selbst wieder verschwinden würde. Weitaus gefährlicher wäre es jedoch, wenn ihr durch die PEG-ADA-Behandlungen wiederbelebtes Immunsystem Antikörper gegen ihre eigenen Thrombozyten herstellte. In diesem Fall hätten sie es mit einer Autoimmunreaktion zu tun. Eine Autoimmunreaktion begünstigte auch die Bildung von Antikörpern gegen PEG-ADA, wodurch der Spiegel der Arznei in Ashantis Körper fallen würde. Eine sofort angeordnete Blutuntersuchung ließ jedoch keine Anzeichen dafür erkennen. Sorensen begann, sie mit Injektionen von Antikörpern zu behandeln – intravenöse Gaben von Immunoglobulinen, die den Körper anregen sollten, mehr Thrombozyten herzustellen. Im Laufe der folgenden sechs Monate normalisierte sich der Thrombozytenspiegel in Ashantis Blut, aber es war für alle Beteiligten, einschließlich der Ärzte und der Familie, eine anstrengende Zeit.

Für Raj DeSilva stellte dieser Vorfall eine Warnung dar, die zeigte, daß PEG-ADA keine Heilung des ADA-Mangels darstellte, sondern lediglich ein «High-Tech-Pflaster», das Ashanti einmal wöchentlich auf den Hintern geklebt wurde. Jeden Tag bettete Raj ihren Kopf in seinem Schoß, während Van ihr die Spritze ins Gesäß verabreichte. Das zähflüssige, ölige Arzneimittel führte jedesmal zu einer schmerzhaften Schwellung, die Ashanti zum Weinen brachte. Raj haßte diese Prozedur.

Als er sich erkundigte, ob auch eines der anderen behandelten Kinder Probleme mit den Thrombozyten gehabt hatte, erfuhr Raj, daß ein Kind in Kalifornien eine allergische Reaktion auf das Medikament entwickelt hatte. Es war eine klassische Zwickmühle: Ohne die Arznei verfügte das Kind über kein Immunsystem und war deshalb auch nicht zu einer allergischen Reaktion fähig. Als er das Medikament erhielt, entwickelte der Patient in Kalifornien ein wirksames Immunsystem, das aber prompt die lebensspendende Medizin angriff.

Bei Ashanti lag das Problem anders. Vor ihrer Behandlung mit PEG-ADA hatten ihre Labortests nur eine geringe Aktivität ihrer Lymphozyten ergeben. Nach der Behandlung hatte ihre Immuntätigkeit dramatisch zugenommen. Die Anzahl der T-Zellen, von denen die Verteidigung des Körpers abhängt, stieg innerhalb von sechs Monaten nach Beginn der PEG-ADA-Behandlung von 100 auf 1200 T-Zellen pro Mikroliter Blut. Allerdings war die positive Entwicklung nicht von Dauer. Im Laufe der folgenden zwölf Monate sank Ashantis T-Zellen-Spiegel allmählich und fiel auf Werte zwischen 300 und 400. Nach Rücksprache mit Wissenschaftlern des Pharma-Unternehmens verdoppelten die Ärzte in Cleveland Ashantis PEG-ADA-Dosis. Das half. Ihr T-Zellen-Spiegel stieg wieder auf Werte zwischen 500 und 600. Ihr Immunsystem erreichte nicht wieder das zunächst erreichte Maximum. Außerdem schien die T-Zellenzahl rascher als zuvor abzunehmen. Die Bedeutung dieser Befunde blieb unklar, weil Ashanti vorläufig klinisch gesund blieb.

Die Ärzte, die Kinder mit unterschiedlichen Immunstörungen behandeln, haben nach einer medizinischen Behandlung häufig eine so weitgehende Besserung der Störung beobachtet, daß die lebensgefährliche Bedrohung abgewendet schien – aber nur bis zu einer unweigerlich folgenden späteren Komplikation. Beispielsweise hatte eine medizinische Behandlung das Leben von Kindern mit dem Wiskott-Aldrich-Syndrom verlängert – einer weniger ausgeprägten Immunschwäche, als der vom ADA-Mangel verursachten. Statt in der Kindheit zu sterben, konnten diese Patienten bei entsprechender medizinischer Versorgung über dreißig Jahre alt werden, bevor sie plötzliche eine lebensbedrohende Krebsform entwickelten, mit der ihr Immunsystem nicht fertig wurde. ADA-Kinder wie

Ashanti hatten nie lange genug gelebt, um die Ärzte herausfinden zu lassen, ob sie einen ähnlich gefährlichen Krebs oder andere Probleme bekommen würden. PEG-ADA, ihr lebenserhaltendes Medikament, war noch zu neu.

Solcherart waren die möglichen Komplikationen, die Unsicherheitsfaktoren, die Raj DeSilva Sorgen machten. «Ich habe so viele gute und schlechte Werte gesehen, daß ich kaum den Unterschied erkennen kann», resümierte er. «Das Problem bei PEG-ADA ist, daß es ein so neues Medikament ist. Deshalb liegen noch nicht genügend Erfahrungswerte vor.»

Obwohl niemand diese Annahme beweisen oder widerlegen konnte, war DeSilva davon überzeugt, daß die PEG-ADA-Arznei das Absinken des Thrombozytenspiegels bei Ashanti verursacht hatte. Er mißtraute dem Medikament, doch unterdrückte er seine Bedenken, weil es seiner Tochter trotz allem besser ging. Allmählich hatte sich die Heftigkeit ihrer Infektionen gemildert. Sie begann, ihr Essen bei sich zu behalten und nahm an Gewicht zu. Das Kind kam rasch ins Krabbelalter und begann, sich zu entwickeln.

In diesem Zustand des verhaltenen Optimismus hörten die DeSilvas zum ersten Mal von der Gentherapie. Da die PEG-ADA- Behandlung häufige Untersuchungen zur Kontrolle der verschiedenen Blutwerte Ashantis erforderlich machte, fuhren die DeSilvas regelmäßig nach Cleveland zu Sorensen. Bei einer dieser Gelegenheiten – nachdem Ashanti bereits seit etwa einem Jahr mit PEG-ADA behandelt worden war – hielt Sorensen ein Röhrchen mit dem Blut Ashantis vor die Augen ihrer Mutter.

«Schauen Sie, Van», sagte er. «Das ist speziell für die Gentherapie.»

Weder Van noch Raj begriffen so recht, worüber Sorensen sprach. Er erklärte, er habe mit Ärzten am National Institute of Health gesprochen, die den ADA-Mangel untersucht hatten. Die Forscher seien zu der Überzeugung gelangt, daß dieses Leiden der geeignete Gendefekt sei, um daran eine revolutionäre Behandlungsmethode zu erproben. Anstatt jede Woche neues Enzym zu injizieren, so erklärte Sorensen, wollten die NIH-Ärzte die entsprechenden Gene in Ashantis Körper einbringen. Das würde eine dauerhafte Lösung sein. Wenn es funktionierte, wären die wöchentlichen Injektionen nicht länger notwendig. Raj gefiel diese Vorstellung, aber er vergaß sie wieder, weil er glaubte, es handele sich um eine Behandlungsmethode der fernen Zukunft.

Jedesmal, wenn ein gekühltes Päckchen mit Ashantis Zellen im NIH-Klinikum ankam, brachten Kuriere es eilig in das Labor von R. Michael Blaese und Kenneth Culver, die beide im National Cancer Institute angestellt waren. Sie hatten nachgewiesen, daß es möglich war, ein ADA-Gen in die T-Zellen von Mäusen und Menschen einzubringen. Als nächstes wollten sie zeigen, daß sie die genetischen Defekte von T-Zellen auf genetischem Weg beheben konnten. Zu diesem Zweck benötigten Blaese und Culver Blutzellen von Personen mit einem ADA-Mangel.

Sorensen war für sie eine der wichtigsten Quellen, denn er hatte zwei der wenigen ADA-Patienten beigesteuert, die weltweit bekannt waren. Aus noch unbekannten Gründen ließen sich Ashanti DeSilvas Leukozyten problemlos kultivieren, im Gegensatz zu denen anderer Patienten. Aber noch wichtiger war, daß Ashantis Zellen große Mengen von ADA produzierten, wenn sie gentechnisch mit dem ADA-Gen ausgestattet wurden. Sie wäre die perfekte Kandidatin für den ersten Versuch der NIH-Ärzte, ihre Behandlungsideen für menschliche Patienten in die Praxis umzusetzen – falls sie jemals die Erlaubnis dazu erhalten sollten.

Im Frühjahr 1990 rief der Kinderimmunologe Mel Berger die DeSilvas an. Er hatte einige Neuigkeiten. Nachdem Sorensen 1989 an die Louisiana State University in New Orleans gewechselt hatte, wurde seine Patientin von Berger betreut. Die Ärzte des NIH, die an der Gentherapie arbeiteten und mit Ashantis Blutzellen experimentiert hatten, wollten nach Cleveland kommen um mit Ashantis Eltern über den Versuch zu sprechen, ihre Tochter gentherapeutisch zu behandeln. Sie würden auch mit den Cutshalls reden. Wollten die DeSilvas kommen und mehr darüber hören? Ja, sagten sie, obwohl Raj weiterhin davon überzeugt war, daß die Gentechnik eine Technik der Zukunft war, von der sie noch weit entfernt waren.

Mel Berger und Mike Blaese waren alte Bekannte. Sie waren von 1978 bis 1981 Kollegen am NIH gewesen. Beide waren Kinderimmunologen und vertraten somit eine Minderheit unter den Spezialisten in der Medizin. Diese alte Verbundenheit glättete Blaese den Weg zu seinen Patientinnen.

Blaese kannte den Zustand von Bergers Patientinnen bereits, weil er ihre Fälle als Berater der Herstellerfirma des PEG-ADA überprüft hatte. Seine Tätigkeit hatte zur Folge gehabt, daß er alle Patienten mit diesem Leiden in den Vereinigten Staaten sowie deren Ärzte kannte. Durch diese Arbeit war Blaese zu der Überzeugung gelangt, daß PEG-ADA nicht bei allen Patienten anwendbar war. Bergers Patientinnen kämen für die Gentherapie in Frage, die die NIH-Ärzte im Sinn hatten.

Der Bericht im *New England Journal of Medicine* über die beiden ersten PEG-ADA-Patienten ließ die Behandlung wie eine Wunderheilung erscheinen. Beiden Patienten ging es gut, und es gab keine Nebenwirkungen. Aber dann wurde mehrere Jahre lang nichts mehr über die PEG-ADA-Patienten veröffentlicht. Blaese erfuhr zu seiner Verwunderung, daß sich der Zustand bei mehreren Kindern nur geringfügig besserte, und daß die PEG-ADA-Behandlung zumindest in einem Fall versagte. Der Patient, ein Junge aus Pennsylvania, wurde schließlich durch eine geglückte Knochenmarktransplantation geheilt. «Allmählich dämmerte es mir, daß die Immunfunktionen nicht so gründlich wiederhergestellt wurden, wie ich es erwartet hatte, wenn man die Enzyme selbst ersetzte», erinnerte sich Blaese. «Dies ließ mich wieder einmal nach anderen Ansätzen Ausschau halten, zum Beispiel einer Gentherapie von Lymphozyten der Patienten. Im Nachhinein ist mir klar, daß ich vielleicht niemals die Forschung an den Lymphozyten betrieben hätte, wenn mir diese Daten nicht untergekommen wären. Ich hätte mich damit zufrieden gegeben, daß PEG-ADA die Lösung für den ADA-Mangel war.»[12]

Aber so war es nicht, und nun suchten Blaese und Culver nach Patienten, um den nächsten Schritt zu tun: Gentherapie. Sie hatten ihren Gentherapieplan bereits gemeinsam mit French Anderson mehreren gesetzgebenden Körperschaften unterbreitet, deren Zustimmung sie brauchten, um ihre Ideen ausführen zu können. Alles, was sie benötigten, waren eine Erlaubnis und Patienten.

Die DeSilvas trafen Blaese und Culver am 18. Mai 1990 im Rainbow Babies and Children's Hospital, nicht weit von Mel Bergers Büro. Die DeSilvas saßen auf Stühlen, als Blaese, Culver und Berger den Raum betraten. Die dreieinhalbjährige Ashanti stand am Fenster und schaute hinaus. Sie war eine kleine Stoikerin, die niemals das Gesicht wandte oder zu jemandem sprach. Aber sie hörte zu und nahm alles wahr. Sie wußte, daß die Erwachsenen über sie sprachen.

Blaese saß auf dem Rand des Krankenbettes und ging noch einmal den Gentherapie-Vorschlag durch. Er sprach sofort darüber, wie die Gene in Ashantis Zellen eingeschleust werden konnten. Er bemühte sich, es beiläufig klingen zu lassen. Sie sprachen darüber, welche Folgen die Behandlung für Ashanti haben konnte. Blaese sprach über die möglichen Risiken. Aber die NIH-Ärzte wollten den DeSilvas auch Hoffnungen machen und betonten daher die positiven Ergebnisse, die sie in den vergangenen acht Monaten mit Ashantis Zellen im Labor erzielt hatten. Sie hoben das gute Gedeihen der Zellen Ashantis hervor, das besser als bei den übrigen Proben war. Sie erläuterten, wie die Wissenschaftler das ADA-Gen im Reagenzglas (*in vitro*) in die Zellen einbringen und sie heilen konnten. Wenn die Zellen *in vitro* geheilt werden konnten, so sagte Blaese, sollte es auch möglich sein, sie in Ashantis Körper (*in vivo*) zu heilen.

Die DeSilvas waren voller Erwartungen gekommen. Sie hatten bereits eine neuartige Therapie erlebt, und die Ergebnisse hatten ihnen gefallen, obwohl die Wirkung auf lange Sicht zweifelhaft blieb. Van war sofort dafür. «Wir sollten es versuchen.»

Raj war zurückhaltender, aber nicht ablehnend. «Wir müssen alle Eventualitäten bedenken – beispielsweise den Fall jenes Mädchens in Kalifornien, das Antikörper gegen PEG-ADA entwickelt hat. Etwas derartiges könnte auch bei Ashanti passieren.» Raj hatte immer noch eine Menge Fragen, besonders über die Risiken.

Das Treffen endete, ohne daß eine Entscheidung gefallen wäre. Die Ärzte wollten mit den Familien in Verbindung bleiben und sie über den Fortgang der gesetzlich vorgeschriebenen Überprüfungen auf dem laufenden halten. Blaese schlug vor, daß die DeSilvas ins NIH kämen, um sich das Krankenhaus anzuschauen und mit French Anderson zu sprechen. Die DeSilvas waren einverstanden –

vielleicht im Anschluß an einen geplanten Urlaub, den sie im Laufe des Sommers an der Ostküste verbringen wollten.

In Bethesda zog sich der Überprüfungsprozeß endlos dahin, als French Anderson und die übrigen um Zustimmung drängten. Sie sahen sich einer beträchtlichen Opposition von anderen Ärzten ausgesetzt, die ihre eigenen Gründe hatten, sich zu beklagen. Nach einer manchmal erbitterten Debatte genehmigte das Recombinant DNA Advisory Committee (Beratungskomitee für die Rekombination von DNS; kurz RAC), der in solchen Fällen zuständige NIH-Ausschuß, am 31. Juli 1990 endlich das von Anderson, Blaese und Culver vorgelegte Protokoll einer Gentherapie bei ADA-Mangel. In derselben Sitzung erteilte das Komitee Steven A. Rosenberg, Chef der Chirurgie am National Cancer Institute, die Genehmigung zu einem gentherapeutischen Versuch der Krebsbekämpfung.

Für die beiden NIH-Ärzteteams war die Angelegenheit zu einem internen Wettlauf gediehen, dessen Ausgang bestimmen würde, wer als erster das historische Experiment ausführte. Es handelte sich um einen revolutionären Versuch, eine Krankheit zu heilen, indem man die Gene im Patienten selbst verändert. Anderson verkündete bereits seit Jahren, er wolle der erste sein, der ein erfolgreiches Gentherapieexperiment ausführte. Er hatte die beträchtlichen Möglichkeiten seines großen Laboratoriums genutzt, um die technischen Probleme zu lösen, die der Gentherapie noch im Wege standen. Nun hatte Rosenberg, der durch Anderson und Blaese in die Gentherapie eingeführt worden war, anscheinend beschlossen, selbst Erster zu werden. Zwar waren die Protokolle beider Parteien vom RAC genehmigt worden, doch standen die Genehmigungen der FDA noch immer aus. Rosenberg verkündete öffentlich, er sei bereit, den ersten Patienten zu behandeln, wenn die FDA ihre Zustimmung gab. Anderson, Blaese und Culver waren ebenfalls bereit. Sie würden sofort mit der Behandlung eines Patienten beginnen, wenn die FDA die Gentherapie absegnete. Sie hatten sich für Ashanti DeSilva entschieden. Als Ende Juli die Genehmigung des RAC bekannt wurde, beschlossen die drei Ärzte, die DeSilvas zu einer letzten Besprechung in die NIH zu zitieren.

Es gab viele Gründe, Ashanti vor allen übrigen SCID-Kindern zu behandeln. Der wohl wichtigste Grund war, daß Ashantis Zellen *in vitro* hervorragend gediehen und ihr Blut – möglicherweise aufgrund der PEG-ADA-Behandlung – viele Zellen enthielt. Zudem stellten ihre Zellen nach der gentechnischen Manipulation durch die Wissenschaftler mehr ADA her, als die der übrigen Patienten. Wenn die Ärzte dem Patienten nicht eine genügend große Anzahl von Leukozyten entnehmen konnten, diese kultivieren und ihnen ein funktionsfähiges Gen einpflanzen konnten, hatte die Gentherapie keine Aussicht auf Erfolg.

«Ashanti wird die erste sein», hatte French Anderson bei ihrem ersten Treffen zu den DeSilvas gesagt. Van war begeistert, bis sie das Protokoll selbst las. Es besagte, daß Ashanti im Bett liegen mußte, während ihr Blut entnommen wurde, um die Blutzellen zu gewinnen, die genetisch korrigiert würden. Da geriet Van in Panik: Ashanti würde niemals fähig sein, stillzuliegen; besonders jetzt nicht, nachdem sie sich dank der PEG-ADA-Behandlung – die sie während der experimentellen Gentherapie weiterhin erhalten würde – so wohlfühlte. Anderson versicherte ihr, daß Ashanti nicht zu völliger Bettruhe verdammt sein würde.

Anfang September 1990 beschlossen die DeSilvas endlich, den Versuch zu wagen. Sie wollten zulassen, daß Ashanti der erste Mensch war, der einer Gentherapie unterzogen würde. Ihre Entscheidung brachte sowohl Erleichterung als auch Angst mit sich. Anderson versuchte, die DeSilvas zu beruhigen. «Sie haben die richtige Wahl getroffen», sagte er. «Wenn es sich um meine Tochter handeln würde, hätte ich mich ebenso entschieden.»

Der Entschluß von Ashantis Eltern, den Versuch zu wagen, machte die ganze Angelegenheit greifbarer und veranlaßte das NIH-Ärzteteam, ein detailliertes Protokoll aufzustellen. Da die Familie DeSilva schon einmal im NIH war, beschlossen die Ärzte, mit den Vorbereitungen für die eigentliche Behandlung zu beginnen, indem sie Ashanti Blut abnahmen und die Leukozyten genetisch korrigierten. Die gentechnisch veränderten Zellen würden etwa zwei Wochen lang kultiviert werden müssen, bevor sie für die Behandlung taugten. Vielleicht würde in dieser Zeit die FDA etwas von sich hören lassen, und die Behandlung Ashantis konnte mit der Injektion der Zellen beginnen. Falls nicht, würde es eine Generalprobe sein. Mit Ausnahme des Wiedereinschleusens der genmanipulierten Zellen in ihre Patientin konnten sie jeden Behandlungsschritt ausführen.

Am 5. September 1990 wurde Ashanti DeSilva in die Blutbank des Klinikums gebracht, wo ihr Leukozyten entnommen wurden. Sie würde lange Zeit auf dem Rücken liegen müssen. Van hatte recht behalten: es gefiel Ashanti gar nicht. Zumindest konnte sie aber immer noch essen, mit ihren Buntstiften malen und auf den kleinen Fernseher schauen, den sie mittels eines Schwenkarmes über ihr Bett ziehen konnte.

Ihre Zellen wurden in sterilen Plastikbeuteln in ein Labor gebracht, wo sie biochemisch zum Wachstum angeregt wurden und sich im Brutschrank vermehren konnten. Die Zellen wurden einem genmanipulierten Virus ausgesetzt, das ein intaktes ADA-Gen trug, und im Brutschrank weiterkultiviert. Am folgenden Morgen reisten die DeSilvas mit ihren Kindern zu ihrem Haus in North Olmstead zurück, um auf die Nachricht zu warten, daß es an der Zeit sei, in die Klinik zurückzufahren.

Die folgenden neun Tage waren für alle Beteiligten mit Befürchtungen und Verwirrungen verbunden. Mike Blaese und Ken Culver hockten über den Kulturen von Ashantis Leukozyten, zählten die Zellen und schauten durchs Mikroskop, um zu kontrollieren, ob sie alle in Ordnung waren. Sie führten unentwegt Tests mit den Zellen durch und vergewisserten sich, daß sich keine Krankheitserreger in die Kultur eingeschlichen hatten und daß die Zellen das Enzym produzierten. Sie mußten sicherstellen, daß die neuen ADA-Gene in Ashantis weiße Blutkörperchen aufgenommen worden waren und daß die genetisch korrigierten Zellen genügend ADA herstellten.

Tatsächlich machte die ADA-Produktion keine guten Fortschritte. «Die Transduktionseffizienz (die Ausbeute an genmanipulierten Zellen) war recht lausig», gestand Blaise. Offenbar waren die Gene nicht in so viele Blutzellen gelangt, wie es die Ärzte gehofft hatten. Trotzdem mußten die NIH-Forscher zeigen, daß die wachsenden Zellen einen Mindestertrag an ADA-Enzymen erbrachten, sonst würde die FDA sie nicht weitermachen lassen. «Die reinste Willkür», ereiferte sich Blaese. «Die FDA hatte einen Wert verlangt, also hatten wir uns auf eine Zahl geeinigt und diese eingesetzt. Aber nachdem wir sie einmal festgesetzt hatten, mußten wir sie auch erreichen. Ich bin schrecklich froh, daß wir zufällig eine niedrige Zahl genannt hatten.» Die ADA-Synthese erreichte den Schwellenwert kaum. Sie war gering und blieb unter dem, was die Ärzte gern gesehen hätten, aber es reichte aus, um sie fortfahren zu lassen.

Während Blaese und Culver in der Blutbank über den Zellen schwitzten, trat Anderson zum Kampf gegen die Paragraphen an. Dem NIH-Ärzteteam fehlte immer noch die Erlaubnis der FDA, Ashanti zu behandeln. Laut Gesetz hatte die Behörde 30 Tage Zeit, um über die Anfrage bezüglich eines klinischen Experiments zu entscheiden. Es ist jedoch eine heikle Angelegenheit, die FDA wegen einer Antwort unter Druck zu setzen. Das konnte zu einer schnellen Ablehnung führen. Anderson versuchte ein Gambit. Er rief Kurt Gunther an, den Sachbearbeiter bei der FDA, der das Gentherapieprotokoll überprüfte. Er teilte mit, sie hätten Ashantis genkorrigierte Zellen im Labor, und die Sache sehe recht gut aus. Gab es einen Grund, weshalb sie die Familie nicht zum Wochenende nach Bethesda einbestellen und dem Mädchen die Zellen zurückgeben sollten? Hielt Gunther es für möglich, daß die FDA ihnen bis dahin die offizielle Zusage erteilen würde?

Gunther war jedoch ebenfalls vorsichtig. Soweit er die Sache beurteilen konnte, hatte das NIH der FDA alle erforderlichen Informationen zukommen lassen. Gunther vermutete, daß sie fortfahren könnten, aber das bedurfte noch einer offiziellen Zustimmung seiner Vorgesetzten. Die NIH-Ärzte mußten eine endgültige schriftliche Einverständniserklärung abwarten. Die Schreibarbeit sei aber bis zum Wochenende zu schaffen, stellte Gunther in Aussicht. In Washington können sich Schriftstücke jedoch mit der Geschwindigkeit eines Gletschers bewegen. Da aber für Anderson und seine Kollegen der Countdown begonnen hatte, ließen sie sich nicht mehr bremsen.

Ken Culver, der die Hauptverantwortung für die Familie trug, rief Raj DeSilva am Dienstag im Büro an und versprach ihm, er könne mit der FDA-Zustimmung rechnen. Ob er mit seiner Familie am Donnerstag, dem 13. September nach

Bethesda kommen könne? Eine NIH-Sozialarbeiterin, die mit dem Gentherapieprojekt betraut war, rief Van gegen Mittag zu Hause an. So weit sich Van erinnert, forderte sie sie auf «Sie sollen zur Behandlung herkommen.» «Das Protokoll war nicht wirklich genehmigt worden, aber sie sagten, ‹Wir sind sehr zuversichtlich, daß es genehmigt wird. Wir glauben, es wird genehmigt.› Und sie gaben zu verstehen, daß French hinter den Kulissen tätig war.»

Achtundvierzig Stunden später kamen Raj und Van am NIH an. Sie waren von der Fahrt und der Anspannung erschöpft und sprachen kaum miteinander über das, was am nächsten Morgen geschehen sollte. Als sie sich in der Kinderstation für die Nacht einrichteten, fragte keiner den anderen, wie aufgeregt er war. Raj, ruhig wie immer, hatte alle Eventualitäten bedacht. Sein Verstand sagte ihm, daß es richtig war, weiterzumachen; doch tief in seinem Innern war ihm unwohl bei dem Gedanken. Obwohl sie um 7 Uhr morgens im Krankenhaus erwartet wurden und deshalb wenigstens eine Stunde früher aufstehen mußten, blieben sie bis lange nach 1 Uhr wach.

Raj konnte sich immer noch nicht mit dem Gedanken anfreunden, daß seine Tochter die erste war, an der dieses Experiment durchgeführt wurde. Aber das Risiko schien ihm gering im Vergleich zu der Aussicht, daß die Gentherapie seine Tochter eines Tages von den schmerzhaften, wöchentlichen PEG-ADA-Injektionen befreien konnte. Es bestand die Hoffnung, daß sie dank der Gentherapie ein normales Leben würde führen können. «Aber trotzdem macht man sich Sorgen und fragt sich, ob die Entscheidung richtig war. Niemand hat diese Sache zuvor gemacht. Es ist keine erprobte Behandlung. Sie ist mit Risiken verbunden. Aber dann sagt man sich wieder: ‹Ich habe genug darüber nachgedacht. Ich habe mit den Ärzten gesprochen. Ich habe ein gutes Gefühl in dieser Sache. Es wird alles gutgehen.›»

Endlich schlief Raj ein.

French Anderson verbrachte eine ähnlich schlimme Nacht in seinem Haus in Bethesda. Tags darauf sollte das wichtigste Experiment in seinem Leben stattfinden. Ein Experiment, von dem er seit zwei Jahrzehnten träumte, auf das er seit 1983 hingearbeitet hatte, seit er zum ersten Mal darüber nachgedacht hatte, welche Kombination von Labortechniken nötig sein würden, um es zu realisieren.

Anderson hatte die Angewohnheit, Probleme vorher zu überdenken. Er war noch bis etwa 9 Uhr abends in seinem Büro im NIH geblieben, und hatte sich alle möglichen Komplikationen und alle noch ungeklärten Fragen notiert. Was würde geschehen, wenn die Gram-Färbung (ein Test zum Nachweis von Bakterien) eine bakterielle Verunreinigung der Zellen aufzeigte? Was, wenn Ashanti eine Erkältung oder Fieber bekam? Was konnten sie tun, wenn die FDA ihre Zustimmung versagte? Selbst, nachdem er an diesem Donnerstagabend nach Hause gegangen war, war er den größten Teil der Nacht aufgeblieben und hatte an den nächsten Morgen gedacht. «Ich tat das, damit wir uns nicht einer Situation gegenübersahen, in der ein Problem auftauchte, an das wir nicht gedacht hatten, und mit dem wir uns dann hinterher herumschlagen mußten», erklärte Anderson.

Die ersten Versuche einer neuen Behandlungsmethode bei menschlichen Patienten waren oft mit Überraschungen verbunden, die tödlich enden konnten. Anderson dachte an die schreckliche Erfahrung, die Dr. William T. Shearer, Chef der Abteilung für pädiatrische Allergologie und Immunologie am Baylor College of Medicine und am Texas Children's Hospital in Houston, hatte machen müssen. Shearer betreute sieben Jahre lang David, der oben bereits erwähnt wurde. Im Jahr 1982 entdeckten Forscher am Dana Farber Cancer Center in Boston, Massachusetts, eine Möglichkeit, wie man ein inkompatibles Knochenmarktransplantat verändern konnte, damit es vom Empfängerorganismus angenommen wird. Da es für David keinen passenden Knochenmarkspender gab, bot sich dieser neue Ansatz als einzige Möglichkeit an, daß er das Plastikzelt, das ihn sein ganzes Leben hindurch beschützt hatte, jemals würde verlassen können. Nach langen Überlegungen und vielen Gesprächen mit dem Arzt beschlossen seine Eltern, daß David eine Knochenmarktransplantation erhalten sollte. Seine Schwester sollte die Spenderin sein. Im Oktober 1983 flog sie nach Boston, wo man ihr Knochenmark entnahm. Dieses inkompatible Knochenmark wurde der speziellen Behandlung unterzogen. Am folgenden Tag erhielt David die Knochenmarkinfusion.

Zunächst geschah nichts. Aber um die Weihnachtszeit zeigte sich, daß die Behandlung ein fataler Irrtum gewesen war. Einige der Leukozyten seiner Schwester, die antikörperproduzierenden B-Zellen, waren irgendwann einmal mit dem Epstein-Barr-Virus (EBV) infiziert worden. Das gesunde Immunsystem der Schwester hatte das Virus unterdrückt, so daß es ihr nicht schaden konnte. Aber als die infizierten Zellen in Davids Körper eintraten, breiteten sie sich rasch in den wenigen B-Zellen aus, die sein zerstörtes Immunsystem produzieren konnte. Das Virus veranlaßte Davids B-Zellen zu rapidem Wachstum.

Kurz nach Weihnachten begann Davids Körper erstmals, selbst Antikörper herzustellen. Doch gleichzeitig stellte sich ein bedenkliches Fieber ein. David bekam blutigen Durchfall und fühlte sich sehr schlecht. Shearer und die übrigen Experten konnten sich nicht erklären, was nicht in Ordnung war. Außerdem behinderte das Zelt ihre Behandlungsversuche. Schließlich entließen ihn die Ärzte zum ersten Mal in seinem Leben aus seiner schützenden Hülle, was David stark ängstigte. Seine Angst war nicht unbegründet, denn zwei Wochen später starb der schwerkranke Junge.

Durch die unkontrollierte Aktivität des Epstein-Barr-Virus waren Davids B-Zellen zu Krebszellen geworden. Der Krebs breitete sich im ganzen Körper aus. Das Knochenmarktransplantat kam nie zur Wirkung. Die Ärzte erfuhren zum ersten Mal, daß verpflanztes Gewebe ein verborgenes Virus enthalten kann. Doch für David kam diese Erkenntnis zu spät.

«Es war damals eine einzigartige Beobachtung», sagte Shearer. «Sie stellte einen enorm wichtigen Fortschritt in der Medizin dar, aber einen schrecklichen Verlust für seine Familie und diejenigen, die ihn liebten.»[13] Davids Fall zeigt uns, wie wichtig das Immunsystem ist, doch weist er auch die Grenzen der Medizin auf. Nach Davids Tod hörten die Ärzte auf, SCID-Babies in keimfreie Schutzbehälter zu stecken. Statt ihre Patienten zu isolieren, bekämpfen die Ärzte deren Leiden jetzt mit Arzneien und Knochenmarktransplantationen. Davids Schutzzelt ist heute im National Museum for American History zu finden.

Anderson hatte nicht vor, den DeSilvas einen ähnlichen Verlust zuzufügen. Davids Lage war verzweifelt geworden. Er war zeitlebens isoliert gewesen und hätte so nicht weiterleben können.

Ashanti DeSilvas Situation war anders. PEG-ADA hatte ihren Zustand stabilisiert. Außerdem lebte sie zu Hause. Es gab Probleme, aber es ging ihr verhältnismäßig gut. Die NIH-Ärzte mußten sicherstellen, daß nichts schiefging.

Außerdem hatte Anderson noch einen anderen Grund, sich vor dem Tod eines Gentherapiepatienten – besonders des ersten – zu fürchten. Hier war ein medizinisches Verfahren, das inmitten von politischen Widrigkeiten und wissenschaftlicher Skepsis entstanden war. Wenn der erste Patient starb, würde die gesamte Gentherapie um Jahre zurückgeworfen. Anderson hatte während eines großen Teils seiner beruflichen Laufbahn für die Gentherapie gekämpft. Das letzte, was er sich wünschte, war, sie durch einen dummen Fehler zu vereiteln. Unfähig, noch etwas zu finden, das er hätte berücksichtigen müssen, fiel Anderson endlich in Schlaf.

Normalerweise klingelt der Wecker bei den Andersons um 6 Uhr morgens. French Anderson begibt sich dann ins NIH, um zusammen mit seinen Kollegen die Morgenvisite zu machen. Seine Frau Dr. Kathryn Anderson, die Kinderchirurgin ist, fährt in die Stadt ins Children's National Medical Center. An diesem Morgen jedoch – Freitag, den 14. September 1990 – steht French Anderson auf, bevor der Wecker klingelt. Nach seiner Ankunft im NIH geht er in die Blutbank, um Ashantis Zellen zu begutachten. Charlie Carter, der technische Angestellte in der Blutbank, der ihm bei der Untersuchung hilft, ist bereits seit 5 Uhr 30 an seinem Arbeitsplatz.

Um 7 Uhr fährt Anderson die sieben Stockwerke von seinem Büro in die Eingangshalle der Klinik hinab, um die DeSilvas zu begrüßen, die soeben durch die Tür kommen. Ashanti wird in Station 3B Süd, der Kinderabteilung, aufgenommen. Anderthalb Stunden später trifft endlich die Erlaubnis der FDA ein. Um 8 Uhr 35 ruft Jay J. Greenblatt, Verbindungsmann des National Cancer Institute mit der FDA, Anderson an. Er hat soeben mit Kurt Gunther von FDA telefoniert, der auf seine übliche, umständlich-bürokratische Art sein Einverständnis gegeben hat. Gunther hat keine Einwände, wenn das NIH-Team mit dem Experiment fortfährt.[14] Er will immer noch die Ergebnisse der Sicherheitstests mit den Lösungen sehen, die verwendet worden sind, um die Gene in Ashantis Zellen zu schleusen, und später will er die Krankengeschichte der Patientin vorgelegt bekommen. Aber, so sagt er, das Team kann fortfahren. Anderson ist erleichtert.

Auch Greenblatt ist aufgeregt. Von Anfang an ist er an dem Ringen um die Anerkennung der Gentherapie beteiligt gewesen. Er will seine persönlichen Erinnerungen an den historischen Tag haben. Er erzählt seiner Familie seit Monaten von dem Experiment. Jetzt, da es anfangen soll, will er, daß seine sechsjährige Tochter Sarah mit Ashanti, der kleinen Pionierin der Gentherapie, zusammentrifft. Am gleichen Morgen nimmt Sarah Greenblatt – von all den riesigen Fremden in weißen Kitteln eingeschüchtert – ihren ganzen Mut zusammen und überreicht Ashanti einen purpurnen Schmetterling aus Seide, als Zeichen der Freundschaft zwischen den beiden Kindern.

Ashanti liegt bereits auf 3B Süd und wird darauf vorbereitet, in die Kinderintensivstation im zehnten Stock gebracht zu werden. Falls etwas schiefgehen sollte, wollen die Ärzte auf kein Notfallgerät verzichten müssen, um ihr Leben zu retten. Die Intensivstation verfügt über die beste technische Ausrüstung. Ihre Belegschaft aus wagemutigen, jungen Ärzten und Krankenschwestern kann rasch auf die High-Tech-Medizin zurückgreifen, die das NIH einem anfälligen, schwächer werdenden Kind bietet.

In der Kinderabteilung schießen die Blicke aus Ashantis glänzenden, dunklen Augen zwischen der «Sesamstraße» im Fernsehen und der 20er-Kanüle in Culvers Hand hin und her. Sie ist schon einmal hier gewesen, hat auf den weichen, weißen Bettlaken gesessen und darauf gewartet, daß eine Nadel in ihren Körper stieß. Niemand weiß, wie sehr sie die Nadeln peinigten, die Ashanti seit ihrer Kleinkindzeit stechen. Sie gibt nur selten einen Laut von sich – selbst dann nicht, wenn sich der kalte Stahl in ihre Haut bohrt und nach den feinen Adern darunter sucht. Sie weint niemals. Ihr Vater hat seinem rundgesichtigen Mädchen mit der braunen Haut und den dunklen Locken gesagt, daß sie wegen ihres Leidens ein Leben lang diese Spritzen ertragen müsse.

Culver sitzt auf Ashantis Bett und stößt die Hohlnadel durch die Haut ihrer rechten Hand. Sie gibt auch diesmal keinen Laut von sich, zuckt nicht einmal zurück. Statt dessen starrt sie unbeteiligt auf ihre Hand, als handele es sich um die eines anderen, und schaut zu, wie der Arzt nach ihren Venen sucht. Dann wendet sie sich abrupt wieder dem Krümelmonster zu, das auf dem Bildschirm über ihrem Bett das Krümellied singt. Dazu ißt Ashanti einen Cracker mit Käse.

Culver trifft die Vene, doch die Kanüle gleitet wieder hinaus, bevor er sie mit Heftpflaster fixieren kann. Culver hält inne. Er nimmt seinen Mißerfolg zur Kenntnis und wendet sich der linken Hand zu. Ashanti runzelt die Stirn, gibt aber immer noch keinen Laut von sich. Wieder bohrt sich Culvers Nadel in ihre Haut und sucht nach der Ader. Hochrote Tropfen, die den durchsichtigen Zylinder der Spritze füllen, verkünden, daß die Verbindung hergestellt ist. Culver atmet erleichtert auf.

«Okay, die sieht ganz gut aus», sagt er,[15] ohne den Blick von der Kanüle abzuwenden. «Das hier scheint deine Zauberhand zu sein.» Er hat schon früher in der linken Hand leichter die Venen getroffen. Das Heftpflaster sichert den Zugang zum Körper der Patientin. An einem Haken über ihrem Bett hängt ein Beutel, der mit einer klaren Flüssigkeit gefüllt ist. Von ihm führt ein Plastikschlauch zur Hand des Mädchens, die vor lauter Schläuchen einem Medusenhaupt ähnelt. Ashanti scheint die historischen Ereignisse, die in ihrem Körper stattfinden sollen, nicht wahrzunehmen. Sie hat nur Augen für Bibo.

French Anderson hält sich im Hintergrund, er lehnt an der weißen Wand der Intensivstation und schaut zu, wie Culver den venösen Zugang legt. Die Anspannung ist beinahe greifbar. Anderson und Blaese schauen noch einmal die Ergebnisse der letzten Sicherheitstests durch. Alles sieht gut aus. Jetzt gibt es nur noch eines zu tun. Die Ärzte müssen sich nochmals mit den DeSilvas zusammensetzen und jeden Schritt durchgehen, den sie bei Ashanti unternehmen wollen. Das Ärzteteam und die DeSilvas treffen sich in der kleinen Bibliothek gegenüber von Blaeses Labor.

Anfangs ist die Stimmung bedrückt. Die DeSilvas lesen noch einmal das Protokoll und die Einverständniserklärung durch, in der alle relevanten medizinischen Fakten und Risiken aufgeführt sind – eine angsteinflößende Liste möglicher Komplikationen. Sie beschreibt etwas, das noch nie zuvor bei einem Menschen ausprobiert worden ist. Allein die Rückführung der Zellen konnte «Kältegefühl, Fieber, Übelkeit und/oder körperliche Schmerzen» bei Ashanti hervorrufen. Schlimmer ist die unwahrscheinliche Möglichkeit, daß das für den Gentransfer verwendete Virus, das allgemein als harmlos gilt, wieder infektiös werden und eine Krankheit hervorrufen könnte. Darüber hinaus könnte allein schon das Einschleusen des Gens in eine Zelle die Entartung zur Krebszelle bewirken. Es könnte Ashanti töten.

Eine Stunde lang gehen French Anderson, Mike Blaese, Ken Culver, Mel Berger und Raj und Van DeSilva noch einmal alles durch. Es würde keine Überraschungen geben, sondern alles nach Plan verlaufen. Die Stimmung wird besser; es entsteht eine Mischung aus Ernsthaftigkeit und Überschwang. Die DeSilvas begreifen die Risiken und die möglichen Chancen für Ashanti.

«Ich erinnere mich, den Stift in die Hand genommen und das Protokoll unterschrieben zu haben», erzählt Raj DeSilva später. «Sie sagten: ‹Unterschreiben Sie hier›, und ich zögerte nicht. Ich unterschrieb einfach.»

Nachdem die Dokumente unterzeichnet sind, eilt Ken Culver aus der Bibliothek in die Blutbank, wo Ashantis Zellen in einen kleinen Plastikbeutel gegeben worden sind. Es würde etwa eine halbe Stunde dauern, in den ersten Stock des verzweigten Krebszentrums zu gelangen, die letzten Vorbereitungen zu treffen, und dann die Zellen in die Intensivstation im zehnten Stock zu bringen. Culver hatte mit seinen eigenen Zweifeln bezüglich dieses Experiments zu kämpfen gehabt. Er wollte immer als Mitglied des Teams betrachtet werden, statt nur zum technischen Personal gerechnet zu werden. Obwohl Blaese, sein Vorgesetzter, der offizielle Leiter des Forschungsprojektes ist, hat Culver die meiste praktische Arbeit geleistet. Er hat Ashantis Zellen kultiviert und das Gen eingeschleust. Er hat dafür gesorgt, daß sich die Zellen vermehrten. Nun ist alles bereit. Die Zellen müssen in Ashantis Körper zurückgegeben werden, wenn sie sich voll entwickelt haben. Man könne sie nicht für später einfrieren, falls die FDA ihnen die Erlaubnis verweigert, hatte er Blaese einmal lautstark entgegengehalten. Durch den Prozeß des Einfrierens würden zu viele Zellen absterben, und die Behandlung mit aufgetauten Zellen würde keinen Erfolg haben. Sie mußten jetzt anfangen.

Culver kommt in der Blutbank im ersten Stock an und nimmt den Infusionsbeutel mit Ashantis Zellen an sich. Er macht auf dem Absatz kehrt und eilt in den zehnten Stock. Er läßt nicht zu, daß jemand anderes den Beutel mit den Zellen trägt, mit denen er sich in den beiden letzten Wochen befaßt hat. Und er erlaubt auf keinen Fall, daß jemand anderes Ashanti die historische Infusion verabreicht. Die Bedenken seiner Kollegen haben Culver ungeduldig werden lassen. Sie fürchten zum Beispiel mögliche Komplikationen bei der Zellinfusion. Culver ist in Knochenmarktransplantationen erfahren. Er hat Kindern schon zwei, drei und vier, sogar zehn Milliarden Zellen eingeschleust – ohne Komplikationen. Ashanti würde er höchstens eine Milliarde verabreichen.

Alle zugelassenen Personen drängen sich bereits im Raum, als Culver mit dem Infusionsbeutel hereineilt, in dem sich die genmanipulierten Zellen befinden. Ashantis Eltern stehen links und rechts neben dem Bett. Die Geschwister sitzen in ihren Rollstühlen vor der Tür. Ashanti spielt still mit einer Krankenschwester Tick-Tack-Toe.

Mike Blaese geht nervös im Zimmer auf und ab, während Culver die Infusion anschließt. French Anderson setzt sich auf die linke Bettseite. Er nimmt Ashantis rechte Hand und tastet nach ihrem Puls. In seinem Bemühen, auf alle Eventualitäten gefaßt zu sein, zog er sogar einen Stromausfall in Betracht, der zur Folge haben würde, daß alle Monitoren erlöschen. «Wenn alle Geräte ausgefallen wären, hätte ich Ashantis Puls mit der Hand fühlen können», sagte Anderson später. «Nachdem ich es zum ersten Mal getan hatte, wurde ich abergläubisch. Dann wurde es zu einer Art ‹Running Gag›. Ken und Mike zogen mich damit auf, daß ich vom vielen Pulsfühlen Schwielen an den Fingern bekäme.»

Mel Berger lehnt still an der Ablage am Fußende von Ashantis Bett und wartet. Krankenschwestern stehen links und rechts von Ashanti in Bereitschaft. Ken

Culver sitzt rechts von ihr auf einem Stuhl. Er hat im Augenblick nichts zu tun. Seine schmalen Brillengläser schimmern im Licht des Fernsehers. Alle sind bereit.

Culver ist ungeduldig. Er fürchtet, daß ihm jemand die Spritze aus der Hand nehmen oder ihm irgendwie zuvorkommen könnte. Er setzt eine Spritze mit einer Probe der Zellen am Septum des Infusionssystems an. Durch die Nadel in Ashantis Hand rinnt Kochsalzlösung in ihre Vene. Culver stößt die Nadelspitze durch das Septum und entleert die Spritze in die langsam fließende Kochsalzlösung. Als er fertig ist, sind 100 Milliliter Flüssigkeit mit etwa fünf Prozent der Zellen in Ashantis Körper.

Blaese unterbricht sein Auf- und Abgehen und starrt Culver an. «Oh Gott, Sie haben ihr alles auf einmal gegeben. Es hat nicht mal eine Minute gedauert. Was machen Sie denn da?» Blaese fürchtet, daß die neuen Zellen eine unvorhergesehene Reaktion auslösen. Es liegt kein Grund vor, die Behandlung zu überstürzen.

Auch Raj ist angespannt. «Das war der schlimmste Moment: Wir mußten abwarteten, ob sich bei ihr eine Reaktion auf die Probeinfusion zeigen würde», erinnert er sich.

Alle warten. Fünf Minuten.

Nichts geschieht.

Ashantis Herzmonitor zeigt einen stetigen Puls von 101 Schlägen pro Minute an. Anderson und die übrigen Ärzte haben soeben die Schwelle in ein neues Zeitalter der genetischen Medizin überschritten. Sie sind die ersten Wissenschaftler, die versucht haben, die Symptome eines menschlichen Patienten zu lindern, indem sie ihm neue Gene hinzufügten – eine molekulare Therapie.

Später weist Culver eine der Krankenschwestern an, den Beutel mit den übrigen Zellen an den Metallständer neben dem Bett des Mädchens zu hängen. Ashanti schaut zu, wie der Beutel mit der Infusionsleitung verbunden wird.

«Es ist noch nicht ein Uhr», wendet Anderson ein. Laut Protokoll sollen sie nach der Probegabe zehn Minuten lang warten, bevor sie mit der Behandlung fortfahren.

Nach zehn Minuten dreht eine der Schwestern den Hahn auf und läßt die restlichen gentechnisch veränderten Zellen in den Blutkreislauf der kleinen Patientin fließen. Blaese flüstert Anderson zu, daß Culver seiner Ansicht nach zu forsch vorgehe, und daß die Geschwindigkeit, mit der die Zellen eingeschleust würden, reduziert werden müsse.

«Wie rasch fließen sie?» erkundigt sich Anderson laut.

Culver schaut überrascht auf. Er starrt Anderson eine Sekunde lang an und sagt dann, es spiele keine Rolle. Sie verabreichten nur etwa eine Milliarde Zellen insgesamt – weniger als ein Promille der Leukozyten in Ashantis Körper. Das sei gewiß keine große Menge, und sie flösse nicht rascher als bei einer normalen Bluttransfusion. Außerdem mache er sich Sorgen um die Zellen selbst. Sie befänden sich in einer reinen Kochsalzlösung, statt in dem abgepufferten Milieu des Kulturmediums. Sie könnten anfangen, abzusterben, also wolle er sie so rasch wie möglich in Ashantis Körper übertragen. Anderson und Blaese denken mehr an Ashanti.

«Susan, lassen Sie es ein wenig langsamer angehen», fordert Anderson die Schwester auf, die den Zellfluß kontrolliert. Culver erwidert nichts. Es würde etwa zwanzig Minuten dauern, die gesamten Zellen einzuschleusen. Vermutlich spielte es keine Rolle.

Andersons Vorsicht ist verständlich. Er hat über ein Jahrzehnt lang technische Probleme gelöst, politische Schlachten geschlagen und den Spott seiner Kollegen erdulden müssen, um diesen Tag zu erleben. Er will nicht, daß etwas schiefgeht. Anderson ist der Visionär der menschlichen Gentherapie gewesen. Auf wissenschaftlichen Tagungen, in der Öffentlichkeit und in der Presse hat er den Traum von Gentransplantaten in den 80er Jahren – als es noch so ausgesehen hat, als würden sie wegen der methodischen Probleme, die mit ihnen verbunden sind, für immer Zukunftsmusik bleiben – am Leben erhalten. Seine Rolle als Advokat hat ihm mehr Spott als Beifall eingebracht.

Aber an diesem Mittag im September bleiben alle Angriffe und Kritiken vor der Tür der Intensivstation. Anderson und seine Kollegen haben es geschafft. Sie haben Ashantis Leukozyten mit neuen Gene ausgestattet und sie dann wieder eingeschleust. Es würde Monate dauern, wahrscheinlich mehr als ein Jahr, und mehrere Behandlungen erfordern, um herauszufinden, ob die Gentherapie helfen konnte.

Inzwischen werden die letzten Zellen durch den Plastikschlauch in den Blutkreislauf des Mädchens gespült. Für heute ist die Behandlung abgeschlossen. Culver lächelt Ashanti an, umarmt sie und geht. Anderson hört endlich auf, ihren Puls zu fühlen, und schaut sie an. Das Mädchen erwidert seinen Blick. Eine Weile sagt niemand etwas.

«Das war's, Ashanti», sagt Anderson dann zu ihr. «Was hältst du davon? So viele Vorbereitungen, und jetzt ist es schon vorbei. Wir werden dich jetzt noch eine Weile im Auge behalten, und morgen kannst du nach Hause gehen. Und das war's dann.»

Ashanti erwidert immer noch nichts. Sie ist erst fünf Jahre alt. Aber ihre Eltern sind sichtlich erleichtert. «Es war ein Umschwung», stellt Raj fest, nachdem sich gezeigt hat, daß die Infusion keine Komplikationen verursachte. «Von da an konnte ich mich für die ganze Sache wirklich begeistern. Wir steckten jetzt mittendrin, ob es uns nun paßte oder nicht. Der erste Schritt war getan.» Van achtet mehr darauf, wie ihr Kind sich verhält. «Sie war sehr glücklich», sagte sie. «Das war ein Zeichen dafür, daß sie gesund werden würde. Ich war froh, daß die Behandlung begonnen hatte und sie gesund werden würde. Es begeisterte mich, daß sie die erste war.»

Für Ashanti bedeutet die ganze Aufregung nichts. Sie hat im Augenblick nur eine Frage. Sie will wissen, ob sie ins Spielzimmer zurückgehen kann. Die Behandlung ist so gut verlaufen, daß Anderson und die anderen Ärzte beschließen, Ashanti nach kurzer Beobachtung gehen zu lassen. Um 16 Uhr ist Ashanti in den Spielsachen vergraben. Die DeSilvas – erleichtert, daß alles so gut verlaufen ist, aber von der ganzen Aufregung erschöpft und emotionell ausgelaugt – gehen mit den anderen Töchtern auf ihre Zimmer zurück. Am nächsten Morgen schauen sich die Ärzte ein letztes Mal die Blutproben an, überprüfen Ashantis Vitalfunktionen und schicken sie dann nach Ohio zurück.

Im Januar 1991, vier Monate nach der ersten Gentherapie, sollte Cynthia Cutshall das zweite Kind sein, in dessen Körper Gene implantiert würden, um sie dadurch von den Folgen ihres ADA-Defektes zu heilen. Um Cynthia wurde nicht viel Aufhebens gemacht, denn die meisten Zeitungsverleger waren der Story schon überdrüssig.

Während Anderson zu seinem Büro ging, fiel ihm ein, daß er seit fast 24 Stunden nichts gegessen hatte. Schlafmangel und der Streß der vergangenen Tage hatten ihn erschöpft. Die aufputschende Wirkung der Anspannung war jetzt verflogen. Vor ihm lag die Sisyphusarbeit, den Bericht über die erste Gentherapie am Menschen zu verfassen. Ashantis Behandlung würde in absehbarer Zukunft jeden Monat wiederholt werden. Sie würde von ihrem Vater gebracht werden und man würde ihr mehrere Beutel Leukozyten abnehmen. Die Zellen würden genetisch verändert und im zwei Wochen würde sie die Zellen wieder in ihren Körper zurückerstattet bekommen.

Anderson zog seinen weißen Laborkittel aus und lehnte sich in seinem Stuhl zurück. Er streifte sich die Schuhe von den Füßen und schlüpfte in die weichen Mokassins, die er im Büro trug, wenn er Schreibarbeiten zu erledigen hatte oder Anrufe beantworten mußte. Als erstes rief er William Raub an, den stellvertretenden Direktor des NIH, um ihm zu sagen, daß die Gentherapie erfolgt war und es der Patientin gut ging. Dann rief er Claude Lenfant an, um den Direktor des Herzzentrums persönlich über den Verlauf der Therapie zu informieren. Anderson war ein zu gewiefter Politiker geworden, um zu riskieren, daß sein Vorgesetzter von anderen erfuhr, was geschehen war.

Nach den Pflichtanrufen arbeitete sich Anderson durch den Stapel der Presseanfragen, wie z. B. von der *Washington Post*, der *Chicago Tribune*, der *Los Angeles Times*, von *Time*, *Newsweek* und all den anderen. Er nahm den Stapel der Anrufnotizen, lehnte sich in seinem Stuhl zurück und beschrieb am Telefon immer wieder den Verlauf der Behandlung und Ashantis Zustand. Er gab Prognosen dessen ab, was als nächstes geschehen würde. Ja, die Eltern waren nervös. Nein, das Kind hat nicht geweint. Ashanti hat ein türkisfarbenes Top und eine grüne Hose getragen, die ihre Mutter extra für diese Gelegenheit genäht hatte. Ja, sie hat während der Behandlung eine Puppe umklammert. Sie hat etwa eine Milliarde Leukozyten erhalten – weniger als ein Prozent der gesamten Leukozyten in ihrem Blut. Nein, es gab keine Komplikationen. Das Frage- und Antwortspiel dauerte fast zwei Stunden.

Die Nachrichtensender verkündeten der Welt an diesem Abend, daß das Zeitalter der Gentherapie angebrochen sei. Die *Washington Post*, die *New York Times* und viele andere Zeitungen auf der ganzen Welt setzten die Story auf die Titelseite. Ricardo Sorensen, Ashantis früherer Arzt, der sie mit PEG-ADA behandelt hatte, war an diesem Freitag im September auf seinem ersten Japan-Besuch. «Ich las darüber auf der ersten Seite einer englischsprachigen Zeitung in Tokio.»

Zu diesem Zeitpunkt konnte auf Monate, vielleicht Jahre hinaus, niemand wissen, ob das Experiment Ashantis Leben ändern würde. In vielerlei Hinsicht wog die Tatsache der Einschleusung gentechnisch veränderter Zellen in einen menschlichen Körper mehr als der reale medizinische Nutzen der Therapie. Rein gesellschaftlich und kulturell war mehr gewonnen worden. Zum ersten Mal hatten Forscher die genetische Grundausstattung eines Menschen verändert.

Menschen konnten zum Guten oder Schlechten genetisch verändert werden. Dadurch war die Möglichkeit gegeben, viele der schwierigsten medizinischen Probleme lösen und sogar bisher unheilbare Krankheiten heilen zu können. Es ließ auch die Diskussion über mögliche genetische «Verbesserungen» wieder laut werden, wie Aldous Huxley sie in seinem Roman «Schöne neue Welt» ausgemalt hatte. Die Vorstellung, die Gene der Menschen ändern zu können, besaß Kraft und Schlichtheit, sogar Eleganz. Seit Darwin Mitte des 19. Jahrhunderts die natürliche Auslese postuliert hatte, haben Wissenschaftler und soziale Reformer über die Möglichkeiten einer genetischen Verbesserung der menschlichen Rasse spekuliert. Anderson, Blaese und Culver hatten dazu beigetragen, dieser Möglichkeit Gestalt zu verleihen.

Und doch fand dieses wissenschaftliche Bravourstück – wie so viele Ideen, die die Welt und die Art und Weise revolutioniert hatten, wie die Menschen sich selbst sahen – auf menschlicher Ebene statt. Es wurde an einem kleinen, fünf Jahre alten Mädchen ausgeführt, das auf einem Bett saß und nichts Spektakuläreres als einen Infusionsschlauch aufwies, der mit seiner Hand verbunden war. Diese Schlichtheit täuschte über die komplizierten, technischen Kämpfe hinweg, die dem Ereignis vorausgegangen waren. Sie sagte nichts über die gewaltigen, politischen Schlachten aus, die Anderson gewagt hatte, um all die Genehmigungen zu erhalten, die er für den ersten therapeutischen Gentransfer benötigte.

In vielerlei Hinsicht war Andersons wichtigste Eigenschaft seine Beharrlichkeit. Er selbst hatte nicht die für das Experiment erforderlichen Techniken des Gentransfers entwickelt – eine Tatsache, die ihm viele Wissenschaftler vorhielten.

Und der grundlegende Einfall, die Gene in die relativ kurzlebigen Leukozyten einzuschleusen, stammte von Mike Blaese. Aber Anderson hatte schon früh die Bedeutung der Gentherapie erkannt. Hartnäckig hatte er unzählige technische Probleme aus dem Weg geräumt und so das entscheidende Rennen durch den Paragraphendschungel gewonnen, durch das die Gentherapie aus dem Labor ans Krankenbett gelangt war.

Anderson lehnte sich zurück, schloß die Augen und dachte an jenen Tag zurück, an dem er seine Antrittsvorlesung für das Harvard College verfaßt hatte. Damals hatte er die Behauptung aufgestellt, er würde einmal zu den ersten Ärzten gehören, die Leiden auf molekularer Ebene heilten. Das war 1956 gewesen. Die Doppelhelix als Struktur der Desoxyribonukleinsäure (DNA) war erst drei Jahre zuvor entdeckt worden. Chirurgen schnitten immer noch mit Hingabe Gewebe aus Patienten, und Mediziner verließen sich weitgehend auf toxische Arzneien, um Krebszellen zu vernichten. Damals hatten Ärzte noch kaum begriffen, was Moleküle waren, aber Anderson wollte Krankheiten heilen, indem er Moleküle veränderte.

Schließlich hatte er gemeinsam mit Blaese und Culver genau das vollbracht. Sie hatten zum ersten Mal ein gesundes Gen in die kranken Zellen eines lebenden Menschen eingeschleust. Sie hatten viele grundlegende Ideen beigesteuert. Aber wie alle Wissenschaftler hatten sie auf eine jahrhundertealte Ideengeschichte zurückgreifen können, die Generationen von Forschern Steinchen um Steinchen zusammengetragen hatten. Der Wunsch, die Gene der Menschen zu verändern, hatte lange vor der verfügbaren Technik bestanden. Selbst in bezug auf die Technik hatte das NIH-Team Hilfe gehabt. Sie bauten auf den Erfolgen von Wissenschaftlern der frühen 70er Jahre auf, die Methoden ersonnen hatten, die DNA *in vitro* zu verändern und in Zellen einzufügen. Methoden, die das Zeitalter der DNA-Rekombination und der Gentechnik eingeleitet hatten. Und aus neuerer Zeit halfen den NIH-Ärzten die Gentechniker am Massachusetts Institute of Technology, am Salk Institute und am Memorial Sloan-Kettering Cancer Center. Dort wurden erstmals Maus-Retroviren (Viren, die ihre Erbsubstanz in das Chromosom einer infizierten Zelle integrieren können) zu dem Zweck rekombiniert, gesunde menschliche Gene in kranke menschliche Zellen zu übertragen.

Anderson und sein Team waren in ein komplexes Gewebe aus Beziehungen, Forschern und Reportern verflochten. Es war dies ein Geflecht aus Beziehungen, die die Gentherapie auf der einen Seite erst ermöglicht hatte, andererseits aber ständig drohte, sie zu Fall zu bringen. Es hatte erbitterte Schlachten um den Wert individueller Forschungsergebnisse und einen Kampf um das Recht gegeben, als erster voranzuschreiten; die anmaßende Tat der genetischen Veränderung menschlicher Zellen auszuführen.

Hätten Anderson, Blaese und Culver das Experiment nicht durchgeführt, würde es ein anderer getan haben. Wenn nicht durch sie, wäre es innerhalb weniger

Jahre durch einen anderen geschehen. Anderson selbst hatte einmal überschlagen, daß seine Arbeit den Beginn der Ära der Gentherapie etwa um drei Jahre beschleunigt hatte. Dennoch kann man die Bedeutung des 14. November 1990 nur dann richtig würdigen, wenn man die Verflechtungen von Forschern untereinander, der Ideen und des politischen Kampfes um die gesellschaftliche Anerkennung einer revolutionären Technik begreift. Diese Bedeutung umfaßt nicht nur Ashanti und ihre Familie, sondern alle, die unter einer Krankheit in ihren Genen leiden oder gelitten haben, und all jene, die eines zukünftigen Tages in ihren Genen geheilt werden.

Die Idee, menschliche Gene zu ändern

«Die Verbesserung der gesellschaftlichen Bedingungen wird schlechte Erbanlagen nicht ausgleichen... Die einzige Möglichkeit, ein Land geistig und körperlich gesund zu halten, besteht in der Sicherstellung, daß jede neue Generation vorwiegend von den tauglicheren Mitgliedern der Vorgeneration abstammt.»

Ethel M. Elderton, Eugenikerin des 19. Jahrhunderts

Im Sommer 1969 löste Neil Armstrong das Mondlandegerät *Eagle* vorsichtig von der Apollo 11 und tat seinen berühmten «großen Schritt für die Menschheit». Auf der Erde tat im selben Sommer ein Forscherteam von der Harvard Medical School einen kleineren Schritt, der aber weitaus längerfristige Folgen hatte: Sie isolierten das erste Einzelgen in chemischer Reinform. Es war eine größere technische Leistung. Sie stützte sich auf biochemische Methoden, für die drei andere Amerikaner 1969 den Nobelpreis erhielten. «Dies ist eine sehr bedeutsame Leistung», versicherte ein führender Genetiker der *New York Times* gegenüber, als die erfolgreiche Isolierung im November verkündet wurde.[1]

Das Harvard-Team ging von zufälligen Mutationen bei zwei Viren aus, die Bakterien infizieren, und es gelang ihnen, aus den rund 3000 Genen von *Escherichia coli* (einem normalerweise harmlosen Bakterium, das im menschlichen Darm lebt) einen Genkomplex, das *lac*-Operon, zu extrahieren. Das *lac*-Operon besteht aus drei genetischen Elementen: Repressor und Operator, welche die Aktivität der Gene kontrollieren, und den Genen selbst, welche die Aufnahme und Verdauung von Laktose (Milchzucker) ermöglichen. Französische Wissenschaftler haben sich für ihre Hypothese zur Regulierung des *lac*-Operon 1965 den Nobelpreis geteilt. Die Forscher stellten diese Hypothese auf, indem sie ihre Schlüsse aus indirekten Indizien zogen, ohne jemals tatsächlich mit den Genen selbst gearbeitet zu haben.

Nun hielten die Wissenschaftler des Harvard-Teams ein Gen in den Händen, das sie mittels der Elektronenmikroskopie fotografieren und bei seinen biochemischen Wechselwirkungen mit anderen Zellkomponenten beobachten konnten. Erstmalig seit über 100 Jahren, nachdem der Benediktinermönch Gregor Mendel die Vererbungslehre aufstellte und nachwies, daß bestimmte Merkmale von Erbsen vererbar sind, waren Gene kein abstraktes Konzept mehr, sondern real, «greifbar» geworden.

Aber als Jonathan Beckwith, der Leiter des Harvard-Teams, ans Mikrophon trat, um diese Entdeckung zu verkünden, verlor er kein Wort über die Brillanz der Arbeit. Statt dessen «machte [er] einen recht unbeholfenen Versuch einer politischen Aussage», wie er es später beschrieb.[2] Er warnte die Öffentlichkeit, daß eine genetische Revolution bevorstehe und die Gesellschaft sich selbst vor dem Mißbrauch dieser neuen Wissenschaft durch die Regierung und sogar durch die Industrie der Vereinigten Staaten schützen müsse.

«Je mehr wir [über die neue Technik der Isolierung von Genen] nachdenken, desto deutlicher erkennen wir, daß sie dazu verwendet werden könnte, die Gene in höheren Lebewesen zu korrigieren», sagte Beckwith der *New York Times* gegenüber.[3] «Die einzelnen Schritte sind noch nicht bekannt, aber es ist nicht unvorstellbar, daß es nicht mehr lange dauern wird, bis sie zur Verfügung stehen, und [diese Technik] wird immer furchteinflößender – besonders, wenn wir bedenken, auf welche Weise unsere Regierung Ergebnisse der Biologie in Vietnam und beim Entwurf neuer chemischer und biologischer Waffen benutzt.»

Es war das Jahr, in dem der Vietnamkrieg und die Antikriegsdemonstrationen ihren Höhepunkt erreichten. Die Streitkräfte der Vereinigten Staaten hatten im April 1969 – drei Monate, nachdem die Friedensverhandlungen begonnen hatten – eine Stärke von 543 000 Mann. Es war das Jahr des Massakers von My Lai und der großen Antikriegsdemonstrationen in Washington, die von der Polizei in riesigen Tränengaswolken erstickt wurden. Die Harvard-Forscher hatten die sozialen Unruhen und den allgemeinen Vertrauensschwund in die Institutionen der USA wohl verstanden.

«Die Arbeit, die wir getan haben, könnte üble Folgen haben, über die wir keine Kontrolle haben», warnte James Shapiro, Harvard-Fellow und Mitglied des Wissenschaftlerteams. «Diese Anwendung durch die Regierung ist es, die uns Angst macht.»

Beckwith, Shapiro und die übrigen waren in einer Zeit, in der die meisten Wissenschaftler sich in die Elfenbeintürme ihrer Laboratorien einschlossen, politisch aktiv geworden. Sie waren der Meinung, daß Wissenschaftler nicht länger Ahnungslosigkeit in bezug auf die Art und Weise heucheln sollten, wie ihre Entdeckungen angewandt wurden. Immerhin waren es die Wissenschaftler, die den Regierungen der Welt die furchtbaren Werkzeuge der Massenvernichtung in die Hände gegeben hatten – die Atombombe oder chemische Waffen wie Napalm und Agent Orange (ein Herbizid und Entlaubungsmittel, das von der US-Armee in Vietnam eingesetzt wurde).

Beckwiths Gruppe wagte die optimistische Vorhersage, daß Forscher eines Tages isolierte Gene in Viren packen und mit ihnen Menschen infizieren würden, um sie von Erbkrankheiten wie der Bluterkrankheit zu heilen. Aber angesichts der Nutzung neuer Methoden durch die Regierung zu zerstörerischen Zwecken machten sie sich Sorgen, daß der Gentransfer dazu verwendet werden könnte, um «mehr Böses als Gutes» zu bewirken.

Die Einführung der Genmanipulation konnte auf die nächsthöhere Stufe der Herrschaft jener wenigen Mächtigen führen, die die Institutionen der Gesellschaft kontrollierten. Beckwith warnte in umstürzlerischen Worten vor dem möglichen Mißbrauch der Wissenschaft, wenn die Gesellschaft nicht wachsam bleibe. Was er am meisten fürchtete, war die Wiederkehr der tendenziösen und fehlgeleiteten sozialen Programme der Jahrhundertwende, mit deren Hilfe die Gesellschaft verbessert werden sollte, indem man die Vermehrung vermeintlich höherwertiger Menschen sicherstellte, während zugleich die Reproduktion jener vereitelt werden sollte, die man als minderwertig ansah. Basierend auf den derzeit neuesten Forschungsergebnissen der noch jungen Forschungszweige Evolution und Genetik wurden in den USA und in England im frühen 20. Jahrhundert Gesetze erlassen, die die unfreiwillige Sterilisierung von Personen vorschrieben, die als gesellschaftlich ungeeignet erachtet wurden, und die Einwanderung der Angehörigen von Bevölkerungsgruppen eingeschränkten, die nach vermeintlichen wissenschaftlichen Indizien für latent kriminell, schwachsinnig oder auf andere Weise verhaltensgestört waren. Im nationalsozialistischen Deutschland gipfelten diese Vorstellungen in der gezielten Ermordung von Unerwünschten – Geisteskranken, Homosexuellen, politisch Andersdenkenden und vor allem Juden.

Konnte die Isolierung des ersten Gens, eines Bakteriengens, rasch zu einer Gentechnik führen – möglicherweise sogar zur Genmanipulation am Menschen? Die Geschwindigkeit der genetischen Revolution übertraf sogar die Erwartungen des Harvard-Teams. Innerhalb von nur zwei Jahren sollten neue Labortechniken es ermöglichen, mit genau solchen Experimenten zu beginnen, wie sie sie am meisten gefürchtet hatten – der gentechnischen Veränderung lebender Zellen. Als nächstes käme dann ein vollständiger Organismus – und dann irgendwann auch der Mensch. Gerade das zukünftige Experimentieren mit Menschen – wie die Behandlung von Ashanti DeSilva durch das NIH-Team im Jahr 1990 – erfüllte die Harvard-Wissenschaftler mit großer Besorgnis.

Die Frage war, ob die Gesellschaft für diese Neudefinition des Menschen reif sein würde. Nur zwei Jahre zuvor, im August 1967, hatte Marshall W. Nirenberg genau diese Frage im Editorial des Magazins *Science* gestellt.[4] Nirenberg war Wissenschaftler am National Heart, Lung, and Blood Institute. Er hatte Anfang der 60er Jahre den genetischen Code geknackt und 1968 einen Nobelpreis erhalten. Nun war er besorgt, die rasche Ausweitung des genetischen Wissens könne «die Zukunft des Menschen stark beeinflussen, denn der Mensch erhält [so] die Macht, sein eigenes biologisches Schicksal zu gestalten. Eine derartige Macht kann klug oder unklug, zum Besseren oder zum Schaden der Menschheit angewendet werden.»

Nirenberg sagte voraus, daß man innerhalb von 25 Jahren «Zellen mit synthetischen Botschaften [Genbruchstücken, die im Labor zusammengefügt und dann wieder in die Zelle eingebracht werden] programmieren» werde und, «wenn die Anstrengungen in dieser Richtung verstärkt werden, Bakterien vielleicht innerhalb von fünf Jahren programmiert werden» würden. Wichtiger sind jedoch seine Befürchtungen, der Mensch könne fähig sein, «seine eigenen Zellen mit synthetischen Informationen zu programmieren, lange bevor er in der Lage ist, die langfristigen Folgen derartiger Veränderungen angemessen einzuschätzen, eine exakte Zielsetzung zu artikulieren und die entstehenden ethischen und moralischen Probleme lösen kann».

Es zeigte sich, daß Nirenbergs kühne Vorhersagen nicht nur zutreffen sollten, sondern von der tatsächlichen Entwicklung sogar noch überboten wurden. Die erste Bakterienzelle wurde nur vier Jahre später «programmiert», und Säugerzellen bereits ein knappes Jahrzehnt darauf. Wieder ein Jahrzehnt später wurden die ersten Gene in Menschen eingeschleust. Wie wir es von wissenschaftlichen Fortschritten kennen, entwickelte sich die Gentechnik mit atemberaubender Geschwindigkeit. Da die Technik sich auf das Ziel zubewegte, Menschen genetisch zu verändern, blieb die Frage bestehen, ob die Gesellschaft einsichtig genug war, ihre eigene Evolution in die Hand zu nehmen.

Aber es bestand wenig Zweifel daran, daß die Gesellschaft eine sich bietende Gelegenheit dazu wahrnehmen würde. In einer Untersuchung von 1992 erklärten sich 87 Prozent der US-Bürger bereit, sich auf einen Gentransfer zur Heilung einer tödlichen Krankheit einzulassen.[5] Noch erstaunlicher war, daß fast die Hälfte der Befragten sagten, sie würden genetischen Veränderungen bei ihren Kindern zustimmen, wenn sich dadurch die körperlichen oder geistigen Fähigkeiten des Kindes verbessern ließen. Und doch gaben in derselben Untersuchung nur dreizehn Prozent der Befragten an, viel oder ausreichend viel über den Gentransfer zu wissen.

Die Öffentlichkeit war bereitwilliger, die Technik zur Verbesserung der menschlichen Anlagen anzuwenden, als die Wissenschaftler oder die Philosophen, die sich kritisch mit deren Arbeit auseinandersetzten. Für die Öffentlichkeit und für die meisten Eltern stellte eine Veränderung der Gene ihrer Kinder wohl nur ein weiteres Privileg der ökonomischen Elite dar – wie beispielsweise Reitstunden oder Violinunterricht.

Wie groß wäre der Schritt der Gesellschaft von der Schaffung eines genetisch makellosen Kindes bis zu dem großangelegten Versuch, mit den neuen gentechnischen Werkzeugen eine perfekte Kultur mit Bürgern vom Schlage des «Übermenschen» Friedrich Nietzsches zu verwenden? Der Traum von einer idealen Gesellschaft hat eine altehrwürdige Tradition. Natürlich waren es die Griechen vor über 2500 Jahren, die die ersten Fabeln von einer vollkommenen Welt ersannen. Aristophanes beschrieb in «Die Vögel» ein «Wolkenkuckucksheim», dessen mustergültige Bürgerschaft im Gegensatz zu der profanen Lebensweise der Athener stand. Platon stellte sich in «Der Staat» (Politeia) eine perfekte Gesellschaft vor, in der «natürliche Herrscher» (selbstverständlich Philosophen) mit Hilfe der Kriegerkaste die Arbeiter in kooperativen Verbänden organisierten und ihnen gesellschaftliche Rollen zuwiesen, die ihren natürlichen Fähigkeiten entsprachen.

Dieses Thema entwickelte sich in verschiedenen religiösen und säkularen Stufen bis ins 16. Jahrhundert, als Thomas Morus der Bewegung durch sein Buch «Utopia» einen Namen gab. Während utopische Schriftsteller grandiose Pläne für ein harmonisches Leben entwarfen, versuchten Pioniere und andere Utopia-Gläubige, die in die Neue Welt beider Amerika kamen, die Utopien in die Wirklichkeit umzusetzen. Niederländische Mennoniten bildeten 1663 in der Gegend des heutigen Lewes (Delaware) die erste kommunistische Gemeinschaft. Von damals bis 1858 gründeten religiöse und säkulare Visionäre annähernd 150 utopische Gemeinschaften in den USA – darunter die Brooks Farm in Massachusetts und die Oneida Community im Staat New York.

Nach dem Sezessionskrieg (1861–1865) geriet der amerikanische Utopismus ins Stocken. In anderen Teilen der Welt wurde er von sozialen Veränderungen oder einer anderen idealistischen Bewegung übernommen, die einige seiner Theorien in ökonomischen Begriffen enthielt, etwa dem «Kommunistischen Manifest» von Karl Marx und Friedrich Engels. Aber während der Kommunismus sich gegen den Kapitalismus auflehnte, begründete Charles Darwin eine noch tiefergreifende Revolution, da er die Art und Weise erschütterte, wie die Menschheit sich selbst in ihrer Beziehung zur Welt – und damit zu Gott – sah.

Nach seiner fünfjährigen Weltumseglung auf der H.M.S. «Beagle», die zwei Tage nach Weihnachten 1831 begann, vollendete Darwin am 24. November 1859 schließlich sein Meisterwerk über die Evolution: «The Origin of Species by Means of Natural Selection» (Die Entstehung der Arten aufgrund natürlicher Zuchtwahl).[6]

Der Darwinismus wurde – wie jede neue Ideologie – rasch so vielfältig interpretiert, daß man buchstäblich jede Sehweise oder jedes soziale Programm rechtfertigen konnte, indem man sich auf ihn berief. Innerhalb eines Jahrzehnts nach Veröffentlichung des Buches wurden die Prinzipien der natürlichen Auslese auf Menschen, Gruppen und sogar ganze Rassen angewandt. Diese Strömung wurde Sozialdarwinismus genannt; ihre Theoretiker machten großzügigen Gebrauch von Darwins Argumenten, um verschiedene Erscheinungen in der Politik und der Ökonomie zu erklären. Nach diesem entstellten Konzept waren schwache Mitglieder der Gesellschaft unfähig zum Wettbewerb und zum Überleben, also wurden sie vernichtet und ihre Kultur mit ihnen. Zugleich wurden starke Individuen mächtiger und erhielten einen größeren kulturellen Einfluß. Obwohl der gesellschaftliche Wettbewerb brutal sein konnte, mußten diejenigen, die ihn überlebten, die Tüchtigsten sein und die Gesellschaft insgesamt stärken. Kraft dieser Logik waren Millionäre die tüchtigsten Mitglieder der Gesellschaft und verdienten ihre Privilegien, wie der Sozialdarwinist William Graham Sumner aus Paterson (New Jersey) schrieb. Andrew Carnegie und John D. Rockefeller spendeten Sumner natürlich Beifall. Ihrer Ansicht nach rechtfertigte seine Aussage die Auswüchse des Kapitalismus.[7]

Der Sozialdarwinismus bot ein wissenschaftliches Deckmäntelchen für unverhohlene Brutalitäten aller Art. Die britische Regierung benutzte das Konzept, um den Kolonialismus und seine Unterwerfung sogenannter primitiver Eingeborener zu verteidigen. Auch mußte es dazu herhalten, die Praxis der Kinderarbeit zu rechtfertigen. Die logische Ausweitung der Theorie ließ vermuten, daß die Menschheit selbst einem evlutionären Wandel unterworfen war; daß menschliche Gesellschaften sich genauso wie biologische Arten entwickelten. Wenn die Theorie zutraf, war es ein Naturgesetz, daß die Tüchtigen überlebten und sogar gediehen, während die Schwachen dazu verurteilt waren, unterworfen zu werden. Nach dieser Logik, so argumentierten einige Philosophen, hatte sich die Zivilisation der Weißen in Europa zur tüchtigsten entwickelt, was ihre Herrschaft über andere Kulturen rechtfertigte. So mußte der Darwinismus herhalten, den Rassismus salonfähig zu machen.

Es ist jedoch ein Unterschied, ob man die Ideen Darwins dazu benutzt, gesellschaftliche Praktiken der Vergangenheit zu entschuldigen, oder ob sie als Rechtfertigung für Versuche herhalten müssen, die Gesellschaft durch irgendeine Form der künstlichen Selektion zu «verbessern». Und es gab Vorläufer solcher Vorstellungen. Als Darwin zum ersten Mal auf die Idee der natürlichen Auslese stieß, bemühte er sich, ihre Kernprinzipien zu bestätigen, indem er sich an die einzigen Menschen wandte, die tatsächlich Evolution spielten, nämlich an Pflanzen- und Tierzüchter. Menschen verändern Tiere seit der Mittelsteinzeit (seit über 11 000 Jahren) und Pflanzen seit der Jungsteinzeit (seit etwa 9 000 Jahren). Züchter lassen nur diejenigen Pflanzen und Tiere zur Fortpflanzung kommen, die bestimmte, erwünschte Eigenschaften aufweisen – ein dichteres Fell, mehr Fleisch oder Milch, bzw. mehr oder größere Körner. Dank des ständigen Drucks der menschlichen Auslese – in der sich die Auswirkungen der natürlichen Auslese widerspiegelten – war leicht zu erkennen, daß sich die Nutzpflanzen und Haustiere im Verlauf der Jahrhunderte verändert hatten. Die neuen Eigenschaften schufen beträchtliche Unterschiede zwischen ihnen und ihren wilden Vorfahren. Darwin schloß, daß der künstliche Druck, den Züchter ausübten, eine Art tatsächlich umbilden konnte. Dieser Schluß trug zur Bestätigung der natürlichen Zuchtwahl bei.

Diese Beobachtung rief bei Darwins Cousin Francis Galton einen tiefen Eindruck hervor. Wenn Darwins Ideen bedeuteten, daß der Mensch nicht in

Ungnaden gefallen war, wie es die Kirche lehrte, sondern daß die Menschheit im Begriff war, sich durch Evolution aus niedrigen Anfängen zu entwickeln – dann konnte man der Evolution vielleicht nachhelfen. In einem zweiteiligen Artikel in *Macmillan's Magazine* erhob Galton 1865 eine Frage, die ihn für den Rest seines Lebens beschäftigen und das Leben von Millionen verändern sollte: Wenn Züchtung bei Pflanzen und Tieren Erfolg hatte, «könnte die menschliche Art auf ähnliche Weise verbessert werden? Könnte man sich nicht der Unerwünschten entledigen und den Erwünschten helfen, sich zu vermehren?» Galton drängte die Gesellschaft, aktiv bei der Entscheidung mitzuwirken, wer heiraten und Kinder haben durfte, und wer nicht, statt die Gesetze der Natur entscheiden zu lassen, welche Menschen die Tüchtigsten beim Überleben waren. Indem man Ehen zwischen jenen begünstigte, die man als die Tüchtigsten betrachtete, und Menschen mit weniger erwünschten Charakterzügen daran hinderte, Kinder in die Welt zu setzen, würden die Anlagen jeder nachfolgenden Generation um erwünschte Eigenschaften bereichert und die Rasse insgesamt verbessert. «Was die Natur blind, langsam und skrupellos ausführt, läßt sich vorausblickend, rasch und gütig vollbringen», schrieb Galton.

Im Jahre 1883 prägte Galton den Begriff der «Eugenik» – aus dem griechischen Wort, das «wohlgeboren», «von vornehmer Herkunft» bedeutet –, um seine Vision zu umreißen. Sie gründete sich auf eine einfache Voraussetzung: Es gab eine positive Eugenik, in der man Menschen, deren Charakterzüge als wünschenswert erachtet wurden, zur Vermehrung ermutigte, und eine negative Eugenik, in der man jene, die man als minderwertig betrachtete, davon abhielt, Kinder zu bekommen. Aber als Wissenschaft war die Eugenik auf Sand gebaut. Galton und seine Nachfolger behandelten die Vererbung des komplexen menschlichen Verhaltens – darunter ungenügend definierte Mängel wie Geistesschwäche, Armut, kriminelle Neigungen, Alkoholismus, Degeneration und Thalassophilie (die Lust, zur See zu fahren) – so, als handele es sich bei ihnen um einzelne, angeborene Eigenschaften wie die Haar- oder Augenfarbe. Sie irrten sich gewaltig.

Wären Galtons eugenische Aussagen nichts weiter als ein faszinierendes Konzept geblieben, hätten sie keinen Schaden in der Geschichte angerichtet. Aber Galton hatte Bücher und Pamphlete geschrieben, die ihm in den letzten Jahrzehnten des 19. Jahrhunderts eine Handvoll Gefolgsleute einbrachten. Es waren niemals wirklich viele, bis zur Jahrhundertwende, als Galton wieder seine Propaganda als begeisterter Befürworter der Eugenik aufnahm. Seine eugenischen Botschaften waren zwar bereits seit Jahren bekannt, aber die Welt hatte sich verändert. Die soziale Sicht änderte sich. Im Wettstreit liegende Weltanschauungen – vom Kapitalismus bis zum Kommunismus oder Sozialismus – kämpften hart um Herz und Hirn der britischen Massen. In England kamen große Menschenmengen zusammen, um Galton zu hören. Im Jahre 1904 drängten sich Ärzte, Wissenschaftler und Schriftsteller im Gebäude der Sociological Society in London, um Galton über Eugenik sprechen zu hören. H.G. Wells hörte ihn in London und schrieb ein Jahr darauf «A Modern Utopia» (Jenseits des Sirius), das von eugenischen Aussagen strotzte. Selbst George Bernhard Shaw spickte sein Stück «Man and Superman» (Mensch und Übermensch) mit eugenischen Konzepten. Plötzlich waren Galton und seine Ideen modern.

Eine soziale Bewegung bildete sich. Die English Eugenic Society – ursprünglich mit Galtons Unterstützung unter der Bezeichnung Eugenics Education Society gegründet – wurde 1907 eingerichtet, um die eugenische Botschaft zu verbreiten. Eines der Mitglieder sagte, die Gesellschaft sei «propagandistisch» gewesen. Die eugenische Bewegung kam auch über den Atlantik in die USA; dort überredete Charles Davenport, ein Harvard-Biologe, der zunächst Mathematik studiert hatte, 1904 die neu gegründete Carnegie Institution in Washington, in Cold Spring Harbor auf Long Island (New York) ein Forschungszentrum für Evolution zu gründen. Im Jahre 1910 eröffnete er mit Unterstützung von John D. Rockefeller und der Familie des Eisenbahnmagnaten Edward H. Harriman das Eugenics Records Office.

Das Geld wurde für eine große Zahl eugenisch geschulter Mitarbeiter ausgegeben, die von Tür zu Tür gingen, um Daten für eine statistische Erhebung über angeborene Eigenschaften beim Menschen zu sammeln. Die Familienstammbäume, die sich aus diesen Aufzeichnungen ergaben, führten zu der Entdeckung, daß einige Leiden, zum Beispiel die Bluterkrankheit und der Veitstanz – ein tödliches Gehirnleiden, das nicht vor dem vierten Lebensjahrzehnt auftritt – vererbt werden, und daß auch andere Anomalien wie Albinismus und Polydaktylie (Vorkommen überzähliger Finger) in den Genen weitergegeben wurden. Daneben brachte die Untersuchung lächerliche «genetische Störungen» zutage, darunter Nomadismus, Unbeholfenheit und «Thalassophilie», die Davenport als Liebe zur See bezeichnete und die nur bei Männern vorkam, sowie «angeborene erotische Erregbarkeit» bei «eigenwilligen» Mädchen.

Obwohl die Eugenik wissenschaftlich nicht fest gegründet war, besaß sie den Klang wissenschaftlicher Authentizität, der ihr Autorität und Achtbarkeit verlieh. Diese Eigenschaften ermöglichten, daß die dunklen Seiten der Eugenik zutage traten, wie sie in einer düsteren Zukunftsvision aus der Feder von Aldous Leonard Huxley zum Ausdruck kommen. Aldous Huxley war der Enkel von Thomas Henry Huxley, dem viktorianischen Wissenschaftler, Essayisten, Agnostiker und öffentlichen Verteidiger Charles Darwins – somit in der Tradition mehrerer großer Wissenschaftler aufgewachsen. Aldous' Bruder Julian war eine bedeutende Gestalt in der britischen Biologie und ebenso wie sein Freund, der britische Biologe J.B.S. Haldane, ein führender Kritiker der Eugenik. Haldane, ein brillanter

Freidenker, «einer der großen Schurken in der Wissenschaft», veröffentlichte 1923 eine kurze Abhandlung mit dem Titel «Daedalus, or Science and the Future», in der er Retortenbabies vorhersagte und beschrieb.

Zwischen Huxleys Ablehnung der Eugenik und Haldanes makabrer Vision massenproduzierter Menschen zeigte sich dem jungen Aldous ein düsteres Bild davon, wie die Wissenschaft dazu benutzt werden konnte, um das Volk und die Gesellschaft zu kontrollieren. Er entdeckte die «Schöne neue Welt».

Huxleys schriftstellerische Visionen, so düster sie auch sein mochten, reichten bei weitem nicht an die grauenvolle Wirklichkeit der 20er und 30er Jahre heran, als die Ideen der Eugenik in die Politik Einzug hielten. Die USA erließen die ersten eugenischen Gesetze, die eine Sterilisierung der Untüchtigen zwingend vorschrieben. Indiana verabschiedete 1907 als erster US-Bundesstaat diese Gesetze, es folgten fünfzehn Bundesstaaten. Ende der 20er Jahre hatten 24 Bundesstaaten Sterilisationsgesetze. Mitte der 30er Jahre waren in den UA über 20000 legale Sterilisationen ausgeführt worden, und 1941 hatte sich diese Anzahl auf 36000 erhöht. Die meisten Zwangssterilisierten waren Insassen staatlicher Anstalten für Geisteskranke, Drogenabhängige, wegen sexueller Vergehen Überführte oder Epileptiker.

Die Eugenik hielt auch dafür her, die Reform des Einwanderungsgesetzes von 1924 zu rechtfertigen; ein Gesetz, das die Einwanderung von Angehörigen aller Nationalitäten jährlich auf einen kleinen Prozentsatz derer beschränkte, die laut Volkszählung von 1890 bereits in Amerika waren. Amerikaner, die einst davon ausgegangen waren, daß ihr Land über endlose Weiten verfügte und keine Grenzen aufwies, sahen in denjenigen, die aus dem östlichen und südlichen Europa kamen und Freiheit suchten, jetzt Horden geistesschwacher Diebe, die ihre Gesellschaft ausplündern wollten, auf staatliche Unterstützung aus waren und allgemein die Erbmasse des Landes verschlechtern wollten. Die «wissenschaftlichen Beweise» der Eugenik für die Gefahren, die dem Kongreß unterbreitet wurden, reichten aus, um die Grenzen zu schließen.

Aber nichts von dem, was in den USA geschah, war mit den Schrecken der eugenischen Erlasse in Nazi-Deutschland vergleichbar, als Adolf Hitler und seine Handlanger versuchten, ihre eigene utopische Weltordnung zu errichten. Mit dem eugenischen Sterilisierungsgesetz von 1933 schrieb Deutschland zwingend die Sterilisation für alle vor, die unter vermeintlich erblichen «Schwächen» litten, darunter Schwachsinn, Schizophrenie, Epilepsie, Blindheit, Alkoholismus sowie schwere körperliche Mißbildungen. Wer als häßlich betrachtet wurde, lief Gefahr, sterilisiert zu werden. Im Jahr 1934 verlangten neue Gesetze von den deutschen Ärzten, daß sie die Untauglichen einer Reichsbehörde für Erbgesundheit melden. Drei Jahre später hatten die Nazis 225000 Menschen sterilisiert, von denen die Hälfte als geistesschwach galten.

Aber die deutsche Eugenik ging weit über die Sterilisierung hinaus. Im Jahr 1939 wurde Euthanasie das neue eugenische Werkzeug. Insassen deutscher Anstalten für Geisteskranke waren die ersten Opfer. Schließlich wurden mehr als 70000 dieser Menschen erschossen oder vergast. Von dort aus war es nur noch ein kleiner Schritt bis zum Beginn der Ausrottung aller, die den Genpool gefährdeten. Die Juden waren die nächsten, die – zugleich mit anderen ethnisch oder gesellschaftlich Unerwünschten – einfach vernichtet wurden. Die frühen eugenischen Gesetze, die die Nazis einführten, um die Reinheit der arischen Rasse zu schützen, führten unmittelbar von der Sterilisierung der Geisteschwachen zu dem Holocaust von Auschwitz und den übrigen Vernichtungslagern während des Zweiten Weltkriegs. Die Hauptströmung der Eugenik sollte sich nie wieder von dem Schlag erholen, den ihr die logische Ausweitung ihrer Ideen durch die Nazis zu einer barbarischen Staatspolitik versetzten.

Die Erinnerung an die Nazi-Progrome lastete wie ein Fluch auf der Entwicklung der Gentechnik in den 70er Jahren und war bei jeder Diskussion über die Veränderung der Gene bei Menschen gegenwärtig – sei es, um tödliche Leiden zu heilen, oder um individuelle Eigenschaften wie Körpergröße oder Intelligenz zu verstärken.

Schon, als die Pseudowissenschaft der Eugenik zu Beginn des 20. Jahrhunderts anfing, die Sozialpolitik zu beeinflussen, wandten die Biologen sich größtenteils von ihr ab. Um die Jahrhundertwende war die Arbeit des Benediktinermönches Gregor Johann Mendel aus dem Jahr 1866 wiederentdeckt worden, die besagte, daß die Merkmale eines Organismus vererbt werden. Im Jahr 1906 prägte der britische Zoologe William Bateson den Begriff für die stofflichen Anlagen, die Mendels sogenannte «Erbfaktoren» trugen: Er nannte sie Gene.[8]

Die Entdeckung des Prinzips der Vererbung bedeutete für die Wissenschaftler eine Herausforderung, ausfindig zu machen, welche biochemischen Komponenten tatsächlich in den Genen wirksam waren. Nun gibt es in der Tat nur vier biochemische Komponenten in einer lebenden Zelle: Fette, Zucker, Proteine und Nukleinsäuren. Die Wissenschaftler schlossen die Fette und Zuckerarten als Träger der genetischen Informationen rasch aus. Somit blieben nur Proteine und Nukleinsäuren. Proteine stellen die kompliziertesten und komplexesten Bestandteile des Körpers dar. Sie sind aus zwanzig verschiedenen Bausteinen (den Aminosäuren) zusammengesetzt, die sich beliebig zu Ketten kombinieren lassen. Die Aminosäuren können im Protein in jeder Anordnung vorkommen und eine Kette beliebiger Länge bilden. Die meisten Wissenschaftler des frühen 20. Jahrhunderts hielten Proteine für die Träger der Gene.

Nukleinsäuren hingegen sind lange, relativ gleichförmige Polymere, besonders die Desoxyribonukleinsäure oder DNA (von engl. desoxyribonucleic acid). DNA wird aus nur vier verschiedenen Untereinheiten aufgebaut, den Nukleotiden. Nukleotide bestehen ihrerseits aus je einem Molekül Phosphorsäure, einem

Zuckermolekül, der Desoxyribose (bzw. in RNA Ribose), und einer von vier verschiedenen Purin- bzw. Pyrimidinbasen. In den langen DNA-Fasern, die man in den Chromosomen innerhalb des Zellkerns vorfand, schienen sich die Nukleotide nach dem Zufallsprinzip ständig zu wiederholen. Wegen dieser relativen Einförmigkeit hielten zu Beginn des 20. Jahrhunderts nur wenige Wissenschaftler die DNA für den Träger der Erbinformation.

Trotzdem kam die DNA als Kandidat in Frage, seit Friedrich Miescher sie 1869 entdeckt hatte. Er war damals erst zwanzig Jahre alt und ein unbekannter deutscher Wissenschaftler, der an der Tübinger Universität tätig war. Mehr als zwei Jahre lang berichtete niemand über die Entdeckung. Miescher isolierte aus den weißen Blutkörperchen im Eiter zunächst eine Substanz, die er Nuklein nannte. Später stellte sich heraus, daß es sich um DNA handelte. Bis August 1869 hatte Miescher diese Substanz aus vielen Zellen isoliert, darunter aus Hefezellen, sowie aus Nieren-, Leber- und Hodengewebe und roten Blutkörperchen (bei Vögeln z. B. enthalten die roten Butkörperchen Zellkerne).[9] Aber all dies bewies keineswegs, daß Nuklein oder DNA Erbinformationen trug, obwohl es um 1900 immerhin in Betracht gezogen wurde.[10]

Der erste brauchbare Hinweis darauf, daß die DNA Gene enthalten könnte, zeigte sich 1928, als Frederick Griffith, ein Mikrobiologe am englischen Gesundheitsministerium, entdeckte, daß eine Form des Bakteriums *Pneumococcus* – die nicht virulente R-Form (wegen der rauhen Kolonieform so benannt) – in eine pathogene S-Form (von engl. smooth, wegen der glatten Kolonieform) verwandelt werden konnte, wenn man Extrakte durch Hitze abgetöteter S-Pneumokokken mit Pneumokokken der gutartigen, lebenden R-Form mischte.[11] Irgend eine Komponente der toten S-Typen hatte den R-Typ in seine tödliche Variante umgewandelt. Griffith hatte keine Ahnung, worin dieser Umwandlungsfaktor bestehen mochte. Anscheinend hatte er nicht den Verdacht, daß die DNA aus der S-Form in die R-Form einging und sie genetisch veränderte. Aber genau das war geschehen. Leider hatte Griffith – nachdem er seine Entdeckung 1936 zum ersten Mal beschrieb – keine weiteren Studien über dieses Phänomen angestellt, bis er fünf Jahre später während des Zweiten Weltkriegs während eines Bombenangriffs in seinem Londoner Laboratorium umkam.

Jenseits des Atlantik führten Oswald T. Avery, ein geachteter Bakteriologe, und seine Kollegen an der Rockefeller University in New York eine Reihe von Experimenten mit mehreren untereinander verwandten Pneumokokken-Arten durch. Nachdem sie Griffiths Ergebnissen anfangs nicht geglaubt hatten, machten sich Avery, Colin MacLeod und Maclyn McCarty daran, die Substanz zu identifizieren, die den einen *Pneumococcus*-Typus in einen anderen umwandelte. In einem aufwendigen chemischen Reinigungsprozeß trennten sie systematisch Protein von Zucker, Fette von Nukleinsäuren. Die einzelnen Komponenten wurden sorgfältig auf ihre Fähigkeit zur Transformation der Pneumokokken untersucht. Nur die Nukleinsäuren veränderten die Zellen. Die Forscher veröffentlichten 1944 ihre Ergebnisse im *Journal of Experimental Medicine.*[12] Erstaunlicherweise rief ihre Schlußfolgerung nur ein schwaches Echo hervor. Die Biologen, die schon zu lange der Feststellung verhaftet waren, daß Proteine die Gene trugen, zögerten, den Daten aus der Rockefeller University zu glauben. Später erkannte ein Nobelpreis-Komitee die Bedeutung der Arbeit dieser Forscher und erkannte ihnen den Preis zu.

Jedenfalls erbrachten Experimente im Laufe der Jahre Hinweise darauf, daß Avery und seine Kollegen recht gehabt hatten. Im Jahre 1952 legten Alfred Hershey und Martha Chase anläßlich eines Treffens im Cold Spring Harbor Laboratory überzeugende Beweise dafür vor, daß Viren, die Bakterien angreifen, nur ihre DNA in die Wirtszelle injizieren, ohne, daß Protein vom Virus in das Bakterium gelangte. Allein die virale DNA reichte für die Anleitung zur Synthese neuer Viren aus.[13]

Ein Jahr später fanden der amerikanische Biologe James D. Watson und der englische Physiker Francis H. Crick, die damals beide am Cavendish Laboratory der Cambridge University arbeiteten, heraus, daß die DNA eine helikale Struktur, ähnlich einer Wendeltreppe, aufwies, bei der die Nukleotide nach innen weisen.[14] Ihr Modell führte zu mehreren wichtigen Folgerungen: Es ließ sich daraus ableiten, wie sich das genetische Material in einer semikonservativen Form[15] reproduzierte, so daß seine genetischen Informationen in den Mustern, die Mendel beschrieben hatte, an künftige Generationen weitergegeben werden konnten. Es zeigte, wie Gene in der DNA codiert waren[16] und wie die Erbinformationen innerhalb der Zelle transportiert wurden, so daß sie in Proteine umgewandelt werden konnten. Crick sollte diese Folgerungen bei der Formulierung des sogenannten Zentralen Dogmas der Biologie einarbeiten.[17]

Letztlich erfüllen Gene nur einen Zweck: Sie speichern die Pläne zur Herstellung von Proteinen. In einer Hinsicht hatten die Biologen des beginnenden 20. Jahrhunderts recht, wenn sie sagten, Proteine seien die interessantesten Moleküle der Zelle. Sie vollbringen alles, was in einer Zelle und im Körper geschieht. Proteine stellen die Stützbalken und Gerüste der Zelle her und bilden die Förderbänder, die im Inneren der Zelle Material befördern. Jedes Enzym ist ein Protein, und Enzyme regeln jede chemische Reaktion in einer Zelle; es gibt jeweils ein spezifisches Enzym für jede Reaktion. Es ist die besondere Form des Proteins, die dem Enzym seine Spezifität verleiht. Die Form eines Proteins wird durch die Anordnung der Aminosäuren in ihm bestimmt. Die Anordnung der Aminosäuren wird durch den genetischen Code kontrolliert, durch die Anordnung der Nukleotide im DNA-Doppelstrang.

Cricks Zentrales Dogma beschrieb, wie diese genetischen Informationen von der DNA zu den Proteinen floß, und auf welche Weise dieser Vorgang kontrollierte, was in jeder Zelle des Körpers vor sich ging. Auf seine einfachsten Prinzipien reduziert, besagt das Dogma, daß die biologischen Informationen von der DNA über die RNA zum Protein fließen.

Gene sind auf dem langen DNA-Strang codiert, der wie eine in sich verdrillte Leiter gebaut ist. Die senkrechten Holme rechts und links der Leiter bilden das Rückgrat des DNA-Moleküls. Sie bestehen aus einer ständig wiederholten Folge von Phosphorsäure- und Zuckermolekülen. Die Sprossen bestehen aus je zwei Basen, die jeweils fest mit einem der senkrechten Holme verbunden sind. Damit die Leiter nun zusammenhält, müssen die beiden Basen, die jeweils eine Sprosse bilden, einander anziehen, wie der Nord- und der Südpol zweier Magnete.

Um diese Anziehung zu erreichen, müssen die beiden Basen komplementär sein. In der DNA gibt es vier verschiedene Basen, die gewöhnlich durch die Symbole ihrer chemischen Namen bezeichnet werden: A, C, G, und T (für Adenin, Cytosin, Guanin und Thymin). Das Adenin ist komplementär zum Thymin und bildet mit ihm ein Basenpaar, sozusagen die Sprosse der Leiter. Entsprechend paart sich das Cytosin mit dem Guanin. Diese Komplementarität ermöglicht es der DNA, sich selbst zu reproduzieren, indem sie in zwei Hälften aufgespalten wird. Dabei fungiert jede Hälfte als Schablone für die Ergänzung der fehlenden Hälfte. Einzelne Nukleotide werden aufgrund der Basenpaarung komplementär angelagert und durch besondere Enzyme zu einem neuen Strang verbunden. Dadurch entstehen aus beiden Hälften identische Kopien des Originals.

In der Folge der verschiedenen Basen eines Stranges ist die genetische Information niedergelegt. Bei der Ablesung stehen jeweils drei Basen für eine Aminosäure des zu bildenden Proteins. Die verschiedenen Dreierkombinationen (Tripletts) codieren die zwanzig verschiedenen Aminosäuren, die in Proteinen vorkommen können, sowie die Signale zum Beginn und Beenden einer Proteinkette. Die verhältnismäßig riesigen DNA-Fäden – sämtlich zu Chromosomen aufgewickelt, die im Zellkern liegen – können nicht direkt zur Herstellung von Proteinen abgelesen werden. Crick sagte voraus, daß es ein Mittler-Molekül geben müsse, das die genetischen Informationen zu den proteinproduzierenden Gebilden der Zelle – den Ribosomen – im Zellplasma trägt. Spätere Untersuchungen ergaben, daß das vermittelnde Glied zwischen dem Genspeicher und der Proteinproduktion die Ribonukleinsäure oder RNA war – chemisch betrachtet ein enger Verwandter der DNA selbst. Die Funktion des Mittlers übernimmt dabei die sogenannte mRNA (Messenger-RNA); zusätzlich sind noch die tRNA (Transfer-RNA) und die rRNA (ribosomale RNA) an der Proteinbiosynthese beteiligt.

Der Vorgang der Protein-Synthese vollzieht sich wie folgt: Enzyme kopieren die im DNA-Molekül gespeicherten genetischen Informationen auf eine mRNA. Eine Analogie wäre, daß die DNA ein Bild des Proteins enthält, ähnlich, wie das

Negativ eines Fotos ein Bild festhält. Das DNA-Bild wird der Messenger-RNA übermittelt, in einem Prozeß, der Ähnlichkeit mit dem Entwickeln eines Foto-Abzugs hat. Das Negativ in der DNA wird zu einem Positiv in der RNA. Die Biologen sprechen von einer Transkription des Gens, da die Daten auf einem Molekül auf das andere kopiert werden – so wie man Wörter von einem Blatt auf ein anderes überträgt. Die Sprache der DNA ist jedoch dieselbe wie die der RNA. Aber während die DNA ein riesiges Molekül ist, das den Zellkern nicht verlassen kann, ist die mRNA vergleichsweise klein. Sie kann den Kern leicht verlassen und sich ins Zellplasma begeben, wo die Proteine hergestellt werden.

Die mRNA – mit dem «Bild» des Gens – ist bereit, ein Protein nach diesem «Bild» zu erschaffen. Zu diesem Zweck bindet sie an spezialisierte Gebilde, die Ribosomen. Ribosomen sind im Prinzip die Werkzeugmaschinen der Zelle. Als Baumaterial benötigen sie die zwanzig Aminosäuren, aus denen alle Proteine bestehen – und die richtigen Baupläne der DNA bzw. deren «Blaupausen», die mRNAs.

Jede der zwanzig verschiedenen Aminosäuren wird an eine spezielle Transfer-RNA gebunden. Die Aufgabe der Transfer-Ribonukleinsäuren ist es, die Bauteile zum «Montageband» zu bringen. Die tRNA trägt in sich ein Gegenstück eines Basentripletts der mRNA, an das es bindet, und fügt so die richtige Aminosäure an der richtigen Stelle in die wachsende Proteinkette ein. Die richtige Stelle wird durch die genetischen Informationen bestimmt, die von der Messenger-RNA übermittelt werden. Die Verknüpfung der von der tRNA herangebrachten Aminosäure mit der wachsenden Proteinkette wird durch das Ribosom bewerkstelligt.

Während das Ribosom die Informationen der mRNA verarbeitet, kommt eine lange Kette von Aminosäuren in der richtigen Anordnung für das Protein heraus. Dabei nimmt die lineare Proteinkette ihre funktionsgerechte, dreidimensionale Form an.

Dieses Grundverständnis dafür, wie die DNA und die Gene, die sie trägt, funktionieren, hat die Biologie revolutioniert. Es gab der Wissenschaft ein mechanistisches Modell in die Hand, ähnlich dem Modell, das den Physikern zum Verständnis des Atoms und seiner subatomaren Partikel zur Verfügung steht. Endlich hatten die Biologen einen Vorstellungsrahmen für das Verständnis der Vorgänge im Zellinneren. Und mit diesem Verständnis fielen ihnen Methoden ein, mit denen sie in diese Vorgänge eingreifen konnten. Anfangs waren die Eingriffe dazu gedacht, mehr zu lernen, aber bald begannen die Wissenschaftler über Möglichkeiten nachzudenken, das System zu reparieren, wenn es versagte.

Viele hatten die Bemerkung im Hinterkopf, die Avery in seiner Arbeit von 1944 äußerte, in der die genetische Transformierung verkündet wurde: «Die Biologen haben lange Zeit auf chemischem Wege versucht, in höheren Lebewesen vorhersagbare und gezielte Veränderungen hervorzurufen, die danach als vererbbare Eigenschaften weitergegeben werden könnten.» Hermann Muller war während seiner Arbeit an der University of Texas der erste, der gezielt lebende Zellen transformierte, indem er durch radioaktive Betrahlung Mutationen erzeugte. Er erhielt 1946 für seine Erfolge den Nobelpreis, aber seine Vorgehensweise erzeugte nur zufällige Veränderungen in der DNA. Auf diese Art und Weise konnte man keine genetische Transformation zu einem bestimmten Zweck hervorrufen – wie es bei der Gentherapie geschieht.

Avery, der bereits im Ruhestandsalter war, als er und die Gruppe an der Rockefeller University bewiesen, daß der transformierende Faktor der Pneumokokken die DNA war, ging kurz darauf in Pension und starb 1955. Aber die Arbeit an der Rockefeller University wurde fortgesetzt, hauptsächlich durch Rollin D. Hotchkiss, der 1938 nach einem Jahr in Kopenhagen in die Universität zurückgekehrt war, um in Averys Labor zu arbeiten. Obwohl er zur Zeit der anfänglichen Entdeckung nicht unmittelbar an der Transformierung gearbeitet hatte, setzte er die Forschung auf diesem Gebiet fort. Er und seine Mitarbeiter waren angeregt, über den Versuch nachzudenken, auf der Grundlage dieses Ansatzes Gene in Säugerzellen zu übertragen. Bakterien genetisch zu transformieren, war interessant, aber wenn die Technik bei Krankheiten des Menschen Erfolg haben sollte, würden die Wissenschaftler die Gene in eukaryontische Zellen einschleusen müssen. (Eukaryontische Zellen sind Zellen mit einem membranumschlossenen Zellkern. Bei Prokaryonten, wie Bakterien und Blaualgen, ist das Genmaterial nicht durch eine Membran vom Zellplasma abgegrenzt.)

Selbst unter der Aufsicht eines erfahrenen Wissenschaftlers wie Hotchkiss, der seit fast zwanzig Jahren Transformationen durchführte, waren die Erfolge spärlich. Als erstes zeigten detaillierte quantitative Studien, daß die Erfolgsrate der bakteriellen Transformation sehr gering war. Hotchkiss berichtete in einem Gespräch im Jahr 1965, in dem er den Begriff «Gentechnik» («genetic engineering») prägte, daß sie gewöhnlich bei 15 Prozent lag, obwohl sie manchmal auch 50 Prozent betrug. Die Wissenschaftler in seinem Laboratorium begannen Mitte der 50er Jahre «eine Reihe von Versuchen, einen einfachen Pigment-Marker in die Zellen embryonaler Mäuse einzuschleusen», indem sie DNA pigmentierter Mäuserassen in nicht pigmentierte Embryonen übertrugen. «Die behandelten Zellen wurden unter die Haut junger, weißer Mäuse injiziert», um das Auffinden jener Zellen zu erleichtern, die Pigmentierungsgene angenommen hatte.[18]

Sie fanden niemals auch nur eine einzige, transformierte Zelle. «Unter Ausschöpfung all unserer Fähigkeiten..., konnten wir in einem ganzen Jahr nur etwa zwanzig Millionen Mäusezellen überprüfen, aber nicht eine von ihnen schien den pigmentierten Marker angenommen zu haben». Hotchkiss schloß: «Dies zeigte uns, daß die DNA-Transformation von Säugerzellen nicht so einfach sein würde, und wir wandten uns wieder den leichter zu handhabenden Bakterien zu.»

Für Hotchkiss und das Gebiet der Genübertragung war diese Aussage eine Untertreibung. Im Laufe der nächsten zehn Jahre widerstanden Säugerzellen der Transformierung ihrer Gene. Es folgte eine Serie von Mißerfolgen, als viele Wissenschaftler, die jetzt davon überzeugt waren, daß es möglich war, Zellen gentechnisch zu transformieren, nach Methoden suchten, dieses Ziel zu erreichen.

Eine Forschergruppe am National Institute of Health unternahm einen ähnlichen Transformierungsversuch wie zuvor Hotchkiss, aber mit einem wichtigen Unterschied: Sie hatten eine Methode gefunden, die genetisch transformierten Säugerzellen zu identifizieren. Im Jahr 1962 entwickelte Waclaw Szybalski, der damals am NIH tätig war und später an das McArdle Memorial Laboratory der University of Wisconsin ging, eine Nährlösung, in der Säugerzellen – auch menschliche Zellen – nicht gedeihen konnten, wenn ihnen ein bestimmtes Enzym fehlte, die Hypoxanthin-Guanin-Phosphoribosyl-Transferase (HGPRT).[19] Die Nährlösung enthielt Hypoxanthin, Aminopterin und Thymidin und hieß entsprechend HAT-Medium.

HGPRT ist ein Enzym, das normalerweise zum Überleben aller Zellen essentiell ist. Die Zellen brauchen es ständig, damit sich im Körper nicht zu viel Harnsäure ansammelt. Babies, die ohne HGPRT geboren werden, kommen mit einer Form von Gicht auf die Welt. Sie haben so viel Harnsäure im Blut, daß man Harnkristalle in ihrem Urin findet. Aber ihre Symptome gehen weit über die der Gicht hinaus. Männliche Kinder, denen das HGPRT-Gen fehlt, leiden unter einer schlimmen geistigen Behinderung, dem sogenannten Lesch-Nyhan-Syndrom. Sie sind bei der Geburt scheinbar normal, verfallen aber dann allmählich in einen Zustand der geistigen Retardierung, wobei sie den unwiderstehlichen Drang entwickeln, sich selbst zu verstümmeln. Wenn sie nicht körperlich daran gehindert werden, essen sie ihre eigenen Lippen und Finger auf.

J. Edwin Seegmiller, ein NIH-Forscher, entdeckte die Verbindung zwischen einem HGPRT-Mangel und dem Lesch-Nyhan-Syndrom 1967. Damals arbeitete Theodore Friedmann, ein junger Kinderarzt, der sich stark für die Möglichkeiten einer Gentherapie interessierte, in Seegmillers Labor. Er wollte versuchen, das HGPRT-Gen in Lesch-Nyhan-Zellen einzuschleusen. Das Gen selbst war noch nicht bekannt, es wurde erst 1969 an der Harvard University isoliert. Statt dessen versuchte Friedmann in Zusammenarbeit mit Seegmiller, die Zellen mit Hilfe von ungereinigter DNA, die er normalen Zellen entnommen hatte, zu transformieren, wie es Avery und die übrigen mit Bakterien gemacht hatten. Da andere Wissenschaftler es ohne Erfolg versucht hatten, nahmen sie an, daß eine Transformierung bei Säugerzellen ein seltenes Ereignis war, und sie eine Methode brauchten, die wenigen Zellen, die das richtige Gen aufnahmen und genetisch repariert wurden, ausfindig zu machen.

Seegmiller und Friedmann beschlossen, Szybalskis HAT-Medium zu verwenden.[20] Das Prinzip ist einfach und wurde im Verlauf der anstehenden gentechnischen Revolution immer wieder angewendet. Sie setzten die Lesch-Nyhan-Zellen gereinigter DNA aus und züchteten sie dann im HAT-Medium. Nur jene Zellen, die das neue Gen angenommen hatten, würden überleben. Das Ergebnis war sehr enttäuschend. «Wir fanden einige Zellen», sagte Friedmann, «aber wir konnten sie nicht züchten. Sie waren durch die Behandlung nicht permanent transformiert.»[21]

Die NIH-Wissenschaftler gingen einen Schritt weiter. Sie versuchten, das Wachstum der genetisch reparierten Lesch-Nyhan-Zellen nachzuweisen, indem sie sich der verhältnismäßig neuen Technik der Autoradiographie bedienten, bei der Substanzen eingesetzt werden, die ein radioaktives Atom in chemisch gebundener Form enthalten. Man kann den Verbleib der radioaktiv markierten Substanz anhand der von ihr ausgehenden Strahlung verfolgen.

Das NIH-Team ging daran, ein Nukleotid zu markieren, in sich teilenden Zellen das bei der Vervielfältigung der DNA eingebaut werden würde. «Wir konnten gelegentlich eine Zelle sehen, die jetzt eindeutig HGPRT-positiv war», sagte Friedmann. «Das war 1967. Es war das erste Mal, daß der Nachweis der Aufnahme fremder DNA in eine [Säuger-]Zelle erbracht werden konnte.»

Aber innerhalb der Gruppe konnte keine Einigung erzielt werden, ob die einzelnen Zellen, die radioaktives Material aufzunehmen schienen, tatsächlich das Produkt einer genetische Transformation darstellten. 1968 wurden die Ergebnisse beim Treffen der Society of Human Genetics vorgestellt, darüber hinaus aber nirgendwo sonst veröffentlicht.[22]

Die Transformation von Säugerzellen durch ungereinigte DNA funktionierte einfach nicht. Die Wissenschaftler mußten einen anderen Weg finden. Hotchkiss hatte bereits gesagt, «eine wirksamere Methode wäre die Einschleusung von DNA mit Hilfe von Viren...» Er hatte recht. Im Jahr 1956 entdeckten Joshua Lederberg und seine Kollegen an der Rockefeller University, daß Viren, die Bakterien infizieren, eine ungewöhnliche Eigenschaft aufweisen: Wenn sie eine bakterielle Zelle infizierten, nehmen sie gelegentlich Teile der DNA von ihrem Wirts-Chromosom mit sich, die in die Erbanlagen ihrer Nachkommenschaft eingebaut werden. Die Viren fahren dann fort, neue Bakterien zu infizieren, und deponieren bakterielle Gene, die sie anderswo «aufgeschnappt» haben, in der Wirtszelle. Einige der Wirtszellen überleben die Infektion und bleiben durch das neue genetische Material permanent verändert. Lederberg nannte diesen Vorgang virale Transduktion. Er erhielt 1958 einen Nobelpreis für seine Entdeckung.[23]

Lederbergs Entdeckung ließ vermuten, daß man Viren dazu benutzen konnte, Gene vorsätzlich von Zelle zu Zelle zu übertragen. Aber die Nutzanwendung dieser Methode war einfach dadurch erschwert, daß niemand vorhersagen konnte, welche Teile der DNA das Virus mitnehmen würde. Schlimmer war, daß die Viren, die Lederberg untersucht hatte, nur Bakterien infizieren konnten. Wenn

Viren zu therapeutischen Zwecken eingesetzt werden sollten, mußten die Forscher eine Methode finden, DNA in eukaryontische Zellen (beispielsweise Säugerzellen) einzubringen. Carl R. Merril, ein Wissenschaftler am National Institute of Mental Health, das damals noch zum National Institute of Health gehörte, glaubte, Hinweise darauf gefunden zu haben, daß jene Viren, die Bakterien infizieren – die sogenannten Bakteriophagen – auch menschliche Zellen in Gewebekulturen infizieren konnten. Außerdem war er sicher, daß die Bakteriophagen Gene in menschliche Zellen transferieren konnten, ebenso, wie Lederbergs Viren es bei Bakterien taten.

In einer Arbeit, die 1971 in *Nature*[24] erschien, beschrieb Merril, wie er menschliche Fibroblasten, die in einer Kultur gezüchtet wurden, mit einem Lambda-Virus infiziert hatte, das ein *E.-coli*-Gen trug – das Galaktosidase-Gen aus dem *lac*-Operon, das Jon Beckwith und das Harvard-Team 1969 isoliert hatten. Die Fibroblasten stammten von einer Patientin, die unter Alaktasie litt, einer angeborenen Unfähigkeit, Milchzucker zu verdauen. Der dafür verantwortliche Mangel an Galaktosidase macht sich vor allem bei Neugeborenen, die gestillt werden, bemerkbar. Merril behauptete, das bakterielle Virus sei nicht nur in menschliche Fibroblasten gegangen, sondern habe sie auch von dem angeborenen Defekt geheilt, indem es das Galaktosidase-Gen beisteuerte, das das zur Verdauung von Milchzucker erforderliche Enzym synthetisieren konnte. Das waren wichtige Neuigkeiten.

Merrils Behauptungen wurden bestritten, weil die meisten Forscher nicht glaubten, daß er menschliche Zellen mit einem Bakterienvirus infizieren konnte. Die üblichen Ziele solcher Viren – prokaryontische Bakterien – unterscheiden sich einfach zu stark von eukaryontischen Säugerzellen. Es sollte unmöglich sein, daß Bakterienviren in menschliche Zellen eindringen. Was aber noch mehr zählte, war, daß viele andere Forscherteams ähnliche Versuche durchgeführt hatten, Bakteriophagen dazu zu bringen, genetisches Material in eukaryontische Zellen zu transduzieren. Keiner von ihnen hatte jemals dauerhafte Erfolge gehabt.

Es ergab einen Sinn, daß Forscher angefangen hatten, Viren auf ihre Fähigkeit hin zu testen, Gene in andere Zellen zu transferieren. Immerhin hatte die Natur bereits Viren zu zuverlässigen Überträgern ihrer eigenen Gene gemacht. Darüber hinaus wußte man, daß Viren Teile artfremden, genetischen Materials aufnehmen und in eine Zelle einbringen konnten, ohne sie zu töten, und die Zelle zwingen konnten, das Protein herzustellen, das in diesem genetischen Produkt codiert war. Konnte man genetisch defekte Zellen tatsächlich mit Hilfe von Viren heilen?

Schon die frühen Forschungsergebnisse ließen vermuten, daß es möglich war – vielleicht sogar mit deren reiner DNA. Mehrere Forscherteams zerlegten Virenpartikel und isolierten die virale DNA. Es gelang ihnen, nur die virale DNA in Zellen einzubringen. Sie wußten, daß sie Erfolg hatten, weil sie intakte Viren oder

Proteine erhielten, die für die Viren typisch waren. Aber die Erfolgsquote war gering, und der Ansatz schien nicht die Lösung zu sein.

Der erste brauchbare Hinweis auf die Nützlichkeit von Viren für den Gentransfer kam aus dem Oak Ridge National Laboratory in Tennessee. Dieses staatliche Labor wurde während des Zweiten Weltkriegs ins Gebirge von Tennessee hineingebaut; dort wurde spaltbares Material hergestellt, wie es zum Bau von Atombomben benötigt wird.

Das Oak Ridge-Labor verfügte auch über eine biologische Abteilung, die in der Hauptsache die Wirkungen radioaktiver Strahlung auf Lebewesen untersuchte. Hier entwickelte der Arzt Stanfield Rogers seine Vorliebe für die biochemische Forschung. In den 50er Jahren studierte er ein ungewöhnliches Virus, das bei einer einheimischen Wildkaninchenart *(Sylvilagus floridanus)* hornartige Warzen hervorrief. Das Virus – das *Shope rabbit papilloma virus* – verursacht in der Regel gutartige Hauttumoren. Im Jahre 1959 berichtete Rogers, das seltsame Virus trüge das Gen mit sich, das zur Synthese von Arginase nötig ist – einem Enzym, das die Aminosäure Arginin spaltet und dadurch den Argininspiegel im Blut senkt.[25]

Er züchtete Kaninchen-Epithelzellen (Hautzellen) im Labor, die er mit dem Virus infizierte; anschließend synthetisierten die Zellen das Enzym Arginase. Offenbar hatte das Virus – das Zellen infizieren kann, ohne sie zu töten – sein Arginase-Gen in die Hautzellen transferiert und ihnen die Fähigkeit verliehen, das Enzym herzustellen, das ihnen normalerweise fehlt.

Anfangs begriff Rogers die Bedeutung seiner Entdeckung nicht. Aber mit der Zeit wurde ihm klar, daß das Blut aller Kaninchen, Mäuse und Ratten, die mit dem Shope-Virus infiziert waren, einen deutlich herabgesetzten Argininspiegel aufwies. «Dann entdeckten wir überrascht, daß bei der Hälfte der Mitarbeiter dieses Projektes eine Blutuntersuchung ausreichte, um anhand des Argininspiegels feststellen zu können, daß sie mit diesem Virus gearbeitet hatten»,[26] meinte Rogers 1975 bei einer Konferenz der New York Academy of Sciences über die Zukunft der menschlichen Gentherapie. «Das Virus hatte eindeutig die Mitarbeiter des Labors infiziert, die Fähigkeit ihrer Zellen erhöht, Arginase herzustellen, und den Argininspiegel in ihrem Blut signifikant gesenkt. Eine andere, nachteilige Wirkung zeigte sich nicht. Es wurde uns klar, daß wir auf der Suche nach einer Krankheit ein therapeutisches Agens entdeckt hatten.»

1969 half Joshua Lederberg[27] Rogers, eine «passende» Krankheit für dieses Kaninchenvirus zu finden. Lederberg war auf einen merkwürdig klingenden Bericht in der englischen medizinischen Wochenzeitschrift *Lancet*[28] gestoßen. Darin war von zwei deutschen Kindern (zwei Schwestern) die Rede, die einen extrem hohen Spiegel der Aminosäure Arginin im Blut hatten. Nie zuvor war in der wissenschaftlichen oder medizinischen Fachliteratur über ähnliche Fälle berichtet worden. An sich war eine hohe Argininkonzentration im Blut nicht gefährlich. Normalerweise wird überschüssiger Stickstoff aus der Nahrung in Form von Ammoniak zu Arginin verarbeitet, das zu Harnstoff gespalten und so ausgeschieden wird (das zweite Spaltprodukt wird unter Aufnahme von Ammoniak zu Arginin «recycelt»). Weil sich in den Körpern dieser beiden Schwestern bereits zu viel Arginin befand, arbeiteten die für diese Prozesse zuständigen Enzyme nicht richtig, und in den Körpern der Kinder reicherte sich Ammoniak an. Da Ammoniak hochgiftig ist, führte es dazu, daß die Kinder «epileptisch, spastisch, stark retardiert [waren] und sich ihr Zustand ständig verschlimmerte», sagte Rogers.[29]

Die Mädchen hatten anscheinend einen genetischen Defekt ererbt, der zu einem Fehlen des Enzyms Arginase geführt hat. Ihre beiden Elternteile sowie ihre beiden Geschwister wiesen nur die Hälfte des üblichen Spiegels an diesem Enzym auf. Rogers überlegte, wenn es ihnen an der Fähigkeit mangelte, Arginase herzustellen, und wenn das Shope-Virus das zur Produktion dieses Enzyms nötige Gen beitrug, konnte das Shope-Virus dazu benutzt werden, diese Kinder zu behandeln. Theoretisch sollte das Virus ihre Arginin-Spiegel senken, wie es dies bei seinen Versuchstieren und bei seinen Mitarbeitern getan hatte. Wenn der Argininspiegel gesenkt werden konnte, könnte Harnstoff normal ausgeschieden werden, die Ammoniakanreicherung würde ausbleiben und weitere Hirnschädigungen würden vermieden. Rein theoretisch konnte den Kindern so geholfen werden.

Rogers nahm Kontakt mit den deutschen Autoren des *Lancet*-Artikels auf und stellte eine Behandlungsmöglichkeit für die Kinder in Aussicht. Die deutschen Ärzte stimmten zu, daß die Sache einen Versuch wert war. Sie sandten Rogers Zellkulturen der beiden Mädchen, damit er feststellen konnte, ob er die Zellen im Reagenzglas mit dem Shope-Virus infizieren konnte. Der Versuch gelang.[30] Der nächste Schritt wäre die Behandlung der Kinder.

Um die Behandlung der Mädchen vorzubereiten, reinigte Rogers das Virus und überprüfte mit Hilfe des Elektronenmikroskops, daß die Probe tatsächlich nur Shope-Viren enthielt. 1970 reiste Rogers persönlich nach Köln, wo er die Kinder behandeln wollte. Die gereinigten, eisgekühlten Viren transportierte er selbst. Das älteste der Mädchen war fünf Jahre alt und litt unter Krämpfen und geistiger Entwicklungshemmung. Ihre erst zweijährige Schwester war in einer viel besseren Verfassung, obwohl auch sie anfing, Anzeichen einer chronischen Ammoniakvergiftung zu zeigen.

Da keiner der Wissenschaftler eine Vorstellung davon hatte, wieviel Virusmaterial eingesetzt werden sollte, beschlossen Rogers und der deutsche Arzt, Vorsicht walten zu lassen. Sie gaben ein Zwanzigstel der Dosis, die sich zuvor bei Rogers Versuchsmäusen als harmlos erwiesen hatte. Sie hatten nur sichergehen wollen, doch wahrscheinlich waren sie zu vorsichtig gewesen. «Wie wir es hätten voraussehen können, zeigte sich bei den Kindern keinerlei Wirkung, weder im

Arginin- noch im Ammoniakspiegel», sagte Rogers. Da das Shope-Virus sich in Menschen nicht selbst reproduziert, bestand keine Chance, daß es neue Kopien des Arginase-Gens herstellen würde. Dieser Umstand erhöhte die Sicherheit des Experiments, verringerte jedoch die Chance, daß genügend Enzym hergestellt wurde, um den Mädchen zu helfen.

Etwa ein Jahr später verschlechterte sich der Zustand des älteren Mädchens. Sie erhielt eine zweite Behandlung mit etwa so viel Virusmaterial, wie Rogers bei Kaninchen benutzt hatte, um eine Verminderung des Argininspiegels zu demonstrieren. Die Forscher stellten fest: «Der Argininspiegel fiel vorübergehend, kehrte aber danach zu seinem vorherigen, hohen Stand zurück. Aber in der Folge verbesserte sich der Zustand der Kinder allmählich für eine Weile. Es war aber nicht sicher, ob diese Entwicklung etwas mit dem Virus zu tun hatte oder auf die proteinarme Diät zurückzuführen war, von der man wußte, daß sie den Ammoniakspiegel senkte.»

Schließlich – während es dem ältesten Mädchen wieder schlechter ging – bekam die Familie ein fünftes Kind. Es hatte das Leiden ebenfalls. Rogers und seine deutschen Kollegen überlegten, daß die Entwicklung der Krankheit verhütet werden könnte, wenn man früh mit der Behandlung dieses Kindes anfangen würde. Das Virus wurde in Tennessee vorbereitet und nach Deutschland verschickt, aber familiäre Verwicklungen verzögerten die Anwendung des Virus für Monate. In dieser Zeit verdarb das verhältnismäßig unstabile Virenpräparat und verlor seine Wirksamkeit. Als das Kind endlich behandelt wurde, waren keine infektiösen Viren mehr übriggeblieben, und die Behandlung blieb erfolglos.

Das Gesamtergebnis, so schloß Rogers, «war bestenfalls enttäuschend zu nennen.»

Aber sie hatte dennoch unvermutete Folgen. Das Experiment machte Rogers zum Mittelpunkt einer Kontroverse. Als die genetische Behandlung bekannt wurde, wandte eine zunehmende Anzahl von Wissenschaftlern ein, diese Therapieform sei möglicherweise unsicher und gewiß verfrüht. Ted Friedmann, der inzwischen vom NIH an die University of California in San Diego gegangen war, und Richard Roblin, der damals am Massachusetts General Hospital tätig war, klagten, das Experiment sei hoffnungslos verfrüht, möglicherweise gefährlich und ganz gewiß ethisch fragwürdig.

Erstens – so schrieben sie in einem Brief an *Science*, dem später ein ganzer Artikel folgte[31] – sei schon die Prämisse möglicherweise falsch. Das Virus sei vielleicht gar nicht Träger des Arginase-Gens und habe die Argininspiegel der Mitarbeiter in seinem Labor nur deshalb gesenkt, weil es ihre natürliche Enzymproduktion anregte. Wenn es sich so verhielte, könnten Gaben des Virus die Arginaseproduktion der beiden Schwestern nicht steigern, weil sie über keine intakten Kopien dieses Gens verfügten. Schlimmer aber sei die Möglichkeit, daß das Shope-Virus nicht so harmlos war, wie Rogers glaubte. Sie schrieben: «Ein Teil der virusinduzierten Papillome entwickelte sich sowohl bei den Hauskaninchen als auch bei der Wildform zu einem aggressiven, bösartigen Hautkrebs.»[32] Es war in der Tat vorstellbar, daß das Virus eine infizierte Zelle in einen Tumor verwandeln und den Patienten damit einer tödlichen Erkrankung ausliefern würde. Solange diese Bedenken nicht ausgeräumt waren, so glaubten Friedmann und Roblin, sollte sich niemand in einer Gentherapie mit Viren versuchen.

Aber Rogers stimmte ihnen nicht zu. Er verteidigte seine Entscheidung, die Kinder zu behandeln, mit den Worten: «Die Chance, eine fortschreitende Verschlechterung des Zustandes dieser Kinder zu verhindern, war ethisch gesehen der einzige Weg, den man einschlagen konnte.» Und er fügte hinzu: «Falls man weitere Kinder mit diesem Leiden findet, sollten sie ebenfalls so behandelt werden.»

Nach diesen Angriffen machte Rogers keinen weiteren Versuch, Personen mit einem Mangel an Arginase mit dem Shope-Virus zu behandeln. Aber sein Interesse an einem Gentransfer mittels Viren blieb bestehen. Er erkannte, daß es bei dieser Vorgehensweise in Zukunft ein Glücksfall sein würde, wenn ein Virus ein Gen trug, das bei der Behandlung einer Krankheit nützlich sein konnte. Daher begann er, mit Methoden zu experimentieren, Gene gezielt in Viren einzuschleusen. Er wählte das Tabak-Mosaik-Virus aus, ein RNA-Virus. Für den Rest seiner Forschertätigkeit arbeitete Rogers mit Pflanzen und ihren Viren und kehrte niemals zu Untersuchungen an Menschen zurück.

Trotzdem war Stanfield Rogers am Oak Ridge National Laboratory 1971 der erste medizinische Forscher, der eine Gentherapie am Menschen versucht hatte. Er benutzte ein Virus, das zufällig ein Gen trug, das sich für den Patienten als nützlich erweisen mochte. Es war ein historisches, wenn auch nicht gewürdigtes Experiment.

Es brachte die Gentherapie zwar nicht ins öffentliche Bewußtsein, rückte sie aber zumindest in das Denken der Wissenschaftler. In den 60er Jahren dachten immer mehr Forscher über die Möglichkeit nach, die Gene kranker Personen zu korrigieren, indem sie auf irgendeine Art den richtigen Code in die Zellen der Patienten übertrugen. Obwohl die verfügbaren Techniken offensichtlich nicht ausreichten, konnte der Zuwachs an Wissenschaftlern, die bereit waren, darüber nachzudenken und daran zu arbeiten, diesen Wandel bewirken – vielleicht sogar rasch.

Zur selben Zeit begannen andere Wissenschaftler außer Beckwith und Nirenberg, über die Folgen eines Gentransfers auf Menschen nachzudenken. Oft kreiste die Debatte um Ethik und Eugenik. Würde die Gentherapie zu Regierungsprogrammen führen, die diese Techniken zum Bösen nutzten, wie Beckwith befürchtete? Würden die Befürworter der Eugenik – mit der neuen Technik des Gentransfers ausgerüstet – aus dem Mülleimer der Geschichte wiederauferstehen und wieder einmal versuchen, die Menschheit mit diesem wirkungsvollen, neuen Instrumentarium zu verbessern?

Ernst Freese, ein bekannter Molekularbiologe am National Institute of Neurological Diseases, beschloß, alle Forscher zusammenzurufen, die sich mit der Gentherapie beschäftigten. Das Treffen sollte sicherstellen, daß die Untersuchungen sachlich und ethisch richtig und – vor allem erfolgreich ausgeführt wurden.

Anfang 1972 versammelte Freese die Eingeladenen in Stone House, dem Hauptsitz des NIH im Fogarty International Center. Die Versammlungen verliefen, wie es bei Konferenzen üblich ist: Experten beschrieben die Experimente, die sie durchgeführt hatten, und deren Ergebnisse. Da so wenige tatsächliche Versuche unternommen worden waren, Gene in menschliche Zellen einzubringen, wandte sich die Diskussion bald den theoretischen Möglichkeiten zu, gentechnisch veränderte Viren zu verwenden, um Gene in menschliche Zellen einzuschleusen, und den ethischen Bedenken in bezug auf vorgeburtliche Diagnosen sowie den eugenischen Implikationen der Fähigkeit, genetische Defekte *in utero* festzustellen und den Fötus abzutreiben.[33]

Im Jahre 1972, am Vorabend der gentechnischen Revolution, sah die Zukunft der menschlichen Gentherapie für diejenigen, die im Stone House zusammengekommen waren, trostlos aus. Die Konferenz erbrachte keine neuen Ideen, wie die menschliche Gentherapie auszuführen wäre. Die Techniken waren noch nicht genügend ausgereift. Einige der hier Versammelten wandten sich später wieder von diesem Gebiet ab, andere fuhren in ihre Labors zurück, um mit der Grundlagenforschung zu beginnen und Lösungen der Probleme im Umfeld der Gentherapie zu finden, denen sie alle begegnet waren.

Obwohl es die Absicht der Forscher war, eine Methode zu finden, wie man nützliche Gene übertragen und menschliches Leiden lindern konnte, waren moralische Bedenken stets mit angeklungen. Sie würden sich auf ein medizinisches Modell der Krankheit und ihrer Behandlung konzentrieren, aber es war keiner unter ihnen, der nicht begriffen hätte, daß dieselben Techniken, die heilen konnten, auch dazu benutzt werden konnten, Schaden hervorzurufen. Die Gesellschaft würde entscheiden müssen, wie Gentherapie angewendet werden sollte.

Lehrjahre eines Wissenschaftlers

«In der wissenschaftlichen Elite... stellen Ketten ‹ererbter› Einflüsse nichts Ungewöhnliches dar. Sie sind die Regel.»

Robert Kanigel, «Apprentice to Genius: The Making of a Scientific Dynasty»

Der erste Anstoß zu French Andersons künftiger Forschung in der Gentherapie kam mit der Post. Man schrieb das Jahr 1952, als das Vorlesungsverzeichnis des Harvard College im Briefkasten seiner Eltern in Tulsa (Oklahoma) landete. Die Broschüre schilderte Harvards Welt der intellektuellen Möglichkeiten. Eine von ihnen fiel dem High School Senior besonders ins Auge: Biophysikalische Chemie 184, ein Kurs in physikalischer Chemie unter der Leitung von John T. Edsall. Edsall war ein Experte in der Protein-Chemie, der biologisch wichtige Moleküle wie jene untersuchte, die bei der Muskelkontraktion beteiligt sind, oder jene, die den Sauerstoff im Blut transportieren. Für Anderson – einen jungen Mann, der in der Wissenschaft nach vereinheitlichenden Ideen suchte – ergab es einen Sinn, die Körperfunktionen vom Standpunkt der Moleküle aus zu untersuchen. Die Hochschulwissenschaft hatte ihn gelehrt, daß alle Materie – lebendig oder nicht – aus Atomen bestand. Wie bei einer Babuschka-Puppe «stecken» Atome im Molekül, Moleküle «stecken» in Proteinen, Kohlenhydraten und Fetten, diese «stecken» in Zellen, und Zellen «stecken» im Körper. Die innerste Puppe zu betrachten, mochte etwas über den Aufbau und die Funktion der äußeren aussagen. Die Moleküle des Körpers zu untersuchen, mochte zu Einsichten über Krankheiten und, davon ausgehend, zur Entwicklung neuer Heilmethoden führen.

Anderson war bereits entschlossen, seine Karriere in der Medizin zu machen.[1] Noch bevor er zehn Jahre alt war, hatte er seiner Mutter verkündet, daß er ein Doktor werden würde. Das Vorlesungsverzeichnis aus Harvard zeigte ihm nun, welche Art von Doktor: ein Doktor der Moleküle für Menschen mit molekularen Leiden. In seinem Bewerbungsschreiben an Harvard legte er seine Absicht dar, ein molekulares Verständnis der Organe des Menschen zu erwerben und molekulare Heilmethoden für menschliche Krankheiten zu entwickeln. Damals handelte es sich bestenfalls um eine verschwommene Idee, aber sie schien ein großes Versprechen zu beinhalten. Jahrzehnte später sollte die Gentherapie diese vagen Vorstellungen ausfüllen.

Es war typisch für Anderson, an einer Vorstellung festzuhalten, wenn sie einmal in seinem Denken Fuß gefaßt hatte. Er hatte sich bei mehreren anderen Universitäten – darunter Princeton, Dartmouth und Yale – beworben und war auch angenommen worden, aber seine Wahl fiel auf Harvard. Er wollte bei John Edsall Biophysik studieren; er wollte ein Wissenschaftler werden. Im Verlauf seiner Entwicklung trat eine Persönlichkeit zu Tage, die hartnäckig entschlossen war, etwas Ungewöhnliches und Bedeutendes zu leisten – und zwar als Erster. Anderson bot Enttäuschungen, Fehlschlägen und dem Spott seiner Forscherkollegen die Stirn, die sein Gerede über genetische Behandlungen – das in den 60er Jahren begann – für um Jahrzehnte verfrüht oder sogar verrückt hielten.

Die Richtung mag durch das Harvard-Vorlesungverzeichnis festgelegt worden sein, aber die Zielstrebigkeit, mit der er sein Ziel verfolgte, verdankte er seiner Herkunft aus Oklahoma. William French Anderson wurde an Silvester 1936 in Tulsa geboren. Er war ein frühreifes, hyperaktives Kind. Mit fünf Monaten rüttelte er ständig an seinem Bett. Mit einem Jahr konnte er gehen und sprechen und mit zwei Jahren erkannte er geschriebene Wörter, wenn man den Familiengeschichten Glauben schenken darf.

Mit fünf Jahren hielt seine Mutter ihn für schulreif. Die Grundschulen in Tulsa nahmen Schulkinder erst ab dem sechsten Lebensjahr auf, aber Lavere Anderson, seine Mutter, Buchrezensentin für die *Tulsa World*, war hartnäckig. Sie nahm ihren Sohn mit zu Mrs. Knappenberger, der Lehrerin der ersten Klasse. William French Anderson war recht klein für sein Alter. Mrs. Knappenberger war daher skeptisch. Als sie dem Jungen eine Lesefibel gab, las er laut daraus vor, so daß sie ihn in die erste Klasse aufnahm.

Für Anderson war das erste Schuljahr ein Schock. Er hatte geglaubt, ein normales Kind zu sein, obwohl er dazu neigte, sich abzusondern, ständig las und keine Freunde hatte. In der Schule entdeckte er, daß seine Klassenkameraden, die ein Jahr älter als er waren, weder lesen noch sonderlich gut rechnen konnten. Bill schaute auf seine Schulkameraden herab. Sie waren offensichtlich nicht so klug wie er. Er gewöhnte sich rasch an, sich anderen Menschen überlegen zu fühlen und dies auch zu zeigen. In der sozialen Umgebung der Grundschule, wo Kinder lernen, in Gruppen zu arbeiten und Regeln zu befolgen, brachte Bill Andersons Überheblichkeit ihm nur Hohn von seinen Mitschülern ein. Es kümmerte ihn nicht. Statt sein Verhalten gegenüber seinen Schulkameraden zu ändern, lehnte er sie ab. Er zog sich in seine Bücher zurück und später, zu Hause, in sein Zimmer, wo er einen Chemiekasten aufbewahrte.

Als Bill Anderson das achte Lebensjahr erreichte, war die Wissenschaft eine bleibende Leidenschaft für ihn geworden. Er wußte nie, weshalb es so war. Möglicherweise war es auf den Einfluß seines Vaters Daniel French Anderson zurückzuführen, der Bauingenieur bei der Southwestern Power Administration war. Diese Energiebehörde war 1943 vom Innenministerium ins Leben gerufen worden, um Flüsse zu regulieren und an den Stauseen mit Wasserkraft Strom für die drei Staaten Oklahoma, Arkansas und Texas zu erzeugen. Vielleicht handelte es sich um ein angeborenes Phänomen. Alles, was Anderson wußte, war, daß die Wissenschaft ihn fast völlig vereinnahmte.

In der fünften Klasse begann Bill Andersons Arroganz, ihn einzuholen. Mary Dunn, eine Klassenkameradin, verblüffte ihn eines Tages, mit der Feststellung: «Du bist der unbeliebteste Junge auf der ganzen Schule.» Diese Neuigkeit war vernichtend. Bill Anderson fing an, zu erkennen, daß er mit anderen Menschen würde umgehen lernen müssen, wenn er jemals etwas Besonderes vollbringen wollte. Um zu zeigen, daß er versuchen wollte, sich zu ändern, verfiel er auf eine symbolische Geste. Er beschloß, seinen Namen zu ändern.

Seit sechs Generationen war es in der Anderson-Familie Tradition, den ersten Namen vom Vater zum Sohn im Wechsel zu ändern, während der mittlere Name bestehen blieb. Wenn der Name des Vaters William French Anderson lautete, hieß der Sohn Daniel French Anderson. Der Junge wurde – so lange er ein Kind war – bei seinem ersten Namen genannt, William oder Daniel. Mit 21 Jahren stand es ihm frei, seinen Namen in W. French Anderson oder D. French Anderson zu ändern. Bill Andersons Vater war lange Zeit D. French Anderson genannt worden. Bill brach mit dieser Tradition, als er zehn Jahre alt war. Er änderte seinen Namen in French – zehn Jahre verfrüht. Er achtete beinahe wie ein Besessener darauf. Er weigerte sich, auf jemanden zu hören, der ihn Bill nannte. Seine Mutter war natürlich eine Ausnahme. Für sie würde er immer Bill sein.

Da er in einer Familie aufgewachsen war, in der viel gelesen wurde, hatte Anderson als Kind auch gelernt, Wissen zielbewußt zu verfolgen. Als er zehn Jahre alt war, erhielt seine Mutter ein Rezensionsexemplar von der neuen *World Book Enyclopedia* und beschloß, es zu verschenken, nachdem ihr Artikel veröffentlicht worden war. Besorgt, daß er im Begriff war, das in diesen neuen Büchern enthaltene Wissen zu verlieren, schleppte der junge Anderson die etwa zwanzig Bände in sein Zimmer hoch und begann, sie auf der Underwood-Schreibmaschine seiner Mutter abzutippen. Als seine Mutter kurz darauf zu ihm kam, hatte er schon mehrere Seiten des ersten Bandes abgeschrieben. Sie kaufte ihm sein eigenes Exemplar.

Anderson ewarb auch das logische und mathematische Geschick seines Vaters. French betrachtete die Mathematiker als die wahren Intellektuellen, da sie in abstrakten Welten operierten, wo keine kontrollierten Experimente möglich waren. Ergebnisse hingen allein von logischen Beweisen ab. In den Jahren 1953 und 1954 erfuhr Anderson als High School Senior ein wenig mathematische Unlogik, als in Mary J. Barnetts Lateinklasse Vergils «Aeneis» gelesen wurde. Miss Barnett beschrieb das Zählsystem der Römer und erwähnte, daß die Römer niemals eine

Methode ersonnen hatten, ihre Zahlen in der Arithmetik zu benutzen. Die Geschichtswissenschaftler seien der Ansicht, so sagte sie, daß die Römer die Finger zum Abzählen benutzten und für Berechnungen einen Abakus benutzen und die Ergebnisse dann aufschrieben. Im Gegensatz zum eleganten Stellenwertsystem mit den arabischen Ziffern, das wir heute verwenden, müssen die Zeichen I, V, X, C, D und M der Cäsaren zu klobig gewesen sein, um in Berechnungen Eingang zu finden. Die Römer sollen ihre Ziffern niemals zum Addieren, Subtrahieren, Multiplizieren oder Dividieren benutzt haben.

Für Anderson, der seit seiner frühen Kindheit mit Zahlen umging, ergab dieser historische Glaube keinen Sinn. «Ein [arithmetisches] Aufzeichnungssystem symbolisiert lediglich abstrakte Quantitäten, die wir Ziffern nennen», schrieb er später. Es sollte möglich sein, mathematische Operationen unabhängig von der Art der Symbole auszuführen. In der Algebra standen Buchstaben für Zahlen. Sogar ein höherer Schüler hat wenig Schwierigkeiten, x mit y zu multiplizieren und zum richtigen Ergebnis zu gelangen. Anderson trug das Problem an diesem Abend seiner Familie beim Essen vor und erklärte, er habe die Absicht, es zu lösen. Sein Vater, der Ingenieur, machte Vorschläge. Seine Mutter bot ihm ihre Hilfe an und versprach, ihm beim Aufschreiben seiner Ergebnisse zu helfen. Aber Anderson selbst war es, der über dem Schreibtisch in seinem Zimmer hockte und die aufwendige Arbeit in Angriff nahm, ein mathematisches System zu entwerfen, das auf den römischen Ziffern basierte.

Addieren und Subtrahieren war ein Kinderspiel – sogar einfacher als mit dem vertrauten, arabischen System. Die übrigen Operationen – Multiplizieren und Dividieren, Potenzieren und Wurzelziehen – waren schwieriger. Zum einen kannten die Römer kein Symbol für die Null. Zum anderen hatten die Historiker recht, wenn sie sagten, die römischen Ziffern seien in komplexen mathematischen Operationen schwierig zu handhaben. Mit ein wenig Hilfe bei den numerischen Systemen durch G.W. Hall, seinem Chemielehrer an der High School, und Ralph W. Veatch, seinem Mathematikprofessor an der Universität in Tulsa, entwickelte Anderson ein System, mit dessen Hilfe man alle Grundrechenarten mit römischen Ziffern ausführen konnte. Er behauptete nicht, die Römer hätten auf diese Weise den prozentualen Ertrag eines Eroberungs-Investments ausgerechnet, aber er bewies, daß sich römische Ziffern bei derartigen Berechnungen verwenden ließen.

Bevor er sich zu sehr mit seinem mathematischen System brüstete, schrieb Anderson an einige Altertumsexperten, darunter Prof. Sterling Dow an der Harvard University und A.W. Richeson an der University of Maryland. Sie bestätigten, daß Anderson auf etwas Neues gestoßen war; etwas, das in der bekannten Weltliteratur noch nirgends erwähnt worden war.

Nachdem Anderson nach Harvard gekommen war, schrieb er seine Arbeit über römische Ziffern nieder und sandte sie mit Dows Empfehlung an *Classical Philo-*

logy,[2] ein Journal, das den Wissenschaften des klassischen Altertums – insbesondere der Linguistik – gewidmet war. Seine Arbeit erschien in der Ausgabe vom Juli 1956 als Leitartikel. Noch vor Erscheinen der philologischen Arbeit im März 1956, brachte das *Time*-Magazin einen kurzen Artikel, in dem zu lesen war, daß Anderson «die erste Theorie darüber, wie die alten Römer mit römischen Ziffern multiplizierten, dividierten und Quadratwurzeln zogen»,[3] entworfen hatte. *Time* nannte den achtzehnjährigen Harvard-Anfänger ein Wunderkind.

Anderson kam in Cowboystiefeln nach Harvard. Es war das erste Mal überhaupt, daß er den Südwesten des Landes verließ. Harvard sollte ein großes Abenteuer werden, das sein Leben verändern würde. Er stürzte sich hinein und versuchte, alles zu tun – oft alles auf einmal. Anderson zeichnete auf, womit er in seinem ersten Jahr im Lowell House wieviel Zeit verbrachte. «Es war ein umfassender Bericht über seine Studien-, Schlaf- und Sportgewohnheiten, komplett mit Graphiken, Mittelwerten und Gesamtsummen», schrieb das *Harvard Alumni Bulletin*, als es von seiner Gewohnheit erfuhr, und bestand darauf, eine Analyse seines täglichen Lebens als Freshman zu veröffentlichen.[4] Das Tagebuch begann mit den Eintragungen: «(16. Sept.) Zug [in Tulsa] um 9:45 bestiegen. Erste Zugfahrt. Nacht im normalen Reisezugwagen [statt im Schlafwagen] verbracht. Um 16:30 Uhr wachgeworden. Durch den Zug gewandert. Wieder schlafen gegangen. (17. Sept.) Kam um 7:45 in St. Louis an... Lunch und Dinner im Zug. Eine weitere Nacht. (18. Sept.) Traf fünf prima Jungs, die auch nach Harvard gehen. Vornamen – Steve, Bill, Mike, John und Dick. Ankunft um 11:35. Mit den Jungs Taxi genommen. Klasse Zimmer.»

Die Aufzeichnungen – eher eine knappe Liste von Ereignissen als ein Tagebuch – beschrieben normale Tage folgendermaßen: «(So. 14. Nov.) 10:15 aufgestanden. Weder Frühstück noch Dusche. Mathe (anderthalb Stunden). Lunch um 12:30. Mathe. Deutsche Grammatik und Vokabeln gelernt (drei Stunden). Dinner. Deutsch (anderthalb Stunden). Las Bio oben in Perrys Zimmer, bis 23:45 rumgealbert (anderthalb Stunden). Deutsch mit vielen Unterbrechungen. 24:00 Bett.» Die täglichen Schilderungen wurden am Jahresende prozentual aufgeschlüsselt. Der Schlaf machte 34,7 Prozent der Zeit Andersons aus; Unterricht und Lernen 32,1 Prozent; Verschiedenes (einschließlich der Mahlzeiten und des Sports) 33,2 Prozent. Anderson stand im letzten Jahr hoch oben auf der *Dean's List*, einer Liste von Schülern bzw. Studenten mit besonders guten Leistungen, die am Ende eines Semesters an Hochschulen, Colleges oder Universitäten aufgestellt wird. Er promovierte *magna cum laude*.

In den Jahren nach dem College führte Anderson eine ähnliche Aufzeichnung in einem Kalender – tatsächlich waren es zwei Kalender. Einer von ihnen war ein Kalender für den öffentlichen Dienst, der mit seinem ersten Tag im Dienst der Regierung am National Institute of Health beginnt. In ihm zeichnete er jeden

Termin auf. Den zweiten benutzte er, um seinen wissenschaftlichen Fortschritt zu verfolgen. Anderson erkannte die Wahrheit über seine Zeit in Harvard, wie James Watson, einer der Entdecker der Struktur der DNA-Doppelhelix, es beschrieb: «Er gehörte zu den Leuten, die ich mied», sagte Watson. «Er war immer über alles Neue erregt. Er konnte nicht zwischen wichtigen und unwichtigen Ideen und Fragen unterscheiden.»

Da er wußte, daß er sich leicht ablenken ließ, führte er ein System ein, bei dem halbe Tage auf dem Kalender rot, gelb oder grün markiert wurden. Ein halber Tag war grün markiert, wenn er mehr als vier Stunden damit verbrachte, wissenschaftlich zu arbeiten – zum Beispiel Tätigkeiten im Labor, Besuche von Seminaren, Lesen von Arbeiten oder Überprüfen von Daten. Der Block war gelb markiert, wenn er weniger als eine Stunde mit der Wissenschaft zubrachte. Rot bedeutete, daß er überhaupt nicht wissenschaftlich tätig war. Der Farbkalender ergab ein graphisches Bild von seinen Forschungsaktivitäten. War das Gesamtbild vorwiegend grün, blieb er auf seinem derzeitigen Kurs. Wurden die Farben gelb oder rot, überprüfte er seine Tätigkeiten. «Wenn ich zu sehr abgelenkt werde und es dort zu viel Rot und Gelb gibt, setze ich mich hin und konzentriere mich auf das Wichtige», sagte Anderson.

Eine Ausnahme gab es von seiner ständigen, wissenschaftlichen Arbeit – den Sport. Als Teenager hatte er im Sommerlager festgestellt, daß er schnell laufen konnte; schneller als beinahe alle übrigen. In der High School war er einer der besten Läufer. Im ersten College-Semester war er Captain der Erstjährigen-Mannschaft. In seinem zweiten Jahr am College brachte er Harvard unerwartete Siege ein. «Wissen Sie, einer der größten Beiträge zu unserem Erfolg in diesem Winter war, daß Anderson plötzlich aus dem Nichts auftauchte und uns half», wurde der Harvard-Coach Bill McCurdy 1956 in einem Zeitungsbericht zitiert.[5] «Er überholte zwei Mann auf den letzten Metern und errang einen wichtigen zweiten Platz in dem 600-Meter-Lauf in Dartmouth; er gewann den 600-Meter-Lauf gegen Yale und erwies sich so als die überraschende Verstärkung, die wir in unserer Staffellaufmannschaft brauchten. Ich wünschte, wir hätten eine ganze Mannschaft von Andersons.»[6] Als Senior erhielt er die Wilcox-Medaille für seine Leistungen bei einem Lauf über eine Viertelmeile.

Anderson wollte an der Sommer-Olympiade 1960 teilnehmen, aber sein Körper konnte mit seiner kompromißlosen Entschlossenheit nicht Schritt halten. Je mehr er seinen Beinen abverlangte, indem er bei Wettkämpfen das letzte aus ihnen herausholte, desto mehr schädigte er sie. Schließlich rissen seine Kniegelenkbänder. Er behielt das Laufen während seiner Zeit an College und Universität bei, erreichte aber nie wieder die Geschwindigkeit eines Leistungssportlers.

Harvard eröffnete Anderson intellektuell wie kulturell eine ganz neue Welt, und es markierte den Beginn seiner Laufbahn als wissenschaftlicher Forscher.

Wissenschaft ist ein soziales, gemeinschaftliches Unternehmen. Nur wenige Forscher arbeiten allein. Die Projekte selbst sind derart komplex und die Experimentaltechniken derart ausgefeilt, daß kein Mensch allein alle Feinheiten jeder erforderlichen Tätigkeit beherrschen kann. Um Erfolg zu haben, muß ein Wissenschaftler sich mit anderen zusammentun. Die anderen werden zu Helfern, Mitarbeitern, Konkurrenten und sogar Feinden. Das Gewebe der gesellschaftlichen Verflechtungen beginnt im College, wo Professoren und Mentoren eine zentrale Rolle bei der Formung der wissenschaftlichen Laufbahn ihrer Schüler spielen.

Der Status eines Mentors kann ebenso wichtig wie das Fach sein, das studiert wird. Die Herkunft des Wissenschaftlers bestimmt die Richtung seiner Laufbahn. Die Frage, in wessen Labor in welcher Universität der Jungwissenschaftler geformt wurde, bestimmt häufig sogar die Verbindung zum gesellschaftlichen Geflecht der Wissenschaft – etwa in gleicher Manier, wie der Status einer Familie den Platz bestimmt, den das Kind später in der Gesellschaft einnehmen wird.

«Die Frage, ‹aus welchem Stall› ein Wissenschaftler kommt, spielt eine ebensolche Schlüsselrolle in seiner Karriere, wie es einst die Diplomatie der Verbindung durch Heirat in den Königshäusern Europas tat», schrieb Robert Kanigel in «Apprentice to Genius: The Making of a Scientific Dynasty»[7]:

> Der Ruf eines Wissenschaftlers hängt anfangs ebenso sehr davon ab, in wessen Labor er gearbeitet hat – wessen wissenschaftlicher Nachkomme er ist –, wie von seinen Entdeckungen. Ebenso wie in der Malerei und in der Musik gibt es «Schulen» in der Wissenschaft, insbesondere in den einzelnen Disziplinen. Es gibt wissenschaftliche «Familien», deren Mitglieder sämtlich bis zu einem oder einigen wenigen «Urahnen» zurückverfolgt werden können. Nach einer Untersuchung haben mehr als die Hälfte aller amerikanischen Nobelpreisträger als graduierte Studenten, fertige Doktoren oder Junior-Kollegen von anderen Nobelpreisträgern gearbeitet.

Harriet Zuckerman, eine Soziologin an der Columbia Universität, führte diese Zählung in ihrem 1977 erschienen Buch «Scientific Elite: Nobel Laureates in the United States»[8] aus. Von 92 amerikanischen Nobelpreisträgern, die ihren Preis bis 1972 erlangten, hatten 48 – mehr als die Hälfte – für oder mit einem früheren Nobelpreisträger gearbeitet. Anderson stellte keine Ausnahme dar.

Seine erste Gelegenheit, der wissenschaftlichen Elite beizutreten, ergab sich in Harvard's Gibbs Chemical Laboratory, in den im zweiten Stock gelegenen Laboratorien von George B. Kistiakowsky.[9] Dieser Chemiker ukrainischer Herkunft war in der Zeit des Manhattan Projekts berühmt geworden («Manhattan Project» war die inoffizielle Bezeichnung für das 1942 gestartete Geheimprogramm des US-Kriegsministeriums zum Bau der Atombombe).[10] Kistiakowsky war hochgewachsen und von freimütigem Wesen. Er entwickelte sich zu Beginn des zweiten Weltkriegs zum Sprengstoffexperten, während er mit Bomben für das National Defense Research Committee experimentierte. In Los Alamos (New Mexiko), dem Ort des Manhattan Projects, vervollkommnete Kistiakowsky eine Art Explosionslinse; eine Methode, Sprengladungen derart zu formen, daß die konzentrierten Schockwellen der Explosion radioaktives Material zusammenpreßten, so daß eine Kettenreaktion einsetzen konnte und eine atomare Detonation erfolgte. Nach dem Krieg kehrte Kistiakowsky nach Harvard zurück, bevor er als Präsident Dwight D. Eisenhowers wissenschaftlicher Berater nach Washington ging.

In dieser Zeit, zwischen dem Krieg und seiner Regierungsarbeit in Washington, gelang es Anderson zusammen mit drei weiteren abenteuerlustigen Studenten, in Kistiakowskys Labor zu kommen. Das war ganz und gar ungewöhnlich, denn Studenten ohne abgeschlossenes Studium führten nur selten Forschungsprojekte aus. Im Jahr 1936 hatte Kistiakowsky mit der Geschwindigkeit der thermischen Isomerisierung von cis-2-Buten (früher 2-Butylen) experimentiert; mit der Möglichkeit, dem Molekül mittels Wärmeenergie eine andere Form zu verleihen. 2-Buten ist ein einfaches Molekül und besteht aus vier Kohlenstoffatomen mit einer Doppelbindung (zwischen dem zweiten und dem dritten Kohlenstoffatom). 2-Buten wurde ursprünglich in Kokereigas nachgewiesen und wird heute durch sogenanntes «Thermisches Cracken» aus Rohbenzin gewonnen; es ist leicht entflammbar. Kistiakowsky hatte gezeigt, daß 2-Buten zwei verschiedene Formen (Isomere) annehmen konnte. In Isomeren sind die identischen Atome unterschiedlich angeordnet.

In den 30er Jahren hatte Kistiakowsky herauszufinden versucht, was während der Isomerisierung geschieht, und wie rasch diese stattfand. Seine Messungen ergaben aber, daß das Isomerisierungsverhalten von 2-Buten demjenigen chemisch verwandter Stoffe in keiner Weise ähnlich war. Dies stand im Widerspruch zu den Theorien, die das Phänomen der Isomerisierung erklärten. Eine Möglichkeit bestand darin, daß Kistiakowskys Messungen falsch waren. Anderson und die übrigen beschlossen, das herauszufinden.

Gegenüber den 30er Jahren, als Kistiakowsky seine ersten Messungen ausführte, war in den 50er Jahren, als die Studenten in seinem Labor die Arbeit aufnahmen, eine neue Meßtechnik mit infrarotem Licht verfügbar geworden, die sogenannte IR-Spektroskopie. Bei dieser Methode wird die Probe in einer Meßzelle verdampft und infrarotes Licht durch die gasförmige Probe gestrahlt. Dabei wird gemessen, wieviel Licht einer bestimmten Wellenlänge von der Substanz absorbiert wird. Dank dieser Methode konnten die Schüler exakt die Geschwindigkeit messen, mit der das 2-Buten isomerisierte.

Kistiakowsky ließ die Schüler an dem Problem arbeiten. Er stellte ihnen Arbeitsplätze im Labor zur Verfügung, ohne jedoch allzu viel zu erwarten. Er ließ ihnen auch nicht viel Unterstützung zuteil werden und half ihnen dadurch, ihre ersten, nützlichen wissenschaftlichen Fähigkeiten zu erwerben: Organisieren und Improvisieren. Sie liehen sich einen 1000-Watt-Gleichrichter aus der Physikalischen Abteilung, an den sie einen elektrischen Brennofen anschlossen, den sie anderswoher organisiert hatten. Aus Material, das sie vom gesamten Campus zusammentrugen, konstruierten sie eine Apparatur aus Glasröhren, die die verschiedenen Flüssigkeiten und Gase zum Zentrum der Apparatur leiteten, einem mit Kohlenstoff ausgekleideten 500-Milliliter-Pyrex-Kolben, der als eigentliche Reaktionskammer diente.

Die Apparatur sah aus, als sei sie einem Cartoon von Rube Goldberg entsprungen. Im Prinzip war es Anderson, der sie baute. Er lernte, wie man Glas bläst, Glasröhren zu Ventilen formt und Röhren durch die erhitzte Wand des Pyrex-Kolbens stößt. Der Kolben war das Kernstück der ganzen Anlage. Er lag in die Heizspiralen des elektrischen Brennofens gebettet, die das 2-Buten auf 443 Grad Celsius erhitzten. Während das Team immer mehr Komponenten hinzufügte, brachen immer wieder Teile der Anlage entzwei. Anderson fand den Pyrex-Kolben hübsch und kunstvoll, aber er war auch zerbrechlich. Als Anderson erst fünf, dann sechs Glasröhren in den Kolben einführte, verlor dessen Wand immer mehr an Festigkeit. Schließlich brach sie, und Anderson konnte den Pyrex-Kolben nicht reparieren. Es waren einfach zu viele Glasröhren durch seine Wandung gestoßen worden.

«Ich hatte keine Ahnung, wie ich ihn reparieren sollte», erinnerte sich Anderson. «Ich ging zu ‹Kisti›, und er kam herunter und schaute sich die Geschichte an.» Was er vorfand, verblüffte Kistiakowsky. Anderson und die drei übrigen hatten eine ausgeklügelte Experimentieranordnung gebaut, wesentlich komplizierter, als er es geplant hatte. Der Aufbau bewies, daß die Schüler ernsthaft bemüht waren, das Experiment durchzuführen. Er hatte sich bis dahin noch nicht angeschaut, was sie machten.

Kistiakowsky untersuchte den gesprungenen Pyrex-Kolben und verfiel rasch auf eine Lösung. Er sagte zu Anderson: «Ich werde Ihnen zeigen, wie es geht.»

Aber Anderson erwiderte rasch: «Nein, sagen Sie mir nur, was zu tun ist, und ich werde es tun – *denn es ist mein Experiment.*»

Der Mann, der geholfen hatte, die Bombe zu bauen, die den Krieg beendete und den Gang der Geschichte änderte, schaute Anderson überrascht an und sagte: «Nein, ich werde es tun, *denn ich bin der Professor.*» Und er tat es.

Anderson schmollte.

Nach diesem Vorfall gewöhnte Kistiakowsky sich an, am Ende des Tages hereinzuschauen, um zu sehen, was seine angehenden Wissenschaftler trieben. Sie machten sich gut. Am Ende des Experiments hatten sie eine verfeinerte Messung der Isomerisierung ausgeführt und waren zu anderen Werten als ihr Professor bei seinen früheren Messungen gelangt. «Der 1936 angegebene Wert des Geschwindigkeitsfaktors [der Isomerisierung] befindet sich deutlich außerhalb der Standardabweichung», schrieben sie höflich in einer Arbeit, die 1958 im *Journal of the American Chemical Society* erschien.[11] «Die früher aufgeworfenen, theoretischen Probleme der 2-Buten-Isomerisierung können somit als beseitigt gelten.»

Die vier Studenten stellten die Welt der Chemie zwar nicht auf den Kopf, aber sie bewiesen ihr technisches Geschick, und dies verlieh ihnen eine gewisse Vertrauenswürdigkeit. Wichtiger aber war, daß es ihnen die Türen buchstäblich aller übrigen Laboratorien in Harvard öffnete. Anderson, der Erstautor der Arbeit gewesen war, beschloß, mit Paul Doty zusammenzuarbeiten, einem Biophysiker mit einer Leidenschaft für den Frieden. Doty arbeitete für die Abrüstung. Er organisierte die Treffen in Pugwash (Neuschottland), die im Juli 1957 begannen und den offiziellen Namen *Conference on Science and World Affairs* trugen. In Pugwash trafen sich Wissenschaftler aus der ganzen Welt und suchten nach Möglichkeiten, das Risiko eines nuklearen Krieges zu verringern. Im selben Jahr ging Anderson in Dotys Labor. Die Zeiten waren sowohl wissenschaftlich als auch politisch aufregend.

Doty war ein Wissenschaftler von internationalem Rang. In den Jahren 1946 und 1947 hatte er zusammen mit Max Perutz, dem Kristallographen, der für die Entschlüsselung der Struktur des Hämoglobin-Moleküls durch Röntgenbeugung den Nobelpreis erhielt, am Laboratorium der Cambridge University gearbeitet. Durch Perutz würde Doty später Francis Crick und James D. Watson kennenlernen, die durch die Doppelhelix berühmt waren, und von der Wichtigkeit der DNS überzeugt werden. Doty war dabei, als die Grundlagen der Molekularbiologie gelegt wurden, und fügte seine eigenen Mosaiksteinchen hinzu: Er beschrieb den molekularen «Klebstoff», der die beiden Holme der Doppelhelix verbindet, so daß sie die beschriebene spiralig gedrehte Leiter bilden. Wissenschaftlich ausgedrückt, er arbeitete aus, wie die vier chemischen Bausteine der DNA miteinander «hybridisieren», wie zwei Magnete, bei denen der Nordpol des einen an einer Hälfte einer Sprosse der Leiter den Südpol des anderen an der gegenüberliegenden Sprossenhälfte anzieht. Diese «Magnete» halten die beiden Sprossenhälften zusammen, so daß sie eine ganze Sprosse bilden. Seine Arbeit weitete sich auf die RNA und auf die dreidimensionale Struktur von Proteinen wie Kollagen aus.

Zu einer Zeit, als die DNA alles bedeutete, ging Anderson in Dotys Laboratorium, um dort eine Senior-Dissertation zu schreiben – einen *Honors Course* (Universitätskurs, der weitgehend aus selbständiger Arbeit besteht und mit einer Dissertation abschließt, die dem Studenten eine Sondernote für hervorragende Leistungen einbringt). Anderson erlernte die Nukleinsäurechemie beim Meister selbst. In seinem eigenen Projekt untersuchte er die Wirkungen ultravioletter Strahlung auf die DNA. Als Anderson später Senior in der Medical School war und in Dotys Labor zurückkam, um als Assistent zu arbeiten, half er bei der Arbeit an der Polynukleotid-Phosphorylase, einem bei der Prozessierung genetischen Materials entscheidend wichtigen Enzym.

Anderson fiel in Dotys Labor auf. «Er war motiviert und arbeitete extrem hart. Außerdem war er intelligent und ehrerbietig», erinnerte Doty sich an Anderson.[12] «Er hatte so ein Leuchten in den Augen. Es bestand kein Zweifel daran, daß er wußte, was er wollte. Seine ständige Aufmerksamkeit für alles, was um ihn herum vor sich ging, war außergewöhnlich.»

Eines der interessanteren Ereignisse, die Andersons Aufmerksamkeit erregten, kam mit Julius Marmur, einem Postdoktoranden von der Rockefeller University, der soeben mit Neuigkeitten über die genetische Transformation in Dotys Labor angekommen war. Wissenschaftler wußten seit 1944, daß genetisches Material in Form der Desoxyribonukleinsäure (DNA) aus Bakterien des einen Typs extrahiert und dazu benutzt werden konnte, Bakterien eines anderen Typs Eigenschaften in den ersten Typ zu transformieren. Die Arbeit von Oswald T. Avery und seinen Mitarbeitern an der Rockefeller University hatte ergeben, daß die DNA Träger der genetischen Informationen war. Schließlich übernahm Rollin Hotchkiss, der Ende der 30er Jahre in Averys Labor eingetreten war, die experimentelle Suche nach dem Transformationsfaktor. Mitte der 50er Jahre hatte Hotchkiss Marmur alles über die genetische Transformation von Bakterien beigebracht. Marmur brachte die entsprechenden Techniken mit zum Labor von Doty. Da Anderson auch in dem Labor war, erfuhr er durch Marmur von der Transformation.

Zu den übrigen Dingen, die Anderson in Dotys Augen ungewöhnlich machten, gehörte seine Aggressivität bei der Verfolgung von Ideen. «In unseren wöchentlichen Gruppenseminaren stellte French das, was gesagt wurde, öfter in Frage, als es die meisten graduierten Studenten getan hätten», erinnerte Doty sich. «Und er war nicht graduiert. Es war eine Frühreife, die manchmal nützlich war, aber bei anderen Gelegenheiten grenzte sie an Streitsucht. Er gab seinen Standpunkt nicht leicht auf. Seine Standpunkte waren meistens richtig. Wenn er etwas nicht verstand, gab er nicht eher Ruhe, als bis er es begriffen hatte, manchmal beanspruchte er damit mehr Zeit des Seminars, als er sollte.»

Eine dieser Seminar-Sitzungen sollte einen großen Einfluß auf Andersons weiteres Leben haben. Im Winter 1958 wohnte er einem Labortreffen bei, das John D. Edsall veranstaltet hatte, ein biophysikalischer Chemiker, dessen Kursbeschreibung Anderson dazu veranlaßt hatte, nach Harvard zu gehen. Anderson belegte Edsalls Kurse, nahm an seinem Tutorium teil und half ihm sogar beim Korrekturlesen eines seiner Lehrbücher. Er war ständig in der Nähe des älteren Wissenschaftlers. Edsalls Labortreffen, an dem auch Leute aus Dotys Labor teilnahmen, war einberufen worden, um die neuesten Erkenntnisse aus England über den Aufbau des Proteins Hämoglobin und seines chemischen Verwandten Myoglobin zu sprechen. Als die um den Tisch sitzenden Wissenschaftler die physikalischen

Daten des am meisten untersuchten Proteins der Biologie sichteten, bildete sich in Andersons Kopf eine Idee. Inzwischen hatte Marmur Anderson über die bakterielle Transformation unterrichtet und darüber, auf welche Weise sie bleibende, vererbbare Veränderungen herbeiführen konnte. Zugleich hatte Anderson bereits beschlossen, auf die medizinische Fakultät zu gehen, also hatte er angefangen, in medizinischen Begriffen zu denken.

«Wenn man den Aufbau des normalen Hämoglobins herausfinden kann», überlegte er laut, «dann ist es vielleicht auch möglich, die Struktur des Sichelzellhämoglobins zu erkennen – und dann könnte man feststellen, worin der Defekt besteht. Und wenn man Transformationsfaktoren benutzte, könnte man vielleicht Gene für normales Hämoglobin einschleusen und die Sichelzellanämie dadurch heilen.»

Der Wissenschaftler, der die Diskussion leitete, wandte sich an Anderson und fuhr ihn an: «Dies ist eine ernsthafte, wissenschaftliche Diskussion. Wenn Sie tagträumen möchten, behalten Sie es bitte für sich selbst.»

Anderson zog sich in gekränktes Schweigen zurück. Er wartete nur noch darauf, daß sie Sitzung endete, damit er so höflich und so rasch wie möglich hinausgehen konnte. Als das Treffen schließlich beendet wurde, gesellte sich beim Hinausgehen John Edsall zu Anderson, sagte in seiner leisen, brummigen Stimme: «Interessante Idee», und verließ den Raum.

Anderson wäre beinahe über seine Füße gestolpert. Er sagte zu sich selbst: «Wenn Dr. Edsall dies für eine interessante Idee hält, dann ist es wohl auch für mich eine interessante Idee.» Jahre später bezeichnete Anderson dieses Seminar als den Augenblick, an dem er beschlossen hatte, eine Methode zu finden, Gene in menschliche Zellen einzuschleusen. Endlose Ablenkungen hielten ihn von diesem Ziel fern, und es sollte noch fast zwanzig Jahre dauern, bis er in der Lage war, seine Energie ausschließlich auf Gentransfertechniken zu konzentrieren.

Zuerst mußte er das Harvard-College absolvieren. Nachdem er darum gekämpft hatte, sich zu entscheiden, ob er Arzt oder Biochemiker in der Forschung werden wollte, tat sich eine dritte, unerwartete Möglichkeit auf, nämlich ein Studium in einem anderen Land. Anderson hatte sich so stark auf die Biochemie und die Forschung konzentriert, daß einige seiner Professoren schon befürchteten, er trüge Scheuklappen. Eine Reise in ein anderes Land konnte Abhilfe schaffen, also bewarb sich Anderson für mehrere Stipendien. Er erhielt das Lt. Charles Henry Fiske 3rd Stipendium am Trinity College der Cambridge University in England. Das einjährige Programm würde ihm Gelegenheit verschaffen, in England zu studieren und durch Frankreich und den Kontinent zu reisen.

Anderson landete als graduierter Student im selben Cavendish-Laboratorium, in dem James D. Watson und Francis Crick die Doppelhelix entdeckten. Watson war erst kürzlich fortgegangen, um eine Laufbahn in Harvard zu beginnen. Aber

Crick, John C. Kendrew und Max Perutz – die alle eines Tages den Nobelpreis erhalten sollten – waren noch dort, und auch Sydney Brenner, ebenfalls einer der Begründer der Molekularbiologie und der einzige in der Gruppe, der keinen Nobelpreis erreichen sollte, obwohl viele der Meinung waren, daß er ihn verdient hätte. Es war ein hochkarätiges Forschungslabor, und Anderson konnte dort mitarbeiten, als gehöre er dazu. Das hatte er in hohem Maße der Fürsprache von Paul Doty zu verdanken, der seit seinem eigenen Forschungsaufenthalt gute Verbindungen zum Cavendish-Labor unterhielt.

Anderson kam als graduierter Student und studierte unter Leonard Lerman, einem amerikanischen Wissenschaftler von der University of Colorado, der untersuchte, auf welche Weise bestimmte Farbstoffe Veränderungen im Aufbau der DNA – Mutationen – hervorriefen. Anderson hatte zwar Zugang zum Labor erhalten, aber die Mittel und insbesondere die Arbeitsplätze waren knapp bemessen. Man wies ihm einen 60 cm breiten Arbeitsplatz neben dem Wasserbad zu. Das Wasserbad diente zum Temperieren von Kulturkolben. Immer, wenn jemand eine Messung vornahm, mußte Anderson Platz machen, aber das kam nicht allzuhäufig vor und dauerte auch nicht lange. Dieser einjährige Forschungsaufenthalt machte Anderson mit den höchsten Ebenen des biologischen Denkens vertraut. Am Ende hatte er den «Master Degree» der Cambridge University erhalten (entspricht in etwa dem Diplom), war in der Universitätsmannschaft mitgelaufen und hatte Frankreich bereist, als er beschloß, weitere zwölf Monate in England zu bleiben und sein erstes Jahr dort an der medizinischen Fakultät zu absolvieren.

Dann nahm sein Leben eine weitere, dramatische Wendung. Während eines Anatomiekurses in seinem ersten Jahr an der medizinischen Fakultät in England lernte Anderson die Britin Kathryn Dorothy Duncan kennen, eine hübsche, zierliche Frau, bestimmend und von messerscharfem Verstand. Wenige Monate später waren sie verlobt, mußten allerdings noch ein Jahr lang bis zur Hochzeit warten, bis Kathryn Duncan einige noch ausstehende Praktika und Kurse in England absolviert hatte. Anderson kehrte inzwischen nach Harvard zurück, um sein zweites Jahr an der medizinischen Fakultät in Boston zu studieren. Im Sommer 1961 heirateten die beiden in England.

Eheleben und ein Studium der Medizin waren eine problematische Kombination. Weder Kathy noch French hatten eine Arbeit, und sie lebten von geliehenem Geld und der Studienförderung. French graduierte ein Jahr vor Kathy und trat sein Praktisches Jahr am Children's Hospital Medical Center in Boston an. Er verdiente 83 Dollar pro Monat. «Wir sparten einen Monat, bis wir uns einen Film anschauen konnten, und dann mußten wir zu Fuß ins Kino gehen.» Nachdem sie einmal mitten im Winter im Kino gewesen waren, schlug die Kälte Kathy derart auf die Ohren, daß sie vor lauter Schmerzen die U-Bahn nehmen mußten. «Es hat unser letztes Geld gekostet», erinnerte sich Anderson «alles, was wir noch hatten».

Sie lebten in einer winzigen Wohnung im ersten Stock in einer heruntergekommenen Gegend in Roxbury-Brooklyn, auf halbem Weg zwischen der medizinischen Fakultät und dem Fenway-Park. Ihr Doppelbett paßte kaum in das Schlafzimmer – um die Schubladen der Kommode öffnen zu können, mußten sie auf dem Bett sitzen. Der schlackenbedeckte Parkplatz hinter dem Haus sorgte dafür, daß in ihrer ganzen Wohnung ständig alles mit einer Staubschicht bedeckt war, ganz gleich, wie oft sie saubermachten.

Der Streß und die Armut zweier beginnender, medizinischer Karrieren war zu viel. Die beiden stritten sich ständig, bis ihre Ehe zu scheitern drohte. Anderson beschloß, seine Krankenhaustätigkeit nach dem Praktikum an den Nagel zu hängen und sich einen Job zu suchen, um ihre Ehe nicht aufs Spiel zu setzen. Er konnte jederzeit wieder im Krankenhaus anfangen, wenn Kathy fertig war.

Als Anderson beschloß, auszusteigen, bot ihm der Chefarzt am Children's Hospital Medical Center finanzielle Hilfe an. Ein zufällig dabeistehender Arzt bot Anderson eine Tätigkeit in seiner Praxis an. Anderson lehnte beides ab. «Wir brauchten mehr als ein Handgeld», sagte er. «Wir brauchten eine grundsätzliche Veränderung, und das bedeutete, daß wir uns selbst ernähren mußten, uns aus eigener Kraft aus dem Sumpf ziehen mußten.»

Anderson erhielt eine Forschungsstelle bei der American Cancer Society, die ihm die fürstliche Summe von 7000 Dollar für ein Jahr Arbeit im Department of Bacteriology and Immunology an der Harvard Medical School einbrachte, während Kathy ihr Praktikum am Children's Hospital zu Ende brachte. Das Geld ermöglichte es ihnen, sich eine bessere Unterkunft zu suchen und in ein Apartment im dritten Stock eines Hauses in Brooklyn zu ziehen.

Die Ehekrise hatte auch dazu geführt, daß sie sich mit einem weiteren Aspekt des Ehelebens befaßten, der Elternschaft. Beide wußten, daß sie ehrgeizig waren; daß ihre Hingabe an ihre Arbeit sie ganz ausfüllen würde. Sie erkannten auch, daß Kinder von Eltern, die beide derart von ihren eigenen Karrieren in Beschlag genommen waren und nur selten nach Hause kamen, möglicherweise nicht gut gedeihen würden. French und Kathy Anderson erklärten Kinder zu einem Luxus, den sie sich nicht leisten konnten. Sie wollten statt dessen Kinder adoptieren. Nicht gesetzlich, sondern geistig. Sie übernahmen eine Art von Patenschaften für einige junge Leute, bezogen sie in ihr Leben ein, halfen ihnen finanziell und emotionell.

In gewisser Hinsicht erwuchs dies aus der Großzügigkeit, die Anderson in Oklahoma erlernt hatte. Seine Hilfsbereitschaft hatte er auch schon vor seinem Examen in Harvard gezeigt, wo er als Tutor und Beschützer dem zwölfjährigen Fred Safier, einem Wunderkind aus Berkeley (Kalifornien), zur Seite stand. Anderson half Safier, die Härten der wissenschaftlichen Lehrgänge am College zu überleben und das gesellschaftliche Leben in Harvard durchzustehen.

Da gab es noch andere – derzeitige oder ehemalige Patienten, aber auch junge Menschen, denen sie unterwegs begegneten. Lauren Chang war die letzte. Lauren war in Hong Kong geboren und mit ihrer Mutter und ihren Schwestern in die Vereinigten Staaten gekommen. In ihrer Zeit an der High School nahm Chang eine Teilzeittätigkeit am NIH an, wo sie French Anderson traf. Er entwickelte Interesse für die junge Frau, die damit zu kämpfen hatte, Wissenschaft und Englisch zu erlernen und sich auf die Antrittsprüfung für das College vorzubereiten. Anderson half ihr beim Studium und hörte ihr Wissenschaftstheorien und englische Vokabeln ab. «Einmal, als wir miteinander sprachen, beschlossen wir, einander zu adoptieren», erinnert Chang sich. «Er hatte keine Kinder, ich keinen Vater.»[13] Heute – mehr als ein Jahrzehnt später – ist Chang Kinderärztin und beaufsichtigt Forschungsprojekte in der Abteilung für Molekulare Hämatologie des NIH, die Anderson gegründet hatte.

Das National Institute of Health war wie dafür geschaffen, Anderson eine Bleibe während des größten Teils seiner Laufbahn zu bieten. Er kam am 1. Juli 1965 an, als sowohl er selbst als auch das Institut jünger und noch voller Elan waren. Der Bethesda-Campus war in den 60er Jahren das Zentrum der biomedizinischen Forschung in Amerika. Er war mit keinem anderen Ort auf der Welt zu vergleichen.[14] Das NIH begann 1887 als Labor in einem winzigen Dachgeschoßzimmer des Marinehospitals auf Staten Island im Hafen von New York. Die dort tätigen Wissenschaftler sollten eine Heilmethode für Cholera und Gelbfieber finden. Jahre später zog das Labor nach Washington um, blieb aber eine kleine, verschlafene, staatliche Einrichtung, die sich auf Mikrobiologie und öffentliche Gesundheit konzentrierte. Erst Ende der 30er Jahre begann das NIH zu wachsen, und nach dem Zweiten Weltkrieg explodierte es förmlich.

Es entwickelte sich eine fruchtbare Zusammenarbeit zwischen Dr. James A. Shannon, dem Senator Lister Hill aus Alabama und dem Republikaner John Fogarty aus Rhode Island. Shannon war ein sehr begeisterungsfähiger, zäher und leicht erregbarer Ire, der das NIH vom 1. August 1955 bis zum 31. August 1968 leitete. Hill und Fogarty waren Vorsitzende in zentralen Bewilligungskomitees, denen es sehr viel Sorge bereitete, daß die biomedizinische Forschung in Amerika nur unzureichend finanziert wurde. Ihre parlamentarische Großzügigkeit ließ Bargeld in Shannons NIH fließen und unterstützte auf diese Weise die verschiedensten Forschungsbereiche, in denen nach Heilmethoden für Krankheiten gesucht wurde – somit indirekt auch die molekularbiologische Revolution. Während der Amtszeit Shannons verzwanzigfachte sich das Budget des NIH (von 54,3 Millionen auf 1,1 Milliarden Dollar), die Belegschaft verdreifachte sich (von 5412 auf 13105 Mitarbeiter).[15] Gebäude für all diese Wissenschaftler und Hilfskräfte schossen wie Pilze aus dem 306 Morgen großen, parkartigen Campus des Instituts in der Nähe von Bethesda (Maryland). Schließlich waren etwa 60 Gebäude der

Forschung gewidmet, darunter der wuchtige rote Ziegelbau des Warren Grant Magnuson Clinical Centers. Im Juli 1953 eröffnet, wurde das 500-Betten-Haus zur Klinik des NIH und vereinigte nun Forschung und Behandlung unter einem Dach. Ideen, die am Morgen entwickelt wurden, konnten bereits mittags an einem der Patienten im selben Haus ausprobiert werden. Dieses System revolutionierte die Forschung.

Aber seinen größten Segen verdankte das NIH dem Krieg. Während des Zweiten Weltkriegs überzeugten die Entwicklung von Antibiotika und Bluttransfusionstechniken (u.a. von lebensrettendem Blutplasmaexpander) Washingtons politische Führung davon, daß es sich immer lohnt, die medizinische Forschung zu unterstützen. Das verlieh Hill und Fogarty den nötigen politischen Nachdruck, um große Aufstockungen des NIH-Fundus durchzusetzen.

Außerdem brachte der Krieg Nachwuchstalente mit sich. Nach dem Bau der Berliner Mauer (1961) und während des gesamten Vietnamkriegs zog das Land Ärzte ein. Jeder frischgebackene Doktor der Medizin schuldete der Regierung eine Dienstpflicht, entweder unmittelbar nach dem medizinischen Examen oder nach dem praktischen Jahr. Den Ärzten blieb nur die Wahl zwischen Army, Navy, Air Force, den Marines, der Coast Guard oder dem Public Health Service – quasi dem 6. uniformierten US-Corps. Für diejenigen, die nicht wünschten, zwei Jahre in einer MASH-Einheit *(Mobile Army Surgical Hospital = Mobiles Feldlazarett)* in Indochina zuzubringen oder ärztliche Untersuchungen in irgendeiner Musterungsbehörde durchzuführen, stellte der öffentliche Gesundheitsdienst eine annehmbare Alternative dar. Die jungen Ärzte riskierten natürlich, an eine öffentliche innerstädtische Gesundheitsklinik oder ins Indianerreservat geschickt zu werden, doch wer beim NIH landete, erfreute sich all der Vorteile, welche die Hauptstadt der USA zu bieten hatte – gute Restaurants, Unterhaltung und ein beachtliches gesellschaftliches Leben. Zudem kamen sie in den Genuß von erstklassigen Forschungseinrichtungen, wo sie die neueste Medizin – die häufig in Bethesda neu eingeführt wurde – erlernen und ihr eigenes Forschungsgeschick ausbauen konnten, während sie gleichzeitig ihrem Land dienten.

Frisch gebackene Ärzte – während des Vietnamkriegs Yellow Berets genannt – kamen scharenweise ans NIH. Die Forschungsverwalter des Instituts hatten die Qual der Wahl. Dieses Heer von intelligenten, jungen, wagemutigen Köpfen ließ das NIH vibrieren. Es war eine Zeit des großen wissenschaftlichen Fortschritts. Sie genossen ihre Lebendigkeit. Arbeiten, die in den 60er Jahren auf dem NIH-Campus ausgeführt wurden, brachten den Wissenschaftlern im Regierungsdienst vier Nobelpreise ein.

Der erste Nobelpreis ging an Marshall Warren Nirenberg, einen Biochemiker, der an der University of Michigan studiert hatte. Er kam im Sommer 1957 in den Osten, nur wenige Monate, bevor der Sputnik I piepend über Amerika flog.

Nirenberg kam ins Labor von DeWitt «Hans» Stetten, eines sehr bekannten wissenschaftlichen Direktors des Arthritis-Instituts am NIH. Nirenberg, ein großer, schlanker und verschlossener Mann, kam als Postdoktorand und besaß klare Vorstellungen von dem, was er erforschen wollte.[16]

Zwei Jahre nach seiner Ankunft konnte Nirenberg sein eigenes, kleines Labor einrichten, um die Proteinbiosynthese zu untersuchen; den Prozeß, bei dem Zellen die in der DNA gespeicherte genetische Informationen in Proteine konvertieren, die für das Stützgerüst und den Stoffwechsel der Zelle sorgen. Über diesen Vorgang der Proteinproduktion wußte man damals, als Nirenberg anfing, nur sehr wenig, und die Messenger-RNA war noch vollständig unbekannt. Der NIH-Wissenschaftler wollte einfach nur feststellen, ob er die zur Proteinbiosynthese erforderlichen Komponenten ausfindig machen und begreifen konnte, wie sie gesteuert wurden.

Im August 1960 ersannen der 33 Jahre alte Nirenberg und sein 31 Jahre alter Partner Heinrich Matthaei, ein Pflanzenphysiologe von der Universität Bonn, eine zellfreie Methode zur Protein-Synthese *in vitro*.[17] Die Idee der zellfreien Methode zur Herstellung von Proteinen war erst wenige Jahre alt. Die ersten Arbeiten dazu waren Mitte der 50er Jahre ausgeführt worden. Es war eher eine Kunst als eine Technik. Die Methode der NIH-Wissenschaftler sah so aus, daß sie Bakterienzellen fragmentierten und die zur Proteinsynthese notwendigen Komponenten (Ribosomen und Aminosäuren) daraus isolierten. Damit aber Protein synthetisiert wurde, mußten die Forscher Messenger-RNA hinzufügen, das genetische Material, das als Arbeitskopie der DNA die genetische Information zur Protein-Produktion transportierte. Damit sie die Ergebnisse verfolgen konnten, entschieden sich die Wissenschaftler für eine einzigartige Form von Messenger-RNA.

Typischerweise ist Messenger-RNA ein langes, fadenförmiges Molekül, das die Zelle aus vier verschiedenen Untereinheiten herstellt. Die lineare Messenger-RNA ist mit einem Güterzug vergleichbar, in dem Waggons in den vier Farben rot, blau, gelb und schwarz vorkommen können. In der Zelle scheinen die Farben der Güterwagen einander in zufälliger Reihenfolge abzulösen. Die Farbenfolge der RNA-Güterwagen wird durch die Informationen in der DNA vorgegeben.

Während sie ihre neue Technik der Protein-Produktion testeten, beschlossen Nirenberg und Matthaei, eine synthetische RNA zu verwenden, die aus einer einzigen Form von Untereinheiten – dem Uracil – zusammengesetzt war. Es war, als stelle man einen Zug ausschließlich aus roten Güterwagen zusammen. Als sie die synthetische Polyuracil-RNA in das Reagenzglas mit dem zellfreien Extrakt gaben, erhielten sie ein synthetisches Protein, das ausschließlich aus einer einzigen Aminosäure bestand, dem Phenylalanin. Normalerweise enthalten Proteine zwanzig Arten von Aminosäuren, die man in der Zelle findet. Auf ungeklärte Weise bestimmte die synthetische RNA, die aus nur einer einzigen Untereinheit hergestellt war, daß das synthetische Protein ebenfalls aus nur einer Aminosäure, dem Phenylalanin, bestand. Dieses Experiment war der Schlüssel zur Entzifferung des genetischen Codes. Das Experiment gab den Forschern nicht nur das erste Stückchen des Codes in die Hand, es deutete auch eine Methode an, wie sie den Rest entdecken konnten. Nirenberg und Matthaei konnten den «Stein von Rosette» der Natur aufstellen.

Andere Biologen hatten bereits die Vermutung geäußert, daß die genetische Informationen durch die Reihenfolge der DNA- und RNA-Nukleotide codiert war. Es gab Anhaltspunkte, daß jeweils drei Nukleotide bestimmten, welche der zwanzig Aminosäuren dem Protein als nächste angefügt würde, und daß die Anordnung der Aminosäuren bestimmte, wie ein Protein funktioniert. Aber bisher war niemand in der Lage, diese Theorie zu überprüfen oder den genetischen Code zu entschlüsseln.

Nirenberg verkündete das Auffinden des ersten Schlüssels zur Triplett-Natur des genetischen Codes in einer fünfzehnminütigen Ansprache vor einem nahezu leeren Raum beim Internationalen Symposium über Biochemie in Moskau, im Sommer des Jahres 1961. Es war niemand gekommen, weil niemand Nirenberg kannte – zumindest keine der Größen der Biologie –, weder ein James Watson, noch ein Francis Crick oder Sydney Brenner. Nirenberg war so unbekannt, daß man ihm im Juni 1961 die Teilnahme am Cold Spring Harbor Symposium über genetische Regulation verweigerte, obwohl er damals bereits das erste Stückchen des genetischen Codes entziffert hatte.[18]

«Es herrscht ein schrecklicher Snobismus. Entweder ist derjenige, der spricht, jemand aus dem Club, und man kennt ihn, oder seine Ergebnisse sind wahrscheinlich unkorrekt», gestand Matthew S. Meselson, ein Biochemiker am CalTech (Californian Institute of Technology), der gezeigt hatte, daß sich die DNA semikonservativ reproduziert, dem Autor Horace Freeland Judson. «Und da war irgend so ein Knabe namens Marshall Nirenberg. Seine Ergebnisse waren wahrscheinlich unkorrekt, weil er nicht zum Club gehörte. Und niemand machte sich die Mühe, ihm zuzuhören... Ich habe seine Rede gehört. Sie war umwerfend!»

Meselson ging zu Francis Crick und überredete ihn, Nirenberg zu der längeren Sitzung am Ende des Treffens hinzuzuziehen. Hunderte von Wissenschaftlern hörten seine Ausführungen, und keinem einzigen von ihnen entging ihre Bedeutung. Danach wußten alle Biologen, wer Nirenberg war. Seine Ansprache hatte jedoch auch einen unerwünschte Nebenwirkung. Sie putschte ihn zu fieberhafter Eile auf, weil er alleine den genetischen Code entziffern wollte. Andere Wissenschaftler, die die Wichtigkeit dieser Suche erkannten, stürzten sich auf das Gebiet. Nirenberg und Matthaei hatten bisher nur die beiden ersten Kombinationen entziffert. Es gab 64 verschiedene mögliche Anordnungen der Basen zu Tripletts, und sie waren noch weit davon entfernt, alle zu kennen.

Severo Ochoa, der ein großes Nukleotidchemie-Laboratorium an der New York University leitete, stürzte sich kopfüber in die Thematik und brachte synthetische RNAs in zellfreie Bakterienextrakte ein, die seine Gruppe vor kurzem entwickelt hatte. Ochoa drohte, Nirenbergs kleines Labor zu überrunden und auszustechen. Weniger als ein Jahr, nachdem der Wettlauf begonnen hatte – im April 1962 – verließ Matthaei Nirenberg und ging nach Deutschland zurück, um sich als unabhängiger Wissenschaftler niederzulassen. NIH-Kollegen aus einer Vielzahl unterschiedlicher Labors eilten Nirenberg zur Hilfe und versorgten ihn mit Arbeitskräften und Material, damit seine Arbeit an der Decodierung Fortschritte machen konnte. Dies rettete Nirenberg davor, durch Ochoa besiegt zu werden. Den Code vollständig zu knacken, sollte nicht ein Jahr in Anspruch nehmen, wie viele vorhergesagt hatten, sondern fünf Jahre.

Im Jahr 1963 – inmitten der Hetze – kam French Anderson auf der Suche nach einem Job in Nirenbergs Laboratorium.[19] Andersons Arbeit mit Nukleinsäuren in Paul Dotys Labor in Harvard machte ihn zu genau der Person, die Nirenberg brauchte. Tatsächlich wunderten sich viele Wissenschaftler, weshalb Doty nicht einfach selbst eingesprungen war oder auch nur das zellfreie Experiment mit synthetischer RNA selbst durchgeführt hatte. Doty verfügte über Polyuracil, aber er schleuste es niemals ein. Mitten in einem Wettlauf mit anderen Wissenschaftlern brauchte Nirenberg dringend Andersons Erfahrung bei der Arbeit mit Nukleinsäuren. Er bat den jungen Harvard-Doktor, seiner Gruppe beizutreten.

Anderson sagte zu, aber nicht sofort. Er mußte warten, bis seine Frau Kathryn ihr Praktikum in Kinderheilkunde am Children's Hospital in Boston beendet hatte. Beherzt und aggressiv, wie sie war, wollte Kathryn auf dem Gebiet der Kinderchirurgie tätig werden, das normalerweise von Männern beherrscht wurde, die sich allein schon durch ihre Gegenwart gestört fühlten. Schließlich erhielt sie eine Anstellung als Chirurgin an der Georgetown University und wurde in der Folge eine im ganzen Land geachtete Kinderchirurgin. Die Andersons sollten noch zwei Jahre lang nicht nach Maryland ziehen.

Als Anderson endlich 1965 in Nirenbergs Laboratorium ankam, war die Arbeit der Entschlüsselung nahezu abgeschlossen. Nirenberg und die NIH-Forscher hatten Ochoa und andere Konkurrenten abgeschlagen. Es waren nur noch die Feinheiten auszuarbeiten. Nirenberg und Philip Leder, ein Postdoktorand, der später Vorsitzender der Genetischen Abteilung der Harvard University werden sollte, hatten eine neue Technik entwickelt, die das Decodieren weitgehend vereinfachte. Alles, was jetzt noch fehlte, war eine letzte Analyse und die Bestätigung früherer Schlußfolgerungen.

Nirenbergs Team, das mit finanziellen Regierungsmitteln überflutet wurde, war groß geworden. Das im 7. Stock, Flügel D, des NIH-Klinikums gelegene Laboratory of Biochemical Genetics nahm bereits einen ganzen Flur ein und hatte immer noch nicht genügend Platz. Auf jeder Flurseite befanden sich nahezu ein halbes Dutzend Labors. Ein Gewirr von Kühl- und Gefrierschränken, Aktenschränken, Kisten und ungenutztem Forschungsgerät säumte den von Leuchtstofflampen erhellten und nüchtern gekachelten Flur. Ein Geräteraum, der mit Zentrifugen und Inkubatoren vollgestopft war, lag gegenüber von einem Kühlraum, in dem Forscher in Wintermänteln sorgfältig Proteine mit Hilfe von hohen, mit Filtermaterial gefüllten Glassäulen aufbereiteten.

Nirenbergs Räumlichkeiten waren so stark beansprucht, daß er keinen Platz mehr für Anderson hatte; weder einen Schreibtisch noch einen Laborarbeitsplatz. Anderson würde warten müssen, bis jemand ging und eine Lücke hinterließ. Voller Tatendrang baute sich Anderson einen transportablen Schreibtisch aus einer Holzplatte, die er auf einen großen Blechkanister montierte. Den trug er ständig mit sich herum. Wenn er etwas aufschreiben mußte, stellte er sein tragbares Büro dorthin, wo gerade Platz war. Nachdem es zweieinhalb Monate lang so gegangen war, verließ Phil Leder das Labor, um an das Weizmann-Institut in Rehovot (Israel) zu gehen, und Anderson okkupierte Leders Arbeitsplatz an der rechten Seite von Raum 7D09. Für die nächsten 25 Jahre würde diese Abteilung des NIH Andersons Arbeitsplatz bleiben. Am Ende sollte er sie sogar leiten.

Anderson war ehrgeizig und arbeitete hart. Er kam früh und blieb lange – selbst, wenn dafür kein Grund vorlag. Nach einer kurzen Eingewöhnungszeit, die erforderlich war, um Anderson und andere Neulinge in den Arbeitsrhythmus des Labors einzustimmen, begann er gemeinsam mit einem anderen Neuankömmling mit seinem eigenen Projekt, der Aufklärung des Mechanismus der Proteinbiosynthese. Aber noch bevor ihre Arbeit weit gediehen war – im Spätherbst 1965 – hatte Nirenberg ein Problem bei der Decodierung des genetischen Codes. Einer der untersuchten Triplett-Codes ergab kein eindeutiges Bild. Entweder waren die Präparate verunreinigt, oder der Code bestimmte mehr als eine Aminosäure – was gegen die bisher erarbeiteten Regeln der genetischen Codierung verstoßen würde. Die Frage mußte dringend geklärt werden, weil Nirenberg im Januar 1966 – beim Treffen der American Association for the Advancement of Science, der größten wissenschaftlichen Organisation des Landes – einen umfassenden Vortrag über den genetischen Code halten sollte. Diese jährliche Zusammenkunft war das größte Wissenschaftlertreffen des Landes. Alle wollten über den genetischen Code informiert werden. Nirenberg wollte, daß sein Vortrag keinen Fehler enthielt. Das zweideutige Ergebnis mußte bis dahin geklärt werden, damit man ihm später nicht nachsagen konnte, daß er sich geirrt hatte.

Weil Anderson mit Doty an Nukleinsäuren gearbeitet hatte, wies Nirenberg dem jungen Forscher die Aufgabe zu, eine gereinigte Form des RNA-Tripletts herzustellen, so daß die Unklarheit beseitigt werden konnte. Nirenberg mochte Anderson. Er hielt ihn für intelligent, gewandt und fähig, diese Arbeit zu erledigen.

«Er ist sehr eifrig. Er bringt sein Herz und seine Seele in die Arbeit ein. Er hat ein paar bewundernswerte Leistungen im Zusammenhang mit der Arbeit am Code vollbracht», erinnerte sich Nirenberg. «Er wurde rasch meine rechte Hand.»

Das gereinigte Triplett herzustellen, erwies sich als schwierig. Die meisten der RNA-Verbindungen, die Nirenbergs Gruppe untersuchte, waren nie zuvor synthetisiert worden. Es war eine technisch komplizierte, aufwendige Arbeit. Man hätte drei oder vier Monate Zeit dafür haben müssen. Anderson hatte nur einen Monat. Er stellte alles andere zurück und zog buchstäblich in das Labor ein. Er verbrachte jeden Tag achtzehn Stunden an seinem Arbeitsplatz.

«In den nächsten zweieinhalb Wochen schlief ich kaum und arbeitete buchstäblich rund um die Uhr, um [das Material] zu synthetisieren, mich zu vergewissern, daß es sauber war, und es Marshall zum Testen zu überlassen. Es codierte nur eine Aminosäure [Alanin]! Keine Unklarheit», schrieb Anderson in seinem Bericht über die Decodierungsarbeit.

Gute Arbeit wird stets belohnt – auch, wenn der Empfänger des Lohnes es nicht immer so sieht. Nirenberg wies Anderson die eintönige und mühsame Aufgabe zu, die ganze RNA, die im Labor benötigt wurde, zu synthetisieren. Anderson war bald frustriert, sogar wütend, weil seine Tätigkeit wirklich keine Wissenschaft in dem Sinne war, daß er etwas Neues entdeckte. Er stellte lediglich im Fließbandverfahren neue chemische Verbindungen her. Und das hielt ihn von seinem eigenen Projekt ab. Um Anderson friedlich zu stimmen, überwand sich Nirenberg zu einem größeren Zugeständnis: Er bat Anderson, der Federation of American Societies for Experimental Biology bei ihrem Treffen im April 1966 die Arbeit des Labors vorzulegen. Es wäre das erste Mal, daß der vollständige genetische Code öffentlich dargelegt würde. Einige Wissenschaftler in Nirenbergs Gruppe murrten über diese Auszeichnung. Die meisten von ihnen waren älter als Anderson, und viele hatten viel länger an dem Projekt gearbeitet.

Zwei Monate später sollte Nirenberg den im Cold Spring Harbor Laboratory versammelten, führenden Genetikern den kompletten Code vorlegen. Für Nirenberg war der Vortrag ein wunderbarer Augenblick; einer jener Momente in jedem Wettbewerb, wenn der Gewinner vor den Besiegten steht und ihre Bewunderung entgegennimmt. Nirenbergs Darlegung würde die offizielle Version werden; die endgültige Form des genetischen Codes aller lebenden Organismen. Er hatte fünf Jahre gebraucht, um ihn zu vervollständigen, und Tausende von Arbeitsstunden. Der genetische Code würde im Symposiumsband von Cold Spring Harbor schriftlich niedergelegt werden. Es würde ein Klassiker werden.

Aber für Anderson war sein Bericht das größere Ereignis. Er begann mit Nirenbergs Hilfe mit den Vorbereitungen für das Treffen. Laut seinen schriftlichen Erinnerungen entwarf Anderson seine Rede und studierte sie ein – unermüdlich. Er ließ sich von Nirenberg abhören und jede möglich Frage aus der Zuhörerschaft vorwegnehmen. «Aber eine Woche vor dem Treffen beantwortete ich eine seiner Fragen nicht richtig. Ich war sehr beunruhigt und verbrachte die folgenden Tage und Nächte damit, alles schriftliche Material über den genetischen Code noch einmal zu lesen und mir noch einmal die ganzen Daten in Erinnerung zu rufen, die wir in den letzten drei Jahren in Marshalls Labor ermittelt hatten», schrieb Anderson. Der Vortrag verlief ohne jedes Hindernis. Niemand stellte eine Frage.

Jene Übertreibung, er habe alles schriftliche Material über den genetischen Code noch einmal gelesen und sich noch einmal die ganzen Daten in Erinnerung gerufen, die sie in den letzten drei Jahren in Marshalls Labor ermittelt hatten, ist typisch für Anderson. Die Unmenge der Daten, die in den Laborbüchern Dutzender von Wissenschaftlern verstreut waren, die seit 1962 für oder mit Nirenberg gearbeitet hatten – und von denen viele bereits gegangen waren, als Anderson kam – hätten es ihm unmöglich gemacht, alles noch einmal zu sichten und zu überdenken. In der Gemeinschaft von Forschern, in der jede Behauptung mit den Ergebnissen von Experimenten oder mit unwiderlegbarer Logik untermauert werden muß, gab Anderson viele Statements von sich, die mit gehobenen Augenbrauen quittiert wurden. Und das ging auf seine Kosten. Seine Wissenschaftler-Kollegen nahmen ihn weniger ernst und betrachteten ihn als undisziplinierten und unklaren Denker. Anderson ignorierte solche Kritiken.

Im Jahr 1968 erhielt Nirenberg den Nobelpreis für die Entschlüsselung des genetischen Codes. Anrufe von der Presse überschwemmten das Laboratorium. Der Preisträger nahm einige davon entgegen, andere ignorierte er. Anderson, der immer noch einen Teil der Zeit in Nirenbergs Labor war, machte Telefondienst, um auszuhelfen. Auf dem NIH-Campus machte das Gerücht die Runde, daß er Nirenberg mit Lob überschüttete, wenn er die Fragen der Journalisten beantwortete. Anderson beschrieb, wie er mit sechs anderen Nobelpreisträgern zusammengarbeitet hatte, und behauptete, Nirenberg sei der brillanteste von ihnen. «Marshall ist ein freundlicher, angenehmer Mann», sagte ein Forscher, der lange für das NIH gearbeitet hatte und Nirenberg während des Wettlaufs gegen Ochoa geholfen hatte. «Ich bin vernarrt in ihn. Aber trotzdem ist er nicht der brillanteste Wissenschaftler, den ich je traf. Er arbeitet hart. Er hat gute Ideen, aber er ist nicht vom Kaliber eines Sydney Brenner.»

In den 70er Jahren fragte der Autor Judson, den Wissenschaftler Meselson, ob Marshall Nirenberg es geschafft habe, in den Club der führenden Biologen aufgenommen zu werden. «Lange erwiderte er nichts», sagte Judson, «dann sagte er: ‹Ich weiß es nicht.› Und er fügte hinzu: ‹Nun ja – er hat jetzt gewissermaßen seinen eigenen Club.›» Meselson glaubte offenbar nicht, daß Nirenberg es geschafft hatte.[20]

Nirenbergs Versagen, in den inneren Kreis der wissenschaftlichen Elite aufgenommen zu werden, färbte in gewisser Hinsicht auf Anderson ab. Wenn French Anderson seine eigenen Fehler machte, die er seiner Arroganz oder gesellschaftlichen Patzern verdankte, hatte er keinen Beschützer; kein Netz älterer, untereinander verbundener Wissenschaftler, die ihm seine Fehltritte vergeben hätten. Man tuschelte nur hinter seinem Rücken.

«Es amüsierte die Leute, wenn French dieses Zeug [über seine Zusammenarbeit mit fünf Nobelpreisträgern] erzählte, obwohl er in Wirklichkeit nur wenig Kontakt mit ihnen hatte», sagte ein NIH-Wissenschaftler. Zumindest war dies der Eindruck vieler Forscherkollegen Andersons. Es sah so aus, als suche er den Widerschein des Ruhms. Wenn er mit den Brillantesten arbeitete, mußte auch er selbst recht brillant sein. Aber die übrigen Wissenschaftler sahen ihn nicht so.

Wenn man dies bedenkt, kam Anderson nicht wirklich mit seinen Wissenschaftlerkollegen am NIH aus. Ebenso, wie er auf seine Schulkameraden in Oklahoma herabgeschaut und während der Harvard-Seminare die Schüler höherer Klassen öffentlich und aggressiv herausgefordert hatte, geriet er mit den NIH-Wissenschaftlern, die mit ihm auf einer Stufe standen, in Konflikt. Er hielt sich für intelligenter, und er kümmerte sich nicht darum, ob sie merkten, daß er so dachte. «Ich hatte immer das Gefühl, daß die überwiegende Mehrheit der Menschen auf der Welt nicht übermäßig klug sind», sagte Anderson einmal.[21] Als Resultat bezweifelte er oft, was andere sagten, stellte ihre wissenschaftliche Glaubwürdigkeit und ihre Logik in Frage, ohne sich darum zu sorgen, welche Antipathien er dadurch schürte.

«Es scherte mich nicht, ob man mich mochte», sagte Anderson. «Mir ging es vor allem um Respekt.» Er handelte häufig so, als könne er allein wegen seiner Intelligenz Respekt verlangen; als würden die Menschen vor seinem großen Wissen oder wegen der Eleganz eines Experimentes, das er ausführte, in Ehrfurcht erstarren. Das mag in Tulsa – wo viele alte Freunde ihn als brillant in Erinnerung haben – so gewesen sein, aber in Harvard und am NIH versagte diese Prämisse.

«Viele Wissenschafter hegen Groll gegen mich, weil ich immer meinen eigenen Weg gegangen bin», gab Anderson zu. Er erkennt, daß sein eigenes Verhalten oft hinderlich für ihn war. «Ich gehe nicht auf Treffen und tue auch sonst nicht, was man von mir erwartet. Ich gehe nicht auf die Gordon-Konferenzen und gehöre keiner Vereinigung an. Sie langweilen mich. Es sind gesellschaftliche Treffen. Ich bin kein sozialer Mensch. Ich bin antisozial. Wenn meine Frau nicht wäre, die mich gelehrt hat, sozial zu sein, würde ich mit niemandem reden. Ich bin sehr scheu. Ich habe früher gestottert. Ich bin ein einsamer Nonkonformist.» Und er hat immer gewußt, daß die Leute hinter seiner Rücken redeten, aber es kümmerte ihn nicht. Er kümmerte sich nur um seine Arbeit.

«Er besaß den verzehrenden Ehrgeiz, den alle guten Wissenschaftler auf dieser Stufe ihrer Karriere haben», sagte Donald S. Fredrickson, damals Nirenbergs und Andersons Vorgesetzter als Direktor des Herzzentrums und später NIH-Direktor.[22] «Und French hatte die Fähigkeit, allein zu gehen. Er konnte seine eigenen Projekte aussuchen und selbständig neue Techniken entwickeln.»

Wichtiger noch war Anderson seine Unabhängigkeit. Daß ihm Nirenberg erlaubt hatte, die Gemeinschaftsarbeit vorzulegen, war eine nette Geste, aber er wollte die Freiheit, seine eigenen Ziele verfolgen zu können. Außerdem vergaß er niemals einen Kommentar des französischen Genetikers und Nobelpreisträgers Jacques Monod. Als er bei einem Treffen in Cold Spring Harbor im Jahr 1967 vor der Cafeteria Monod vorgestellt wurde, hatte sich ein gemeinsamer Freund über all die guten Wissenschaftler ausgelassen, die Anderson kannte oder mit denen er zusammenarbeitete, darunter Doty, Watson und Crick, sowie Nirenberg. Als sie einander die Hände schüttelten, hatte Monod gesagt: «Es ist an der Zeit, daß er etwas Eigenes macht.»

Das war es, was Anderson mehr als alles andere wollte – etwas Eigenes machen. Er wollte sich selbst beweisen, daß er selbständig arbeiten und sogar eine wichtige Entdeckung machen konnte, wie Nirenberg. Er wollte ein grundsätzliches biologisches Problem lösen und den Kritikern und Zweiflern beweisen, daß er wirklich brillant war. Fredrickson hatte er sicherlich überzeugt. «French kam und sagte, er wolle seinen eigenen, kleinen Platz haben. Marshall hatte nicht genügend Forschungsmittel für French», sagte Fredrickson. «Dann wurde ein wenig Platz frei, und wir gaben French ein Modul [ein Modul ist ein Labor mit zwei Labortischen und einem kleinen Büro, das zwei Forscher miteinander teilen müssen]. Am NIH bedeutete das damals sehr viel, und so konnte er endlich experimentieren.»

Zu der Zeit, als Anderson im Begriff war, selbständig zu forschen, fingen er und viele andere auf dem Campus an, über die Implikationen der neuen Genetik für die Behandlung von Krankheiten beim Menschen nachzudenken. «Es lag auf der Hand, daß sich die Forschung auf diesem Gebiet in diese Richtung entwickeln würde», sagte Nirenberg, «obwohl es damals nicht möglich war, [Genübertragungen] vorzunehmen. Ich glaubte, daß es möglich werden würde. Ich war mir der Möglichkeiten der Gentherapie sehr bewußt, und er [Anderson] war es ebenfalls.»[23] Nirenberg war von der Wahrscheinlichkeit der Gentherapie so sehr überzeugt, daß er seine Besorgnisse bei einem Symposium und im August 1967 in einem Editorial des Magazins *Science* äußerte, wo er die Frage stellte, ob die Gesellschaft auf den Tag vorbereitet war, an dem es möglich sein würde, Gene im menschlichen Körper zu verändern.

Im Juni 1968 hielt Anderson in Chicago auf dem internationalen Symposium über geistige Entwicklungsstörungen eine Rede. Er sagte unter anderem: «Die ersten Versuche, genetische Defekte zu korrigieren, werden in den allernächsten Jahren stattfinden.»[24] Anderson beschrieb verschiedene Methoden, wie man normale Gene in die Zellen eines Patienten einschleusen könnte, darunter die Verwendung eines nicht pathogenen Virus, das Gene in Zellen transferieren könnte. Er gab zu, daß die Verfahrensprobleme mit der verfügbaren Technik unüberwindlich schienen, sagte aber, daß Versuche mit menschlichem, genetischen Material einen

Weg weisen könnten. Wichtig sei, daß die Behandlung nicht nur dem Betreffenden selbst helfen würde, sondern daß seine Gene verändert würden, so daß seine Nachkommen ebenfalls vor genetisch bedingten Schädigungen bewahrt blieben. Er sagte eine Keimbahntherapie voraus, bei der die Gene im Sperma und im Ei verändert würden. Wovon die Eugeniker nur in allgemeinen Begriffen träumen konnten – die Züchtung von Menschen -, das malte Anderson unmittelbar aus: daß Ärzte vorsätzlich die genetische Ausstattung des Menschen der Zukunft modifizierten.

Etwa um diese Zeit legte Anderson seine Vorstellungen einer Gentherapie in einem Artikel mit dem Titel «Current Potential for Modification of Genetic Defects» (Gegenwärtige Möglichkeiten zur Behebung genetischer Defekte) dar, den er an das *New England Journal of Medicine* schickte. Franz J. Ingelfinger, der Herausgeber des Journals, schrieb ihm am 19. August 1968, die Herausgeber hätten die Veröffentlichung nach einer hitzigen Debatte abgelehnt. Einer von denen, die den Artikel gelesen hatten, habe ihn eine «medizinische Prophezeiung» genannt, und das Journal sei dem medizinischen Fortschritt gewidmet. «Tatsächlich war einer der Herausgeber der Meinung, wir sollten das Wagnis auf uns nehmen, dieses – wie er es nannte – ‹lohnende Abenteuer reiner Spekulation› zu veröffentlichen.»[25]

Daß er so früh schon über genetische Behandlungen sprach, machte Anderson zu einem Außenseiter. Während viele Wissenschaftler zwar auch daran dachten oder sogar Gentransfer-Experimente ausführten, schlug Anderson bereits die Werbetrommel für die Gentherapie. Er wurde ein Advokat. Die meisten Wissenschaftler betrachteten ihn als einen Verrückten, wenn sie sich überhaupt die Mühe machten, ihm zuzuhören. Man hatte kaum überhaupt Gene identifiziert, geschweige denn solche, die nützlich hätten sein können, wie etwa das Hämoglobingen. Und ganz bestimmt hatte noch niemand die Techniken entwickelt, die nötig gewesen wären, um Gene in Menschen einzuschleusen. Die genetische Revolution war soeben erst angebrochen, und die besten Forscher konnten bis jetzt nichts weiter tun, als ein Gen in jeweils eine von einer oder zehn Millionen Bakterienzellen einschleusen. Niemand hatte bisher ein Gen in seine Säugerzelle eingebracht, und ein Treffer bei einer Million Versuche war gewiß kein ausreichender Anlaß, um über eine Behandlung menschlicher Patienten nachzudenken. Solche oder ähnliche Überlegungen führten dazu, daß die meisten Wissenschaftler Anderson ablehnten.

Im Jahr 1968 mußte Anderson mit der realisierbaren Wissenschaft fortfahren, statt sich weiter auf die Gentherapie zu konzentrieren. In der wissenschaftlichen Forschung hängt das Überleben des Forschenden von seiner Fähigkeit ab, Zuschüsse an sich zu ziehen, und Zuschüsse erhalten gewöhnlich Leute mit guten Ideen. Die Belegschaft des NIH brauchte sich um Zuschüsse keine Sorgen zu machen, weil der Staat sie aus Steuermitteln bezahlte. Aber wer im Institut bleiben wollte, mußte dasselbe tun wie in jeder Universität, er mußte forschen und publizieren.

Anderson begann mit einer kleinen Gruppe, die aus einem technischen Angestellten und einer Handvoll Doktoranden bestand. Er konnte sich nicht genau festlegen, worauf er sich konzentrieren wollte: Hämatologie, Endokrinologie oder Stoffwechselerkrankungen. Er wußte nur, daß er die biochemische Grundlagenforschung irgendwie mit etwas kombinieren wollte, das geeignet war, Leiden des Menschen zu heilen. Letzten Endes wandte er sich dem zu, was er kannte, nämlich der Biochemie. Andersons erstes Projekt war eine Fortsetzung der Arbeit, die er mit Paul Doty und Marshall Nirenberg begonnen hatte: Ein Forschungsprojekt zum grundsätzlichen Verständnis der Initiation und Regelung der Proteinbiosynthese. Es war ein heißes Gebiet; auf der ganzen Welt waren bereits Laboratorien mit diesem Problem befaßt.

Anderson begann, indem er Nirenbergs zellfreies System – das auf Bakterien beruhte – in ein zellfreies System auf der Grundlage von eukaryontischen Zellen abwandelte, den Zellen, aus denen Pflanzen, Tiere und Menschen bestehen. Eukaryontische Zellen unterscheiden sich grundlegend von Bakterien – den Prokaryonten – und auch der Vorgang der Proteinbiosynthese mußte in diesen Zellen anders sein. Zum Beispiel ist die DNA der Eukaryonten auf mehrere lineare Chromosomen aufgeteilt, die in einer eigenen Abteilung innerhalb der Zelle, dem Zellkern, untergebracht sind. Prokaryonten hingegen besitzen nur ein einziges ringförmig geschlossenes Chromosom, das vom übrigen Zellinhalt nicht abgetrennt wird. Die Anlagen eines Bakteriums zur Herstellung von Proteinen können sich unmittelbar neben der DNA befinden, so daß die Messenger-RNA leicht zu den Ribosomen wandern kann. Bei den Eukaryonten trennt eine Membran die Gene von den Proteinfabriken.

Anderson machte sich daran, herauszufinden, ob sich die Mechanismen der Proteinbiosynthese in beiden Zelltypen auf eine grundsätzliche Art voneinander unterschieden. Und falls er grundlegende biochemische Entdeckungen als Basis für eine medizinische Behandlung benutzen wollte, mußte er sicherstellen, daß sich diese Erkenntnisse auf die Zellart bezogen, aus der Menschen bestehen.

Die Biologie war immer schon eine weniger exakte Wissenschaft gewesen. Lebende Zellen und Organismen sind sehr komplex. Anders als die physikalischen Systeme funktionieren Zellen und Organismen nicht mehr, wenn man Teile von ihnen entfernt, und die Forscher können die Teile gewöhnlich nicht sehen, die sie fortnehmen. Wenn Biologen die Aktivitäten einer Komponente feststellen, die sie nicht sichtbar machen oder eindeutig identifizieren können, geben sie ihnen deshalb oft vage Namen wie «Faktor», die andeuten, daß da etwas ist, das sich aber nicht präzise benennen läßt. Anderson war einem dieser Faktoren auf der Spur, dem sogenannten Initiationsfaktor. Es war eine Substanz – wahrscheinlich ein

Protein, vielleicht mehr als eines –, die eine wichtige Rolle bei der Zusammenführung von Ribosomen und Messenger-RNA spielt, die nötig war, um den Herstellungsprozeß von Proteinen einzuleiten. Indem Anderson dieses grundsätzliche Problem der Biologie löste, konnte er zur Klärung der Frage beitragen, wie der normale Vorgang der Proteinproduktion ablief, und möglicherweise sogar einen Defekt finden, der zu einem Leiden führte.

Einige Jahre zuvor hatte Severo Ochoa, Nirenbergs New Yorker Konkurrent, in einem zellfreien System auf bakterieller Grundlage nachgewiesen, daß tatsächlich Initiationsfaktoren vorhanden waren, und daß sie für die Einleitung der Proteinsynthese unverzichtbar waren. Ochoa hatte gezeigt, daß aus Zellfragmenten nach Entfernung des größten Teils der viskosen Masse aus DNA und anderen Zellkernbausteinen mit einer Salzlösung die Ribosomen und die übrigen, dazugehörigen Proteine ausgewaschen werden konnten. Dazu gehörten die Initiationsfaktoren sowie die Messenger-RNA, die das Ribosom zur Zeit der Salzextraktion gerade bearbeitete. Es stellte sich heraus, daß sich die Initiationsfaktoren bei Bakterien während der Proteinsynthese an der Außenseite der Ribosomen befanden. Ochoas Technik hatte es ihm ermöglicht, sie aus Bakterien zu isolieren, aber bei eukaryontischen Zellen versagte sie.

Anderson ging bei seinem neuen Ziel davon aus, daß auch bei Eukaryonten Initiationsfaktoren vorhanden waren und sich im Prinzip nicht von denen in den Bakterien unterschieden. Außerdem nahm er an, daß es nicht leicht sein würde, sie zu finden. Es würde Ausdauer und harte Arbeit bedeuten – etwas, das er gut kannte. In der Tat nahm es anderthalb Jahre in Anspruch. Anderson ging auch davon aus, daß viele Faktoren nötig waren, um die Proteinsynthese einzuleiten.

Was für *E. coli* gilt, trifft auch für Elefanten zu. Dies zumindest war, was Molekularbiologen im allgemeinen über die Beziehung zwischen dem Bakterium *Escherichia coli* – dem am häufigsten zu Studienzwecken im Labor benutzten Bakterium – und den höher entwickelten Organismen glaubten. Wenn es in Bakterien Initiationsfaktoren gab, mußte es sie auch in höheren Organismen geben. Aber bisher war es niemandem gelungen, sie in Eukaryonten nachzuweisen. Möglicherweise gab es etwas, was ihre Entdeckung verhinderte. Oder die Eukaryonten waren grundsätzlich anders. Niemand wußte es. Anderson beschloß, es mit seiner kleinen Forschergruppe in Erfahrung zu bringen, indem er eine modifizierte Form der Techniken Ochoas benutzte.

Moleküle aus dem Zellinneren zu isolieren ist so ähnlich, als zerrisse man einem mit Münzen gefüllten Plastikbeutel und gäbe seinen Inhalt durch Siebe mit zunehmend kleineren Löchern. Im ersten Sieb blieben die Fünfmarkstücke zurück, dann die Zweimarkstücke, die Markstücke und so weiter. Das Problem ist nur, daß viele wichtige Moleküle dieselbe Größe, aber bedeutsame biologische Unterschiede aufweisen. Es ist, als versuche man, die 1970 geprägten Markstücke von jenen abzusondern, die erst 1990 in Umlauf gelangten. Ihre Entstehungsdaten sind verschieden, aber ihre Größe ist gleich, so daß das Sieb nicht verwendbar ist. Man benötigt eine andere Methode.

Zuerst zerkleinerten Anderson und sein Team Kaninchenretikulozyten, die Zellen, aus denen rote Blutkörperchen entstehen, und extrahierten aus ihnen die Ribosomen. Als sie die zerkleinerten Zellen durch ihre Siebe gaben, gewannen sie verschiedene Fraktionen von Molekülen, die jeweils zur gleichen Zeit das Molekularsieb passiert hatten. Diese Proteinfraktionen wurden auf ihre Fähigkeit hin getestet, die Proteinsynthese anzuregen, wenn man sie mit Ribosomen mischte. Zugleich variierten die Forscher die Bedingungen, unter denen die Ribosomen und die Proteine isoliert und erneut miteinander vermischt wurden; in der Hoffnung, die richtigen Moleküle herauszufinden. Nach vielen Monaten vergeblicher Mühen ließen sie einmal die Magnesiumsalze fort, von denen sie glaubten, daß die Ribosomen sie brauchten, um zu funktionieren. Plötzlich erhielten sie ein Signal; ein schwaches Signal zwar, aber ein eindeutiges. Das bedeutete, daß sie einen Initiationsfaktor gefunden hatten, der offensichtlich durch ein Zuviel an Magnesium unterdrückt worden war. Anderson war außer sich vor Freude. Dieses Ergebnis bedeutete, daß sein Vorhaben durchführbar war; daß er ein ernst zu nehmender, kompetenter Wissenschaftler war. Er wollte es allen erzählen.

Das Cold Spring Harbor Symposium on Quantitative Biology von 1969 rückte näher, und Anderson wollte daran teilnehmen. Inzwischen war seine Gruppe fähig, kleine Mengen von Protein in einem zellfreien eukaryontischen System *in vitro* herzustellen. Trotz der offensichtlichen Bedeutung dieses Erfolges – viele andere Laboratorien hatten vergeblich an demselben Problem gearbeitet – wurde Anderson nicht zum Cold Spring Harbor Symposium zugelassen, um über seinen Erfolg berichten zu können. Auf dem Treffen selbst überzeugte Gordon Tomkins, ein angesehener und geachteter NIH-Forscher, schließlich einen der Vorsitzenden davon, daß er Andersons Daten hören wollte, und überredete ihn, French eine Chance zu geben. Der Vorsitzende war ein Deutscher, der es nicht mochte, unter Druck gesetzt zu werden. Er stellte Anderson vor, noch ehe die Sitzung begonnen hatte, während die Leute noch in den Saal kamen und ihre Plätze einnahmen. Er sagte: «Wir werden einen zweiminütigen Vortrag von French Anderson hören, der uns von einem Experiment berichten wird, das er durchgeführt hat.» Anderson kam dazu, zwei Dias über die Initiation der Proteinsynthese in Eukaryonten zu zeigen, dann ließ ihn der Vorsitzende abbrechen. Es gab keine Fragen. Anderson war am Boden zerstört; überzeugt, daß seine Karriere beendet war.

An diesem Nachmittag sprachen die führenden Wissenschaftler auf diesem Gebiet darüber, wie man doch noch eine zellfreie Proteinsynthese bei Eukaryonten durchführen könne. Anderson wollte schon aufspringen und rufen, daß er es geschafft hatte, aber in letzter Sekunde erkannte er, daß er – wenn er es getan hatte und sie nicht – bei dem Wettlauf um die Proteinsynthese im zellfreien System in Führung lag. Also setzte er sich wieder und schwieg. Als das Treffen beendet war, eilte Anderson wieder ins NIH zurück, um an seiner Methode weiterzuarbeiten.

Im Verlauf des folgenden Jahres isolierten Anderson und seine Gruppe drei gesonderte, eukaryontische Initiationsfaktoren. Im Frühjahr 1970 hatten sie den Eindruck, daß ihre Ergebnisse sicher genug waren, um sie öffentlich vorlegen zu können. Anderson schickte den Laborbericht an die Federation of American Societies for Experimental Biology, zur Vorlage bei ihrem bevorstehenden Treffen, einer der wichtigeren wissenschaftlichen Zusammenkünfte für Biologen, die mit der Grundlagenforschung befaßt waren. Sein Bericht wurde schlicht abgelehnt.

Verblüfft eilte Anderson zu Don Fredrickson, der seinen Verwaltungsposten als Direktor des Herzzentrums aufgegeben hatte, um wieder ins Labor zurückzukehren. Er war Leiter in Andersons Bereich. Fredrickson beruhigte den verwirrten Wissenschaftler und schlug ihm vor, daß er selbst den Bericht an das Treffen der American Federation of Clinical Research schicken wolle, das einen Monat später stattfinden würde. Dieser Verband hatte keine Probleme mit Andersons Arbeit und bat ihn, sie bei einer Plenarsitzung vorzustellen. Dieses Ereignis erregte die Aufmerksamkeit der *New York Times*.

Andersons nachfolgende Berühmtheit bereitete seinen Wissenschaftlerkollegen eine Menge Kopfschmerzen. Sie gefiel ihnen nicht. Nicht nur, daß er diesen grundlegenden Fortschritt in der Biologie den Klinikern statt seinesgleichen übergeben hatte – in Amerika sind Grundlagenforscher von den Klinikern ebenso getrennt wie die Kirche vom Staat –, nun wurde er auch noch in der Öffentlichkeit enthüllt, ohne zuvor von Forschern seinesgleichen überprüft worden zu sein. Andersons Ergebnisse wurden in rascher Folge in *Nature*[26] und im *Journal of Biological Chemistry*[27] veröffentlicht. Andere Forscher auf diesem Gebiet lehnten Andersons Ergebnisse entweder ab oder behaupteten, sie seien bereits in ihrem Labor erzielt worden und es handele sich um keine große Sache. Trotzdem erschien in den kleineren Journalen eine Flut von Arbeiten, die alle zu beweisen versuchten, daß ihre Autoren die ersten waren. Aber Anderson hatte sie alle geschlagen.

Zu dieser Zeit, als seine Arbeit in der Grundlagenforschung gut voranging, begann Anderson, nach Patienten Ausschau zu halten. Immerhin stand er zwischen zwei Lagern – der Clique der Grundlagenforscher mit den Doktoren der Naturwissenschaften als Anführer, die sich für die besseren Wissenschaftler hielten und klinischen Fragestellungen gegenüber gleichgültig waren, und der Gemeinschaft der Kliniker unter der Leitung der Doktoren der Medizin, die täglich ihre Patienten mit unzureichenden Mitteln zu therapieren versuchten. Anderson wollte diese Kluft überbrücken und den Klinikern die Mittel in die Hand geben, die nur die Grundlagenforschung erarbeiten konnte.

Wenn das Verständnis der Kontrolle der Proteinsynthese, um das es der Grundlagenforschung ging, einen Beitrag zur Medizin leisten sollte, mußte es sich bei Krankheiten anwenden lassen. Paul Marks und Arthur Bank, zwei Ärzte und Wissenschaftler an der Columbia University, hatten gezeigt, daß bei Patienten mit Thalassämie – einer Form der Anämie – eine Diskrepanz im Verhältnis der Moleküle besteht, aus denen das Hämoglobin aufgebaut ist. Normalerweise besteht Hämoglobin aus vier Protein-Bausteinen, aus jeweils zwei Molekülen Alphaglobin und Betaglobin. Bei einem normalen Hämoglobinmolekül ist das Verhältnis ausgewogen. Die beiden Ärzte aus Columbia hatten herausgefunden, daß dieses Gleichgewicht bei Thalassämiepatienten gestört ist. Statt eines 1:1-Verhältnisses kam bei den Kranken nur ein Alphaglobinmolekül auf je zwei Moleküle Betaglobin – oder umgekehrt, je nach der Form dieses Leidens.

Thalassämie (Mittelmeeranämie) wurde zuerst 1925 von dem Detroiter Arzt Thomas B. Cooley beschrieben. Ihm zu Ehren wurde später eine Form der Thalassämie Cooley-Anämie genannt. Thalassämie leitet sich vom griechischen Wort *thalassa* (Meer) ab, weil dieses Leiden häufig unter den Bewohnern des Mittelmeerraumes auftritt. Die anomale Struktur der Hämoglobinmoleküle destabilisiert den gesamten Erythrozyten. Daher lösen sich die Erythrozyten von Thalassämiepatienten lange vor Ablauf ihrer normalen Lebensdauer von 120 Tagen auf. Die Patienten haben eine deutlich verringerte Zahl an Erythrozyten und leiden unter einem chronischen Sauerstoffmangel und fühlen sich ständig erschöpft. Die inneren Organe, vom Herzen bis zur Leber und vom Gehirn bis zu den Nieren, können nicht richtig arbeiten. Um den ständigen Blutabbau auszugleichen, produziert das Knochenmark mit erhöhter Geschwindigkeit Erythrozyten. Dadurch schwillt es derart an, daß es Schmerzen verursacht und sogar zu Verformungen und Brüchen führen kann. Personen, die an Thalassämie leiden, überleben nur selten ihr zweites Lebensjahrzehnt.

Die Ursachen der Thalassämie wurden schließlich erkannt. Um sie zu verstehen, können Sie sich das Hämoglobin als Taxi vorstellen, das den Sauerstoff als Fahrgast transportiert. Der Wagen hat vier Reifen, die alle mit Luft gefüllt sein müssen, damit er fahren kann. Hämoglobin ist ein komplexes Molekül, das aus vier Proteinbausteinen besteht – die Autoreifen in unserem Beispiel. Zwei der Proteinbausteine heißen Alphaglobin, sie werden durch das Alphaglobin-Gen hergestellt. Die beiden anderen Bausteine heißen Betaglobin und werden durch das Betaglobin-Gen hergestellt. Die Alphaglobin-Bausteine entsprechen den Vorderreifen, die Betaglobine den Hinterreifen.

Der Mensch erbt in der Regel ein Alpha- und ein Betaglobin-Gen von der Mutter und ein Alpha- und ein Betaglobin-Gen vom Vater. Die Reifen auf der linken Seite des Wagens – ein Alpha und ein Beta oder je ein Vorder- und ein Hinterreifen – stammen von der Mutter, und die Reifen auf der rechten Seite vom Vater. Wenn jemand vier normale Gene erbt, das Taxi also vier intakte Reifen besitzt, können die Passagiere befördert werden, das Hämoglobin transportiert auf normale Weise Sauerstoff.

Thalassämie tritt auf, wenn jemand defekte Gene erbt. Statt ihm runde, prall gefüllte Reifen zu hinterlassen, vererbt ihm ein Elternteil einen Platten. Aber in unserem Taxi sind zwei Platte nötig, beide Vorderreifen oder beide Hinterreifen müssen defekt sein, um den Wagen zu stoppen. Dies geschieht, wenn ein Kind beispielsweise ein defektes Betaglobin-Gen von der Mutter und ein defektes Betaglobin-Gen vom Vater erbt. Dasselbe gilt natürlich für das Alphaglobin-Gen, allerdings tritt der Defekt im Alphaglobin-Gen seltener auf, die Beta-Thalassämie ist häufiger.

Die Eltern, die jeweils ein defektes Gen besitzen, weisen nur wenig abweichendes Hämoglobin auf und sind selbst nicht krank, sie sind lediglich Überträger der Krankheit. Wie sich herausgestellt hat, weisen Menschen mit nur einem Sichelzellgen – also einem Platten an ihrem Hämoglobin-Taxi – einen gewissen Vorteil auf, wenn eine andere Krankheit ins Spiel kommt, nämlich Malaria. Die von Mücken übertragenen Malariaerreger vermehren sich innerhalb der normalen Erythrozyten und rufen zyklische Anfälle von Wechselfieber verbunden mit Schweißausbrüchen hervor – und verursachen letzten Endes oft den Tod. Aber bei Personen mit einem Hämoglobindefekt kann der Malariaerreger im Blut des Befallenen keine Infektion hervorrufen. Die defekten Hämoglobinmoleküle stellen keinen Nährboden für die Malaria zur Verfügung. Somit macht der genetische Defekt in gewisser Hinsicht resistent gegen Malaria.

Dieser Schutz gegen Malaria erklärt, weshalb die Thalassämie im Mittelgebiet und in Teilen Afrikas und Asiens so verbreitet ist: Es handelt oder handelte sich um das Verbreitungsgebiet von Malaria. Ein großer Prozentsatz der Bevölkerung besteht dort aus Trägern eines defekten Hämoglobin-Gens, das ihnen einen Schutz vor Malaria verleiht. Der Preis für diesen Schutz ist die Gefahr einer Anämie: Eines von vier Kindern von Eltern, die beide Träger eines defekten Hämoglobin-Gens sind, entwickelt eine voll ausgebildete Anämie, zwei von vier Kindern sind Träger eines defekten Gens, und eines von Vieren erbt zwei gesunde Gene. Man hat in Alpha- und Betaglobin-Genen inzwischen mehr als 100 genetische Defekte gefunden.

Vor der Einführung der Bluttransfusion im ersten Drittel des 20. Jahrhunderts starben Kinder mit erblichen Anämien früh. Insbesondere Thalassämiepatienten erhalten heute häufig, manchmal alle zwei Wochen, Bluttransfusionen. Die injizierten Erythrozyten halten die chronische Erschöpfung und den organischen Schaden so gering wie möglich. Aber die Bluttransfusionen heilen das Leiden nicht. Sie verzögern im besten Fall seinen Verlauf. Und man bezahlt einen hohen Preis für sie – neben dem Risiko der Übertragung von Infektionskrankheiten verursachen sie insbesondere eine chronische Eisenvergiftung.

Im Zentrum jedes Hämoglobinmoleküls befindet sich ein Eisenatom. Bei einer Bluttransfusion wird eine für biologische Maßstäbe gewaltige Menge an Eisen in den Körper eingebracht und sammelt sich dort allmählich an. Bei genetisch normalen Menschen wird das Eisen beim Abbau der Erythrozyten in der Leber gespeichert, bis es zur Herstellung neuer Erythrozyten im Knochenmark gebraucht wird. Aber regelmäßige Bluttransfusionen beenden die Produktion neuer Erythrozyten. Als Resultat sammelt sich das Eisen in der Leber, bis sie keines mehr aufnehmen kann. Das Eisen verteilt sich im Körper und lagert sich in anderen Geweben ab.

Auf das Herz wirkt sich das Eisen am schlimmsten aus. Es stört die normale Übertragung der elektrischen Signale im Herzmuskel, die dessen Kontraktionen auslösen. Ein Eisenüberschuß kann dazu führen, daß das Herz unregelmäßig schlägt und nicht länger in der Lage ist, genügend Blut durch den Körper zu pumpen. Eine Spätfolge kann in einem plötzlichen Herzstillstand bestehen.

In den 70er Jahren standen Thalassämiepatienten vor einer schwierigen Wahl: Man konnte entweder die regelmäßigen Bluttransfusionen erhalten und die Nebenwirkungen eines Eisenüberschusses auf sich nehmen, oder die Transfusionen ablehnen und die Todesfolge der Thalassämie auf sich nehmen. Für einen Schwerkranken keine wirkliche Alternative.

Obwohl bereits seit Anfang der 70er Jahre bekannt war, daß das Leiden erblich ist, wußte niemand genau, worin der Defekt bestand. Entweder waren die Gene mit der Bauanleitung für das Alpha- oder Betaglobin selbst defekt, oder es stimmte etwas nicht mit der Maschinerie der Proteinsynthese, die das Hämoglobin herstellte. Das Experiment von Marks und Bank ließ beide Deutungen zu.

Nachdem Anderson Licht in die Initiation der Proteinsynthese gebracht hatte, wollte er herausfinden, ob die Thalassämie auf einem Defekt im Gen, der Messenger-RNA oder in der Proteinproduktion beruhte. Um eine entsprechende Untersuchung durchführen zu können, brauchte er Zellen von einem Thalassämiepatienten. Er bekam zwei Patienten, ein Geschwisterpaar namens Nicholas und Julia Lambis. Nick und Julia waren in Washington geboren und lebten im Schoße ihrer großen griechischen Familie. Seit 1965 kamen sie regelmäßig ans NIH, um die häufigen Bluttransfusionen vornehmen zu lassen, die sie am Leben erhielten, und um an einer Studie über den Leberschaden teilzunehmen, der durch die ständigen Bluttransfusionen entstanden war. Die Forscher vom National Cancer Institute, im dem die Geschwister Lambis behandelt wurden, gaben das Leber-Projekt auf und verließen das NIH, also wollte das National Cancer Institute die beiden Geschwister entlassen.

In seinem Eifer sagte Anderson, daß er sie übernehmen würde, obwohl er weder die Befugnis noch den gesetzlichen Status dazu hatte. In den folgenden Wochen arbeiteten Anderson und seine Vorgesetzten am Herzzentrum die Details der Behandlung aus, und die Lambis-Geschwister wurden im September 1968 in die Station 7 West aufgenommen, wo die Betten des Herzzentrums standen. Julia war die erste Patientin, weil J im Alphabet vor N kommt. Nick war der zweite. Schließlich hatte Andersons Gruppe zwischen fünfzehn und zwanzig Thalassämiepatienten in ihrer Obhut.

Bei Nick, der sechzehn Jahre alt war, als er zu Anderson kam, hatte man eine Beta-Thalassämie diagnostiziert, als er sechs Monate alt war. Über seine frühe medizinische Behandlung war nicht viel bekannt, außer daß ihm mit drei Jahren die Milz chirurgisch entfernt worden war. «Die genauen Indikationen für diesen Eingriff sind zur Zeit nicht bekannt», stand 1970 in seinem medizinischen Bericht. Nick brauchte alle sechs Wochen bis drei Monate Bluttransfusionen, um am Leben zu bleiben. Wenn der Zeitpunkt für die nächste Transfusion näher rückte, machte schon eine geringe Anstrengung ihn atemlos, und er litt unter einer «recht ausgeprägten Ermattung».[28] Nach den Transfusionen erholte er sich stets wieder, so daß er normal aufwachsen konnte. Aber die lange Praxis der Transfusionen färbte seine Haut bereits bronzen von all dem Eisen aus den Erythrozyten, das sich in seinem Körper ansammelte. Auch sein Herz ließ bereits Anzeichen für eine Erweiterung erkennen, ebenso wie seine Leber, die das Übermaß an Eisen verarbeiten mußte. Auch seine Knochen wiesen Veränderungen infolge seines Leidens auf. Nick hatte trotzdem die Schule in der normalen Zeit absolviert. Während der Schulzeit arbeitete er in einem Teilzeitjob, und im Sommer ganztägig. Später sollte er als Bürokraft am NIH arbeiten.

Julia war in einer nicht ganz so guten Verfassung, als sie in Andersons Obhut kam. Bei ihr hatte man die Diagnose gestellt, als sie drei Monate alt war. Sie hatte, ebenso wie ihr Bruder, alle sechs Wochen bis drei Monate Transfusionen erhalten, und mit vier Jahren wurde ihre Milz entfernt.[29] Judy, wie alle sie nannten, hatte ihrem medizinischen Bericht zufolge bereits 1969 Vorboten eines kongestiven Herzversagens und eine vergrößerte Leber erkennen lassen. Den Bericht hatte Dr. Joseph L. Goldstein geschrieben, damals klinischer Stipendiat am NIH und später Nobelpreisträger für seine Arbeit über die Molekularbiologie des hohen Cholersterinspiegels und seiner Folgen. Auch Judy hatte von der ständigen Eisenansammlung eine bronzefarbene Haut.

Judy war «ein sehr freundliches, kooperatives Mädchen. Sie wirkte drei oder vier Jahre jünger als ihr tatsächliches Alter von vierzehn Jahren, hauptsächlich wegen ihrer geringen Körpergröße und dem Fehlen sekundärer Geschlechtsmerkmale [eine häufige Erscheinung bei Thalassämie-Patienten]», schrieb Arthur W. Nienhuis, ein junger Arzt, der frisch von seinem Praktikum im Massachusetts

General Hospital gekommen war, 1971 in Andersons Laboratorium eintrat und später dessen klinischer Leiter wurde.

Für diese vaterlosen Kinder aus einer mittellosen Familie war das NIH ein Gottesgeschenk: Es bot ihnen kostenlose medizinische Versorgung. Nick und Judy lieferten Anderson thalassämische Blutzellen, aus denen er Ribosomen und Messenger-RNA für seine Untersuchung der Proteinproduktion im zellfreien System extrahieren konnte. Anderson zerkleinerte ihre Zellen und extrahierte die Ribosomen, die er auf ihre Fähigkeit zur Proteinsynthese untersuchte. Er fand keinen Defekt. Die Ribosomen der Lambis-Geschwister waren ebenso fähig zur Herstellung von Proteinen wie die Andersons (er benutzte seine eigenen Zellen als Kontrolle). Aber als er ihre Messenger-RNA isolierte und sie in ein zellfreies System mit Kaninchen-Ribosomen einbrachte, fand er defektes Hämoglobin. Die Messenger-RNA war also fehlerhaft, und nicht die Ribosomen. Als nächstes ging er in seiner Untersuchung einen Schritt zurück, zur DNA. Waren die Hämoglobin-Gene selbst defekt, oder war etwas mit dem Herstellungsprozeß der Messenger-RNA nicht in Ordnung?

Während diese Studien begannen, hielt die Politik Einzug in die Wissenschaft. Im Januar 1971 rief Michael Iovene, ein dreißig Jahre alter Biochemiker aus New Haven (Connecticut) seinen Kongreßabgeordneten Robert N. Giaimo, einen Demokraten, an, um sich zu beschweren. Iovene litt unter einer Cooley-Anämie, einer Form der Thalassämie, und in seiner Eigenschaft als geschäftsführender Direktor der Connecticut-Zweigstelle von Cooley's Anemia Blood and Research Foundation war er nicht glücklich darüber, daß die Regierung so wenig für Menschen mit diesem Leiden tat. Es war das Jahr, in dem Präsident Richard Nixon für den Krieg gegen den Krebs rüstete. Ein ähnlicher Feldzug wurde gegen die Sichelzellanämie organisiert, die in unverhältnismäßigem Maße Afro-Amerikaner befiel. Auch sie hatte Nixon gesondert betont; dem Kongreß lag ein Gesetz zur Verstärkung der Sichelzellforschung vor.

Giaimo, der nie zuvor etwas über die Cooley-Anämie gehört hatte, war durch Iovenes Hinweis auf dieses Problem persönlich bewegt. Die meisten Thalassämiker hatten Vorfahren aus dem Mittelmeerraum; er selbst ebenfalls. Giaimo beschloß, etwas in dieser Sache zu unternehmen, und versuchte, das Gesetz zu verstärkter Forschung in der Sichelzellanämie um Cooley-Anämie zu ergänzen, aber die Kongreßführer wiesen ihn ab. Also gab er einen parallelen Gesetzentwurf heraus, in dem die Sichelzellanämie durch Cooley-Anämie ersetzt war. Die Cooley's Foundation mobilisierte ihre Mitglieder zur Bildung einer Lobby und erhielt auf ihrem Marsch Unterstützung von Kongreßabgeordneten und Senatoren. Im Sommer hatte der National Cooley's Anemia Control Act von 1972 beide Instanzen durchlaufen, und im August unterzeichnete Nixon ihn. Damit war die Cooley-Anämie «die zweite ethnische Krankheit, die Anspruch auf eine besondere Aufmerksamkeit der Nation hat», wie ein Zeuge es formulierte.[30]

French Anderson geriet in die politische Maschinerie. Er wurde während der Kongreß-Hearings als einer der wenigen Menschen am NIH bezeichnet, deren Arbeit einen direkten Bezug zur Thalassämie hatte. Aber man konnte Andersons Studien kaum als eine größere Angelegenheit bezeichnen. Der Kongreß wurde informiert, daß er rund 125000 Dollar im Jahr für die Thalassämie-Forschung ausgäbe (er sagte, es seien eher 500000 Dollar). Backers, der mit dem «Thalassämie-Gesetz» beauftragt war, genehmigte 11,1 Millionen Dollar in einem Zeitraum von drei Jahren für die Forschung in der Diagnose und Behandlung des Leidens.

Nachdem sein Name offiziell vor dem Kongreß genannt worden war, konnte Anderson nicht mehr verhindern, daß er in den politischen Sumpf gesogen wurde.[31] Der NIH-Vorstand übertrug Anderson die Verantwortung für die internen Bemühungen des Institutes, die zu dem soeben vom Kongreß gebilligten «Thalassämie-Programm» gehörten. Die Sache hatte jedoch einen Haken: Anderson würde die elf Millionen Dollar nicht bekommen. Tatsächlich erhielt weder er noch irgend jemand sonst die Finanzhilfe. Wie es so häufig im Kongreß geschah, verfaßte ein Bewilligungsausschuß einen Gesetzentwurf, der besagte, daß etwas getan würde, die bewilligten Gelder wies dann jedoch ein völlig anderes Komitee zu. Die Bereitstellungskomitees von Repräsentantenhaus und Senat lehnten es jedoch ab, das Gesetz zu finanzieren. Anderson würde also ohne Geld forschen müssen.

Immer erfinderisch und eifrig bemüht, seinen Vorgesetzten zu gefallen, fragte Anderson das Herz- und das Arthritis-Institut am Jahresende nach dem übriggebliebenen «Wechselgeld» ihrer Forschungsprogramme. Beide überließen ihm ein wenig Geld. Anderson verwandte es dazu, Workshops zur Festsetzung der Forschungsprioritäten abzuhalten. Er brauchte nicht lange, um die höchste Priorität zu erkennen: Der Zustand von Nick und Judy Lambis verschlechterte sich. Mit Eintritt in ihr zweites Lebensjahrzehnt hatten sich bei ihnen die Probleme gezeigt, mit denen alle Thalassämiker zu kämpfen haben, die Spätfolgen des Eisenüberschusses.

Die Kinder hatten von ihrer Geburt an bis zu ihrem fünfzehnten Lebensjahr über 100 Bluttransfusionen mit zwei, drei oder mehr Beuteln Blut erhalten. Jeder dieser Beutel enthielt einige Milliarden Erythrozyten, die jeweils mit Millionen von Hämoglobinmolekülen vollgepackt waren. Jedes Hämoglobinmolekül besitzt ein zentrales Eisenatom. Die Leber baut die Überreste in einer steten Flut von Erythrozyten ab und speichert die Billionen von Eisenatomen zur späteren Verwendung durch das Knochenmark, wenn es neue Erythrozyten herstellt. Aber wenn ein Patient ständig Bluttransfusionen erhält, kann der Körper sich nicht rasch genug des Eisens entledigen. Es sammelt sich in der Leber und läßt das Organ anschwellen. Bald darauf überschwemmt das Eisen die anderen inneren Organe.

Das Problem wird ernst, wenn das Eisen im Herzen beginnt, dessen normale Funktion zu stören, und zu Herzjagen und schließlich Herzversagen führt. Judy Lambis begann, Herzprobleme zu bekommen. Falls nichts unternommen wurde, würde sie sterben.

Anderson brauchte eine Methode, das Eisen wieder aus den Körpern der Kinder zu entfernen. Das mußte seine Forschungspriorität sein. «Diese Kinder waren dabei, an einem Eisenüberschuß zu sterben, nicht an ihrem Hämoglobin-Defekt», sagte Anderson. «Sie starben an Eisen, also mußte ich mich um das Eisen kümmern.»

Das war leichter gesagt, als getan. Es gab zwar schon seit Jahren Medikamente gegen eine akute Eisenvergiftung, aber sie hatten unangenehme Nebenwirkungen, und waren nicht für den längeren Einsatz bestimmt. Anderson begann, bei den Workshops zur Organisation und Prioritätensetzung auf neue Anstrengungen in Richtung einer Eisen-Chelatbildner-Therapie zu drängen. Chelatbildner sind Moleküle, die bestimmte Atome, z.B. Eisen oder Kupfer, in Form einer sogenannten Komplexbindung chemisch «tarnen» und damit biologisch unschädlich machen. Anderson fing nun an, Geld für diese Arbeiten zu beschaffen.

Die Konzentration auf diese Arbeit zog Leute an; das Geld unterstützte ihre Forschung. Sie begannen mit einigen bereits bekannten Medikamenten. Der Durchbruch zeichnete sich ab, als eine neue Methode gefunden wurden, um Desferrioxamin, ein Medikament, das auch in Deutschland unter dem Namen Desferal bekannt ist, einzusetzen. Desferal schien erfolgreich Eisen aus dem Gewebe zu entfernen und zeigte in geringerer Dosierung keine schädlichen Nebenwirkungen. Anderson hatte die Entwicklung des Medikaments gefördert und die Food and Drug Administration dazu gebracht, es für den ständigen Gebrauch zuzulassen. Die Herstellerfirma Ciba-Geigy überließ Anderson die erste Charge des Medikaments kostenlos.

David Nathan am Boston Children's Hospital gelang der wichtige Nachweis, daß das Medikament zur intravenösen Dauerbehandlung geeignet war. Mit der Zeit begann der Eisenspiegel im Blut seines Patienten zu sinken. Allmählich sah es so aus, als würde aus dem fehlgeschlagenen Kongreßprogramm, die Thalassämie zu besiegen, tatsächlich eine brauchbare Behandlungsmethode erwachsen. Für Anderson war es eine Zeit des Erfolgs. Er gewann den Preis der Cooley's Foundation für seinen Beitrag zur Entwicklung der Eisen-Chelatbildner-Therapie. Patienten mit einem Leiden, das durch einen Eisenüberschuß verursacht worden war, konnten von den Fortschritten, die Anderson gefördert hatte, profitieren.

Auch im NIH schwamm Anderson auf einer Erfolgswoge. Im Jahr 1974 hatte er den ganzen D-Flur im Siebten Stockwerk des Klinikums übernommen, und aus seinem Laboratorium war eine ganze Abteilung geworden; der größte Bereich, der einem einzelnen Wissenschaftler unterstand. Für NIH-Verhältnisse hatte er ein blühendes Imperium mit Raum, promovierten Wissenschaftlern, und technischem Hilfspersonal, das ihn mit Daten, Patienten und Hilfe bei der Verwaltung versorgte. Anderson haßte es. Das Labor war für seinen Geschmack zu groß geworden; zu sehr auf die Versorgung von Patienten und zu wenig auf die Grundlagenforschung zugeschnitten.

«Wir waren schließlich fünfzig Leute, und ich war nur noch Verwalter», klagte Anderson. «Es kam so weit, daß ich selbst keine Daten mehr ermittelte, daß ich nicht mehr im Labor arbeitete, aber zumindest noch die Originaldaten auswertete, sobald sie hereinkamen. Später konnte ich die Daten nur noch bei Laborzusammenkünften bewerten und bekam Zusammenfassungen der Daten vorgelegt; und schließlich geschah so viel, daß ich nur noch Zusammenfassungen der Zusammenfassungen erhielt.»

Schlimmer war, daß die gentechnische Revolution ohne ihn stattfand. Anfang der 70er Jahre hatten Grundlagenforscher eine Reihe neuer Techniken entwickelt, die es ihnen ermöglichten, unmittelbar mit Genen zu arbeiten; sie zu isolieren, sie zuzuschneiden und von einer Zelle in die andere zu befördern. Bei der ganzen Arbeit waren seine alten Mitarbeiter und Konkurrenten führend. Und Anderson mußte dabei stehen und war bestenfalls Zuschauer. Die Wissenschaftler fingen an, Gene in Bakterien einzuschleusen – nicht durch zufällige Transformationen, wie er es in Dotys Labor gelernt hatte, nachdem Julie Marmur angekommen war, sondern gezielt; ein gezielter Transfer definierter Gene. Es handelte sich um die Schlüsselmethoden, die gebraucht wurden, wenn man später zu therapeutischen Zwecken Gene in Patienten einschleusen wollte. Wenn Anderson jemals eine Gentherapie für Menschen entwickeln wollte, mußte er lernen, wie man Gene in Zellen transferiert. Im Vergleich dazu waren die positiven Fortschritte im Labor in der klinischen Behandlung der Thalassämie und in der Grundlagenforschung mit Initiationsfaktoren der Proteinsynthese in Bezug auf sein langfristiges Ziel – die Gentherapie – bedeutungslos.

Anderson fällte eine erstaunliche Entscheidung. Er beschloß, den größten Teil seines Laborplatzes aufzugeben. Art Nienhuis, der es ihm ermöglicht hatte, die Abteilung für klinische Hämatologie des Herzzentrumes zu schaffen, bekam den Löwenanteil. Andere Forscher, die an den Grundlagen der Proteinsynthese arbeiteten, erhielten ebenfalls einen Teil. Anderson behielt einen kleinen Rest. Dieser Schachzug war so ungewöhnlich, daß die übrigen NIH-Wissenschaftler argwöhnten, Anderson habe einen Verweis erhalten; er müsse etwas falsch gemacht haben; weil niemand sonst ein Königreich aufgeben würde, wie er es aufgebaut hatte.

Anderson sah die Sache anders. «Wenn ich Gentherapie betreiben wollte, mußte ich all diesen Kram aufgeben», sagte er. «Niemand wollte glauben, daß ich ein Königreich aufgab. Sie dachten, ich mußte es abtreten, und es konnte nur niemand die Gründe dafür herausfinden. Als bekannt wurde, daß ich es freiwillig aufgegeben hatte, dachte jedermann, ich sei ein verrückter Exot. Und mein Entschluß, 1974 den ernsthaften Versuch zu unternehmen, Gentherapie zu betreiben», meinte Anderson kopfschüttelnd, «war im Nachhinein betrachtet, auch wirklich ein exotischer Gedanke.»

Die wachsende Angst vor der Gentechnik

«Wir befinden uns in einer ähnlichen Lage wie vor Hiroshima. Es wäre eine wirkliche Katastrophe, wenn einer der Stoffe, mit denen die Forschung jetzt befaßt ist, in Wirklichkeit ein Stoff wäre, der beim Menschen Krebs erregt.»

Robert Pollack, Cold Spring Harbor Laboratory

Nördlich von San Diego hocken die wuchtigen, kantigen Betonbauten des Salk Institute for Biological Studies wie Adlerhorste auf den Felsklippen am Rande des Pazifischen Ozeans. Das Institut wurde 1962 von Jonas Salk, dem Entwickler des Salk-Impfstoffs gegen Polio, im kalifornischen La Jolla gegründet. Es erinnert eher an eine Bunkeranlage als an eine jener Forschungsstätten, in denen sich Wissenschaftler nur auf ihre Forschung konzentrieren und den Ablenkungen des akademischen Lebens entgehen können. Zusammengedrängte Laboratorien, vollgestopft mit Gerätschaften, bilden die äußeren Gebäude dieser festungsartigen Anlage. Die Büros der Forscher liegen in Betontürmen an einem Innenhof, der kreuz und quer von Kanälen durchzogen ist, über die das Wasser zu den pittoresken Springbrunnen gelangt.

Das Salk Institute ist ein «Elfenbeinturm» und eines der produktivsten Forschungszentren der Welt. Neben Jonas Salk, der sich in den 80er Jahren mit der Aufgabe befaßte, einen Impfstoff gegen das Human Immunodeficiency Virus (HIV) zu finden, das Aids verursacht, fanden sich unter seinen ehemaligen Studenten nur die Besten und Klügsten, darunter die Nobelpreisträger Francis Crick, der die Struktur der DNA aufdecken half, der Gehirnforscher Gerald Edelman sowie die Genetiker Salvador Luria und Jacques Monod. Weitere Koryphäen waren beispielsweise Jacob Bronowski, der eine Abstammungstheorie des Menschen entwarf, Sydney Brenner, der den Weg der genetischen Informationen in der Zelle verfolgt hat, Maxwell Cowan, ein Neurologe, der einst dem Kongreß ein menschliches Gehirn vorgeführt hatte, und der Physiker Leo Szilard, der geholfen hatte, die Atombombe zu bauen und sich später dem Studium der Lebewesen zuwandte. Der Leiter des Instituts, Renato Dulbecco, ist Nobelpreisträger und kann einen wissenschaftlichen Stammbaum vorweisen, der an die Wurzeln der modernen Molekularbiologie reicht.

Während French Anderson am NIH an der Initiation der Proteinsynthese und an der Thalassämie arbeitete, wurde hier im Salk Institute die genetische Revolution der 70er Jahre begonnen; hier wurden die ersten kleinen Schritte in Richtung auf den Gentransfer in Säugerzellen und schließlich menschliche Zellen getan. Die Revolution begann hier, weil Renato Dulbecco – ein Italiener, der 1947 nach Amerika ausgewandert war, um Biologie zu studieren – für ein paar entscheidende Jahre der Weltexperte für die Zucht von Tierviren und den Unterhalt der eukaryontischen Zellkulturen wurde, die man benötigte, um die Viren zu erhalten. Ins Salk Institute kam ein stetiger Strom der besten Forscher des Landes, um die Techniken zu erlernen, in denen Dulbecco wegweisend gewesen war. Paul Berg war unter jenen, die kamen, um den Sprung von bakteriellen Viren zu dem komplexeren und potentiell nützlicheren Viren zu wagen, die eukaryontische Zellen einschließlich menschlicher Zellen befallen. Aus Bergs Labor und den Labors anderer Forscher, die an verwandten Problemen arbeiteten, kamen sogar noch neuere Methoden, die es den Wissenschaftlern erlaubten, die DNA in gen-große Stücke zu zerschneiden, diese Teilstücke in Viren einzubringen und diese Zellparasiten wie molekulare Lieferwagen zu benutzen, um die rekombinierte DNA in den Säugerzellen abzuliefern, sie zu infizieren. Die befallenen Zellen machten den mitgebrachten DNA-Abschnitt zu einem Teil ihrer eigenen Chromosomen; die Gene nahmen ihren Platz ein, und die Zelle war damit verändert. Zum Beispiel konnte eine Zelle, der das Gen zur Produktion eines wichtigen Enzyms fehlte, repariert werden, indem man das entsprechende Gen einfügte.

Die neuen Labormethoden gaben den Forschern brauchbare, neue Werkzeuge in die Hand, um Gene zu manipulieren; sie an Stellen einzufügen, wo die Natur sie niemals vorgesehen hatte, und die Eigenschaften von Organismen zu verändern – sogar von Menschen. Sobald die neue Technik aus den Labors kam, hielt sie ins öffentliche Bewußtsein Einzug, und sie war furchteinflößend. Die warnenden Worte Jonathan Beckwiths und der übrigen Harvard-Wissenschaftler aus dem Jahre 1969, daß Gentechnik auch zu bösen Zwecken benutzt werden könne, waren auf taube Ohren gestoßen; das hatte zum Teil daran gelegen, daß viele Forscher nicht an die Existenz der Werkzeuge geglaubt hatten, die nötig waren, um die Orwellsche Vision wahr zu machen. Als sich aber das neue Forschungsgebiet der rekombinierten DNA auftat, waren die technischen Voraussetzungen gegeben, und eine erhebliche Anzahl von Forschern war besorgt. Als ihre Befürchtungen durch die Medien und den Kongreß verstärkt wurden, bekam es auch die Öffentlichkeit mit der Angst zu tun.

Die Genetik machte Schlagzeilen.

Aber wie alle neuen Methoden kam auch die Gentechnik nicht aus dem Nichts. Sie hatte eine lange Vorgeschichte in den Tagen der «Phagengruppe», einer kleinen Gruppe von Biologen und Physikern, die in den dunklen Tagen des Zweiten Weltkriegs beschlossen hatten, den Vorgang zu zergliedern, bei dem ein Virus in eine Zelle eindringt und kurze Zeit darauf Hunderte oder Tausende von Nachkommen hervorbringt. *Phage* ist die Kurzform von Bakteriophage; einem Virus, das nur in Bakterien lebt und das wichtigste Werkzeug für die Untersuchungen der Gruppe darstellte.

Die Gründer der Gruppe waren Max Delbrück, ein deutscher Physiker, der – nachdem er nach Amerika gekommen war, um den Nazis zu entgehen – auf Biologie umgesattelt hatte, Alfred D. Hershey, ein in Michigan geborener Mikrobiologe, und Salvador E. Luria, ein italienischer Arzt, der Physik und Radiologie studiert hatte und 1940 den Faschisten entkam, indem er in die Vereinigten Staaten emigrierte. Delbrück beschrieb sie einmal als «zwei feindliche Ausländer und einen sozialen Außenseiter».[1] Gemeinsam stellten sie das auf die Beine, was wahrscheinlich der wichtigste Zweig der Molekularbiologie wurde. Die drei wurden legendäre Gestalten in der Wissenschaftsgeschichte. Später teilten sie sich den Nobelpreis für ihre Entdeckungen.

Die Phagengruppe wurde 1941 geboren, als Delbrück Luria einlud, den Sommer im Biological Laboratory of Cold Spring Harbor auf Long Island zu verbringen. Das Labor war damals ein verschlafener, idyllischer Platz mit alten, kaum ihren Zwecken entsprechenden Gebäuden an der Flanke eines Hügels an der Oyster Bay. Was an der Ausstattung des Laboratoriums fehlte, machten die Forscher durch ihre Tatkraft und ihren Einfallsreichtum wett. Es waren die Jahre des Zweiten Weltkriegs. Die Gruppe blieb klein; Reisen war schwierig. Hershey trat erst bei, als die drei im April 1943 ihre erste Phagenkonferenz in St. Louis abhielten. Obwohl die Arbeit mit Bakteriophagen bereits seit 25 Jahren im Gange war, beschloß Delbrück, auf den Grund dessen vorzustoßen, was geschieht, wenn nach dem Eindringen eines Phagen in einer bakteriellen Zelle neue Phagenpartikel entstehen.[2] Sie wollten dieses gefahrvolle Menuett zwischen Bakterium und Bakteriophage erforschen, um die Genetik sowohl des Virus als auch seines primitiven Zellwirts zu verstehen.

Ihre Arbeit revolutionierte die Molekulargenetik und brachte zum ersten Mal Licht in die Frage, wie Gene von einer Zelle in eine andere gelangten. In den 40er Jahren stritten die Wissenschaftler immer noch darüber, was Gene darstellten, und welche Moleküle Träger der genetischen Informationen waren. Oswald Avery und seine Kollegen an der Rockefeller University beantworteten diese Frage 1944. Hershey trug mit zusätzlichen Arbeiten in Cold Spring Harbor dazu bei, diese Debatte zu beenden. Im Jahr 1952 bewiesen er und Martha Chase, daß bei der Infizierung nur die DNA des Bakteriophagen und nichts von seinem Protein in das Bakterium eintrat. Sie bestätigten damit, daß die DNA – und nur die DNA – genetische Informationen enthielt. Andere Untersuchungen ergaben, daß Phagen Teile der DNA aus einer infizierten Zelle aufnehmen und in die nächste Zelle, die sie infizierten, einbringen konnten. Diese Entdeckung führte dazu, daß Forscher darüber nachzudenken begannen, wie sie Viren zu gezielten Genübertragungen nutzen konnten.

Auch die Schüler der Phagengruppe erwiesen sich als kreativ. Ein junger James D. Watson – ein leicht exzentrischer, in Chicago geborener und aufgewachsener Ornithologe – trat in Lurias Laboratorium an der University of Indiana ein. Sein Laborkollege war Renato Dulbecco. Dulbecco wurde ein Gründungsmitglied des wissenschaftlichen Establishments der Molekularbiologie. Während seiner Arbeit mit Luria an den Bakteriophagen entdeckte Dulbecco selbständig die Photo-Reaktivierung von Bakteriophagen,[3] einen Vorgang, bei dem ein Virus – das durch ultraviolettes Licht augenscheinlich getötet worden war – wieder «ins Leben zurückgebracht» werden konnte. Es war eine merkwürdige Entdeckung. Zu jener Zeit benutzten Forscher dosierte, ultraviolette Strahlung, um einen Teil der Bakteriophagenpopulationen zu töten, und stellten dann fest, welcher Prozentsatz der Virenpopulation überlebt hatte. Im Verlauf von Dulbeccos Test wurden die mit ultraviolettem Licht behandelten Viren, die jetzt inaktiv sein sollten, auf eine Petrischale gegeben, deren Boden mit einem geleeartigen Nährboden als «Weide» für die Bakterien bedeckt war, die auf ihm lebten. Die Bakterien lebten vom Nährboden, und die Viren lebten in den Bakterien. Eine Glasschale wurde umgekehrt über die Versuchsanordnung gestülpt, um andere Keime abzuhalten. Jedes lebende Virus mußte die Bakterien angreifen und ein Lücke in der gleichförmigen Bakterienschicht verursachen, wo die sich vermehrenden Viren die Wirtsbakterien getötet hatten. Wenn kein solcher Fleck entstand, hatte das ultraviolette Licht alle Viren getötet.

Aber Experimente mißlingen häufig und führen zu unvorhergesehenen Ergebnissen. Manchmal entdeckten Forscher, daß Viren überlebt hatten, obwohl die ultraviolette Strahlendosis hoch genug gewesen war, um alle Viren zu töten. Eine simple Beobachtung erklärte das Überleben der Viren. Die Petrischalen mit den Bakterien und Viren wurden häufig in Regalen untergebracht, manchmal in der Nähe von freien Fenstern. Die oberen Schalen bekamen mehr Licht als die unteren ab. Dulbecco beobachtete, daß die Überlebensrate der Viren in den oberen Petrischalen regelmäßig höher war. Er forschte weiter und fand heraus, daß er die «toten» Viren reaktivieren konnte, indem er sie sichtbarem Licht aussetzte. Als der verwunderte Delbrück 1949 von der Photo-Reaktivierung hörte, rechnete er Dulbeccos Entdeckung dem «Prinzip der begrenzten Schlampigkeit» als Verdienst zu. Ist ein Forscher zu schlampig, sagte Delbrück, sind seine Ergebnisse unzuverlässig. Aber wenn er zu genau ist – wenn die Petrischalen immer in einem dunklen Inkubator aufbewahrt worden wären – hätte man die Photo-Reaktivierung niemals entdeckt.

Diese Entdeckung verhalf Dulbecco zu einem besonderen Rang in der Phagengruppe und 1949 zu einer Einladung, ins California Institute of Technology zu kommen, um mit Delbrück an Phagen zu arbeiten. Im Jahr 1950 – nachdem er ein Seminar über Tierviren abgehalten hatte – entschied Delbrück, daß das Forschungsgebiet der Tiervirologie, über das er nicht viel wußte, reif für einen Innovationsschub war. Er bat Dulbecco, mit ihm einige Monate lang in den besten Tierviren-Laboratorien des Landes zu hospitieren, um sich die Techniken anzueignen und sich einen Überblick über die interessantesten Gebiete dieses Zweiges der Virologie zu verschaffen. Die Reise war enttäuschend: Die Methoden der Zellkultur hatten keine Fortschritte gemacht, seit Dulbecco sich in Italien mit ihr befaßt hatte, und es existierte noch keine quantitative Tiervirenforschung. Während die Phagengruppe die statistischen Methoden der Physik angewendet hatte, um Bakterien und ihre Viren zu untersuchen, arbeiteten die Tiervirenforscher eher klassisch-biologisch; die statistischen Methoden waren ihnen fremd.

Das Problem beschränkte sich aber nicht nur auf die Viren, sondern umfaßte auch die Zellen, in denen sie gedeihen. Die Phagengruppe hatte es leicht: Bakterien sind frei lebende Zellen, die experimentelle Eingriffe und eine Kultur unter Laborbedingungen ohne große Probleme überleben. Tierzellen, die normalerweise in einem komplexen Gefüge mit vielen anderen Zellarten zusammenleben, ließen sich in Gewebekulturen im Laboratorium weitaus schwerer züchten. Dulbecco kehrte ans CalTech zurück und schuf aus dem Nichts die Techniken, die nötig waren, um Tierzellen in Kulturen zu züchten. Diese Arbeit, bei der er das Pferde-Enzephalitis-Virus (ein recht gefährliches Virus, das sich vermehrt, indem es die Zellen, die es infiziert – darunter auch menschliche Zellen – aufbricht) in Zellen von Hühnerembryonen züchtete, brachte ihm in Verbindung mit anderen Arbeiten 1975 den Nobelpreis ein.

Mit dem Rüstzeug für die Zucht von Säugerzellen ausgestattet, machte Dulbecco sich daran, eine Reihe von Säugerviren, darunter das Poliovirus, zu charakterisieren. Ende der 50er Jahre hatten der Postdoktorand Harry Rubin, und der Doktorand Howard Temin, Interesse am Rous-Sarkoma-Virus entwickelt, das bei Hühnern Krebs erzeugt. Im Gegensatz zum Pferde-Enzephalitis-Virus, das die infizierte Zelle zerstörte, reproduzierte sich das Rous-Sarkom-Virus unauffälliger: Es schien in eine Zelle einzudringen, sein genetisches Material in die Zelle einzubringen, und dann allmählich, über die normale Lebensspanne der Zelle verteilt, neue Viruspartikel freizusetzen. Obwohl Bakteriophagen bewiesen hatten, daß sie Virusgene in die Chromosomen eines Bakteriums einbringen konnten, hatte man diesen Vorgang noch nicht in Säugerzellen beobachtet. Bedeutender aber war, daß die Gene in den Rous-Sarkoma-Viren aus RNA und nicht aus DNA bestanden. Damit das Rous-Sarkoma-Virus seine Gene einbringen konnte, mußte es sie irgendwie von RNA in DNA umsetzen.

Dulbecco beschloß, ein DNA-Virus zu finden, das seine Gene in die Chromosomen einer infizierten Zelle einbringen konnte. Er wählte ein kleines Tumorvirus namens Polyoma aus. Es trug genügend genetisches Material mit sich, um fünf bis acht Gene in seinem kleinen, ringförmigen DNA-Molekül zu codieren. Das

Polyoma-Virus hatte viele Eigenschaften mit den Bakteriophagen gemeinsam. Seine ringförmige DNA ließ vermuten, daß es seine Gene wie ein Bakteriophage in die Chromosomen einer Zelle einbringen konnte. Außerdem konnte das Polyoma-Virus Teile des genetischen Materials aus einer Wirtszelle aufnehmen, mit sich forttragen und somit seine eigenen sowie die Eigenschaften der nächsten Zelle verändern, die es infizierte.

Dulbeccos Erfolge führten dazu, daß Forscher in sein Labor strömten, um sich die neuen Techniken der Tiervirologie anzueignen. «Ursprünglich waren Phagen die wichtigsten Viren, dann wurden Tierviren wichtig», erinnerte Dulbecco sich. «Die Wertverlagerung ereignete sich in meinem Labor. Deshalb kamen die Leute. Dies war nicht nur das einzige Labor dieser Art, sondern wir waren auch die ersten, die so etwas getan hatten, und für einige Jahre waren wir allen anderen weit voraus.»[4]

Dulbecco wollte beweisen, daß das Polyoma-Virus seine Gene in die befallene Zelle einbrachte. Aber nachdem er diese Frage geklärt hatte, verlor er das Interesse an dem Virus und befaßte sich mit anderen Forschungsrichtungen, darunter auch mit der Suche nach Wachstumsfaktoren und der Untersuchung des Brustkrebs. Aber in jenen wenigen Jahren in der ersten Hälfte der 60er Jahre war Dulbeccos Labor das beste der Welt, wenn es um die Zucht von Tierviren ging. Es zog einige der besten und intelligentesten Forscher an.

Und während Dulbeccos Labor faszinierende Entdeckungen über die Einbringung viraler DNA in Wirtszellen machte, die vermuten ließen, daß Tierviren nützlich sein mochten, um selektiv Gene zu transferieren, mußten die Wissenschaftler immer noch herausfinden, wie sie Gene im Labor manipulieren konnten. Danach würden sie die Gene auf irgendeine Weise in das Virus einbringen müssen. Jeder Genetiker erkannte, daß es eine Revolution in der Forschung und in der Behandlung von Krankheiten bedeuten würde, falls dies gelang. Aber damals, Mitte der 60er Jahre, war das noch Science-Fiction. Die gentechnische Revolution mußte erst noch beginnen; bisher konnte niemand einzelne Gene manipulieren. Erst einmal mußten einzelne Gene isoliert werden. Dennoch war die Vorstellung faszinierend, verlockend, vielversprechend. Doch der Weg dorthin würde schwierig sein, die ersten Schritte wurden eben erst getan.

Im Jahre 1967 beschloß Paul Berg, ein Biochemie-Professor an der Stanford University, daß es an der Zeit sei, seiner Forschung eine neue Richtung zu geben.[5] Er hatte mit Hilfe von Bakteriophagen und Bakterien die Biochemie der DNA untersucht. Nun war die Zeit gekommen, sich neuen Dingen zuzuwenden. Er schloß sich dem Strom der Forscher an, die am Salk Institute im Labor Dulbeccos etwas über Tierviren lernen wollten.

Berg war im Juni 1926 in Brooklyn geboren und ein Musterwissenschaftler. Er war groß, auf stille Art eifrig und außergewöhnlich intelligent. Er hatte die High School früh abgeschlossen und Biochemie an der Pennsylvania State University studiert, unterbrochen durch eine kurze Zeit bei der Navy am Ende des Zweiten Weltkriegs (1944–46). Nachdem er 1952 an der Western Reserve University in Cincinnati seinen Doktor in Biochemie gemacht hatte, ging er nach Kopenhagen in das Laboratorium des Biochemikers Herman Kalckar, der durch Delbrücks Sommerkurse in Cold Spring Harbor Laboratory Verbindungen zur Phagengruppe hatte, und den die zentrale Bedeutung der DNA in der Biologie nicht ruhen ließ. Kurz bevor Berg in Kopenhagen ankam, hatte James Watson Kalckars Labor verlassen und war nach Cambridge in England gegangen, wo seine historische Zusammenarbeit mit Francis Crick begann. Von Kopenhagen aus ging Berg an die Washington University in St. Louis, um gemeinsam mit dem Biochemiker Arthur Kornberg – der zwar noch nicht Nobelpreisträger, aber eindeutig auf dem Weg dorthin war – an der DNA-Replikation zu arbeiten.

Als die Stanford University zu der Meinung gelangte, daß sie eine erstklassige biochemische Abteilung brauchten, die mit ihrer neuen Medical School zusammenarbeiten würde, entschied sie sich, ein gutes biochemisches Labor einzukaufen: das von Kornberg. Wie ein Baseballteam von einem Verein gekauft und in eine andere Stadt versetzt werden kann, zog Kornberg 1959 mit seinem Forschungslabor von der Landesmitte in die Ausläufer der Santa Cruz-Berge, knapp zwanzig Kilometer südlich von San Francisco. Viele Mitarbeiter seines Labors nahm er mit, darunter auch Paul Berg. Die Stanford University hatte eine gute Entscheidung getroffen: Kornberg wurde mit dem Nobelpreis ausgezeichnet, weil er noch im selben Jahr, in dem er mit den übrigen hier angekommen war, den Vorgang der DNA-Replikation aufgedeckt hatte.

In seiner Zeit mit Kornberg in St. Louis hatte Paul Berg auf eigene Faust entscheidende Entdeckungen über die Art und Weise gemacht, wie die in der DNA gespeicherten genetischen Informationen durch die Syntheseanlagen der Zelle zu neuen Proteinen konvertiert wurden. Im Jahre 1956 war Berg der erste, der nachwies, daß Aminosäuren aktiviert werden mußten, bevor sie an eine länger werdende Proteinkette angehängt werden konnten. Der komplette Aktivierungsschritt hakte die Aminosäure an einen kleinen Abschnitt RNA ein, die man später Transfer-RNA benannte, weil sie einzelne Aminosäuren zu dem Protein transferiert, das hergestellt wird.[6]

Nach acht Jahren an der Stanford University, in denen er mit den gleichen Bakterienkulturen gearbeitet hatte wie in St. Louis, war Berg – inzwischen 41 Jahre alt – reif für eine Veränderung. Mit dem Knacken des genetischen Codes Anfang der 60er Jahre waren die meisten größeren Fragen im Zusammenhang mit der Proteinsynthese beantwortet worden. Berg hielt nach einem neuen, fruchtbareren Gebiet Ausschau.

Dulbeccos Arbeit mit dem Polyoma-Virus schien ihm diese Gelegenheit zu bieten. Vielleicht ließ sich der Erfolg der Phagengruppe wiederholen, wenn man

Tierviren als Grundlage für das Studium der Genetik eukaryontischer Zellen nahm. Aber Berg hatte schon damals ein größeres Ziel im Sinn: Er wollte eine Methode finden, Gene gezielt zwischen Zellen zu übertragen. Wie viele andere in diesem Forschungsbereich erkannte auch er, daß ein solcher Schritt eine Behandlungsmöglichkeit für Krankheiten beim Menschen darstellte. Der Glaubensartikel der Wissenschaftler lautete, daß Entdeckungen der Grundlagenforscher über die fundamentalen Lebensprozesse zu einer praktischen Anwendung führen können, zum Beispiel zu einer wirksameren, medizinischen Behandlung. Dieser Glaubensartikel wird durch zahllose Beispiele belegt.

Ein klassisches Beispiel ist der grundlegende Durchbruch, der zum Polioimpfstoff führte. Nachdem das Poliovirus isoliert worden war, gab es keine praktikable Methode, große Mengen des Virus zu züchten, um einen Impfstoff gewinnen zu können. Frühe Untersuchungen in den 30er Jahren ergaben, daß man das Poliovirus nur in lebenden Affen züchten konnte – ein kostspieliges Verfahren, das mit dem Tod der Tiere endete und nur wenige Viren ergab. Es gab nicht genügend Affen auf dem Planeten, um so viel Impfstoff herzustellen, wie nach den amerikanischen Polioepidemien der 40er und 50er Jahre gebraucht worden wäre.

Im Jahr 1936 gelang es Albert Sabin und Peter Olitzky am Rockefeller Institute in New York City, Polioviren in Nervengewebekulturen aus menschlichen Embryonen zu züchten, aber nicht in Kulturen von anderen Zelltypen. Die Entdekkung ließ hoffen, daß das Poliovirus in Gewebekulturen gezüchtet werden konnte, war aber vorerst nutzlos, weil ein Polioimpfstoff aus diesen Nervengewebekulturen allergische Reaktionen auslöste, die das Gehirn schädigen konnten – nicht selten mit Todesfolge. Nervengewebekulturen schienen also nicht der richtige Weg zu sein.

Zufällig fand das Team John F. Enders, Thomas H. Weller und Frederick C. Robbins am Children's Hospital in Boston heraus, daß Sabin und Olitzky sich in einem Punkt geirrt hatten: Das Poliovirus *ließ* sich in anderen Zellen züchten.[7] Im Jahre 1948 hatte Weller, ein junger Forschungsassistent aus Enders Labor, eine Gewebekultur von Affen-Nierenzellen angesetzt, um Mumps- und Windpockenviren zu züchten. Aber er füllte zu viele Reagenzgläser. Enders schlug Weller vor, zu versuchen, die überzähligen Röhrchen mit Polioviren von der National Foundation for Infantile Paralysis zu beschicken. Zum Erstaunen aller gedieh das Poliovirus in den Affennierenzellen. Jonas Salk, damals an der University of Pittsburgh, stattete sofort sein Labor neu aus, um die neu entwickelte Gewebekulturtechnik zur Züchtung von Polioviren auszunutzen. Salk und später auch Sabin verwandten die Methode, um einen Polio-Lebendimpfstoff herzustellen, der die jeden Sommer wiederkehrenden Epidemien dieser ansteckenden, lähmenden Krankheit beendete.

War dasselbe auch bei genetischen Leiden möglich? Waren biochemische Methoden vorstellbar, um Gene in Viren zu manipulieren, und konnte man

Gewebekulturen benutzen, um Krankheiten von innen heraus zu bekämpfen? Wo Eugeniker um die Jahrhundertwende aus einem kläglichen Verständnis der menschlichen Genetik heraus phantastische Pläne zur Verbesserung der menschlichen Erbanlagen geschmiedet hatten, und wo die Bakterienforscher der 50er und 60er Jahre, die die Transformierung entdeckten, darin versagt hatten, Gene in Säugerzellen einzuschleusen, glaubten Berg und andere, daß die Lösung der Probleme in der Biochemie lag. Berg beschloß, sich in die harte Arbeit zu stürzen, eine Technik zur direkten Manipulation der Gene zu entwerfen. Vielleicht käme eine medizinische Behandlungsmethode dabei heraus, vielleicht auch nicht. Aber Berg wußte, daß dies der erste, versuchsweise Schritt in Richtung einer genetischen Behandlung sein würde – und daß es Jahrzehnte dauern mochte, diese zu entwickeln.

Aber zuerst mußte der Biochemiker Berg die Methodik der Arbeit mit Säugerzellen erlernen. Anders als Bakterien verlangen Tierzellen eine schonende Behandlung. Die Lösungen, in denen sie gehalten werden, müssen genau die richtige Mischung aus Mineralien und Nährstoffen, Säuren, Salzen und Gasen enthalten, wenn sie gedeihen sollen. Mitte der 60er Jahre steckte diese Kunst erst in den Anfängen, und Dulbeccco war einer der Künstler, der sie beherrschte. Also ging Berg ans Salk Institute.

Dort erlernte er rasch die Grundlagen der Zucht von Tierzellen und der Arbeit mit Tierviren. Das Jahr im Salk Institute war auch aus einem anderen Grund wichtig: Über Renato Dulbecco, den Direktor des Salk Institute, und Paul Berg, den ehrgeizigen und talentierten Forscher, dem es bestimmt sein sollte, das Beckman Center for Molecular Biology an der Stanford University zu leiten, festigte es die Verbindung zwischen zwei bedeutenden Forschungszentren. Berg wurde 1973 ein auswärtiger Fellow am Salk Institute und erhielt Einfluß darauf, welche Wissenschaftler eingeladen wurden, zu kommen und zu bleiben. Wichtiger war, daß Berg nach seiner Zeit am Salk Institute wußte, wer auf welchem Gebiet der Molekularbiologie arbeitete. So lernte er auch David Baltimore kennen, einen ehemaligen Forscherkollegen Dulbeccos.

Berg und Baltimore wurden sofort Freunde. Sie waren einander sehr ähnlich. Beide waren intelligent und fähig, und beide kamen aus New York: Berg aus Brooklyn, Baltimore aus Manhattan. Beide waren von Viren und virologischen Experimenten fasziniert. Baltimore hatte ebenso wie Berg schon als Jugendlicher Interesse an der Wissenschaft gehabt. Seine Mutter, eine Psychologin,[8] begründete seine Faszination für Physiologie, die Lehre vom Stoffwechsel. In den Sommerferien zwischen seinem Junior- und Senior-Jahr an der High School belegte Baltimore einen Biologie-Kurs am Jackson Laboratory in Bar Harbor (Maine), wo er einen Vorgeschmack auf die biologische Forschung bekam und Biologen bei der Arbeit sah. Als er ins Swarthmore College eintrat, entschied er sich für ein

Biologiestudium, wechselte aber später auf Chemie, um seine Forschungsarbeit zu schreiben. Ende der 50er Jahre nahm er an einem von der National Science Foundation gestifteten Kurs am Cold Spring Harbor Laboratory teil. Die Phagengruppe befand sich damals auf dem Gipfel ihrer Aktivitäten, und Baltimore sah sich ihrer intellektuellen Kraft und ihren gesellschaftlichen Werten ausgesetzt. Die Erfahrungen in Cold Spring Harbor führten ihn an die Molekularbiologie heran.[9]

Baltimore ging ans Massachusetts Institute of Technology, um an seiner Examensarbeit in Biophysik zu arbeiten. Er erwog Experimente mit Bakteriophagen, wußte aber, daß er mit der Phagengruppe nicht konkurrieren konnte. Daher überlegte er sich, daß das Modell der Tierviren und Tierzellen möglicherweise ähnliche Schlußfolgerungen zuließ, wie seinerzeit die Bakteriophagen. Diese «komische Idee» ließ Baltimore zu einem Sommerkurs über Tierviren nach Cold Spring Harbor zurückkehren. Dort traf er Richard M. Franklin, einen Virologen von der Rockefeller University, der sich bemühte, herauszufinden, wie Viren die Proteinproduktionsanlagen (Ribosomen) einer infizierten Zelle dazu brachten, neue Viren herzustellen. Baltimore ging mit Franklin an die Rockefeller University, um Mausviren zu untersuchen. Dort wies er nach, daß das Mengovirus – ein eng mit dem Poliovirus verwandtes Picornavirus – das Enzym RNA-Polymerase enthielt, das die Zelle dazu benutzt, um genetische Informationen von der DNA in die Messenger-RNA zu transkribieren, damit sie zur Synthese von Zellproteinen verwendet werden können. Nach seiner Promotion an der Rockefeller University und einer kurzen Zeit am Albert Einstein College of Medicine, wo er Enzymologie lernte, erhielt Baltimore 1965 seine erste Stelle als selbständiger Forscher am Salk Institute, wo er gemeinsam mit Renato Dulbecco an Polio- und anderen Tierviren arbeitete. Baltimore blieb zweieinhalb Jahre in La Jolla und kehrte dann ans Massachusetts Institute of Technology (MIT) zurück. Sechs Jahre später (1974) ging er ans MIT-Center for Cancer Research und arbeitete unmittelbar für Salvador Luria, den Leiter dieses Krebszentrums und Mitbegründer der Phagengruppe.

1969 wechselte Baltimore am MIT seinen Forschungsschwerpunkt vom Poliovirus, einem doppelstrangigen RNA-Virus, zu anderen Typen von RNA-Viren: zunächst dem vesikularen Stomatitisvirus, einem komplexen RNA-Virus, das – wie Baltimore und sein Team erstmals zeigten – ein spezielles Enzym, die RNA-abhängige RNA-Polymerase mit sich trug, welches die RNA-Gene des Virus reproduzierte. Diese Entdeckung einer von Viren hergestellten RNA-Polymerase regte Baltimore an, nach weiteren Beispielen bei RNA-Viren zu suchen.

Die RNA-Tumorviren waren geeignete Kandidaten für die Suche nach solchen Enzymen. Eines dieser Viren, das Rous-Sarkoma-Virus, war schon vor Jahrzehnten entdeckt worden, und man hatte nachgewiesen, daß es Krebs bei Hühnern hervorrief. Howard Temin, damals ein Forscher an der University of Wisconsin in Madison, hatte mit dem Rous-Virus gearbeitet und eine bemerkenswerte Entdeckung gemacht: Das Virus konnte durch ein Medikament gehemmt werden, das die Aktivität der DNA behindert. Im Jahr 1964 postulierte Temin, daß es dem Rous-Virus auf irgendeine Weise gelang, seine Gene in eine DNA-Form zu konvertieren, die in die Chromosomen der infizierten Zelle eingebaut werden konnte. Fast niemand glaubte an Temins Theorie, weil sie das Zentrale Dogma der Biologie verletzte. Genetische Informationen werden nun einmal nicht von RNA zu DNA übertragen – und damit basta.

Aber damit lag man falsch. Temin hatte entdeckt, daß das Rous-Sarkoma-Virus ein Retrovirus war und somit zu jener einzigartigen Klasse von Viren gehörte, die das Zentrale Dogma der Biologie verletzten. Diese Viren tragen ihre genetische Information in Form einer Einzelstrang-RNA in ihrer Kapsel. Sobald das Virus in eine Zelle eindringt, konvertiert ein spezielles Enzym das Virusgenom von der einzelstrangigen RNA in eine doppelstrangige DNA, die sich selbst in die Chromosomen der Wirtszelle integrieren kann. Während Temin sich bemühte, seine Beobachtungen zu beweisen und das Enzym zu isolieren, das für diese Reaktionen verantwortlich war, begann Baltimores Suche nach RNA-abhängigen RNA-Polymerasen bei denselben (Retro)-Viren.

Baltimore kannte Temin schon seit der High School, als Temin der Klassenbeste beim Sommerprogramm am Jackson Laboratory war, an dem Baltimore teilgenommen hatte. Das Netz der persönlichen Verbindungen zieht sich durch die ganze Wissenschaft und beeinflußt häufig die Entscheidungen der Forscher, ihre Forschungsgebiete und ihre Methodik.

Als Baltimore das Rauscher-Mausleukämie-Virus, ebenfalls ein Retrovirus, zerlegte, fand er keine RNA-abhängige RNA-Polymerase. Aber er entdeckte, daß das Rauscher-Virus eine RNA-abhängige DNA-Polymerase enthielt, ein Enzym, das die RNA-Gene des Virus in DNA umwandelt. Er konnte auch zeigen, daß diese Gene in das Genom der infizierten Zelle integriert wurden. Gleichzeitig entdeckten Howard Temin und sein Kollege Satoshi Mizutani dasselbe Enzym im Rous-Sarkoma-Virus. Beide Arbeiten, in denen diese Entdeckungen verkündet wurden, wurden 1970 nebeneinander im Magazin *Nature* veröffentlicht. Ein anonymer Korrespondent von *Nature* taufte das Enzym «Reverse Transkriptase», ein Name, der bis heute beibehalten wurde.[10]

Wie ein Übersetzer, der einen griechischen Text ins Lateinische übersetzt, überträgt die Reverse Transkriptase genetische Instruktionen, die in der Einzelstrang-RNA des Virus gespeichert sind, in eine Doppelstrang-DNA. Diese Entdeckung erklärte, wie bestimmte Viren ihre genetischen Informationen in der RNA-Form mit sich tragen und trotzdem chronische Infektionen von Zellen hervorrufen konnten, in deren Chromosomen das Virus seine eigenen Gene einzubringen schien. Auch dies gehörte zu den Hinweisen auf die Art und Weise, wie bestimmte RNA-

Viren Krebs verursachten, was später zur Entdeckung von Onkogenen und führte – zellulären Genen, die in die Virus-DNA übernommen worden waren, und die infizierte Zellen zu unkontrolliertem Wachstum anregen konnten.

Die Reverse Transkriptase revolutionierte das biologische Denken. Und sie erwies sich als Sprungbrett ins Zeitalter der Gentechnik und Biotechnik, den beiden Voraussetzungen der Gentherapie. Außerdem machte sie Baltimore und Temin zu gefeierten Größen unter den Wissenschaftlern. Fünf Jahre später sollten sie sich mit ihrem alten Freund und Mentor Renato Dulbecco den Nobelpreis für Medizin teilen. David Baltimore war damals 35 Jahre alt und damit der jüngste Nobelpreisträger aller Zeiten.

Ein paar Jahre später benutzte Inder Verma, ein Mitarbeiter Baltimores am Massachusetts Institute of Technology, der später Ordinarius am Salk Institute wurde, die Reverse-Transkriptase, um aus Messenger-RNA die erste Probe komplementärer *(complementary)* DNA oder cDNA herzustellen.[11] Diese cDNA-Technik wurde ein viel verwendetes Instrument, um aktive Gene aus unterschiedlichen Geweben zu isolieren. Wenn ein Gen aktiv war, stellte es Messenger-RNA her, die isoliert und als Matrize für die Reverse Transkiptase benutzt werden konnte, welche daraufhin eine DNA-Version der mRNA erstellte, quasi eine Kopie der DNA-Vorlage für die mRNA. Jede Zelle enthält die Gesamtheit der geschätzten 50000 bis 100000 Gene des menschlichen Körpers, aber nur ein Bruchteil von ihnen ist in einer einzelnen Zelle aktiv. Diese selektive Wirksamkeit der Gene in unterschiedlichen Gewebearten erklärt, weshalb zum Beispiel Nervenzellen sich von Haut- und Herzzellen unterscheiden. Zu Beginn der 90er Jahre führte der cDNA-Ansatz der Gen-Isolierung zu einem genetischen «Goldrausch», bei dem Wissenschaftler in den Vereinigten Staaten, in England und in Frankreich versuchten, einander bei der Identifizierung und späteren Patentierung menschlicher Gene zu überrunden.

All das sollte erst Jahre später kommen. Im Jahr 1967 wurden Baltimore und Berg im Salk Institute enge Freunde. Ihre Freundschaft sollte die Biologie der kommenden Jahrzehnte prägen. Die Verbindung zwischen hoch befähigten Gruppen von Wissenschaftlern am Salk Institute, an der Stanford University und am Massachusetts Institute of Technology sollten einen langen Schatten über die Genforschung von den 70er Jahren bis zum Ende des Jahrtausends werfen. Sowohl Berg als auch Baltimore spielten Schlüsselrollen in den Debatten der 70er Jahre zur Gentechnik, die in einigen Teilen der Öffentlichkeit zu Besorgnis über die drohenden Gefahren im Labor hergestellter «Killermutanten» führten. Berg und Baltimore inspirierten und förderten intelligente, junge Wissenschaftler, darunter Richard C. Mulligan, die entscheidende Experimente ausführten und schließlich brauchbare Methoden ausarbeiteten, mit hoher Erfolgsrate Gene in Säugerzellen einzufügen, wann immer sie es wollten.

Und dieser eng verflochtene Verband von Forschern sollte später die Bedeutung der Arbeit French Andersons nicht anerkennen, weil er als Arzt am National Institute of Health in ihren Augen ein Außenseiter war. Obwohl Anderson bereits als Biochemiker mit dem Nobelpreisträger Marshall Nirenberg eng zusammengearbeitet hatte und seit Ende der 60er Jahre über die Möglichkeiten der Gentherapie am Menschen sprach und schrieb, lehnten sie ihn ab, weil sie glaubten, daß er nicht selbst an der Gentransfer-Forschung mitgearbeitet hatte; daß er nur über theoretische Möglichkeiten sprach. Reden allein war ohne Bedeutung; es gab harte Arbeit zu tun. Aber es sollten noch Kontroversen entstehen, von denen keiner von ihnen eine Vorstellung hatte.

Im Jahr 1968 kehrte Paul Berg nach einem Jahr in Dulbeccos Labor im Salk Institute an die Stanford University zurück und begann in seinem Labor mit der Bakterienforschung. Zugleich begann er, junge Wissenschaftler anzuwerben, die daran interessiert waren, Tierzellen zu züchten und mit deren Viren – besonders mit Tier-Tumorviren – zu arbeiten. Berg entschied sich für ein Affenvirus, das Simian-Virus 40 (SV40), ein kleines, hüllenloses Virus. Das Viruspartikel in Form eines Ikosaeders (d.h. Zwanzigflächners) enthält ein doppelstrangiges DNA-Genom mit 5 000 Basenpaaren. Dieses liegt in infizierten Zellen als Mini-Chromosom vor und trägt nur wenige Gene.

SV40 wurde erstmals 1960 aus den Nierenzellen eines Rhesusaffen isoliert und später bei der Herstellung des Polioimpfstoffs verwendet.[12] Die Entdeckung hatte die mit dem Polioimpfprogramm vertrauten Experten im öffentlichen Gesundheitswesen in Panik geraten lassen. Wenn zwischen zehn und dreißig Millionen junge Amerikaner (und wahrscheinlich noch mehr Russen) an Schluckimpfungen gegen Kinderlähmung teilnahmen, infizierten sie sich gleichzeitig mit dem Affenvirus.[13] In den Jahren 1961 und 1962 durchgeführte Studien ergaben, daß ein erheblicher Teil der geimpften Kinder Antikörper sowohl gegen das Poliovirus als auch gegen SV40 herstellten.[14] Keinem der Kinder schien die Impfung zu schaden; somit sah es zumindest im Augenblick so aus, als sei die SV40-Infektion unschädlich.

Aber wie würde es in der Zukunft aussehen? Krebs braucht Jahrzehnte, um sich zu entwickeln – selbst jene Krebsarten, von denen man weiß, daß sie durch Virusinfektion entstehen. Niemand wußte, wie lange die Latenzzeit – die Zeitspanne zwischen der Infektion und dem Ausbruch der Krankheit – bei durch SV40 erzeugten Tumoren wäre. Nur eine langfristige, epidemiologische Überwachung würde zeigen, ob eines Tages eine Krankheitswelle auftreten würde.

Trotz der vielen Befürchtungen im Zusammenhang mit einer Impfstoff-Kontamination blieb SV40 für die Arbeit in den Labors attraktiv, weil es viele Eigenschaften mit den Bakteriophagen und dem Polyoma-Virus Dulbeccos gemeinsam hatte.[15] Zum Beispiel kann SV40 Teile des genetischen Materials von den Zellen, die es infiziert, in sein Chromosom aufnehmen und innerhalb der Viruskapsel mitnehmen in die nächste neuinfizierte Zelle. In einigen Phasen seines Lebenszyklus kann SV40 seine Gene in die Chromosomen einer Zelle, die es infiziert, integrieren und sie zu einem ständigen Teil dieser Zelle machen. Wenn das Virus dann auch zelluläre Gene einer früheren Wirtszelle entführt hatte, werden diese ebenfalls Teil der neuen Wirtszelle.

Berg erkannte rasch, daß SV40 ein molekulares Vehikel (gewöhnlich Vektor genannt) zum Verpflanzen von Genen zwischen Zellen werden konnte. Das Problem war nur, ein interessantes Gen in SV40 einzubringen, so daß es in andere Zellen verpflanzt werden konnte.

Die Phagengruppe hatte die Fähigkeit einiger bakterieller Viren ausgenutzt, um Gene aus einem Bakterium zu entnehmen und in ein anderes Bakterium einzufügen. Sie hofften, auf diese Weise zu erfahren, wie Gene organisiert sind und wie sie gesteuert werden. Berg hoffte, diese erfolgreichen Untersuchungen bei höheren Organismen, Säuger(zelle)n und ihren Viren wiederholen zu können. Aber die Forscher der Phagengruppe konnten keinen Bakteriophagen dazu bringen, daß er als Träger eines spezifischen Gens fungierte. Deshalb konnten sie sich bei der Suche nach einer Phagenart, die erwünschte Wirtsgene mitschleppte, nur auf den Zufall verlassen. Da es nur zwanzig Minuten dauert, bis eine neue Generation von *E. coli* entstanden ist, konnte eine Petrischale, voll mit Bakterien und ihren Viren, rasch viele Milliarden neuer Bakteriophagen hervorbringen und so die Wahrscheinlichkeit erhöhen, daß ein interessantes, seltenes Ereignis stattfand.

Berg führte die Berechnungen für SV40 aus und schloß, daß die für Phagen typischen Ereignisse wahrscheinlich keine nützlichen Kombinationen von Viren und zellulärer DNA hervorbrachten. Die Lebenszyklen von SV40 und den Zellen, in denen es sich vermehrte, waren zu lang. Außerdem wollte Berg etwas besseres als einen Zufall. Er wollte ein beliebiges Gen in SV40 einbringen und SV40 dann gezielt verwenden können, um das neue Gen in Tierzellen einzubringen. Er wollte SV40 zu seinem molekularen Transportmittel zur Übertragung von Genen machen.

Aber da gab es ein Problem. Es waren die ausklingenden 60er Jahre, kurz vor der Entdeckung jener einzigartigen Enzyme, die lange DNA-Ketten säuberlich zerschneiden und zusammenkleben können – der Enzyme, die das Morgengrauen der Gentechnik ankündigten. Die Beschreibung der ersten Gruppe dieser Enzyme sollte erst zwei Jahre später veröffentlicht werden. Schon 1967 fanden Wissenschaftler von der Johns Hopkins University die ersten bakteriellen Enzyme, die die langen Stränge der DNA nach einem bestimmten Muster zerschneiden konnten und den Forschern Gelegenheit gaben, die DNA zu zerlegen und einzelne Abschnitte des genetischen Materials zu isolieren, die tatsächlich Gene enthielten. Aber sie schwiegen ein Jahr lang darüber. Bis diese Enzyme verfügbar wurden, mußte Berg seine eigene Methode ersinnen, um die Gene, die er in das SV40-Virus einfügen wollte, zu isolieren und zu manipulieren.

Wieder einmal wies die Phagengruppe den Weg. Al Hershey hatte nachgewiesen, daß die DNA im Bakteriophagen Lambda linear vorliegt, wie ein abgewickeltes Stück Tonband. Hershey fand heraus, daß sich die isolierte DNA im Reagenzglas zu einem Kreis biegen und ihre Enden aneinanderbringen konnte, wie ein Gummiring. Er entdeckte, daß das lineare DNA-Molekül «klebrige Enden» *(sticky ends)* aufwies, die aneinander haften blieben, wenn sie sich zufällig berührten.

Hersheys «klebrige Enden» wurden durch ein unerwartetes Phänomen verursacht: die Enden des doppelsträngigen, linearen Virusgenoms trugen «Schwänzchen». In der Regel weist das DNA-Molekül eine doppelte Strangform auf, die wie eine zu einer Spirale verdrehte Leiter aussieht. Von jedem Holmen der Leiter geht eine vertikale Stütze aus. Zwischen diesen Stützen befinden sich die Sprossen. Die DNA-Leiter kann in der Mitte der Sprossen – die aus je zwei zueinander passenden Nukleotiden oder Basenpaaren besteht – getrennt werden. Normalerweise ist die DNA von einem Ende zum anderen doppelstrangig – die Sprossen reichen vom unteren Ende der Leiter bis ganz oben.

Aber an den klebrigen Enden erreichen die Basenpaare nicht das Ende des Moleküls. Statt dessen ragt vor dem Ende des DNA-Moleküls ein kurzer, einzelner Strang hervor. Wenn ein zweiter, kurzer DNA-Strang, der der Basenfolge des ersten entspricht, des Wegs kommt, verbinden sich die beiden, vervollständigen die Leiter und stellen die stabilere Doppelstrangform wieder her. Die klebrigen Enden sind zueinander komplementär und haften wie ein Klettverschluß aneinander.

Befinden sich die beiden Einzelstränge an den entgegengesetzten Enden desselben, linearen Moleküls, können sie zusammenkommen, einander ergänzen und einen DNA-Ring bilden. Sind die klebrigen Enden an verschiedenen DNA-Molekülen, können zwei einzelne lineare Moleküle sich zu einem größeren linearen Molekül verbinden. Im Prinzip ist es möglich, verschiedene DNA-Abschnitte beliebig miteinander zu neuen DNA-Molekülen zu kombinieren, die es bisher in der Natur nicht gab.

Berg wollte, daß SV40 klebrige Enden wie ein Lambdaphage bekam. Wenn er auf chemischem Wege klebrige Enden erzeugen konnte, war er vielleicht fähig, der DNA von SV40 neue Gene hinzuzufügen und die kombinierten DNA-Moleküle in Zellen zu übertragen. Wenn dies alles tatsächlich funktionierte, konnte er möglicherweise SV40 dazu benutzen, erstmalig Gene in Tierzellen einzuschleusen. Seine Vision stand ihm klar vor Augen, aber die Art und Weise, wie er das Experiment ausführen könnte, noch nicht.

Berg begann gemeinsam mit David A. Jackson und Robert H. Simmons, zwei Forschern in seiner Gruppe, eine aufwendige Technik zu erarbeiten. Er versuchte, mit bereits bekannten, wenn auch seltenen und kostspieligen Enzymen oder mittels chemischen Reaktionen klebrige Enden an der SV40-DNA sowie einem Abschnitt des bereits erwähnten bakteriellen *lac*-Operons – einem Bakterien-Gen, das den Code für ein Enzym zur Spaltung von Laktose (Milchzucker) enthält und 1969 zum ersten Mal von dem Harvard-Team isoliert wurde – anzuheften. Wenn beide DNA-Abschnitte (SV40 und *lac*-Operon) klebrige Enden aufwiesen, konnten sie zusammenhaften.

Das *lac*-Operon stammte ursprünglich von einem Bakterium, aber irgendwann hatte ein Bakteriophage es aufgenommen und seinem eigenen Genom einverleibt. Der Phage verlor dabei einige seiner essentiellen (zur Vermehrung unentbehrlichen) Gene und somit die Fähigkeit, ein vollständiges Viruspartikel zu reproduzieren. Anstatt nun das freie und unbeschwerte Leben eines Bakteriophagen zu führen, der in Zellen ein- und ausging, wurde das defekte Virus unbeweglich. Seine restlichen Gene mitsamt dem angehängten *lac*-Operon überlebten als ringförmiger DNA-Abschnitt (einem sogenannten Plasmid) im Innern einer Bakterienart. Das virale Plasmid reproduzierte sich unabhängig im Bakterium, konnte aber niemals hinausgelangen. Berg, Jackson und Symons versuchten nun mit Hilfe bestimmter Enzyme das *lac*-Operon aus dem Plasmid herauszuschneiden und in das ringförmige Chromosom des SV40 einzubauen. (Diese Enzym-Werkzeuge sind zum einen die sogenannten Endonukleasen, die wie «Enzym-Scheren» arbeiten, und die Ligasen, die wie «Enzym-Klebstifte» wirken.) Die Arbeit ging nur schleppend voran.

Während sich Berg und sein Team 1971 und 1972 bemühten, Hybrid-DNA herzustellen, braute sich Unheil zusammen. Das SV40-Virus, das Berg ausgewählt hatte, um mit ihm zu arbeiten, besaß eine Schattenseite. Seine interessante Fähigkeit, die Gene, die es mit sich führte, in Tierzellen einzubringen, hatte einen Preis. Ein sicherer Gentransfer fand nur dann statt, wenn SV40 diese normalen Zellen – darunter menschliche Zellen – in Krebszellen verwandelte. Es gab zwar nach der Polioimpfstoff-Infektion keinerlei Anzeichen dafür, daß SV40 eine weltweite Krebsepidemie verursacht hatte, aber die theoretische Möglichkeit bestand immer noch, da die Latenzzeit zwischen Infektion und Tumorbildung Jahrzehnte betragen konnte.

Anfang der 70er Jahre war noch nicht viel darüber bekannt, auf welche Weise Viren eine normale Zelle in eine Krebszelle verwandelten, obwohl die Forscher den Tumorviren in zunehmendem Maße ihre Aufmerksamkeit zuwandten. Die Wissenschaftler ahnten wenig von den Gefahren, die ihnen aus ihrer Arbeit mit Viren erwuchsen, von denen nicht bekannt war, daß sie Krankheiten beim Menschen verursachten. Bis an den Rand mit Kleinstlebewesen gefüllte Reagenzgläser wurden offen auf den Labortischen hantiert. Bakterienschwaden lagen über den Hochgeschwindigkeitszentrifugen, in denen die Mikroben auf dem Boden der Teströhrchen zu «Pellets» zusammengepreßt wurden. Flüssigkeiten wurden mit

Meßpipetten (langen, geeichten Glasröhren, mit denen man winzige Flüssigkeitsmengen genau abmessen kann) von einem Reagenzglas ins andere gegeben. Sie wurden gefüllt, indem man die Flüssigkeit an einem Ende mit dem Mund ansaugte, während das andere Ende in eine Keimlösung getaucht wurde. Nichts als ein Wattestopfen am Ende der Pipette schützte den Wissenschaftler vor der von Keimen wimmelnden Brühe, und häufig war ein Mundvoll Nährlösung oder Mikroben die Folge von Unachtsamkeit.

In den Tagen der Phagengruppe machten sich nur wenige Forscher Gedanken über die Gefahren ihrer Arbeit mit Viren und der Berührung von Pipetten mit dem Mund, weil Bakteriophagen nur Bakterien infizieren, und nicht die eukaryontischen Zellen höherer Organismen. Aber als immer mehr Wissenschaftler mit Tierviren zu arbeiten begannen – besonders mit jenen, die menschliche Zellen krebsartig entarten lassen konnten –, breitete sich eine gewisse Besorgnis aus. Zu Beginn der 70er Jahre machten sich immer mehr Forscher über die Gefahren ihrer Arbeit mit lebenden, tumorerzeugenden Viren Gedanken. Und sie ängstigten sich wegen des sorglosen Vorgehens in den meisten Laboratorien. Das Wort *Biogefahr* (Biohazard) hielt in die Wörterbücher Einzug. Forscher, die nicht mit Tumorviren arbeiteten, stellten ihre Kollegen zur Rede, die damit befaßt waren. Sie wollten wissen, ob sich jemand, der über die Flure desselben Gebäudes ging, in denen auch die Biolaboratorien lagen, durch verirrte Viren, die mit der Luftströmung trieben, Krebs zuziehen konnte. Trotz der Versicherungen einiger Forscher ahnte niemand, wie schlimm die Dinge werden konnten.

Einige finanziell besser gestellte Labors wie dasjenige von Berg und Baltimore reagierten auf die wachsende Besorgnis, indem sie Sicherheitseinrichtungen wie Sterilarbeitsbänke und Unterdruckkammern installierten. Sterilarbeitsbänke sind im Prinzip Labortische mit darüber angebrachten Abdeckhauben. Durch eine Öffnung kann der Forscher hineingreifen und seine Versuche durchführen. Über die Öffnung wird ein Luftvorhang geblasen, der verhindert, daß Viren aus der Haube entweichen und in den Raum gelangen können. Unterdruckkammern stellen eine größere Version der Sterilarbeitsbänke dar; sie verhindern, daß Viren, die der Arbeitsbank dennoch entkamen, das Labor verlassen und außerhalb Menschen anstecken konnten. Und die meisten Forscher gewöhnten sich ab, Flüssigkeiten mit dem Mund in die Pipetten zu saugen.

Während die zunehmende Besorgnis über die Sicherheit 1970 sich allmählich in der gesamten wissenschaftlichen Gemeinde ausbreitete, packte Janet Mertz ihre Siebensachen zusammen und reiste in den Westen, um in Paul Bergs Labor in der Stanford University – das sich inzwischen fast vollständig auf die Erforschung des SV40-Virus eingestellt hatte – ihre Doktorarbeit zu erstellen. Janet Mertz hatte soeben ihren Undergraduate am Massachusetts Institute of Technology gemacht, wo sie David Baltimores Kurse in Tierzellen-Virologie belegt hatte. Ihre erste

Aufgabe an der Stanford University bestand darin, ein interessantes Thema für ihre Doktorarbeit zu finden. Berg hatte einen Vorschlag: Falls es ihm und seinen Mitarbeitern schließlich gelingen sollte, eine SV40-Hybride mit einem eingebauten *lac*-Operon herzustellen, wollten sie es in eine Tierzelle einbringen, um zu sehen, ob das neu eingeführte bakterielle Gen dort funktionierte. Niemand wußte, ob Gene eines primitiven Prokaryonten in einer komplexen eukaryontischen Zelle aktiv werden konnte. Viele bezweifelten es.

Berg schlug Mertz vor, das umgekehrte Experiment durchzuführen. Sie könne die SV40-Hybride in eine bakterielle Zelle einbringen, um zu sehen, ob die Gene eines Tiervirus in einem Bakterium funktionierten. Dieser Versuch würde erstmals zeigen, ob Gene von Tierviren – oder vielleicht Säugergene – in einer primitiven Bakterienzelle ihre Arbeit verrichten konnten. Auch dies bezweifelten viele Wissenschaftler.

Anfangs lehnte Mertz diesen Vorschlag ab. Man schrieb das Jahr 1970. Der Radikalismus hatte – ebenso wie in der Gesellschaft als Ganzem – auch in der Wissenschaft Einzug gehalten. Der Vietnamkrieg hatte seinen Höhepunkt erreicht, ebenso wie die Studentenunruhen. Nur ein Jahr zuvor hatten Beckwith und Shapiro auf einer Pressekonferenz die Warnung ausgesprochen, daß die Isolierung des *lac*-Operons unausweichlich zur Gentechnik führen würde – möglicherweise sogar am Menschen.[16] Mertz betrachtete sich zu jener Zeit als «unabhängige Radikale», die sich über die Auswirkungen der Technik auf die Gesellschaft Sorgen machte. Sie kämpfte mit der Entscheidung, ob sie eine Forschertätigkeit ausführen solle, die zu einem technischen Fortschritt führen und damit die Gefahren für die Gesellschaft erhöhen würde.

Aber schließlich behielt ihr Wunsch, mit Berg zu arbeiten die Oberhand. «Wenn man DNA in *E. coli* einbringen kann, ist man noch weit davon entfernt, die Gene von Menschen verändern zu können... Es war eine Art Kompromiß zwischen meiner radikalen Sichtweise und dem Wunsch, an bestimmten Projekten zu arbeiten und Paul Berg als Betreuer meiner Doktorarbeit zu haben», sagte sie. Sie nahm Bergs Vorschlag an.

Im Juni 1971 hatte sie eine Technik ausgearbeitet, das SV40-Hybridgenom in das Bakterium einzuschleusen – falls Berg und die übrigen es jemals würden herstellen können. Noch im gleichen Monat verließ sie das Labor Bergs zu einem dreiwöchigen Kurs in Zellzüchtung im Cold Spring Harbor Laboratory auf Long Island. Dieser Ausflug sollte ihre Laufbahn für immer verändern – und viele Historiker bezeichnen ihn als Wendepunkt für die genetischen Wissenschaften. Am Cold Spring Harbor Laboratory wurde Mertz zum Mittelpunkt einer Kontroverse, von der viele sagten, sie habe zu den öffentlichen Debatten über Gentechnik und zu einem vorübergehenden Moratorium von Gentransplantations-Experimenten mit rekombinierter DNA geführt.

Mertz wohnte einem Kurs über Zellkulturen bei, den Robert Pollack abhielt, ein damals 30 Jahre alter Zytologe am Cold Spring Harbor Laboratory. Er war auch Experte für SV40, das er «mit großem Respekt»[17] betrachtete. Pollack, der damals nicht mit dem SV40 arbeitete, hatte Bedenken gegen Pläne anderer Cold-Spring-Harbor-Forscher, SV40 in großem Maßstab zu züchten. Sie wollten seine DNA extrahieren und eine neu entdeckte Klasse von bakteriellen Enzymen (die sogenannten Restriktionsenzyme) testen, die lange DNA-Stränge an definierten Stellen zerschneiden können. Diese Enzyme waren 1969 von Johns-Hopkins-Forschern entdeckt worden, die ihre Ergebnisse 1970 erstmalig veröffentlicht hatten. Der Johns-Hopkins-Wissenschaftler Hamilton O. Smith hatte die Enzyme ursprünglich entdeckt, aber Daniel Nathans zeigte sofort im Anschluß daran, wie man sie einsetzen konnte, indem er eine sogenannte Restriktionskarte von SV40 anlegte. Restriktionskarten zeigen solche Stellen, an denen die verschiedenen Restriktionsenzyme das Viruschromosom durchtrennen können, und können helfen, Gene in den Fragmenten zu identifizieren.[18]

Die Forscher am Cold Spring Harbor Laboratory wollten Nathans Arbeit wiederholen und ausweiten. Unter anderem wollten sie SV40 in großen Behältern züchten. Pollack machte sich Sorgen, die er auch laut aussprach, daß die Züchtung derart großer Mengen von SV40 die Gefahren für diejenigen vervielfachte, die im Labor arbeiteten, und er sagte, daß man eine Lösung für die drohende Biogefahr finden müsse, bevor die Experimente stattfänden.

Pollack sprach in seinem Zytologiekurs einen Nachmittag lang über Laborsicherheit und führte das SV40-Problem als Beispiel an. Im Anschluß daran erwähnte Mertz Pollack gegenüber, daß das Berg-Team an einer Methode arbeitete, ein rekombiniertes DNA-Molekül herzustellen, das sowohl Gene des SV40 als auch von einem Bakterium enthalten sollte. Sobald die Technik ausgearbeitet sei, sagte Mertz, wollten sie das Genhybrid in Säuger- und Bakterienzellen einschleusen, insbesondere in das Darmbakterium *Escherichia coli.*

Diese Neuigkeiten trafen Pollack zutiefst. Er sah in der Idee, Gene eines Virus, der normalerweise Krebs erzeugt, in ein Bakterium einzubringen, das normalerweise in den Därmen des Menschen lebt, sofort die Gefahr einer ernsthaften Bio-Katastrophe. Was würde geschehen, wenn einige dieser genetisch transformierten Bakterien die Forscher infizierten oder irgendwie aus dem Labor entkämen und andere Menschen, die nicht an der Arbeit beteiligt waren, infizierten? Es war leicht vorstellbar, daß sich ein solches neugeschaffenes krebserzeugendes Bakterium in der Bevölkerung ausbreitete und Tumoren hervorrief.

«Ich bekam einen Wutanfall», sagte Pollack. «Sie prahlte damit, daß sie ‹Babuschka-Puppen› herstellen würden: SV40 im Bakteriophagen Lambda, Lambda in *E. coli*, *E. coli* in irgend etwas anderem. Ich sagte, nun, *E. coli* ist im Menschen.

Ihr war das, so weit ich es beurteilen konnte, nicht bewußt gewesen. Es war ihr nicht aufgefallen, daß es da ein Problem geben könnte.»[19]

Während des restlichen Kurses breiteten sich die Bedenken wegen der von Mertz vorgeschlagenen Experimente über den Campus in Cold Spring Harbor aus, und es hagelte massenhaft Einwände auf die graduierte Studentin. David Botstein, ein intelligenter, redegewandter Genetiker und Spezialist für Hefepilze, der damals am MIT arbeitete und später an die Stanford University ging, gehörte zu den aggressivsten Kritikern. Auf jedes mögliche Problem, das Botstein im Zuge einer spontanen Debatte in der Cafeteria des Labors aufwarf, reagierte Mertz mit einer Verteidigung Bergs und der Experimente. Aber die Argumente, die Mertz vorbrachte, waren nicht geeignet, die Bedenken zu zerstreuen. Schließlich war sie besiegt. Überzeugt von der Biogefahr, die andere für möglich hielten – und sei es auch nur theoretisch -, beschloß Mertz, keine SV40-*lac*-Hybride in *E.-coli*-Zellen einzuschleusen, obwohl es ein geeignetes Projekt für ihre Doktorarbeit gewesen wäre und sie bereits Monate mit den Vorbereitungen zugebracht hatte. Zu ihrem Glück gelang Mertz eine wichtige Entdeckung über die klebrigen Enden, die ihrer Laufbahn eine neue Richtung gab und eine größere Auswirkung auf die Entwicklung der Gentechnik haben sollte.

Daß sie ihr SV40-Projekt aufgab, genügte Pollack aber nicht. Am Montag, dem 28. Juni 1971, suchte Pollack Paul Berg auf und setzte ihm die Biogefahr beim SV40-Experiment auseinander und die Gründe dafür, weshalb es keine gute Idee war, Gene eines tumorerzeugenden Virus in ein Bakterium einzuschleusen, das im menschlichen Darm lebte.[20] Berg erhob Einwände, die Pollack widerlegte. Schließlich sagte Pollack frei heraus, daß die Experimente unterbleiben sollten. Berg war verärgert und nicht zu Zugeständnissen bereit. Er sagte nur, er wolle mit seinen Kollegen darüber sprechen.

Zu Bergs Erstaunen hatten auch seine Wissenschaftlerfreunde Bedenken, unter ihnen auch David Baltimore und Maxine Singer. Viele von ihnen sagten, man solle es nicht tun, zumindest nicht, bis die Gefahren durchdacht worden waren. Sogar James Watson, der inzwischen Direktor des Cold Spring Harbor Laboratory war, soll sich kritisch geäußert haben.

Obwohl diese Debatte sich anfangs auf einen kleinen Kreis von Wissenschaftlern beschränkt hatte und die Öffentlichkeit nicht einbezogen worden war, hatte diese Debatte eine tiefgreifende Auswirkung sowohl auf die Zukunft der Gentechnik als auch der Gentherapie beim Menschen. Die Vorstellung, daß Gene mittels neuartiger Techniken rekombiniert werden sollten, erschreckte die Menschen und ließ brisante ethische Fragen in Verbindung mit der Verantwortung der Wissenschaftler gegenüber ihren Kollegen und ihren Mitbürgern aufkommen.

Während die meisten Forscher sich auf die Biogefahr konzentrierten, die unmittelbar die Wissenschaftler bei der Arbeit und in einem gewissen Umfang auch die Öffentlichkeit betrafen, nahm Leon Kass, ein Molekularbiologe, der in Harvard studiert und in der University of Chicago seinen Doktor der Medizin gemacht hatte, einen umfassenderen Blickwinkel ein. Kass, der sich zum Bio-Ethiker entwickelt hatte, traf Berg im Herbst 1970, vor der Debatte über die SV40-Experimente von Janet Mertz, in Daniel und Maxine Singers Haus. Maxine, eine Freundin Bergs und Genetikerin am NIH, hatte Marshall Nirenberg bei seinem Wettlauf um die Entschlüsselung des genetischen Codes geholfen. Daniel war Vermögensberater und ehemals wichtigster Berater der Federation of American Scientists, die 1945 von Mitgliedern des Manhattan Project in der Absicht gegründet worden war, die Einflüsse der Wissenschaft auf die Gesellschaft zu untersuchen. Daniel hatte in bezug auf die ethische und soziale Verantwortung der Wissenschaftler große Erfahrung erworben.

Die Singers verstanden, daß Bergs Absicht darin bestand, eine Technik zu entwickeln, die es ihm ermöglichen würde, Gene aus jeder beliebigen Zelle herauszuholen oder in sie einzuschleusen, für die er sich zu rein wissenschaftlichen Zwecken entschied. Sie verstanden auch – ebenso wie Kass –, daß eine derartige Technik eines Tages dazu benutzt werden konnte, Gene zum Zweck einer medizinischen Behandlung – oder zur «Verbesserung» des Genpools der Menschheit – in Menschen einzubringen oder aus ihnen herauszuholen. Bei einem Essen in ihrem Haus, bei dem Berg und Kass zugegen waren, sprachen sie über Bergs Pläne und darüber, was sie für die Gesellschaft bedeuten könnten, falls sie in die Praxis umzusetzen wären und ein Gentransfer möglich würde.

Nach dem Essen schrieb Kass seine Eindrücke nieder und schickte sie Berg am 30. Oktober 1970 in Briefform zu. Kass erhob noch einmal die ethischen Fragen im Zusammenhang mit der Sicherheit und Wirksamkeit der Technik des Gentransfers und spielte sie weitgehend herunter, weil sie bereits bestehenden Problemen in Verbindung mit jeder neuen medizinischen Therapie entsprachen. Aber die Frage, zu welchen Zwecken der Gentransfer durchgeführt wurde, war heikler. «Es ist klar, daß eine neue Technik, sobald sie einmal zu einem Zweck eingeführt wurde, für jeden beliebigen Zweck benutzt werden kann. Die therapeutische Nutzung ist eine Sache; eugenische, wissenschaftlich leichtsinnige und sogar militärische Nutzanwendungen sind eine andere», schrieb Kass. Dann legte er einige seiner Bedenken dar: «Worin bestehen die biologischen Folgen einer weiten Verbreitung der Gentherapie Erbkranker für zukünftige Generationen?... Sind wir einsichtig genug, am empfindlichen Gleichgewicht des menschlichen Genpools herumzuexperimentieren?... Worin bestehen unsere Verpflichtungen gegenüber zukünftigen Generationen?»

Seinen Überlegungen über die «therapeutische Nutzung» fügte Kass hinzu: «Ich bestehe darauf, daß wir die öffentliche Diskussion über diese Frage fördern müssen, weil ich nicht glaube, daß man diese Angelegenheit allein der Einschätzung durch Privatpersonen oder Wissenschaftler überlassen darf.» Und in seinen Überlegungen über die Art und Weise, wie man die Gentherapie kontrollieren könnte, kam Kass zu folgendem Schluß: «Je mehr... ich über die möglichen, weitreichenden Folgen der Genmanipulation nachdenke, desto sicherer bin ich, daß man alle Entscheidungen über die Einführung neuer Techniken und sogar über ihre Entwicklung zum Einsatz beim Menschen der Entscheidung der Öffentlichkeit überlassen sollte. Wie dies geschehen sollte, ist nicht ganz klar...»

Auch Berg war es nicht ganz klar. Und natürlich war es nicht nur das Experiment von Berg und Mertz, das zu Fragen Anlaß gab. Andere NIH-Forscher hatten mehrere Virenstämme gefunden, die einer natürlichen, genetischen Rekombination entstammten. Die neuen Viren trugen Gene von SV40 und vom Adenovirus, einem häufigen Verursacher von Infektionen im menschlichen Atmungstrakt, die beide in die Kapseln des Adenovirus verpackt waren. Die Adenovirushybride mit den SV40-Genen hatten die Fähigkeit beibehalten, menschliche Zellen zu infizieren, und konnten *in vitro* menschliche Zellen in Krebszellen verwandeln. Andrew Lewis, ein Arzt, der sich bemühte, die neuen Rekombinanten zu verstehen, schrieb: «Die Pathogenität intakter Viren, die Hybride zwischen menschlichen Pathogenen und anderen Viren wie SV40 darstellen... stellen unbekannte Risiken dar.»[21] Er sah die Gefahren durch natürlich vorkommende, rekombinierte Viren, aber er wußte auch, daß Wissenschaftler planten, derartige Rekombinanten absichtlich herzustellen. «Wir müssen Viren, die Menschen im Laboratorium erzeugen, als mögliche Pathogene betrachten», schloß Lewis.[22] Er gehörte zu den ersten Forschern, die das Gefahrenmoment betonten, daß Viren, die im Labor genetisch verändert worden waren, eine neue Quelle für menschliche Krankheiten darstellen und möglicherweise pathogener sein konnten als die natürlichen Viren, aus denen sie entstanden waren. Lewis war aber nicht der letzte, der diese Befürchtungen äußerte.

Es ist eine alte Tradition, daß Wissenschaftler nach der Veröffentlichung ihrer Arbeit, allen übrigen Forschern, die die Ergebnisse nachprüfen oder die Versuchsanordnung verbessern möchten, ihre Reagenzien zur Verfügung stellen – die spezifischen chemischen Stoffe und lebenden Organismen wie Bakterien und Viren, die in dem Experiment Verwendung fanden. Es handelt sich um eine einzigartige, soziale Vereinbarung – nicht mit dem Geschäftsleben vergleichbar –, bei der Konkurrenten ihre Gegner um Hilfe bitten können und sie auch erhalten. Diese Hilfe muß zum Wohl der gesamten Wissenschaft gewährt werden, und wer diese Regel verletzt, muß mit Sanktionen rechnen.

Als im NIH Anfragen wegen des SV40-Adenovirus-Hybrids einzugehen begannen, weigerte sich Lewis, der diese Viren in seinem Labor hatte, sie herauszugeben, weil er sie für zu gefährlich hielt. Die Forscher vom Cold Spring Harbor Laboratory, von denen eine der Anfragen stammte, protestierten, und das Thema der wissenschaftlichen Etikette wurde zu einem bürokratischen Alptraum, als die NIH-Forscher das Problem ihren Vorgesetzten in der Verwaltung unterbreiteten, die sich jetzt mit dem Thema der Biogefahr auseinandersetzen mußten. Die Bürokraten lösten das Problem, wie vorherzusehen war: Sie gaben einen Erlaß heraus, der Ende 1972 zum ersten Gesetz zur Regelung der Genforschung wurde. Wissenschaftler, die die SV40-Rekombinanten haben wollten, mußten sich zur Einhaltung von Regeln verpflichten, die unter anderem die Weitergabe des Virus einschränkten.

Berg, dem die Gefahren einer Bio-Katastrophe immer mehr einleuchteten, überdachte noch einmal seinen Plan, eine SV40-Hybride herzustellen und in Tier- und Bakterienzellen einzubringen. Er kam zu dem Schluß, daß die Chancen eines erfolgreichen Experiments gering und die Sicherheitsbedenken zwar nur theoretisch, aber schwerwiegend waren. Er beschloß, die SV40-Hybride nicht in Zellen einzubringen, aber seine Gruppe suchte weiterhin nach einer Methode, sie herzustellen. In einem Interview, das vier Jahre, nachdem Berg das Experiment gestoppt hatte, stattfand, spielte er das mit dem Einschleusen bakterieller Gene in Tierzellen mit Hilfe des SV40-Hybrids verbundene Risiko herunter, da Säugerzellen in Kulturen das Laboratorium nicht verlassen und draußen nicht aus eigener Kraft überleben können. Aber er sah das Risiko, das mit dem Einbringen von Tierzellen oder krebsverursachenden SV40-Genen in Bakterien verbunden war, als ein völlig anderes an. Bakterien können aus eigener Kraft außerhalb des Labors überleben. Wichtiger aber war, daß die neuen Gene, die sie dank der Hybrid-Experimente in sich trugen – Gene, die bei Tieren Krebs hervorrufen konnten – sich reproduzieren und möglicherweise in der Umwelt verbreiten könnten. Es bestanden reale Risiken für Menschen. Man konnte theoretisch einen «Andromedastamm» erschaffen (nach Michael Crichtons Science-Fiction-Roman «The Andromeda Strain») – einen von *Escherichia coli* abgeleiteter Stamm von Bakterien, die quasi ansteckenden Krebs hervorriefen –, und solche Bakterien könnten dem Labor entkommen und die Bevölkerung insgesamt bedrohen.

«Ich erkannte, daß man zwar über die Wahrscheinlichkeit [für eine Bio-Katastrophe] streiten konnte, aber niemals sagen konnte, sie sei gleich Null», gab Berg dem damaligen *Rolling Stone*-Reporter Michael Rogers gegenüber zu.[23] Berg beschloß im Herbst 1971, die Hybrid-DNA in keine Zelle – eukaryontisch oder prokaryontisch – einzubringen. Zumindest nicht sofort.

Die Entscheidung fiel gerade rechtzeitig. Im Herbst und Winter 1971/72 gelang es Berg, Jackson und Symons endlich, eine Hybrid-DNA herzustellen, die die *lac*-Gene in das SV40-Chromosom einbrachte. Die Arbeit war technisch schwierig. Sie bestand in einer komplizierten Folge von enzymatischen Reaktionen, die alle nur geringere Ausbeuten erbrachten. Und dann stellte sich heraus, daß das Stück DNA, das sie hergestellt hatten, dreimal größer als das SV40-

Chromosom war, so daß ihr genetisches Ensemble nicht in die SV40-Kapsel paßte.

Im Frühjahr 1972 – kurz nach Herstellung der rekombinierten DNA – verließ David Jackson Bergs Laboratorium, um sein eigenes Labor an der University of Michigan aufzubauen. Die Arbeit an der Konstruktion der SV40-Hybriden, die so schwierig war und jetzt als so gefährlich betrachtet wurde, hörte einfach auf. Berg sagte jedem, der es hören wollte, sein Labor stelle nicht länger DNA-Hybride her. Weil die Technik so umständlich und mühsam war, konnten nur wenige andere Labors dort weitermachen, wo Berg aufgehört hatte. Das Thema schien erledigt zu sein.

Aber der Schein trog. Obwohl Berg seine Pläne, die DNA-Hybride in Zellen einzuschleusen, aufgegeben hatte, wollte die Diskussion über die Biogefahr, die durch das Experiment entfacht worden war, nicht verstummen. Und Berg beteiligte sich jetzt voll an der Debatte. Er kam mit einigen anderen Forschern überein, daß die beste Methode, die Fragen im Zusammenhang mit der hypothetischen Biogefahr zu beantworten, darin bestand, die Experten aus aller Welt zusammenzubringen und eine Konferenz über dieses Thema einzuberufen. Die Experten trafen sich vom 22. bis 24. Januar 1973 im Asilomar Conference Center in Pacific Grove (Kalifornien), etwa drei Autostunden südlich von San Francisco. Nur 200 Meter von den weißen Gestaden der Bucht der Monterey-Halbinsel entfernt, bietet Asilomar eine Reihe kleiner Redwood-Bungalows und großer Konferenzsäle, die in einem kleinen Wald aus Mammutbäumen und Monterey-Kiefern verstreut liegen. Trotz einer gründlichen Besprechung und hitziger Debatten über die Sicherheit brachte die Konferenz nicht viel Neues. Die einzige Übereinstimmung wurde darin erzielt, daß man epidemiologische Studien zur Einschätzung der Biogefahr durchführen wollte, und daß nach drei Jahren eine weitere Konferenz über dieses Thema stattfinden sollte. Beide Forderungen blieben unerfüllt. Die Ereignisse sollten sich bald überstürzen, und die kleine Forschergemeinschaft, die über die genetische Sicherheit zu diskutieren begann, verlor die Übersicht. «Klebrige Enden» fügten alles zusammen.

Noch während Bergs Team sich um die Herstellung von SV40-Hybriden bemühte, wurde anderswo eine Reihe bedeutender Entdeckungen gemacht, die den Fortschritt der Gentechnik gewaltig beschleunigten. Die neuen Techniken machten es leichter, die Ziele zu erreichen, die Berg im Auge hatte, aber sie ließen auch die Besorgnisse über die genetische Sicherheit größer – und sehr öffentlich werden.

Es begann, als die Forscher Matthew Meselson und Robert Yuan, der bereits seinen Doktor gemacht hatte, im Frühjahr 1968 in *Escherichia-coli*-Bakterien des K-Stammes eine Klasse von Enzymen entdeckte, die einen neuen Weg für die Manipulation von Genen erschlossen. Es stellte sich heraus, daß Bakterien den

Bakteriophagen, die Jagd auf sie machen, nicht völlig schutzlos ausgeliefert sind. Viele Bakterien starten, wenn der Phage seine DNA in die Zelle injiziert hat, einen Gegenangriff mit Restriktionsenzymen, die in dem Bakterium hergestellt werden. Diese Enzyme erkennen bestimmte Teile der viralen DNA als fremd und schneiden sie in unbrauchbare Stücke. Das verhindert die Reproduktion der Viren.

Salvador Luria hat diese bakteriellen Verteidigungsmechanismen schon Anfang der 50er Jahre beobachtet.[24] Er und andere sahen, daß ein Phage, der in einem Bakterienstamm gut gedieh, bei einem anderen, nah verwandten Bakterienstamm nicht Fuß fassen konnte. Und Viren aus dem zweiten Stamm gediehen oft nicht im ersten Stamm. Die Phagen waren, so schrieb Luria, auf ihre eigenen Wirtsbakterien «restringiert».

Während Meselson die speziellen Enzyme entdeckte, die diese «Restriktion» bewirkten und die Phagen in *E. coli* K blockierten, stieß Werner Arber, ein Mitarbeiter Lurias, gleichzeitig auf «Restriktionsenzyme» im B-Stamm von *E. coli*. Arber wies nach, daß das bakterielle Enzym die Phagen-DNA zerstörte, sobald sie in die Zelle eintrat.

Aber irgend etwas verhinderte, daß diese Enzyme die Gene des eigenen Bakteriums zerstörten. Im Jahr 1965 äußerte Arber die Theorie, daß die destruktiven Enzyme einige typische Basenpaarfolgen in den viralen Genen erkennen und die DNA an diesen Punkten zerschneiden.[25] Arber vermutete darüber hinaus, daß es Enzyme geben mußte, die dieselben Sequenzen im bakteriellen Chromosom erkannten und sie auf irgendeine Weise modifizierten – indem sie etwa eine blockierende, chemische Substanz anfügten, möglicherweise eine Methyl-Gruppe –, um die DNA vor den Restriktionsenzymen zu schützen. Arber sollte drei Jahre brauchen, um Anzeichen für derartige Enzyme zu finden.

Aber sobald die Restriktionsenzyme isoliert worden waren, öffneten sich die Schleusen für die Gentechnik. Nachdem sie die Arbeit von Meselson und Yuan im Frühjahr 1968 gelesen hatten, untersuchten Hamilton O. Smith und Kent Wilcox an der Johns Hopkins School of Medicine den Stamm Rd von *Haemophilus influenzae* (Bakterien, die Atemwegsinfektionen verursachen), mit dem sie zu jener Zeit arbeiteten, und hielten nach Restriktionsenzymen Ausschau. Sie hatten Glück und fanden *Hind III*, ein bakterielles Restriktionsenzym, das sich von jenen unterschied, die Meselson und Arber gefunden hatten. Auch ihre Enzyme bauten eindringende DNA ab, aber sie zerschnitten sie nicht nach dem Zufallsprinzip. *Hind III* zerschnitt fremde DNA sehr gezielt. Es konnte anscheinend nur eine bestimmte Basensequenz der viralen DNA erkennen und schnitt auch nur durch diese Sequenz.

Diese neue Präzision gab Wissenschaftlern ein unvergleichliches Kontrollinstrument in die Hände; mit ihrer Hilfe konnten sie lange DNA-Stränge zu leicht zu handhabenden Stücken zurechtschneiden. Und es spielte auch keine Rolle, ob man die Stränge zerteilte, um genetische Karten herzustellen, oder ob man kleine Stücke zum Zweck der genetischen Rekombination vorbereitete. Viele Forscher schwenkten rasch auf dieses Gebiet über und suchten nach weiteren dieser präzisen Restriktionsenzyme. Bald wurden Dutzende, später sogar Hunderte von Restriktionsenzymen gefunden, die alle die DNA an spezifischen Sequenzen zerschnitten.

Im Frühjahr 1972 entdeckte Herbert W. Boyers, Doktorand an der University of California in San Francisco, ein weiteres Restriktionsenzym in *E. coli*. Das neue Enzym wurde *Eco R1* genannt. Boyer schickte es an mehrere Laboratorien, darunter auch an Bergs Labor an der Stanford University. Berg ließ *Eco R1* im ringförmigen SV40-Genom testen und fand heraus, daß das Enzym SV40 nur an einer einzigen Stelle durchtrennte. Somit verfügte er über einen neuen Bezugspunkt auf der SV40-Genkarte. Diese kleine Untersuchung führte jedoch zu einer größeren Entdeckung.

Janet Mertz, die ihre Pläne, ein rekombiniertes SV40 in *E. coli* einzuschleusen, aufgegeben hatte, bemerkte, daß *Eco R1* die lineare DNA, die nach der Enzymtätigkeit übrigblieb, automatisch mit «klebrigen Enden» ausstattete.[26] Boyers Gruppe ging von Mertz' Beobachtung aus und bewies, daß alle DNA-Stücke, die *Eco R1* hinterließ, in der Tat klebrige Enden aufwiesen. Dies bedeutete, daß man zwei DNA-Stücke zusammenkleben konnte, indem man sie zuerst mit *Eco R1* zurechtschnitt, um die klebrigen Enden zu erhalten, und dann neu zusammenfügte. Die klebrigen Enden zogen einander wie Magneten an. Die klebrigen Enden, die Berg und seine Mitarbeiter mehrere Jahre lang mühsam von Hand herzustellen sich bemüht hatten, konnte *Eco R1* in Minuten schaffen. Das Enzym machte es kinderleicht, neue Kombinationen von Genen herzustellen, die es in der Natur nie zuvor gegeben hatte.

Nur eine Technik fehlte noch: eine Möglichkeit, die neu isolierten DNA-Bruchstücke, die jetzt nach Belieben rekombiniert werden konnten, rasch zu reproduzieren. Die Forscher brauchten eine Methode, die rekombinierten Gene zu «klonen»; Milliarden identischer Kopien herzustellen, um sie im Labor studieren zu können. Sie brauchten eine molekulare «Fotokopiermaschine» für Gene.

Und hier kommt Stanley N. Cohen an der Stanford University ins Spiel, ein Experte für jene merkwürdigen Bestandteile bakterieller Gene, die als Plasmide bekannt sind. Plasmide sind kleine DNA-Ringe, die nur wenige Gene tragen und ein selbständiges Leben innerhalb ihrer Wirtsbakterien zu führen scheinen. Sie reproduzieren sich unabhängig vom zentralen Bakterienchromosom und können sogar von einem Bakterium zum anderen übertragen werden, wobei sie auf recht primitive Art und Weise Genmaterial sozusagen «sexuell» austauschen.

Wenn ein Bakterienstamm gegen ein Antibiotikum resistent wird, geschieht dies häufig, weil es ein Plasmid mit einem Gen aufgenommen hat, das die Wirkung des Medikaments hemmt. In der Regel trägt es ein Gen für ein Enzym, das das

Antibiotikum abbaut, verändert oder einfach aus der Zelle hinauswirft. Cohen hatte eine Methode entwickelt, wie man Plasmide aus Bakterien herausnehmen und wieder hineinbringen konnte.

Während einer dreitägigen, amerikanisch-japanischen Konferenz über Plasmide im November 1972 in Hawaii, hörte Cohen einen Vortrag von Boyer über das *Eco-R1*-Restriktionsenzym und die klebrigen Enden, die es herstellen konnte. Cohen erkannte sofort, daß er – wenn er Plasmide mit Boyers *Eco-R1*-Enzym aufschneiden und mit klebrigen Enden versehen ließ und dann ein Stück DNA, das zum Beispiel von einem Virus, einer Fruchtfliege oder einem Frosch stammte, auf dieselbe Weise behandelte – dieses artfremde Stück DNA in Cohens Plasmid einfügen konnte. Das gesamte genetische «Päckchen» konnte er in das Bakterium zurückgeben. Sobald es sich im Inneren des Bakteriums befand, würde es sich zugleich mit der sich teilenden Zelle alle zwanzig Minuten reproduzieren und Millionen identischer Kopien der isolierten DNA herstellen. War die eingefügte DNA ein Gen, würde das Bakterium Millionen Kopien dieses Gens erzeugen. Blitzartig fügten sich die Grundelemente, die zur Gentechnik nötig waren, zusammen.

In einem Schnellimbiß am Strand von Waikiki schlug Cohen Boyer eine Zusammenarbeit vor. Boyer akzeptierte. Im März 1973 hatten die beiden Laboratorien bewiesen, daß sie mit Hilfe des *Eco-R1*-Enzyms gezielt DNA-Fragmente herstellen und in ein Plasmid einbringen konnten und das neue, rekombinierte DNA-Molekül wiederum in Bakterien einschleusen konnten, die ihrerseits Milliarden identischer Kopien des Gens erzeugten. Die Forscher hatten im Prinzip das genetische «Klonieren» erarbeitet.

Alle Werkzeuge, die für die kommende genetische Revolution benötigt wurden, waren jetzt vorhanden. Das einzige, was noch ausstand, war eine öffentliche Diskussion über die Gefahren.

Im Juni 1973 – sechs Monate nach dem Ereignis, das später als die erste Asilomar-Konferenz bezeichnet werden würde – wurde eine Gordon-Konferenz über Nukleinsäuren abgehalten. Bei Gordon-Konferenzen treffen sich Vertreter unterschiedlicher wissenschaftlicher Disziplinen. Gordon-Konferenzen werden an privaten Schulen in Neuengland abgehalten; sie stellen das Äußerste an wissenschaftlicher Exklusivität dar. Die Vorsitzenden – die selbst führend auf ihrem Gebiet sind – laden nur die Besten ein, ihre aktuellsten Ergebnisse vorzutragen, und lassen nur eine kleine Anzahl der Besten als Zuhörer zu – gewöhnlich weniger als 100. Alles geschieht unter Ausschluß der Öffentlichkeit; Außenseiter – besonders Pressevertreter – sind nicht zugelassen.

Maxine Singer vom NIH, Paul Bergs langjährige Freundin, und Dieter Söll, ein Biochemiker von der Yale University, waren Beisitzer bei der Konferenz über Nukleinsäuren von 1973. Bei dem Treffen beschrieb Herb Boyer – obwohl er

Cohen versprochen hatte, daß er ihre aktuelle Tätigkeit nicht bekanntgeben würde[27] – seine unveröffentlichten Experimente mit Cohen in Verbindung mit ihrer neuen Methode, DNA in Bakterien einzufügen. Die Teilnehmer an der Gordon-Konferenz begriffen sofort die Bedeutung und die Implikationen der neuen Technik: «Jetzt können wir jede beliebige DNA kombinieren», rief jemand auf der Konferenz erregt aus.

Die Boyer-Cohen-Technik ermöglichte es jedem Forscher – und nicht länger nur hochrangigen Wissenschaftlern wie Paul Berg mit gut ausgerüsteten, technisch modernsten Labors -, DNA-Hybride herzustellen. Die Forscher auf dem Treffen äußerten gegenüber Singer ihre Besorgnis wegen der unkontrollierbaren Anwendung der neuen Technik und der möglichen Biogefahr, die sie mit sich bringen mochte. Sie wollten auf dem Treffen über ihre Befürchtungen sprechen. Singer und Söll erklärten sich einverstanden, diesen Punkt auf die Tagesordnung des Treffens zu setzen: Sie sahen dafür eine halbe Stunde am Freitagmorgen vor, dem Morgen des letzten Tages.

Da nur wenig Zeit für Diskussionen war, wurden drei Vorschläge vorgebracht und angenommen, die in Sheldon Krimskys 1982 erschienenem Buch «Genetic Alchemy: The Social History of the Recombinant DNA Controversy» (Genetische Alchemie: Die Sozialgeschichte des Streits um die Rekombinierung von DNA) beschrieben werden:

1. Es sollte je ein Brief an die National Academy of Sciences und die National Academy of Medicine verschickt werden, mit der Bitte, einen Expertenausschuß zu berufen, der sich mit der möglichen Biogefahr befassen sollte;
2. jedem Konferenzteilnehmer sei es selbst überlassen, was er unternehmen wolle, doch sollte keine gemeinschaftliche Aktion unternommen werden;
3. es sollte ein Brief von der Gruppe verfaßt und von allen unterzeichnet werden, die dies wünschten.

Von den 143 Teilnehmern, die zu der Konferenz gekommen waren, waren noch 90 anwesend. Von ihnen stimmten 78 dafür, daß ein Brief, der ihre Besorgnisse ausdrückte, abgeschickt wurde. Dann wurde der Vorschlag dahingehend erweitert, daß der Brief einer größeren Öffentlichkeit bekannt wurde: 48 stimmten für eine allgemeine Verbreitung des Briefes; 42 waren dagegen. Letzten Endes wurde der Brief, der die Befürchtungen der Teilnehmer an der Gordon-Konferenz ausdrückte, im *Science*-Magazin veröffentlicht. Es gab nur eine schwache öffentliche Reaktion auf den Brief, obwohl er die Aufmerksamkeit der führenden Wissenschaftler erregte.

Philip Handler, Präsident der National Academy of Sciences of the USA, schickte den Brief an eines der ständigen Komitees der NAS, der Assembly of Life

Sciences. Die Komiteemitglieder baten Maxine Singer um ihre Stellungnahme zu dem Problem und fragten sie, wer die in dem Brief geforderte Studiengruppe leiten könne. Singer schlug ihren Freund Paul Berg vor. Er stelle eine zuverlässige Wahl dar. Berg war ein auf dem fraglichen Gebiet geachteter Wissenschaftler und hatte Verantwortungsbewußtsein gezeigt, indem er seine Tätigkeit zurückgestellt und die Asilomar-Konferenz organisieren geholfen hatte. Nach einer Bedenkzeit und einigen Rückfragen nahm Berg die Aufgabe an und stellte ein Komitee zusammen, das am 17. April 1974 erstmals zusammentrat. Die Mitglieder des Komitees hätten einem *Who's Who* der Molekularbiologie entsprungen sein können: Neben Berg waren James Watson, Daniel Nathans, Sherman Weissman, Herman Lewis, Norton Zinder, der Bio-Ethiker Richard Roblin, und Bergs enger Freund David Baltimore versammelt.

Ihr erstes Treffen endete mit der Schlußfolgerung, daß die neue Gentechnik genügend Gefahren barg, um die damit befaßten Forscher zu Zurückhaltung zu veranlassen, bis die möglichen Gefahren besser eingeschätzt werden konnten. Bergs Komitee beschloß, «im Namen» der National Academy of Sciences, einen zweiten Brief in *Science* zu veröffentlichen. Auch *Nature* und die *Proceedings of the National Academy of Sciences of the USA* veröffentlichten ihn. Obwohl der Brief vorsichtig formuliert war, schlug er wie eine Bombe ein: Das Berg-Komitee rief die Wissenschaftler auf, ein freiwilliges Moratorium für bestimmte Experimente mit rekombinierter DNA einzuhalten; zumindest, bis ein internationales Treffen abgehalten werden konnte, auf dem die Gefahren rekombinierter DNA diskutiert werden würden.

Und diesmal horchte auch die Öffentlichkeit auf: «Genetische Tests wegen möglicher Unfälle aufgegeben», verkündete die *New York Times*; «Stop in der Genforschung verlangt, NAS-Komitee warnt vor ‹Biogefahr›», echote die *Washington Post*. Biogefahr wurde ein öffentliches Thema. Gruppen außerhalb der kleinen Clique von Wissenschaftlern, die mit der Sicherheitsdebatte begonnen hatten, mischten sich in den Streit ein.

Berg erklärte bei der akademischen Pressekonferenz, auf der das Moratorium verkündet wurde: «Wir haben uns für diesen Kurs entschieden, weil wir der Meinung sind, daß die wissenschaftliche Gemeinde die Chance haben sollte, ihren Weg in die Zukunft selbst zu bestimmen... Ich glaube, die meisten Wissenschaftler sind sofort bereit, zuzugeben, daß die Möglichkeit eines Unfall gegeben ist, und daß sie diese Möglichkeit gerne auf die eine oder andere Art ausgeräumt sehen würden...»[28]

Viele der Teilnehmer an der Debatte waren selbst Forscher, die sich Gedanken über die gesellschaftliche Verantwortung der Wissenschaftler machten. Der Nobelpreisträger George Wald von der Harvard University zum Beispiel sprach sich stellvertretend für «Science for the People» – eine linksgerichtete, radikale Gruppe – gegen die Gentechnik aus. Jonathan Beckwith von der Harvard Medical School, der das erste bakterielle Gen isoliert hatte, machte sich immer noch Sorgen über die Entwicklung von Regierungsprogrammen zur Manipulation von Genen beim Menschen.

Forscher, die auf dem Gebiet der Molekulargenetik tätig waren, wurden ebenfalls aktiv. Roy Curtiss, ein Mikrobiologe an der University of Alabama in Birmingham, schrieb sein eigenes, 16 Seiten starkes Memorandum über die potentielle Biogefahr der Gentechnik und was dagegen zu unternehmen sei. In seinen Schlußfolgerungen beschwor er seine Kollegen, diese frühen Besorgnisse ernst zu nehmen. Er fügte hinzu, sie sollten sich daran erinnern, daß die frühen Warnungen im Zusammenhang mit Strahlenunfällen ignoriert worden waren, nur, um sie später als berechtigt zu erweisen.

Hinweise auf radioaktive Strahlung waren allgemein üblich geworden. Die Veränderung in der öffentlichen Einstellung gegenüber der Kernkraft von der anfänglichen Euphorie bis zu ihrem späteren Fall in die Ungnade half den Molekularbiologen, das Problem zu verstehen, mit dem sie es zu tun hatten. Immer mehr Autoren, Gesellschaftskritiker und sogar einige Wissenschaftler verglichen die neu erworbene Fähigkeit der Genmanipulation mit der Entwicklung der Atombombe. Obwohl die Gentechnik weder explodierte, noch Strahlung erzeugte, konnte sie zu einer unangenehmen Lebensform führen, die nie zuvor in der Natur gesehen worden war und mit einem Mal aus den Reagenzgläsern kroch und das Leben auf der Erde bedrohte. Michael Crichtons Roman «The Andromeda Strain»[29] konnte Wirklichkeit werden; nicht, weil ein Raumschiff von einem kosmischen Erreger verseucht wäre, sondern, weil ein unachtsamer Forscher eine tödliche Plage, die er erschaffen hatte, durch den Ausguß entkommen lassen könnte.

Im Hinterkopf des Wissenschaftlers lauerte das äußerste Entsetzen. Es handelte sich weder um die Biogefahr in den Labors, noch um das gewaltige Science-Fiction-Szenario des Andromedastammes und der genetischen Ungeheuer. Es ging um die gentechnische Veränderung des Menschen. Nicht die gentherapeutische Ausrottung von Krankheiten, sondern die Vision einer Hitlerschen «Herrenrasse», die von amoklaufenden Wissenschaftlern mit gentechnischen Methoden erschaffen werden könnte.

Paul Berg schenkte den eher weithergeholten Befürchtungen nicht viel Beachtung, aber er nahm die Warnungen gewiß ernst. In seinem eigenen Labor hatte er potentiell gefährliche Arbeiten bereits eingestellt. Und jetzt leitete er das Komitee der National Academy of Sciences, das eingerichtet worden war, um die Risiken der Forschung an rekombinierter DNA zu umreißen, und er hatte den Aufruf zu einem zeitlich begrenzten Moratorium angeführt. Der nächste Schritt sollte eine größere Konferenz der Experten aus aller Welt sein, auf der die bekannten Risiken aufgeführt und eine Vorgehensweise zur Risikobegrenzung entworfen werden sollte.

Dieses Treffen würde wiederum in Asilomar stattfinden, dem angenehmen Ort in den Redwoodwäldern der Monterey-Halbinsel. Es sollte *das* Asilomar-Treffen werden – die erste Asilomar-Konferenz von 1973 war längst vergessen.

Mehr als 150 Forscher aus dreizehn Ländern – darunter die ehemalige Sowjetunion – und sechzehn Reporter wurden ins stille kalifornische Städtchen Pacific Grove zum Treffen eingeladen. In der Abgeschiedenheit der Kapelle des Zentrums versammelten sich die «Hohepriester» der Biologie, um über die Biogefahr nachzudenken und Sicherheitsrichtlinien zu entwerfen, die es gestatten würden, mit den Experimenten fortzufahren, ohne größere Risiken für die Wissenschaftler selbst und die Gesellschaft einzugehen.

Asilomar war, ähnlich Woodstock, ein Ereignis, das Maßstäbe setzte. Doch im Gegensatz zu jenem harmonischen Rock-Konzert der 60er Jahre, bei dem Tausende von Blumenkindern auf einer Weide im Staate New York feierten, schien die Asilomar-Konferenz in einem Spiel ohne Regeln zu enden. Wie streitende Schüler fürchteten die Wissenschaftler der unterschiedlichsten Fachbereiche (es waren Experten vieler Einzeldisziplinen zugegen, u.a. Plasmid-Designer, Phagen-Ingenieure, Virologen und Zytologen), daß Regeln erlassen würden, durch die ihre eigene Arbeit, nicht die der anderen, behindert würde. Die einzelnen Gruppen schacherten, um ihre eigenen Positionen zu schützen; sie drohten, die Konferenz zu sprengen, und verhinderten so jede Chance einer Übereinkunft.

Obwohl sie nach Asilomar gerufen worden waren, um über Risiken zu sprechen und ein System der Selbstkontrolle vorzuschlagen, waren die meisten der anwesenden Wissenschaftler mehr an Gerüchten über die neuesten Techniken des Gentransfers interessiert, als daß sie sich mit möglichen Gefahren befaßt hätten. Viele hielten die Sorgen über potentielle Risiken für übertrieben. Nicht einer von ihnen konnte die realen Gefahren statistisch erfassen, wie James Watson immer wieder betonte. Watson, der zu den Mitunterzeichnern des ursprünglichen Briefes von Berg zählte, in dem ein vorübergehendes Moratorium gefordert wurde, hatte seine Meinung geändert. Ebenso wie Joshua Lederberg von der Stanford University betrachtete er die Experimente als sicher genug und wollte, daß das Memorandum abgeblasen wurde. Paul Berg saß zwischen den Stühlen. Er mußte die Forderungen der Watson-Lederberg-Fraktion, die Regeln fallen zu lassen, mit dem Ruf nach noch strengeren Kontrollen von links – repräsentiert durch Gruppen wie «Science for the People» – in Einklang bringen.

Wenn tatsächlich Daten über Risiken vorgelegt wurden, tendierten sie zum Theoretischen – und manchmal auch zum Theatralischen. Ephraim S. Anderson, Direktor des Darmlabors beim Public Health Laboratory Service in London, wies nach, daß das Lieblingskind der Laboratorien, der *E. coli*-Stamm K12, vermutlich sicher war. K12 war 1922 aus dem Kot eines Diphterie-Patienten isoliert worden, und die Forscher glaubten, daß sich K12 im Lauf der jahrzehntelangen Kultur unter Laborbedingungen zu einem weniger vitalen Bakterium entwickelt hatte, das aus eigener Kraft in seinem natürlichen Lebensraum (dem menschlichen Darm) nicht mehr überlebensfähig war. Um diese These zu überprüfen, hatte Anderson acht Freiwillige verpflichtet, «Keim-Cocktails» aus K12 in Milch zu trinken. Die Untersuchung ergab, daß K12 nach sechs Tagen bei keinem der Probanden (bei den meisten Probanden schon nach drei Tagen) mehr im Kot nachgewiesen werden konnte. Dieser Befund zeigte, daß K12 nicht in der Lage war, innerhalb der menschlichen Darmflora zu überleben. Der englische Mikrobiologe H. Williams Smith von der Houghton Poultry Research Station in Huntingdon führte das gleiche Experiment bei sich selbst aus, mit ähnlichen Ergebnissen. K12 schien tatsächlich ein recht sicherer Kandidat für gentechnische Experimente zu sein.

Trotzdem entzündete sich eine Debatte um die Frage, ob man wirklich garantieren könne, daß niemals gentechnisch veränderte Keime aus einem Labor entweichen und Tod und Vernichtung über die Menschen bringen könnten. In diesem Augenblick trat der englische Biologe Sydney Brenner ein und rettete die Konferenz vor dem Chaos, indem er begeistert auf «biologische Schutzvorrichtungen» (biological containment) hinwies. Alle früheren Sicherheitsvorkehrungen umfaßten den physikalischen Schutz. Die Experimente wurden in Hochsicherheitslaboratorien durchgeführt, wo kein Unbefugter hineinspazieren und kein Keim hinausgelangen konnte. Alle stimmten darin überein, daß physikalische Schutzvorrichtungen nicht ausreichen würden; man mußte immer mit Fehlern rechnen, die es gentragenden Bakterien erlauben würden, zu entkommen.

Brenner, ein brillanter Experimentalbiologe vom britischen Medical Research Council, begnügte sich mit der schlichten Feststellung, daß ein geschwächtes Bakterium unfähig war, außerhalb der behaglichen Umgebung eines modernen Laboratoriums zu überleben. Wenn der Keim nicht in der freien Natur überlebensfähig war, konnte er auch keine Krankheiten verbreiten.

Roy Curtiss, der Genspezialist aus Alabama, der früher das Forschungsmoratorium unterstützt hatte, sagte voraus, daß ein solches «geschwächtes» *E. coli* in einem Monat herzustellen sei. Curtiss irrte sich: Es waren vierzehn Monate nötig, aber es war machbar. Seine ungezwungenen Schlußfolgerungen lockerten die Tagung auf: Die biologischen Schutzvorrichtungen waren die Lösung – sowohl biologisch als auch politisch.

Am Mittwoch, dem 26. Februar, stattete die Realität den Wissenschaftler einen Besuch ab. Nach dem Essen lieferte ihnen eine von Singer zusammengetrommelte Gruppe von Anwälten eine ernüchternde Diskussion über die Verantwortlichkeit des Wissenschaftlers der Öffentlichkeit gegenüber und über die möglichen Folgen eines mißglückten Experimentes. Alexander Capron, Juraprofessor an der University of Pennsylvania, drängte darauf, daß «die Öffentlichkeit» in die Diskussion einbezogen würde, und daß «die Öffentlichkeit» «die Regierung» bedeuten müsse. Capron schloß, die Forscher müßten drei Dinge unter allen Umständen akzeptieren: Ein gewisses Reglement sei unerläßlich, einige Experimente müßten eingeschränkt werden, und die Regierung müsse über alles informiert werden – sei es nun ein Kongreßaussschuß oder nur die Occupational Safety and Health Administration (Behörde der US-Bundesanstalt für Arbeit, die mit Sicherheits- und Gesundheitsfragen am Arbeitsplatz befaßt ist). Stundenlang wurden die Forscher durch ein Wirrwarr aus möglicher Haftbarkeit, schuldhaften Versäumnissen und Schadensersatzansprüchen in Millionenhöhe eingeschüchtert. Die Anwälte nahmen den Biologen jegliche Illusion, das Problem der «Gefahr für alle Lebensformen» unter sich bereinigen zu können. Kräfte von außerhalb stünden schon bereit, über die Forscher herzufallen, und seien möglicherweise sogar schon am Werk.

Von der ersten Darstellung am ersten Tag an, in der David Baltimore die versammelten Experten ermahnte, zu einer Übereinstimmung zu gelangen, weil es niemanden sonst gab, an den sie sich hätten wenden können, bis zur zweiten Hälfte des letzten Tages, als das endgültige, gemeinsam erarbeitete Dokument gebilligt wurde, kämpften die 150 Wissenschaftler um Einstimmigkeit. «Die Sitzungen erinnerten bald an steinzeitliche Stammestreffen, in deren Verlauf dann eher zufällig parlamentarische Gepflogenheiten entdeckt wurden», schrieb der Autor Michael Rogers in seinem Artikel für *Rolling Stone* über die Konferenz. Am Ende entstanden eine Reihe von Richtlinien, in denen festgehalten wurde, welche Arten von Experimenten erlaubt waren, und welche nicht.

Asilomar war ein gewichtiges Ereignis in der Entwicklung der Gentechnik. Es sollte jahrzehntelang seinen Schatten über die entstehende Molekularbiologie werfen und die Grundlage für die Verfügungen zur Genforschung bilden. Es war das erste Mal, daß die Wissenschaft darum kämpfen mußte, bei einer neu entstehenden Technik die Zügel in den Händen zu behalten. Viele Physiker – darunter eine Reihe von jenen, die geholfen hatten, die Bombe zu bauen –, hatten damals erfolglos versucht, das Atom wieder einzufangen, nachdem es einmal entfesselt worden war. Asilomar war einberufen worden, um die Risiken genetischer Neubildungen einzuschätzen und die Richtlinien festzuhalten, die nötig waren, damit die entsprechenden Experimente sicher verliefen. Paul Berg und die übrigen führenden Molekularbiologen wollten beweisen, daß sie verantwortungsbewußte Bürger waren, die sich selbst Zügel anlegen konnten, um die öffentliche Sicherheit nicht zu gefährden. Darüber hinaus war Asilomar eine politische Anstrengung; zum Teil ein Versuch, die Autonomie der Wissenschaft zu retten. Wenn die Gefahren groß waren und die Bedrohung der Öffentlichkeit real, bestand eine hohe Wahrscheinlichkeit, daß die politischen Führer beim Kongreß Verordnungen veranlaßten, die sich lähmend auf die Wissenschaft auswirken würden. Das war es, was die Anwälte vorhergesagt hatten, und was die Wissenschaftler befürchteten. Und das war es auch, was beinahe geschehen wäre.

Viele Wissenschaftler betrachteten Asilomar als Chance, die Regierung davon abzuhalten, daß sie Verfügungen zur Einschränkung der Genforschung erließ. Diese Strategie hatte jämmerlich versagt. Am letzten Konferenztag, dem 27. Februar 1975, traf sich das neu gegründete Recombinant DNA Advisory Committee (RAC = Beratungskomitee für die DNA-Rekombinierung) des National Institute of Health in einem Hotel in San Francisco. Nur wenige Asilomar-Teilnehmer wußten vom RAC, obwohl Robert S. Stone, der Direkter des NIH, es bereits am 7. Oktober 1974 zusammengestellt hatte. Die ausgewählte Gruppe von Wissenschaftlern und Regierungsbeamten sollte sofort nach dem Asilomar-Treffen zusammenkommen und das tun, was die Konferenzteilnehmer am meisten befürchteten: die allgemeinen Richtlinien von Asilomar in gesetzliche Bestimmungen fassen, die festlegen würden, worin die Biogefahr bestand, wie sie verhindert werden konnte, und welche Art von Experimenten untersagt würden.

Während die Mitglieder des RAC sich versammelten, verließen die sechzehn Wissenschaftsreporter Pacific Groove und entwarfen ihre vorwiegend positiven Berichte. Obwohl die Presse die Wissenschaftler wegen ihres sozialen Verantwortungsbewußtseins lobte, beschrieben die Reporter die potentiellen Gefahren lebhaft genug, um die Leser zu ängstigen. Der Geist war aus der Flasche. Die wissenschaftliche Elite würde nicht länger die Debatte über die Gentechnik bestimmen. Jetzt, da die Öffentlichkeit – und ihre gewählten Repräsentanten – über die Besorgnisse der Biologen Bescheid wußten, wollten sie mehr darüber erfahren. Die Prophezeiungen der Anwälte sollten sich bewahrheiten.

Die Richtlinien für den Umgang mit rekombinierter DNA zu verfassen, erwies sich als schwieriges Unterfangen. Als im Sommer und Herbst 1975 die ersten Entwürfe zirkulierten, wurden sie von allen Seiten heftig angegriffen. Einige sagten, die vorgeschlagenen Vorschriften des NIH seien zu streng. Andere – darunter Paul Berg und etwa 50 Biologen, die eine von Richard Goldstein von der Harvard Medical School veranlaßte Petition unterzeichneten[30] – beschwerten sich darüber, daß die Regeln zu lax seien. Immerhin waren sie weniger streng als die Richtlinien, die in Asilomar ausgearbeitet worden waren.

Wieder andere bezeichneten den ganzen Vorgang als Schande, weil die Autoren der Regeln jene Wissenschaftler waren, die das Feld anführten. Man habe den Bock zum Gärtner gemacht. Die Forscher, die die Biogefahr heraufbeschworen, waren damit beauftragt worden, die Richtlinien zu deren Verhinderung zu erarbeiten. Folglich konnten sie genau die Schlupflöcher einbauen, die ihnen erlauben würden, mit ihrer Arbeit fortzufahren, während sie die Arbeit anderer – besonders ihrer Konkurrenten – behinderten. Jonathan King vom MIT, damals Mitglied der Scientists and Engineers for Social and Political Action, klagte, die

Rolle des RAC bestünde darin, «die Genetiker zu beschützen, und nicht die Öffentlichkeit».

Von den Kritiken aufgestört, unternahm das RAC im Dezember 1975 einen Versuch, hieb- und stichfeste Richtlinien zu entwerfen. Nach einer längeren Debatte schlug es strengere Vorschriften vor, die vier physikalische und drei biologische Sicherheitsstufen vorsahen. Die physikalischen Sicherheitsstufen P1, P2, P3 und P4 beschrieben die verschiedenen Schutzeinrichtungen in den Laboratorien und stiegen mit der potentiellen Biogefahr an. P4 war ein Hochsicherheitslaboratorium, in dem die Beschäftigten spezielle Arbeitskleidung trugen und die Belüftung und die Abfallbeseitigung sorgfältig reguliert waren. Die biologischen Sicherheitsstufen EK1, EK2 und EK3 definierten die Organismen, sogenannte Sicherheitsstämme («safe bugs»),[31] in die rekombinierte DNA-Moleküle eingeschleust werden konnten. Ende 1975 glaubte Roy Curtiss, einen geschwächten Stamm von *E. coli* gezüchtet zu haben, der außerhalb des Labors nicht überleben konnte. Der Curtiss-Stamm wäre sicher genug, um ihm rekombinierte DNA-Moleküle einzugeben. Der biologische Schutz konnte in die Praxis umgesetzt werden.

Bei seinem zweiten Versuch brachte das RAC tatsächlich strengere Regeln als jene hervor, die in Asilomar gefordert worden waren. Für Paul Berg persönlich bedeuteten die Regeln, daß er die Arbeit, mit der sein Labor seit fünf Jahren befaßt war, aufgeben mußte. Er beschloß, auf das Maus-Polyoma-Virus auszuweichen, ein Schritt, der ihn auf einem Gebiet, auf dem rasch zunehmende Konkurrenz herrschte, mindestens sechs Monate kosten würde.

Während die Bestimmungen des RAC im Frühjahr 1976 ihrer Veröffentlichung entgegengingen, verschärfte sich die Debatte über Sinn und Zweck der Richtlinien. Zwei gewichtige Stimmen aus den Reihen der Biologen äußerten eine unerwartete Kritik. Die Kritiker bemängelten nicht, daß die Öffentlichkeit in ungenügendem Maße einbezogen wurde, sondern, daß die Wissenschaftler selbst nicht lange genug in ihrem ungestümen Wettbewerb untereinander innegehalten hatten, um über die Auswirkungen nachzudenken, die diese neuen Techniken auf das Leben auf der Erde haben mochten.

Einer der Kritiker war Erwin Chargaff, ein Biochemiker an der Columbia University. Er hatte entdeckt, daß in der DNA ebenso viele Adenosin- wie Thymidin- und ebenso viele Cytosin- wie Guaninbasen enthalten waren. Damit hatte er Watson und Crick den Schlüssel zum komplementären Aufbau der DNA geliefert. Chargaff sorgte sich nun darum, daß die Herumpfuscherei mit Genen zu unvorhersehbaren Problemen führen konnte. «Haben wir das Recht, auf nicht wiedergutzumachende Weise gegen die evolutionäre Weisheit von Jahrmillionen zu handeln, um den Ehrgeiz und die Neugier von ein paar Wissenschaftlern zu befriedigen?» fragte er im Magazin *Science*.[32] Er schlug vor, daß die Rekombination von DNA insgesamt zumindest zwei Jahre lang verboten werden müsse, um den Wissenschaftlern Zeit zu verschaffen, sich abzukühlen und über die Risiken nachzudenken, die sie für die gesamte Menschheit eingingen.

Chargaffs Bedenken waren aber nicht nur technischer Art, sondern auch moralisch. «Ich bin einer von den wenigen Menschen, die alt genug sind, um sich daran erinnern zu können, daß die Vernichtungslager in Nazi-Deutschland als genetische Experimente begannen.»

Die andere gewichtige Kritikerstimme gehörte Robert Sinsheimer, Leiter der biologischen Abteilung des California Institute of Technology, ein Biophysiker und Experte für das Virus Phi-X-174. Sinsheimer kritisierte die gesamte Praxis des NIH, Richtlinien zu entwerfen, weil sich diese zu sehr auf die Möglichkeit epidemischer Krankheiten beschränkten, ohne auf die ebenfalls möglichen evolutionären Folgen der vorsätzlichen Veränderung von Genen innerhalb lebender Organismen einschließlich des Menschen auch nur einzugehen. Sinsheimer glaubte an das Bestehen einer natürlichen Zellbarriere zwischen Prokaryonten wie den Bakterien und Eukaryonten wie den Säugern, die verhinderte, daß diese beiden unterschiedlichen Arten auf der genetischen Ebene miteinander verkehrten. Sinsheimer befürchtete, daß das Niederreißen dieser Barriere verheerende Folgen haben konnte. Über die Richtlinien des NIH schrieb Sinsheimer, «sie betrachten unsere ökologische Nische als völlig sicher und vor potentiellen, heftigen Angriffen wirksam isoliert; ohne Risse oder ungeschützte Stellen. Ich kann nicht so zuversichtlich sein. Es ist ganz einfach so, daß ein einziger – nur ein einziger – Einbruch in unsere Nische genügen könnte, um eine Katastrophe hervorzurufen.»[33]

Obwohl die Einwände nicht abrissen, erschienen schließlich die ersten, offiziellen Richtlinien für die Forschung mit rekombinierter DNA am 23. Juni 1976 – fast anderthalb Jahre nach Asilomar – im *Federal Register*, einem offiziellen Organ der US-Regierung. (In Deutschland brachte das Bundesministerium für Forschung und Technologie (BMFT) am 15. Februar 1978 «Sicherheitsrichtlinien für Forschungsarbeiten über die *In-vitro*-Neukombination von Nukleinsäuren» heraus. Dort wurde betont, daß diese Technik «die Gewinnung wichtiger Erkenntnisse über Lebensvorgänge [verspricht]» und «auf längere Sicht praktische Anwendungen, vor allem in Medizin und Landwirtschaft erhoffen [läßt]», und daß «deshalb diese neue Technik in der Bundesrepublik Deutschland, wie auch in anderen Ländern, benutzt und fortentwickelt [wird]».) Obwohl diese Richtlinien strenger waren, als die Asilomar-Konferenz sie gefordert hatte – sie untersagten einige Experimente, die bereits angelaufend waren, und verlangten, daß Forscher tatsächlich ihre rekombinierten DNA-Moleküle und damit Jahre ihrer Arbeit vernichteten, weil ihre Laboratorien nicht über die erforderlichen Sicherheitsausstattungen verfügten – beendeten die offiziellen Regeln das Moratorium und definierten die Bedingungen, unter denen Experimente durchgeführt werden durften.

Die Schlußerklärung des RAC war ein genialer Schachzug: Sie besagte, daß es sich um Richtlinien handelte, nicht um offizielle Bestimmungen oder Gesetze. Dieser Umstand erleichterte eine spätere Veränderung der Richtlinien. Wenn die Experimente sich als so sicher erwiesen, wie die Wissenschaftler es erwarteten, konnten die strengen Vorschriften gelockert werden. Außerdem wiesen die Richtlinien gewisse Einschränkungen auf: Sie galten nur für Institutionen, die öffentlich bezuschußt wurden, so daß Einrichtungen, die ohne öffentliche Gelder arbeiteten, alle Experimente durchführen konnten, die sie für wünschenswert hielten.

Jedenfalls verschafften die Richtlinien den Molekularbiologen einen gewissen Spielraum. Die Forscher konnten weitermachen – auf sichere Weise, wenn dies möglich war. Aber die Atempause währte nur kurz. Am selben Tag, an dem die Richtlinien herauskamen, entstand in Cambridge (Massachusetts) neue Aufregung.

Am 23. Juni 1976 eröffnete Bürgermeister Alfred Vellucci ein offizielles Hearing des Stadtrats von Cambridge, auf dem Pläne der Cambridge University diskutiert werden sollten, ein Genforschungslabor mitten in der Stadt zu bauen. Das Labor sollte im vierten Stockwerk der alten Harvard-Biologielabors an der Divinity Avenue errichtet werden. Das Labor sollte die Stufe P3 erhalten, weil es sich um eine Sicherheitseinrichtung handelte, in der potentiell sehr gefährliche, durch DNA-Rekombination entstehende Organismen gehandhabt werden sollten. P3 wurde ursprünglich entworfen, um Tierzellen zu züchten, sollte aber auch solchen Forschern offenstehen, die Gene rekombinierten. Von den drei Räumen, die umgebaut werden sollten, würde nur einer die besonderen Sicherheitseinrichtungen erhalten, die den P3-Status ausmachten – verschlossene Türen, Unterdruckbelüftungssystem und sterile Arbeitsbänke, die gemeinsam verhindern sollten, daß gentechnisch verändert Organismen entkommen konnten. Nur Orte wie Fort Detrick, einem Stützpunkt der US-Army in Maryland und Sitz der militärischen Erforschung biologischer Waffen (wo die exotischsten und tödlichsten Keime sicher gehandhabt werden konnten), wiesen höhere Sicherheitsvorkehrungen auf, bekannt als P4.

Der Streit in Harvard hatte begonnen, weil einige Forscher, die im Biolabor der Universität arbeiteten, sich Sorgen machten, die gentechnischen Experimente könnten sie persönlich gefährden, und deshalb verlangten, daß das Laborprojekt gestoppt würde. Die Gegner des Projekts argumentierten, das Laborgebäude sei der ungeeignetste Ort für ein P3-Labor mit seinen potentiell gefährlichen genetischen Experimenten. Das Gebäude war 1931 errichtet worden, stand inmitten eines dicht bewohnten Viertels und erlitt häufig Wasserrohrbrüche und Stromausfälle, was dazu beitragen konnten, gentechnisch veränderte Organismen bei einem Ausfall der technischen Sicherheitsvorkehrungen entkommen zu lassen. Das Gebäude war von Pharaoameisen befallen, die sich nicht vertreiben ließen, und die im P3-Labor erzeugte Organismen im Haus und in der Stadt herumtragen konnten. Diese Risiken ließen sich nicht vertreten, argumentierten die Gegner des Projekts, das P3-Labor solle anderswo errichtet werden.[34]

«Die Antwort der Befürworter lautete im Prinzip, das Risiko sei zu gering, um den Umstand zu rechtfertigen», schrieb Nicholas Wade in «The Ultimate Experiment».

Ruth Hubbard, eine lebhafte Wissenschaftlerin, die sich aus der aktiven Forschung zurückgezogen hatte, um über die Geschichte und die Ethik der Wissenschaft nachzudenken, war Ende der 60er und Anfang der 70er Jahre in verschiedenen politischen Bewegungen aktiv gewesen. Jetzt, im Frühjahr 1976, konnte sie erkennen, daß die politische Opposition in Harvard den Kampf gegen das P3-Labor verlieren würde. Im Mai sollte ein wichtiges Treffen mit Harvard-Vertretern stattfinden, bei dem über Vor- und Nachteile des neuen Labors diskutiert werden sollte. Hubbard beschloß, Verstärkung herbeizuholen. Sie rief Barbara Ackerman an, eine ehemalige Bürgermeisterin von Harvard und danach Mitglied des Stadtrats. Hubbard kannte Ackerman von früheren Vietnam-Protestdemonstrationen her. Sie berichtete ihr von dem P3-Labor und ihren diesbezüglichen Bedenken. Ackerman, die einmal bei einem wissenschaftlichen Verlag angestellt gewesen war, fand das Problem interessant und versprach, daß sie kommen würde. Für die Befürworter der Gentechnik jedoch hätte das Timing des Fernseh-Nachtprogramms nicht schlechter gewählt sein können: Am Abend vor dem Hearing blieb Ackerman wach und schaute sich den 1971 gedrehten Film nach Crichtons «The Andromeda Strain» an.

Bei dem dreistündigen Treffen am 28. Mai im Harvard Science Center hörte Ackerman die meiste Zeit über einfach der Debatte zu. Aber als sie sich endlich erhob, um etwas zu sagen, wußten die Dekane von Harvard, daß ihre Auseinandersetzung nicht länger eine interne war. Die Gegenwart von Barbara Ackerman und einem Reporter des *Boston Phoenix* stellte sicher, daß die Harvard-Debatte einen größeren Zuhörerkreis bekommen würde.

Als Alfred Vellucci, der Bürgermeister von Cambridge, eine Woche später im *Boston Phoenix* einen Artikel über das Treffen mit dem Titel «Biogefahr in Harvard»[35] las, ging er an die Decke. Der Artikel, der sich auf die Aussagen von Gegnern des Projekts bei dem Hearing stützte, beschrieb die exotischen, wenn auch theoretischen Gefahren, die dieser Stadt drohten – darunter «ansteckende Krebsformen» und andere, neuartige Leiden, die sich in der Stadt und ihrer Umgebung ausbreiten mochten. Dies machte das P3-Labor in Velluccis Augen zu einer Angelegenheit der öffentlichen Gesundheit, für die er nun einmal verantwortlich war.

Weniger als eine Woche nach dem *Phoenix*-Artikel, kündigte Harvard am 13. Juni 1976, an, daß das P3-Labor eingerichtet würde. Ruth Hubbard hatte für

Ackerman und die übrigen Stadtratsmitglieder bündelweise Informationen über das Laboratorium und die potentiellen Gefahren gesammelt. Am Tag nach der Entscheidung Harvards begab sie sich gemeinsam mit ihrem Ehemann George Wald zum Rathaus. Hubbard und Wald trafen sich mit dem zornigen Bürgermeister. Sie legten ihm ihre Befürchtungen dar und erklärten sich bereit, als Zeugen auszusagen, falls dies nötig war. Vellucci – von einem Nobelpreisträger unterstützt – beschloß sofort, daß der Stadtrat von Cambridge ein öffentliches Hearing zu den P3-Plänen Harvards abhalten würde. «Wir wollen verdammt sicher sein, daß die Menschen in Cambridge nicht mit irgend etwas angesteckt werden, das aus diesem Labor kriecht», sagte Vellucci, als er das Hearing ankündigte.

Am Abend des 23. Juni 1976 war der Versammlungssaal zum Bersten voll. Die Scheinwerfer der Kamerateams erleuchteten sie taghell. Spruchbänder schmückten den Raum. Reporter bedeutender Zeitungen aus dem ganzen Land bemühten sich, einer lokalen Ratsversammlung von nationaler Bedeutung gerecht zu werden. Was immer in Cambridge geschah, würde auch die Regierungen anderer Bundesstaaten betreffen.

Inmitten dieser Zirkusatmosphäre stellte Vellucci Fragen an die anwesenden Experten und warf ihnen Verstöße gegen die erlassenen Verordnungen vor. Gegen Ende des Zusammenkommens schlug Vellucci eine Resolution vor, die verlangte, daß «wenigstens zwei Jahre lang keine Experimente mit rekombinierter DNA innerhalb der Stadt Cambridge ausgeführt» würden. Die Resolution schreckte den Harvard-Biologen Mark Ptashne auf. Er verlangte, daß Vellucci sie einschränkte, weil sie sofort die gesamte Biochemie und die Hälfte der biologischen Abteilung zur Untätigkeit verdamme und auch Experimente verbiete, die niemand als gefährlich betrachte.

Velluccis Resolution war kein Erfolg beschieden, und nach einem zweiten Hearing am 7. Juli stimmte der Stadtrat von Cambridge mit fünf zu vier Stimmen für einen dreimonatigen Stop der Forschung mit rekombinierter DNA der Sicherheitsstufen P3 und P4 innerhalb der Stadtgrenzen, während ein speziell zu diesem Zweck ernanntes Komitee – das in der Hauptsache aus Laien und einem Arzt bestand, zu dem aber keine Forscher gehörten – die Gefahren der rekombinierten DNA einzuschätzen versuchte. Tatsächlich dauerte das Moratorium sieben Monate.

Für viele stellte das Cambridge Experimentation Review Board unter Vorsitz des früheren Bürgermeisters und Heizölhändlers Daniel Hayes einen bemerkenswerten Erfolg der Demokratie dar. Nach Sitzungen von insgesamt 75 Stunden Dauer – genug, damit auch die Laienmitglieder verstanden, um was es ging – gelangte das Komitee schließlich zu einer recht vernünftigen Entscheidung: Die P3-Arbeit würde unter Einhaltung der NIH-Richtlinien mit ein paar zusätzlichen Vorsichtsmaßnahmen wie etwa einer besonderen Detektor-Einrichtung, die das

Entkommen gentechnisch veränderter Organismen entdecken sollte, zulässig sein. Experimente, die eine P4-Sicherheitsstufe erforderlich machten (die aber nicht vorgesehen waren) wurden regelrecht untersagt. Das Komitee stellte seine Forderungen am 5. Januar 1977, und bei der Ratsversammlung im Februar wurden sie mit kleineren Abänderungen angenommen.

Aber für mindestens einen Gentechniker kam die Resolution zu spät: Thomas Maniatis verließ Harvard wegen der relativen Sicherheit, die das Cold Spring Harbor Laboratory zu bieten hatte, und ging später an die Westküste zum California Institute of Technology, wo er später dank der gentechnischen Methode des «shotgun cloning» («Schrotschuß-Klonierung») als erster das Gen für Beta-Hämoglobin isolierte.

Die Entscheidung von Cambridge machte den schlimmsten Alptraum der Wissenschaftler wahr: eine Serie von Aktionen der Regierungen in den ganzen USA. Während die Scheinwerfer der Medien noch auf Cambridge gerichtet waren, begannen auch andere Staaten und Gemeinden über die Forschung mit Gen-Rekombinationen in ihren eigenen Hinterhöfen nachzudenken. Konnte man den Wissenschaftlern trauen? Sollte man ihre Tätigkeit gesetzlich regeln? Die NIH-Richtlinien deckten bei weitem nicht alles ab: Private Unternehmen, die ihre eigene Forschung finanzierten – etwa die aufstrebende kalifornische Biotechnik-Firma Genentech, die im April 1976 gegründet worden war und Berichten zu Folge versuchte, das menschliche Insulin-Gen zu isolieren und Humaninsulin in Bakterien zu produzieren – waren von den Erlassen der Regierung ausgenommen.

Im Jahr 1976 breitete sich die Sorge wegen der Forschung mit rekombinierter DNA wie ein Lauffeuer in den Stadtbehörden aus. Städte in den Vereinigten Staaten ernannten Komitees und hielten manchmal hitzige Debatten über den Sinn und Zweck der Gentechnik und die Art ihrer gesetzlichen Regelung ab. Dazu gehörten die Städte San Diego (Kalifornien), Madison (Wisconsin), Princeton (New Jersey), Bloomington (Indiana) und Ann Arbor (Michigan). Auch die Regierungen von New York, New Jersey, Maryland und Kalifornien hielten öffentliche Hearings ab und bemühten sich um Gesetze zur Regelung der Genforschung. Maryland verabschiedete das erste US-Gesetz, das besagte, daß alle Wissenschaftler im Staat – auch solche, die in Privatfirmen beschäftigt waren – die NIH-Richtlinien beachten mußten. Innerhalb kürzester Frist sahen sich die führenden Wissenschaftler im ganzen Land einem Wirrwarr von gesetzlichen Regelungen zur Genforschung gegenüber.

Aber nicht nur die Kommunen wurden hellhörig, sondern auch der Kongreß. Am 22. September 1976 – kurz nach dem Cambridge-Hearing und zum Teil angeregt durch einen provozierenden Artikel im *New York Times Magazine* über einen Organismus, der aus den gentechnischen Labors kriechen und den Globus vernichten konnte – hielt Senator Edward Kennedy, Vorsitzender des Gesundheitskomitees des Senats, ein Kongreß-Hearing über rekombinierte DNA ab. Er eröffnete die Versammlung mit der Mahnung: «Die Debatte über die Gentechnik muß fortgesetzt werden. Die Wissenschaftler müssen uns sagen, was sie tun können, aber wir, die Gesellschaft, müssen entscheiden, ob und wie es getan wird.» Kennedy ließ zwar nicht, wie einige vermutet hatten, gleich danach Gesetzesentwürfe folgen, aber andere taten es an seiner Stelle. Sowohl vom Repräsentantenhaus als auch vom Senat wurden noch 1976 solche Gesetze verabschiedet.

Die Situation klärte sich auch 1977 nicht. Ein dreitägiges Symposium an der National Academy of Sciences in Washington hätte sich beinahe in einen Tumult verwandelt, als Demonstranten von der «Coalition for Responsible Genetic Research» verlangten, daß gentechnische Experimente verboten würden. Sie unterzeichneten mit «Wir lassen uns nicht klonen» und trugen ein Spruchband mit dem Hitler-Zitat «Wir werden die vollkommene Rasse züchten». George Wald und Ruth Hubbard erschienen gemeinsam mit dem Nobelpreisträger Macfarlane Burnett und Demonstranten der «Friends of the Earth», einer Umweltschutzorganisation. Alle sprachen sich gegen die Forschung mit rekombinierter DNA aus.

Der öffentliche Aufruhr unter dem Geleit der bedeutenden Medien zwang den Kongreß, aktiv zu werden. Verschiedene vom Repräsentantenhaus und vom Senat einberufene Komitees erhielten den Auftrag, Lösungen zu finden. Im Frühjahr 1977 wurden Hearings organisiert. Vom Kongreß ernannte Kommissionen wurden mit dem Entwurf von Gesetzen beauftragt, die zur gegebenen Zeit gültig werden sollten.

Donald S. Fredrickson, der neue Direktor des National Institute of Health, der im Juli 1975 sein Amt angetreten hatte, fürchtete das Schlimmste. Er stellte eine Bundeskommission zusammen, der Mitglieder aller Bundeseinrichtungen angehörten, die ein Interesse an der Erforschung der rekombinierten DNA hatten. Hierzu gehörten die National Science Foundation, die viele der Forscher auf diesem Gebiet unterstützte, sowie die Environmental Protection Agency, deren Aufgabe die Sorge um Umweltkatastrophen aller Art war. Nach sorgfältigen Überlegungen und manchmal selbstmörderischen Auseinandersetzungen erarbeitete die Kommission eigene Gesetzesentwürfe, die der Kongreß als Präventivschlag gegen mögliche Bedrohungen erlassen sollte. Dieser Gesetzesentwurf wurde vorschriftsmäßig veröffentlicht, aber wegen verschiedener Formfehler nicht weiter beachtet. Die Rechte der Bundesstaaten wurden zu einem der Hauptpunkte in der Gesetzgebung zur Gentechnik: Sollte der Kongreß ein Gesetz verabschieden, das dem Recht eines Staates oder einer Stadt vorgriff, die Genforschung mit strengeren Regeln zu belegen?

Die Anführer der Wissenschaft sahen den anstehenden Bundesgesetzen mit gemischten Gefühle entgegen. Auf der einen Seite machten sich Institutionen wie Harvard oder das MIT für eine Gesetzgebung stark, die die Sachlage klären würde, indem sie die Vielfalt der unterschiedlichen Regelungen in verschiedenen Teilen des Landes außer Kraft setzte. Zum zweiten, und das war noch wichtiger, würde eine derartige Gesetzgebung auch private Unternehmen betreffen, und nicht nur staatlich geförderte Einrichtungen. Auf der anderen Seite wäre die Gesetzgebung strenger und schwerer zu ändern, wenn sich das durch die Gentechnik erworbene Wissen weiterhin so rasch wie bisher ausweitete. Für die Wissenschaftler schien die Aussicht auf Gesetze zur Regelung der Forschung das «Eindringen des Großen Bruders in die Sanktuarien der Laboratorien»[36] zu signalisieren.

Am 1. April 1977 legte Senator Kennedy endlich seine lang erwarteten Gesetze vor. Paragraph 1217 ließ allen Forschern, die sich die Mühe machten, ihn zu lesen, einen Schauer den Rücken laufen. Die Gesetze entsprachen dem Atomic Energy Commission Act von 1946, wobei die «rekombinierte DNA» die Stelle der «Atomenergie» in den früheren Gesetzen einnahm. Kennedys Gesetze bestimmten, daß eine Bundeskommission zur Regelung der gesamten Aktivitäten der Erforschung rekombinierter DNA auf dem Gebiet der Vereinigten Staaten gegründet werden sollte. Kennedy schien die Gentechnik für ebenso gefährlich wie radioaktives Material zu halten. Die Schutzbestimmungen jagten den Wissenschaftlern so große Angst ein, daß Forschergruppen und mehrere wissenschaftliche Organisationen einen Propagandafeldzug starteten. Schließlich zog Kennedy seine Gesetzentwürfe zurück.

Diese ganze Aktivität auf dem Capitol Hill erschreckte die Wissenschaftler, obwohl die meisten Kongreßmitglieder gar nicht interessiert waren. «Die Kontroverse über die DNA-Rekombination war im Kongreß – selbst auf ihrem Höhepunkt Mitte 1977 – immer noch ein weniger wichtiges Thema», schrieb Burke K. Zimmerman, früherer wissenschaftlicher Berater von Paul Rogers, der damals in Florida den einflußreichen Vorsitz des Familien-, Gesundheits- und Umweltkomitees innehatte. «Damit ein Thema an die Spitze der Tagesordnung gelangt, muß es von unmittelbarem Interesse sein; es muß einen großen oder zumindest einflußreichen Teil der Bevölkerung betreffen, und ganz allgemein muß es mit einem der folgenden Punkte zusammenhängen: Steuern, Beschäftigung, Krieg, Inflation, Benzin oder einem anderen Punkt, der entweder die Brieftaschen oder die Gemüter (wobei die Brieftaschen noch Vorrang haben) eines großen Teiles der Wählerschaft berühren. Aber unter jenen [die mit der Rekombination von DNA befaßt waren] war die Schlacht in vollem Gang und die Emotionen schlugen hohe Wellen.»

NIH-Direktor Don Fredrickson war einer von jenen, die tief besorgt waren. Die DNA-Rekombination beanspruchte jetzt fast die Hälfte seiner Zeit. Neben der Ernennung des offiziellen Recombinant DNA Advisory Committee (Beratungskomitee für die Rekombination von DNA), die zu seinen Regierungsaufgaben gehörte, stellte Fredrickson ein «hauseigenes RAC» zusammen – Genetik-Experten aus dem gesamten NIH, die ihn über den aktuellen Stand der Techniken und die politische Strategie informieren sollten. Aber er griff auch über das NIH hinaus auf sein im Laufe seines Lebens aufgebautes Netz einflußreicher Freunde und Kollegen zurück. Zu ihnen gehörte der Kongreßabgeordnete Olin «Tiger» Teague, Vorsitzender des House of Science an Technology Committee, über das die Gesetze zur Rekombination von DNA laufen mußten. An einem Abend im Jahr 1977, inmitten der juristischen Krise um die Gentechnik, bat Teague, der selbst krank geworden war, Fredrickson an sein Bett im Naval Medical Center in Bethesda, das gegenüber vom NIH an der Wisconsin Avenue lag. Teague befragte Fredrickson anderthalb Stunden lang zu den Risiken der DNA-Rekombination. Nachdem Fredrickson gegangen war, beschloß Teague, die Rechtsfrage in dieser Angelegenheit selbst in die Hand zu nehmen. Alle Gesetzesentwürfe, die dem Repräsentantenhaus vorgelegt werden sollten, mußten seinem Komitee vorgelegt werden. Man würde alle einer langen und gründlichen Prüfung unterziehen und keiner sollte jemals weitergeleitet werden.

Zwischen 1977 und 1978 wurden mehrere Gesetze vorgelegt und heftig umkämpft. Nachdem er sich an Paragraph 1217 die Finger verbrannt hatte, wollte Kennedy erst abzuwarten, was das Repräsentantenhaus tun würde, und bot an, ein vertretbares Gesetz in den Senat einzubringen. Obwohl ein Gesetz es beinahe durch das Repräsentantenhaus geschafft hätte, waren 1978 mit Ende der Legislaturperiode alle Gesetzesentwürfe gestorben. Es wurden noch einige zaghafte Versuche gemacht, die Angelegenheit wiederzubeleben und eine juristische Handhabe zu schaffen, doch im großen und ganzen war die Luft heraus. Als immer mehr gentechnische Experimente ausgeführt wurden, ohne das Ende der Welt mit sich zu bringen, schienen die von den Gegnern der Gentechnik entworfenen Horrorszenarien immer mehr ins Theoretische zurückzuweichen. Selbst die radikale Linke mußte zugestehen, daß die mit der Einfügung neuer Gene in Bakterien verbundenen Risiken verschwindend gering zu sein schienen.

Die Gentechnik warf weiterhin grundsätzliche Fragen auf, die von der Gesellschaft beantwortet werden mußten. Zum Beispiel meldete ein Wissenschaftler bei General Electric ein Patent auf einen Bakterienstamm an, den er «geschaffen» hatte, wenn auch nicht mit gentechnischen Methoden. Der juristische und philosophische Kampf, der daraufhin entbrannte, setzte sich bis in den Obersten US-Gerichtshof fort. Das Gericht entschied, daß lebende Organismen nicht patentiert werden konnten. Anfang der 80er Jahre entwickelte ein Forscher an der University of California in Berkeley einen Bakterienstamm, der die Frostbildung auf Kartoffelpflanzen verhinderte – eine wertvolle Erfindung für Farmer. Er wollte die gentechnisch veränderten Bakterien – die er Ice-Minus nannte – zu Testzwecken auf einen Kartoffelacker in Nordkalifornien aufsprühen, aber das Vorhaben löste einen Proteststurm aus. Umweltschützer bezweifelten, daß es sicher war, einen gentechnisch veränderten Organismus (den im Labor zu halten die Debatten der 70er Jahre so hart umkämpft hatten) absichtlich freizulassen. Ein ewiger Zankapfel zwischen einzelnen Regierungseinrichtungen wie der Environmental Protection Administration (der US-Umweltschutzbehörde) und dem United States Department of Agriculture (der US-Landwirtschaftsbehörde), ganz zu schweigen vom RAC, war die Frage, wie die absichtliche Freisetzung von gentechnisch veränderten Bakterien gesetzlich zu regeln sei, und dieser ewige Hickhack hielt das Experiment jahrelang auf. Mitte der 80er Jahre konnte es dann endlich durchgeführt werden.

Hinter dem Streit der 70er Jahre über die Einfügung von Genen in Bakterien stand das Wissen, daß die Wissenschaftler eines Tages Gene in Menschen würden einschleusen wollen. Noch Ende der 70er Jahre konnten sich nur wenige Forscher vorstellen, auf welche Weise Ärzte eines Tages Gene in Menschen einbringen würden, also blieb diese Frage in den meisten Fällen theoretisch. Aber die Probleme, die während der gentechnischen Debatte diskutiert wurden, sollten in den 80er Jahren – und oft vor denselben Foren, wie beispielsweise dem RAC – wiederaufgewärmt werden, als die gentechnische Veränderung von Menschen Wirklichkeit zu werden versprach.

Noch während die Debatten um rekombinierte DNA den Grundstein für die gesellschaftlichen Mechanismen legten, die schließlich dazu benutzt wurden, die Kontroversen um die Gentherapie beim Menschen beizulegen, führten die Anfang und Mitte der 70er Jahre entwickelten gentechnischen Methoden zu den Verfahrensweisen, die nötig waren, um Gene in eukaryontische Zellen wie jene der Säuger einschließlich des Menschen einzuschleusen.

Und Paul Berg, der Stanford-Wissenschaftler, der in gewisser Hinsicht die Debatten gestartet hatte, schaffte es, die Dispute zu überleben; und das, obwohl er sie sogar noch anheizte. Außerdem gelang es ihm, weiterhin im Labor tätig zu sein und einen Beitrag zur Entwicklung der gentechnischen Methoden zu leisten, der für das Nobel-Komitee ausreichte, ihm 1980 den Nobelpreis in Chemie zuzugestehen.

Inzwischen begann French Anderson mit seinen eigenen Versuchen, Gene in Zellen einzuschleusen. Er wollte nicht einfach Grundlagenforschung betreiben, sondern eine Möglichkeit finden, die neue Technik für die Behandlung von Krankheiten des Menschen nutzbar zu machen.

Manipulationen am Genom von Säugerzellen

«Lange Zeit haben Biologen versucht, auf chemischem Weg in höheren Organismen berechenbare, definierte Veränderungen herbeizuführen, die dann als vererbte Eigenschaften weitergegeben werden.»

Oswald Avery, 1944

Es ist nicht leicht, Gene in Zellen einzubringen. In den mehr als drei Milliarden Jahren, seit es lebende Zellen auf der Erde gibt, haben sich viele Verteidigungsmechanismen entwickelt, die Zellen vor fremder DNA schützen. Der Grund dafür ist einfach: Information ist Macht, und die in der DNA gespeicherten Informationen bestimmen das gesamte Leben einer Zelle. Zu Beginn der 70er Jahre durchgeführte Versuche haben gezeigt, daß infektiöse Adenoviren gebildet wurden, wenn man die DNA eines Adenovirus isolierte und in eine Zelle einbrachte. Verständlicherweise konnte sich die Form und die Funktion einer Zelle für immer verändern, wenn sie ein einziges Gen auf Dauer in sich aufnahm.

Um dies zu verhindern, entwickelte die Zelle raffinierte Methoden, um fremde DNA von sich fernzuhalten oder eingedrungene DNA zu zerstören. Die einfachste Barriere ist die Plasmamembran, die das Zellinnere von der Außenwelt trennt. Sie besteht aus einer Doppelschicht wasserabstoßender Moleküle (Lipide). Proteine stecken in dieser Lipidmembran und gewähren einigen Substanzen einen sorgfältig geregelten Zugang. Die Proteine, die in der Lipidmembran «schwimmen», eröffnen Poren oder Kanäle, durch die Wasser und andere kleine Moleküle eintreten können. Die langen, elektrisch geladenen DNA-Moleküle können nicht durch die Membranporen ins Zellinnere gelangen.

Wenn die Zellmembran völlig undurchdringlich wäre – wie eine Burgmauer –, könnte nichts hineingelangen, und die Zelle würde «verhungern». Deshalb gibt es verschiedene Mechanismen, die der Zelle die Aufnahme der Stoffe ermöglichen, die sie zum Überleben braucht. Einer dieser Mechanismen, die Endozytose, erlaubt der Zellwand, sich nach innen einzustülpen – wie man auch einen Ballon mit dem Finger nach innen stülpen kann – und einen Flüssigkeitstropfen zu umschließen. Sobald der Tropfen völlig von der Plasmamembran umhüllt ist, löst sich eine Blase ab, die in das Zytoplasma schwimmen kann. Dort wird der Inhalt der Blase durch zelluläre Enzyme verdaut.

Selbst, wenn fremde DNA es schafft, die Membranhürde zu überwinden, gibt es noch andere zelluläre Abwehrmechanismen, darunter Enzyme, die dazu dienen, jedes intakte Fremdgen zu zerstören. Diese Restriktions-Endonukleasen halten fremde DNA davon ab, sich im Zytoplasma häuslich niederzulassen. Nachdem sie einmal aus Bakterien isoliert und gereinigt worden waren, stellten sie für die Forscher molekulare Scheren dar, mit deren Hilfe sie DNA-Fasern präzise durchschneiden konnten.

Diese Verteidigungsanlagen finden sich sowohl in den primitivsten Zellen, den Prokaryonten wie den Bakterien, als auch bei den fortgeschritteneren Eukaryonten. Aber die Eukaryonten entwickelten im Verlauf ihrer natürlichen Evolution zusätzliche Waffen. Die auffälligste davon ist eine zweite Membran um den Zellkern (Nukleus), die die Chromosomen von der übrigen Zelle trennt. Selbst, wenn DNA erfolgreich in eine Zelle eindringt und den Enzymangriff übersteht, muß sie immer noch die Kernmembran überwinden. Und selbst, wenn sie auch dies schafft, muß die DNA – um über einen längeren Zeitraum in der eukaryontischen Zelle überleben zu können – auf irgendeine Weise in die Chromosomen im Zellkern eingefügt werden und somit ein Teil der zelleigenen DNA werden. All diese Barrieren stehen fremder DNA im Weg – und natürlich auch den Wissenschaftlern, die künstlich Gene in die Zellen einbringen wollen.

Oswald Avery und seine Mitarbeiter an der Rockefeller University haben der Gentechnik den Weg gewiesen. Ihre erfolgreichen Transformationsexperimente bewiesen 1940, daß die DNA Träger der genetischen Information war. Und sie zeigten auch, daß man Bakterien dazu bringen konnte, funktionsfähige DNA-Fragmente aufzunehmen, die die Eigenschaften der Zelle verändern konnten. In den 70er Jahren wiesen die ersten Gentechniker nach, daß sie ihre soeben isolierten DNA-Abschnitte in bakterielle Plasmide einfügen und die Plasmide in Bakterien «zurückschmuggeln» konnten, ebenso wie Avery es gemacht hatte. Dieser Fortschritt beschleunigte die Entwicklung der Biotechnik und führte Ende der 70er Jahre zum ersten, gentechnisch gewonnenen Medikament – dem Humaninsulin.

Aber dies gelang nur *in vitro* – und vorerst auch nur in Bakterien, später bei Hefepilzen. Wenn es den Forschern wirklich darum ging, eine genetische Behandlung menschlicher Krankheiten *in vivo* zu entwickeln, mußten sie einen Weg finden, DNA in Säugerzellen mit ihren mehrfachen Verteidigungslinien einzubringen. Und nicht nur in Säugerzellen, sondern in Säugerzellen innerhalb des Organismus, wo es so noch andere Verteidigungsmechanismen außerhalb der Zellen gibt, die verhindern, daß Fremd-DNA lange überleben kann.

Im Jahr 1974, als French Anderson beschloß, sein wachsendes Reich in der klinischen Hämatologie aufzugeben, war die Behandlung der Thalassämie ein voller Erfolg. Sein Programm verfügte jetzt über annähernd zwei Dutzend Thalassämie-Patienten, die meisten von ihnen unter der Obhut von Art Nienhuis. Da

Anderson die gentechnische Revolution von einer benachbarten Sparte aus betrachtete, wußte er, daß er ins Labor zurückkehren mußte, um sich um eine Methode zu kümmern, die ihm einen Gentransfer in die Patienten ermöglichen würde – in Menschen wie Nick und Judy Lambis. Wenn er nicht selbst ins Labor zurückging, um die Gentechnik zu erlernen, würde er niemals die menschliche Gentherapie aus der Taufe heben können.

Anderson übergab immer mehr Verantwortung an andere und zog sich zurück, um über seine nächsten Schritte nachzudenken. «Ich erkannte, daß ich mich um größere neue Ansätze bemühen mußte»[1], erinnerte er sich. «Also ging ich nach Cold Spring Harbor, um Kurse in Gewebekultur und DNA-Rekombination zu belegen.» Das Knowhow, das Ende der 60er Jahre nur in Dulbeccos Salk-Laboratorium zu finden gewesen war, hatte sich inzwischen ausgebreitet. Wissenschaftler wie Paul Berg mußten ihre Freisemester nicht länger für Pilgerfahrten in ein wissenschaftliches Mekka opfern, um die neuen Techniken zu erlernen. In Orten wie Cold Spring Harbor wurden jetzt umfassende Kurse angeboten, mitsamt praktischen Übungen und genauen Anleitungen.

Der Lehrgang in Cold Spring Harbor markierte für Anderson einen Wendepunkt. «Ich begann, intensiv Gentherapie zu betreiben.»

Es war natürlich noch keine wirkliche Gentherapie. Er begann – wie viele andere Forscher damals – nach einer Methode Ausschau zu halten, Gene in Säugerzellen und letztlich auch menschliche Zellen einzuschleusen. Anderson bediente sich des ersten geeigneten Zell-Modells, um seine neuen Ideen zum Gentransfer zu überprüfen: Erythrozyten-Ghosts. Das Blut wimmelt von Erythrozyten, die den Sauerstoff von den Lungen in den Körper und das Kohlendioxid zurück transportieren. Die Erythrozyten haben im Gegensatz zu allen anderen Zellen des Körpers keinen Zellkern. Sie haben sich ihrer gesamten Chromosomen entledigt. Reife Erythrozyten stellen praktisch Beutel voller Hämoglobin dar, in denen außer diesem sauerstofftragenden, roten Pigment nicht mehr viel zu finden ist.

Diese Eigenschaften machten die Erythrozyten zu einem idealen Ziel für das Einbringen von Genen. Falls Anderson einen Weg fand, Gene in diese Zellen einzuschleusen, ließen sie sich vielleicht verwenden, diese in den menschlichen Körper zu transportieren. Um die Aussichten auf einen Erfolg zu vergrößern, schufen Anderson und die übrigen mit diesen Zellen befaßten Forscher noch mehr Platz: Sie entfernten das Hämoglobin aus den Erythrozyten, so daß nur eine farblose, leere Membranhülle in der Form von Erythrozyten übrig blieb. Das waren die Erythrozyten-«Ghosts».

Aber selbst, wenn die Techniken zum Einbringen von Genen, die bei Bakterien erfolgreich gewesen waren, auch bei Erythrozyten-Ghosts funktionierten, schien es unwahrscheinlich, daß mit Genen beladene Erythrozyten-Ghosts von großem Nutzen sein konnten. Schließlich enthielten sie nichts mehr, was die Instruktionen des Gens hätte ausführen können. Die gesamten Anlagen zur Produktion von Proteinen – die Ribosomen, Aminosäuren, Transfer-RNAs und Enzyme – fehlten in der Zelle. Entscheidender war jedoch, daß die leergeräumten Erythrozyten-Ghosts nicht viel DNA aufnahmen.

Anderson wandte sich von den Erythrozyten ab und den Liposomen zu. Liposomen sind winzige «Seifenblasen» aus den gleichen Lipiden wie die Plasmamembranen der Zellen. Wo die Erythrozyten-Ghosts eine DNA lediglich zum Transport in den Körper gedient hätten, versprachen die Liposomen, genetisches Material direkt in die menschlichen Zellen einzuschleusen. Die Vorgehensweise wäre wie folgt: DNA würde in Liposomen eingebracht. Die Liposomen lagerten sich im Innern des Körpers an die Membran einer Zelle an – als ob zwei Seifenblasen aneinander kleben blieben. Sobald sich die zellulären Seifenblasen miteinander verbänden, würde der Inhalt des Liposoms in das Zytoplasma der Zelle abgeladen. Auf diese Art wären die Gene an der ersten Barriere – der Plasmamembran – vorbei ins Zytoplasma der Zelle hineingelangt. Die Gene müßten immer noch die Enzymangriffe im Zellinneren überstehen und dann in den Zellkern wandern, um ein Teil der Chromosomen zu werden. Das waren immer noch einige Schwachpunkte, aber es wäre ein erster Schritt in die richtige Richtung, wenn es funktionierte.

Es funktionierte natürlich nicht. Die Liposomen-Technik war zu neu. Das Einbringen der Gene ließ sich nicht praktikabel lösen. Der Ansatz funktionierte einfach nicht. Anderson brauchte etwas völlig Innovatives. In diesem Stadium hörte er von Elaine G. Diacumakos, die 1976 zur Leiterin des Laboratoriums für Zytologie an der Rockefeller University ernannt worden war.

Sie hatte an der University of Maryland Biologie studiert und 1951 ihr Examen und 1958 ihren Doktor an der New York University gemacht. Ein Stipendium ermöglichte ihr 1962, an die Rockefeller University zu gehen und im Labor von Edward L. Tatum zu arbeiten. Tatum hatte zusammen mit George Beadle einen Nobelpreis für den Nachweis der «Ein-Gen-ein-Enzym»-Hypothese erhalten. Das bedeutete, daß ein Gen die Information zur Herstellung eines Enzyms enthält. Spätere Untersuchungen spezifizierten, daß ein Gen ein Polypeptid codiert, eine Kette von Aminosäuren (das konnten auch kleinere Peptidhormone, wie zum Beispiel das Insulin, sein). Viele Proteine bestehen aus einem einzelnen Polypeptid; andere enthalten zwei, drei oder vier Polypeptide, die zusammenarbeiten. Hämoglobin besteht, wie wir mittlerweile wissen, aus vier Polypeptiden, zwei Alphaglobin- und zwei Betaglobin-Polypeptiden, die jeweils durch verschiedene Gene codiert werden.

Nachdem das Stipendium abgelaufen war, blieb Diacumakos in Tatums Labor an der Rockefeller University. Sie begann mit der Entwicklung der Technik der Mikromanipulation von Zellen. Hierzu sondierte sie die Zellen mit ultradünnen Glaskanülen, die in die Zelle eindringen konnten, ohne sie zu zerstören. Nach erfolgreicher Sondierung konnte Diacumakos entweder Substanzen in die Zelle injizieren oder Zellmaterial entnehmen. All diese Manipulationen wurden unter dem Mikroskop beobachtet. Diacumakos machte sich Ende der 60er Jahre in Tatums Labor daran, einzelne Zellkomponenten, sogenannte Organellen (wie zum Beispiel die Mitochondrien, die «Kraftwerke» der Zelle) auf mögliches eigenes Genmaterial zu untersuchen.

1975 verlor Diacumakos durch den Tod Tatums ihren Mentor, sagte Joshua Lederberg, der frühere Direktor der Rockefeller University.[2] «Tatum hatte das Labor geleitet und für finanzielle Unterstützung gesorgt. Er starb, und nun mußte sie das Labor leiten.» Aber eine Frau hatte in einer elitären Forschungsanstalt, in der vorwiegend Männer tätig waren, einen schweren Stand, und Zuschüsse waren schwer zu beschaffen. Lederberg erinnert sich ihrer als einer Frau, «die ihrer Forschungsarbeit mit großer Hingabe nachging. Sie war besessen davon. Ich glaube, sie war eine gute Wissenschaftlerin. Sie stieß auf eine Technik, die eher außergewöhnliche Fähigkeiten als ein umfassendes, theoretisches Konzept zu erfordern schien. Ich versuchte, das Interesse der Leute daran zu wecken und bemühte mich um finanzielle Hilfe von Unternehmen.» Die Firmen reagierten jedoch nicht.

Andere Kollegen haben sie als wortkarge Einzelgängerin in Erinnerung, die meistens allein arbeitete, in einem Forschungsbereich, in dem es fast keine Konkurrenz gab. Nur Adolf Graessmann von der Freien Universität Berlin entwickelte eine ähnliche Mikromanipulationstechnik. Er verwandte ein andersartiges Mikroskop, das Injektionen in die Zelle leichter machte. Es zeigte sich, daß Graessmanns Ansatz einfacher war als der von Elaine Diacumakos; er konnte in einem viel geringeren Zeitraum als sie bei weitaus mehr Zellen Injektionen vornehmen.

In den 70er Jahren erhielt Diacumakos nicht viel finanzielle Unterstützung. Sie arbeitete meist allein und konzentrierte sich darauf, ihre Fähigkeiten zu verfeinern. Sie benutzte feine Glaskanülen, um entweder zu injizieren oder zu extrahieren; je nach dem, was sie im Zellinnern bewirken wollte. Es wurde berichtet, daß sie mit ihren mikroskopisch feinen Kanülen sogar vollständige Chromosomen oder Organellen aus den Zellen extrahieren konnte.

Das Gebiet der Mikroinjektion erschloß sich erst richtig, nachdem mehrere Forscher entdeckt hatten, daß die Plasmamembran der Zellen sich selbständig reparierte. Während ein Ballon zerplatzt, wenn man ihn ansticht, öffnet sich die Lipidmembran der Zelle, wenn man die Nadel hindurchsticht, und schließt sich wieder, wenn man die Kanüle zurückzieht. John B. Gurdon, ein Zoologe an der Oxford University in England, zeigte 1960, daß Mikroinjektionen für das Studium der Genetik oder Zellbiologie hilfreich sein konnten.[3]

Gurdon begann damit, vollständige Zellkerne aus Eingeweidezellen einer Kaulquappe zu isolieren, und injizierte sie anschließend in befruchtete Froscheier, deren Zellkerne er zuvor entfernte. Zur Verblüffung der meisten Biologen entwickelten sich diese Hybrid-Eier zu normalen Fröschen. Und die waren genetisch identisch untereinander; sie waren Klone der Kaulquappe, der die Zellkerne entnommen worden waren. Das Experiment bewies, daß jede Zelle im Körper alle Gene enthält, die zur Entwicklung eines normalen Organismus erforderlich sind. Diese Entdeckung ließ vermuten, daß Gene in den verschiedenen Zellarten des Körpers ein- und ausgeschaltet werden, um den unterschiedlichen Geweben ihre typische Beschaffenheit zu verleihen. Frühere Theorien waren davon ausgegangen, daß in unterschiedlichen Geweben unterschiedliche Gene verloren gingen: daß zum Beispiel Herzzellen all die Gene verloren, die für Leberzellen typisch sind. Später brachte Gurdon per Mikroinjektionen viele verschiedene biologisch aktive Moleküle in Froscheier ein, darunter gereinigte Gene und Messenger-RNA.[4]

Aber im Vergleich zu menschlichen Zellen sind Froscheier vergleichsweise riesig. Sie weisen einen Durchmesser von fast einem Millimeter auf und sind somit für das bloße Auge sichtbar. Außerdem ist das Volumen eines Froscheies nahezu 100000mal größer als das einer Säugerzelle. Diacumakos arbeitete mit Säugerzellen.[5]

Zunächst einmal mußte sie sich ihre Ausstattung selbst anfertigen. Die Kanülen, die für Mikroinjektionen verwendet werden, bestehen aus gläsernen Kapillaren, die über der Flamme eines Mikro-Bunsenbrenners vorsichtig zu einem Z gebogen würden. Ein Ende der Z-förmigen Röhre wurde mittels einer Platinröhre mit einem Mikrometer verbunden, einem Gerät, das über einen «Kolben» aus Silikonöl einen sehr genau dosierbaren Druck auf die Luftsäule innerhalb der Röhre ausübte. Darüber wurde bestimmt, wieviel Material in die Kapillare gepumpt wurde und wie rasch.

Am anderen Ende der Z-förmigen Kapillare, die als Mikropipette fungierte, brachte Diacumakos eine Glaskanüle an. Diese wurde hergestellt, indem eine geschmolzene Glaskapillare ausgezogen wurde, bis sie immer dünner und dünner wurde. Die hohlen Glasfasern waren dünner als ein Haar. Ihr Außendurchmesser betrug nur einen Mikrometer, den tausendsten Teil eines Millimeters. Der Innendurchmesser betrug die Hälfte davon.

Man konnte ein derart feines Instrument nicht in der Hand halten und manuell bewegen, in der Hoffnung, ein mikroskopisch kleines Ziel zu treffen. Auf diese Art hat man keine genügende Kontrolle über die Kanüle. Mit der für Mikroinjektionen notwendigen Vergrößerung betrachtet, sähe eine ruhig in der Hand gehaltene Kapillare aus, als schlüge sie wild aus. Das würde jede Zelle durchstoßen oder zerreißen, die dazwischen gelangte. Die Z-förmige Röhre mit der angeschlossenen Glaskanüle wurde daher von einem Mikromanipulator geführt, der sie langsam und präzise über den Objekttisch des Mikroskops bewegte, bis der gläserne Speer eine Zelle erst leicht berührte und dann in sie eindrang. Der ganze Vorgang wurde durch das Mikroskop verfolgt oder mittels einer Videokamera, an die ein Fernsehmonitor angeschlossen war.

Diacumakos befestigte die Zellen mit einer eigens entwickelten Methode an einem Deckglas. Dann drehte sie das Deckglas herum und legte es auf vier Glasperlen auf, so daß es nicht direkt auf dem Objektträger auflag. Die Zellen, denen sie Injektionen verabreichen wollte (sie begann mit Mausfibroblasten, Bindegewebszellen aus der Haut), hingen vom Boden des Deckglases herab, befanden sich aber ein gutes Stück über dem Objektträger. Diese Methode erlaubte einen leichten Zugriff auf die Zellen mit feinen Kanülen. Diacumakos versiegelte die Ränder des Deckglases mit Silikonöl, so daß eine Kammer entstand, die sie mit einem Kulturmedium füllen konnte, das die Fibroblasten schützte und ernährte.

Die gesamte Vorrichtung wurde auf den Objekttisch ihres Phasenkontrastmikroskops mit 2000facher Vergrößerung installiert. Sie manövrierte die Glaskanüle von der Seite durch die Silikonölbarriere und das Kulturmedium und bohrte sie mittels des Mikromanipulators in die Zelle, die von dem Deckglas herabhing. Nun konnte sie in jede zelluläre Komponente, die sie interessierte, injizieren oder aus ihr heraussaugen. Anfang der 70er Jahre demonstrierte Diacumakos, daß sie mikroskopische Mengen inerten Materials (z.B. Silikonöltröpfchen) in jeden Teil der Zelle einbringen konnte, also auch in die Mitochondrien oder den Zellkern, der die Chromosomen enthält. Aber Diacumakos injizierte keine biologisch aktiven Materialien wie Gene oder Chromosomen, obwohl sie deutlich gezeigt hatte, daß sie das konnte.

Um 1976 hörte Anderson zum ersten Mal von Elaine Diacumakos. «Da war diese verrückte Frau an der Rockefeller», erinnerte sich Anderson.[6] «Sie behauptete, Proteinmoleküle nicht nur in den Zellkern, sondern auch in den Kleinkern [Nukleolus] injizieren zu können, ein kugelförmiges Gebilde aus RNA und Proteinen im Inneren des Zellkerns. Außerdem könne sie Mitochondrien injizieren und einzelne Chromosomen extrahieren und dergleichen mehr. Jeder, den ich fragte, hielt sie für verrückt.» Trotzdem war Anderson interessiert. «Es leuchtete mir ein. Wenn man Gene injizieren konnte, funktionierte es vielleicht. Ich rief sie an und sagte: ‹Man sagte mir, es sei unmöglich›. Sie erwiderte: ‹Weshalb kommen Sie nicht her und schauen es sich an?› Also sagte ich: ‹In Ordnung, ich komme›. Tags darauf fuhr ich.»

Anderson fand Diacumakos allein in ihrem winzigen Labor über ihrem Mikroskop und den Zellen hockend. «Sie war eine nette, kleine Lady, eine echte Forscherin. Sie tat nichts weiter, als den ganzen Tag vor dem Mikroskop zu sitzen und mit ihren Zellen und Organellen zu spielen. Niemand nahm sie ernst», erinnerte sich Anderson an seinen ersten Besuch bei ihr. «Sie stieß [die Kanüle] hinein und injizierte einen winzigen Tropfen Silikonöl mitten in den Zellkern. Ich war absolut begeistert. Sie konnte es wirklich, und niemand nahm davon Notiz.»

Anderson nahm Notiz davon. Die Technik, die Diacumakos entwickelt hatte, war eindeutig geeignet, Material in den Zellkern einzubringen. Das bedeutete, daß man mit ihrer Hilfe Gene in Zellen einschleusen konnte. Da die gentechnische Revolution in vollem Gange war, würde es nur noch eine Frage der Zeit sein, bis eine große Anzahl an Genen für die Gentherapie zur Verfügung stand. Die Mikroinjektion war möglicherweise die Methode, mit deren Hilfe es Anderson gelingen würde, Gene in Säugerzellen einzubringen. Wenn diese Methode funktionierte, würde er neue Gene in defekte Zellen einbringen und sie heilen können. Er fuhr sofort nach Bethesda zurück und richtete in seinem Labor einen Mikroinjektions-Arbeitsplatz ein.

Die NIH-Techniker halfen ihm beim Bau der Apparatur, die er zur Herstellung der Kanülen benötigte. Aber sie sagten, es würde nicht funktionieren. Nach ihren Berechnungen würde DNA durch Scherkräfte zerreißen, wenn man sie durch eine Röhre mit einem halben Mikron Durchmesser preßte; Gene würden mit Sicherheit zu nutzlosen Fragmenten zerreißen. James Watson sollte später dasselbe behaupten, als sein ehemaliger Schüler Mario Capecchi ähnliche Versuche anstellte und etwa um dieselbe Zeit mit Mikroinjektionen begann.

Auch in seinem eigenen Labor stieß Anderson auf Skepsis. Art Nienhuis, sein enger Mitarbeiter, dem Anderson mehr als die Hälfte seiner Abteilung überlassen hatte, nannte die Mikroinjektionen Andersons Spielzeug. Viele andere Biologen haben die Bedeutung der Mikroinjektion niemals wirklich erkannt. Dies traf auch auf Diacumakos zu. «Sie war eine Künstlerin», sagte Anderson. «Doch die Molekularbiologen hielten sie für eine ‹Mechanikerin›, keine Biologin. Ich schloß mich ihr an, und die Leute steckten mich in die gleiche Schublade. Es half mir nicht, daß Art Nienhuis und die anderen es für Zeitverschwendung hielten und sagten, ich spiele nur herum. Es war sicher nicht gut für meinen Ruf, wenn die Leute in meinem eigenen Labor mich für töricht hielten.»

Töricht oder nicht, Anderson beschloß jedenfalls, mit der Mikroinjektion fortzufahren. In den Folgejahren wurden er und später auch andere Forscher in seinem Labor Experten im Ausziehen von Glaskapillaren, um die feinen Kanülen herzustellen, die für den Transfer von Genen benötigt wurden. Er baute sein Mikroskop auf und versiegelte Deckgläser mit Silikonöl auf Objektträgern, als Kammern für die Zellen, die mittels injizierter Gene genetisch verändert werden sollten.

«Elaine kam ein- oder zweimal im Monat, und ich saß stundenlang hier und zog Kapillaren aus – alles mußte von Hand angefertigt werden. Es dauerte Monate. Endlich war ich so weit, daß ich einen Tropfen Silikonöl injizieren konnte.»

Nachdem er die Technik beherrschte, begann Anderson, sich um die übrigen Komponenten des Experiments zu kümmern, das er sich ausgedacht hatte. Er begann wieder, Postdoktoranden zu rekrutieren, die sich bereits mit den neuen

Methoden der Gentechnik befaßt hatten. Zur selben Zeit wurde eine Reihe potentiell nützlicher Gene isoliert, von denen Anderson glaubte, sie seien den Versuch wert, in Zellen injiziert zu werden. Zumindest mochten diese Gene ihn in die Lage versetzen, zu beweisen, daß das Konzept der Mikroinjektion potentiell nützlich für die Gentherapie war.

Das erste Gen, das Anderson sich vornahm, lag ihm besonders am Herzen: das Betaglobin-Gen, das die eine Hälfte des vollständigen Hämoglobin-Moleküls codiert. Ein Defekt des Betaglobins verursacht die Thalassämie, an der auch Nick und Judy Lambis litten. Wenn Anderson die Hämoglobin-Gene in die Hand bekam und einen Weg fand, sie seinen beiden ersten Patienten zu injizieren, konnte er vielleicht ihr Leben verändern.

Thomas P. Maniatis, ein Molekularbiologe, der die Harvard University verließ, als das Moratorium nach den Hearings des Stadtrats von Cambridge die gesamte gentechnische Forschung an der Universität lahmlegte, hatte als Erster das menschliche Betahämoglobin-Gen isoliert. Im Jahr 1976 ging er von Cambridge nach Cold Spring Harbor, um das Hämoglobin-Gen von Kaninchen zu isolieren. Er benutzte eine Technik, bei der er Messenger-RNA aus den Blutzellen von Kaninchen isolierte und dann mit Hilfe des Enzyms Reverse Transkriptase, das Howard Temin und David Baltimore wenige Jahre zuvor entdeckt hatten, in cDNA transformierte. Da RNA die gesamten Informationen enthält, die nötig sind, um das Protein herzustellen, erhält man die wesentlichen Bestandteile des Gens, indem man diese Informationen einfach konvertiert.

Nachdem Maniatis die Kaninchen-Betahämoglobin-Gene zur Verfügung standen, benutzte er sie für weitere Experimente. Er wollte verstehen, wie die Gene gesteuert werden, und versuchen, sie in Zellen zurückzuversetzen. Aber an diesem Punkt der Entwicklung ging Maniatis nach Westen an das California Institute of Technology in Pasadena, weil der Staat New York über ein ähnliches Verbot der Gentechnik nachdachte, wie das Cambridge-Moratorium. Jim Watson vom Cold Spring Harbor Laboratory gelang es jedoch mit der Unterstützung anderer, die New Yorker Initiative zu stoppen.

Nach seiner Ankunft in Kalifornien begann Maniatis, an einer Methode zu arbeiten, die DNA tierischer und menschlicher Zellen zu klonieren. Seine Methode stützte sich auf die Technik des «Shotgun-Cloning», bei der die gesamte DNA eines Organismus isoliert und in kleinen Stücken in Bakteriophagen gepackt wird. Wenn die Phagen sich in Bakterien vermehren, reproduzieren sie die DNA-«Passagiere».

Wenn genügend viele DNA-Bruchstücke in die Phagen gelangen, erhält man eine «Bibliothek» von DNA-Fragmenten, die fast die gesamte DNA eines Organismus repräsentiert. Dabei wird die gesamte DNA einer größeren Zahl identischer Zellen isoliert und durch Enzyme in Millionen DNA-Fragmente zerschnitten. Es ist, als risse man sämtliche Seiten aus einem Buch mit Bauplänen und zerstreute sie im Zimmer. Einige der Seiten werden zerrissen, andere sind nur verknittert, wieder andere gehen völlig verloren. Aber viele Seiten überstehen das Zerreißen des Buchs unbeschadet, und sie enthalten die genauen Anweisungen zum Bau eines Hauses, oder – in unserem Fall – das Gen eines Proteins wie dem Betaglobin.

Ein Teil der DNA des Bakteriophagen Lambda wird gegen diese DNA-Fragmente ausgetauscht. Der manipulierte Phage stellt in seinem Wirtsbakterium *E. coli* Millionen identischer Kopien dieser DNA-Fragmente her, wenn er sich vermehrt. Es ist, als lese man die verstreuten Seiten des Buchs mit den Bauplänen wahllos auf – die zerrissenen wie die unbeschädigten – und stecke sie in Tausende von Fotokopiergeräten.

«Man benötigt eine Million eigenständiger Klone von zwanzig Kilobasen [mit Fragmentlängen von 20000 Nukleotiden], um eine Bibliothek zu erhalten [die sämtliche Gene repräsentiert]», sagte Maniatis.[7] «Wir haben alle Probleme überwunden. Die erste Bibliothek, die wir zusammenstellten, war eine Kaninchen-Bibliothek, die wir dann mit Hilfe der Kaninchen-cDNA sichteten.»

Maniatis fuhr fort: «Als nächstes erstellten wir die erste menschliche genetische Bibliothek und sichteten sie mit der Betaglobin-cDNA. Wir stellten fest, daß wir einen Haufen [Globin-] Gene hatten, die miteinander gekoppelt waren.»

Maniatis war ein Grundlagenforscher, der herausfinden wollte, wie die Hämoglobin-Synthese gesteuert wird. Jetzt, da er die Klone der Betaglobin-Gene hatte, konnte er anfangen, sie und ihre Steuerungsmodule auseinanderzunehmen. Denn er wollte verstehen, wie sie zusammenwirken, die Herstellung des Alpha- und des Betaglobins exakt steuern, damit funktionsfähiges Hämoglobin entsteht. Außerdem begann er, seine Kollektion von Klonen zu benutzen, um DNA-Bibliotheken aus menschlichem Blut zu untersuchen – besonders aus dem Blut von Patienten mit verschiedenen Krankheiten, vorzugsweise mit Thalassämie. So wollte er herausfinden, welche Formen des Leidens durch Defekte in den Strukturgenen des Hämoglobins hervorgerufen wurden, die die Proteine letztlich herstellten, und welche von ihnen ihre Entstehung fehlerhaften Elementen der Gensteuerung verdankten.

Für andere Wissenschaftler im ganzen Land war der Umstand bedeutender, daß Maniatis die alte Tradition der Phagengruppe achtete, seine Reagenzien, Bakterien und Phagen anderen Forschern zur Verfügung zu stellen, die seine Entdeckung überprüfen und zur Grundlage ihrer weiteren Forschung machen wollten.

«In meinem Labor haben wir es immer so gehalten, daß wir alles, was wir veröffentlichten, jedermann zukommen ließen, der danach fragte», sagte Maniatis. «Viele Male haben wir das Material Konkurrenten zugänglich gemacht, die genau dieselben Experimente wiederholten.»

Für Anderson stellte dies ein Gottesgeschenk dar. Es war das menschliche Gen, an dem er das größte Interesse hatte: Betaglobin. Es war säuberlich kloniert, so daß er es in seinem Labor verwenden konnte. Da er außerdem über eine Anlage zur Mikroinjektion verfügte, konnte er vielleicht die dünnen Glaskanülen dazu verwenden, um die Betaglobin-Gene in erkrankte Zellen, denen das Gen fehlte, zu injizieren. Aber zunächst mußte er beweisen, daß ein Gentransfer *via* Mikroinjektion überhaupt möglich war.

Allen in der Entwicklung begriffenen Gentransfertechniken war ein Problem gemeinsam: Es ließ sich schwer entscheiden, ob das Gen in die Zelle Einzug hielt. In den 60er Jahren hatten Ted Friedmann und andere NIH-Forscher versucht, das HAT-Medium zu benutzen, um Zellen zu selektieren, die durch unverpackte DNA mit dem HGPRT-Gen transformiert worden waren. Den Zielzellen fehlte das Gen, und folglich konnten sie im HAT-Medium nicht leben. Wenn aber ein normales HGPRT-Gen in die Zellen gelangte, würden sie überleben. Das Experiment gelang nicht, weil keines der normalen HGPRT-Gene in die Zellen gelangte, aber die Grundannahme stimmte.

Gentechniker, die mit Bakterien arbeiteten, benutzten dasselbe Konzept, um transformierte bakterielle Zellen zu selektieren. Die Wissenschaftler fügten ein Gen ein, das die Bakterien gegen ein spezifisches Antibiotikum resistent machte, und züchteten die genetisch transformierten Zellen dann in Gegenwart des Antibiotikums. Nur jene, die das neuen Gene aufgenommen hatten, überlebten das für die übrigen tödliche Medikament.

Selektion wurde zu einem Leitthema im gesamten Bereich der Gentechnik: Finde eine Methode, ein Gen einzufügen. Teste sie, indem du ein Gen transferierst, das der Zelle eine einzigartige Fähigkeit verleiht – zum Beispiel Resistenz gegen ein Antibiotikum. Dann züchte die Zellen in einem Selektionsmedium – hier also in Gegenwart des Antibiotikums. Nur die Zellen, die genetisch verändert wurden, werden überleben.

Anderson beschloß, zum HAT-Medium zurückzukehren, aber mit einer Neuerung. Statt zu versuchen, das HGPRT- (Hypoxanthin-Guanin-Phosphoribosyltransferase-) Gen einzufügen, wie Friedmann es getan hatte, würden sie ein Gen aus dem Herpes-simplex-Virus verwenden. Denn erstens war das HGPRT-Gen noch nicht isoliert worden, so daß Anderson es nicht in eine Zelle injizieren konnte. Zweitens hatten Wissenschaftler am National Cancer Institute und an der Yale University kürzlich ein DNA-Fragment mit einem Herpes-Gen isoliert – dem für die Herstellung von Thymidin-Kinase (TK) verantwortlichen Gen. Das Enzym spielt eine entscheidende Rolle für die Synthese von Nukleinsäure. Wenn der Zelle TK fehlt, kann sie ebenfalls nicht im HAT-Medium gedeihen – genau wie bei einem Fehlen von HGPRT.

Man hatte 1963 mutierte Zellen (Mausfibroblasten) gefunden, denen das TK-Gen fehlte.[8] Die betreffenden Zellen mußten in einem speziellen Medium gezüchtet werden, wenn sie am Leben erhalten werden sollten. Und diese L^--Zellen (L minus) konnten in einem HAT-Medium nicht gedeihen. Das waren optimale Voraussetzungen für ein einfaches, elegantes Experiment.

Anderson brachte die L^--Zellen in einer Kammer auf den Objekttisch des Mikromanipulators und injizierte die Thymidin-Kinase-DNA, wie Diacumakos es ihm beigebracht hatte.

Nachdem das Gen in die Zellen injiziert worden war, wurde das Deckglas vom Mikroskop genommen und die Zellen zur Erholung von den Strapazen der Mikroinjektion für kurze Zeit in Nährmedium gegeben. Dann wurden die Zellen in das HAT-Medium gebracht, um all diejenigen abzutöten, die nicht genetisch transformiert worden waren. Zellen, die kein TK-Gen aufgenommen hatten, das sie im toxischen HAT-Medium schützten konnte, starben. Die Überlebenden mußten das TK-Gen aufgenommen haben.[9]

«Ich war begeistert, als ich sah, daß einige Zellen die HAT-Selektion nach der Mikroinjektion überlebt hatten», sagte Lillian Dean-Killos, eine graduierte Studentin, die in Andersons Labor arbeitete, war mit diesem Experiment zur Mikroinjektionsexpertin geworden. Sie kannte die Tücken der Technik. «Man lernt es mit der Zeit. Bei den ersten Malen sprengt man eine oder zwei Zellen, indem man zu viel Material injiziert, oder man wird abgelenkt, stößt irgendwo an und zerbricht eine Kapillare. Es war eine mühselige Arbeit.»

Der Erfolg der Mikroinjektion war dramatisch. Das TK-Gen ermöglichte den Zellen, zu überleben, wo sie eigentlich hätten sterben müssen. Das Experiment bewies, daß das NIH-Team das Gen in die L^--Zellen einbringen konnte, denen TK fehlte, und sie damit genetisch heilte. Zusätzliche Untersuchungen bewiesen, daß es das Herpes-TK-Gen war, das die Zellen wieder normal gemacht hatte, und nicht eine Mutation, die das zelleigene, nicht funktionsfähige TK-Gen reaktiviert hatte.

Nachdem erwiesen war, daß er Zellen ein funktionsfähiges Gen injizieren und sie auf diese Art heilen konnte, wollte Anderson den nächsten Schritt tun und beweisen, daß er ein Gen injizieren konnte, dessen Fehlen eine Krankheit beim Menschen auslöste: Das Betaglobin, das Maniatis isoliert hatte.

Anderson und sein Team wiederholten die Schritte, die auch Maniatis gemacht hatte mit dem Unterschied, daß sie sowohl das TK- als auch das Betaglobin-Gen injizierten. Aber als Anderson und die übrigen nach Anzeichen für das Betaglobin Ausschau hielten, wurden sie enttäuscht. Es gab klare Hinweise darauf, daß das Betaglobin-Gen in die L^--Zellen gelangt war, aber irgend etwas war fehlgelaufen. Sie fanden keine Anzeichen dafür, daß die Mauszellen menschliches Betaglobin-Protein herstellten.

Normalerweise produzieren Fibroblasten kein Betaglobin, also mußte jedes gefundene Molekül Betaglobin von dem eingefügten Gen stammen. Die Forscher in Andersons Labor untersuchten die Messenger-RNA-Moleküle in den L^--Zellen nach Anzeichen für Betaglobin. Sie fanden einen auffallend niedrigen Spiegel an menschlicher Globin-mRNA: zwei bis zehn Moleküle pro Zelle. Es bestand kein Zweifel daran, daß das Globin-Gen in die Zelle gelangt war, aber irgend etwas verhinderte die Synthese des Proteins.

Die Erklärung kam einige Jahre später von Tom Maniatis. Es war ihm zwar gelungen, das Strukturelement des menschlichen Betaglobins zu klonen, aber er hatte noch nicht das Steuerungselement – den genetischen Ein/Aus-Schalter – identifiziert, der die Globin-mRNA-Produktion einleitete. Und auch niemand außer ihm hatte diesen Schritt getan. Einfach das Strukturgen in die Zelle einzufügen, genügte nicht, damit die Enzyme die Informationen lesen und den DNA-Code in RNA transkribieren konnten.

Die komplexen Hämoglobin-Gene gehören zu den bestuntersuchten Genen des Menschen. Damit ein fertiges Hämoglobin-Molekül entsteht, muß pro Molekül Alphaglobin ein Molekül Betaglobin produziert werden. Somit müssen zwei Gene synchron ein- und ausgestellt werden. Falls eine überschüssige Produktion des einen oder anderen Globin-Gens stattfindet, entsteht ein Leiden wie die Thalassämie. Dieser genetische Zweitakt macht die Steuerung enorm komplex. Das bloße Einfügen des Strukturelements des Gens konnte nicht ausreichen.

Die Lösung war schwer zu finden, denn «an der Expression des Globin-Gens sind Sequenzen beteiligt, die mehr als 60 Kilobasen [60000 Nukleotide] vom Gen entfernt liegen», sagte Maniatis.[10] Das ist in genetischen Begriffen eine riesenhafte Distanz, wenn man bedenkt, daß zum Beispiel die Regulationssequenzen des *lac*-Operons buchstäblich an das Gen selbst angrenzen. «Das Problem [der Steuerung der Hämoglobin-Expression] wurde noch nicht gelöst», fügte Maniatis fast anderthalb Jahrzehnte später hinzu. «Aus diesem Grund ist eine gentherapeutische Heilung der Thalassämie nicht abzusehen.»

Weder Anderson noch seine Mitarbeiter verstanden damals das Problem. Sie hofften immer noch, die Mikroinjektion zu einer brauchbaren Behandlungsmethode für Thalassämiepatienten wie Nick und Judy Lambis ausarbeiten zu können. Den Geschwistern ging es Ende der 70er Jahre immer noch nicht besser als zu Beginn des Jahrzehnts. Behandlungen mit Desferal trugen zwar dazu bei, den Eisenüberschuß in ihrem Körper zu verringern, aber sie erhielten schon seit sehr langer Zeit Bluttransfusionen, aufgrund derer sie so viel Eisen in sich trugen, daß ihre Haut einen Bronzeton annahm und ihr Herzschlag unregelmäßig wurde. Nick arbeitete als Teilzeit-Bürokraft am NIH,[11] aber wegen der dauernden Behandlungen konnte er seinen Pflichten häufig nicht nachkommen.

Anderson kämpfte noch mit einem weiteren Problem: Selbst wenn er eine Methode fand, die Produktivität des mittels Mikroinjektion in die Zellen eingebrachten Betaglobin-Gens zu erhöhen, war noch nicht sicher, ob er mit Hilfe dieser Technik Globin-Gene in genügend viele Zellen einbringen konnte, um eine biologische Veränderung herbeizuführen. Um die Lambis-Geschwister und andere Thalassämiker wie sie zu heilen, würde er viele Millionen, vielleicht sogar Milliarden von Zellen injizieren müssen. Dazu wäre eine Produktionsanlage mit mehreren Expertenteams erforderlich, die die Zellen in Injektionskammern einbrachten, diese auf den Objekttischen der Mikroskope plazierten, die Mikroinjektionen vornahmen und anschließend die Zellen kultivierten, die jeweils ausreichende Mengen Betaglobin produzierten.

Das größere Problem war, die richtigen Zellen für die Mikroinjektionen aus den Körpern der Patienten zu gewinnen. Um die Kinder zu heilen, mußte Anderson die Gene in spezielle Zellen des Knochenmarks injizieren, die alle Blutzellen hervorbrachten. Diese unsterblichen Stammzellen waren noch nicht identifiziert worden. Man wußte, daß es sie gab, und daß der Erfolg einer Knochenmarktransplantation von ihnen abhing. Aber sie machen nur einen verschwindend kleinen Anteil des Knochenmarks aus – weniger als ein Prozent der Zellen. Man kann sie nicht unmittelbar ausmachen, weil sie in Form und Größe den gewöhnlichen, sterblichen Zellen gleichen, die bereits angefangen haben, sich unterschiedlich zu entwickeln. Es hatte sich als nutzlos erwiesen, Gene in diese differenzierten Knochenmarkzellen zu injizieren, weil das betreffende Gen verloren war, sobald die Zelle ihre natürliche Lebensdauer erreicht hatte und abstarb. Nur die Stammzellen würden eine permanente Heilung gewährleisten. Und Anderson hatte keine Möglichkeit, an sie heranzukommen.

Aber Anderson ließ sich davon nicht beirren. Im Oktober 1979 stellte er seine erfolgreiche Mikroinjektion von Betaglobin-Genen auf einem Symposium in Chicago vor: Sein Team hatte es geschafft, das TK-Gen und das Betaglobin-Gen einzuschleusen. Sie hatten die Expression des TK-Enzyms erreicht, jedoch nicht die des Betaglobin-Gens. Diese Verkündung sorgte auf dem Treffen für eine Sensation.[12]

Andere Forscher, die auf diesem Gebiet arbeiteten, waren von der Verkündung der Mikroinjektion weniger beeindruckt. Sie konnten die begrenzte Anwendbarkeit dieser Technik ebenso deutlich erkennen wie Anderson selbst. Es war ein hübscher, mechanischer Trick, der zu ein paar interessanten, wissenschaftlichen Resultaten führen konnte. Es würde jedoch niemals zu einem Gentransfer führen, der die Heilung eines Leidens herbeiführen konnte.

Was die Pessimisten nicht sahen, waren die Auswirkungen der Mikroinjektion auf einem anderen Gebiet: bei der Züchtung transgener Tiere. Frank Ruddle, ein Genetiker und Leiter des Fachbereichs Biologie an der Yale University, vermutete, daß Anderson und Diacumakos auf etwas Großartiges gestoßen waren. Er hatte auch von der Arbeit Mario R. Capecchis an der University of Utah gehört, der 1977 begonnen hatte, mit Mikroinjektionen zu arbeiten. Capecchi war auf die Idee gekommen, als er Neurobiologen dabei zugeschaut hatte, wie sie Mikroelektroden in Nervenzellen einführten, um deren elektrische Aktivität zu messen. Die Mikroelektroden hatten aus extrem dünnen Glaskanülen bestanden, die mit einer elektrisch leitenden Salzlösung gefüllt waren. «Es war kein weiter Weg, die Nadel mit etwas anderem als Salzlösung zu füllen, wenn man sie in die Zelle einführte», sagte Capecchi.[13] «Ich übernahm die Methode, aber anstatt elektrische Potentiale zu messen, begann ich, Substanzen in die Zellen zu injizieren.»

Capecchi war als Grundlagenforscher nicht an Gentherapie interessiert, aber er wollte verstehen, wie Gene in der Zelle funktionierten. Er begann, unterschiedliche genetische Materialien in Zellen zu injizieren, die er im Labor kultivierte. Auf der Suche nach geeigneten Zielzellen, fiel Capecchi ein, daß es möglich sein mochte, Gene in befruchtete Eier zu injizieren. Er tat es nicht selbst, aber er sprach über diese Möglichkeit.

Frank Ruddle beschloß, diesen Versuch zu wagen. Er fuhr mit dem Zug von New Haven nach New York und nahm bei Elaine Diacumakos Nachhilfestunden in der Technik der Mikroinjektion. Ruddle wollte nicht nach genetischen Heilmethoden Ausschau halten, sondern die biologischen Funktionen der Gene untersuchen. Er entschied sich dabei für befruchtete Eizellen von Säugetieren. Jedes in eine solches Eizelle injizierte Gen würde mit großer Wahrscheinlichkeit in allen Zellen des Tieres zu finden sein und vielleicht sogar an nachfolgende Generationen weitergegeben werden.

Als sich die Nachrichten über die Mikroinjektion auszubreiten begann, interessierte sich eine wachsende Anzahl von Forschern für die Möglichkeit, Gene in befruchtete Eier zu implantieren. «Sobald man die Technik entwickelt hat und sieht, wie sie funktioniert, kann man sich ausrechnen, wohin sie führen wird», sagte Capecchi. «Die Mikroinjektion führte direkt zur Züchtung transgener Tiere.»

Eine transgenes Tier erhält man, wenn man ein befruchtetes Ei entnimmt und ihm ein Gen seiner Wahl direkt in den Zellkern injiziert – genau so, wie Diacumakos es über ein Jahrzehnt lang mit ihren Zellen gemacht hat. Aber statt die derart präparierte Zelle in eine Zellkultur zu geben, wird das Ei einem Weibchen implantiert, das es austrägt. Diese Technik ist jedoch nicht sonderlich ergiebig: Nur zehn bis dreißig Prozent der Eizellen, die eine Mikroinjektion erhalten haben, überleben. Von den Überlebenden, die sich zu voll ausgereiften Tieren entwickeln, tragen nur einige das Gen – bis zu 40 Prozent.[14]

Frank Ruddle und seine Kollegen an der Yale University arbeiteten 1980 die ersten Techniken aus und wiesen nach, daß man transgene Tiere züchten konnte. Sie versahen ein Plasmid mit einem Fragment viraler DNA, das die DNA-Replikation stimuliert, und dem TK-Gen vom Herpesvirus. Dieses Konstrukt injizierten sie in befruchtete Maus-Eizellen und implantierten die Eier scheinschwangeren Ersatzmüttern. In dreien der 180 Mäuse, die zur Welt kamen, konnten die Forscher

Anzeichen für das Vorhandensein des Gens entdecken.[15] Die TK-Gene schienen nicht zu funktionieren, waren aber in allen Zellen der Mäuse vorhanden.

Zwei Jahre später, im Dezember 1982, demonstrierten Ralph Brinster (University of Pennsylvania), Richard Palmiter (University of Washington in Seattle) und andere Forscher die Wirkung funktionierender Transgene, indem sie das Wachstumshormon der Ratte in Maus-Eizellen einbrachten. Es war nicht schwer, die transformierteen Mäuse zu erkennen: Sie wogen doppelt so viel wie normale Mäuse.[16]

Die Transgenie sollte zu einem wertvollen Instrument der Grundlagenforschung und der Biotechnik werden. Mario Capecchi wandte sie später an, um Gene durch homologe Rekombination zwischen dem alten Gen und dem neu injizierten Gen an ihrem naturlichen Platz im Chromosom einzufügen. Ein Harvard-Team injizierte einer transgenen Maus zwei krebserzeugende Gene (Onkogene), um zu untersuchen, wie sie bei der Krebserzeugung zusammenarbeiteten. Dieser Versuch führte zum ersten patentierten Organismus – der Harvard-Maus. In den 70er Jahren waren bereits gentechnisch veränderte Bakterien patentiert worden.

Andere Gentechniker bedienten sich der Transgene zur Züchtung von Tieren, die durch Biotechnologie-Firmen Moleküle von kommerziellem Nutzen produzierten, darunter ein Medikament, das Blutgerinnsel auflöste, die ansonsten zu Herzinfarkten führen konnten.

Trotz des guten Starts sollte die Mikroinjektion niemals Andersons ursprüngliche Hoffnung erfüllen, als Heilmethode für menschliche Krankheiten geeignet zu sein. Selbst die Transgene schienen nicht absolut sicher zu sein. Denn niemand zog auch nur in Erwägung, Gene in befruchtete menschliche Zellen einzufügen. Es gab eine Reihe von Fragen, die zu jener Zeit sowohl technisch als auch ethisch schwer zu beantworten waren. Zum Beispiel: Was geschieht, wenn ein eingeschleustes Gen mehr Schaden als Nutzen bringt? Was, wenn die Forscher ein menschliches Monster schufen? Wer wäre dafür verantwortlich – die Eltern? Niemand war bereit, derartige Risiken auf sich zu nehmen.

Wenn man von den Transgenen absah, war offensichtlich ein anderer Ansatz als die Mikroinjektion erforderlich, um Gene in genügend viele Zellen einzuschleusen, daß eine therapeutische Wirkung sichtbar wurde. In den 70er Jahren waren mehrere Techniken erprobt worden, aber keine von ihnen schien befriedigend zu sein. Zum Beispiel hatten Forscher gelernt, Viruspartikel zu verwenden, um unterschiedliche Zellarten miteinander zu verschmelzen. Die resultierende Zellhybride enthielt die Chromosomen beider Ausgangszellen. In der Regel gingen danach überschüssige Chromosomen verloren, bis sich ein stabiler Zustand eingestellt hatte.

Die Zellfusion funktionierte zwar, war aber technisch schwierig, und die Resultate waren nicht immer stabil. Schlimmer war jedoch, daß es keine Möglichkeit gab, zu beeinflussen, welche Chromosomen mitsamt den Genen, die sie trugen, in der Zelle blieben. Auch diese Methode war nicht zur Behandlung von Patienten geeignet.

Während Anderson und seine Mitarbeiter die Zelle physisch mit Mikroinjektoren attackierten, stieß ein Forscherteam am Columbia University College of Physicians and Surgeons auf eine Möglichkeit, Gene chemisch in Zellen einzuschleusen. Im Jahr 1972 entdeckten Alexander J. van der Eb und Frank Graham aus den Niederlanden, daß sie Säugerzellen dazu bringen konnten, virale Gene aufzunehmen, wenn die DNA-Lösung mit Kalziumphosphat ausgefällt wurde.[17] Sie fanden heraus, daß das Salz die Zellmembran auf irgendeine Weise dazu veranlaßte, eine Öffnung auszubilden, durch die die langen DNA-Fäden in die Zelle schlüpfen konnten. Einige der nackten DNA-Moleküle, die in die Zelle gelangten, überwanden die zellulären Verteidigungsmechanismen und wurden zu einem dauernden Bestandteil der Chromosomen.

Die Gene, die man bisher entdeckt hatte, waren für die beschriebenen Untersuchungen nicht geeignet, weil keine Möglichkeit bestand, zu bestimmen, welche Zellen die Gene aufgenommen hatten. Da van der Eb und Graham für ihre Arbeit keine reinen Gene zur Verfügung standen, schleusten sie gereinigte DNA von einem Adenovirus in die Zellen ein, dem die intakte Protein-Umhüllung fehlte, die normalerweise nötig war, um das Virus in die Zelle hineinzubringen. Auf diese Weise konnten sie bestimmen, ob sie erfolgreich Virengene in die Zellen hineingebracht hatten, weil in diesem Fall die transformierte Zelle intakte Viren hervorbrachte und die gesamte Kultur infiziert wurde. Da keine anderen Gene verfügbar waren, und da es keinen anderen Weg gab, zu bestimmen, wann ein Gen in eine Zelle gelangt war, hörten die Forscher auf, nachdem sie bewiesen hatten, daß die Methode der Kalziumphosphat-Ausfällung funktionierte.

Als die neue Rekombinationstechnik schließlich einige Jahre später eine wachsende Anzahl von Genen verfügbar machte, beschloß Richard Axel, der Chef des Columbia-Labors, zusammen mit seinen Kollegen Michael Wigler, Saul Silverstein und Angel Pellicer, die Fällungsmethode van der Ebs beim Thymidin-Kinase-Gen des Herpesvirus auszuprobieren, das Anderson damals immer noch in L^--Zellen zu injizieren versuchte.[18]

In den Jahren 1976 und 1977 trennte das Columbia-Team ein Fragment mit dem TK-Gen mit Hilfe von Restriktionsenzymen aus dem Herpes-Genom heraus. Sie mischten das gereinigte Fragment mit einer großen Menge DNA aus Lachssperma, die als Träger des kleineren Herpes-TK-Gens diente. Diese Lösung wurde mit Kalziumphosphat versetzt, so daß lange DNA-Fäden aus der Lösung ausflockten und sich am Boden des Röhrchens ablagerten. Die ausgefällte DNA wurde mit dem Kalziumphosphat auf eine Schicht L^--Zellen aufgebracht.[19]

Nachdem die ausgefällte DNA anscheinend einen Weg in die Zelle gefunden hatte, konnte das Herpes-TK-Gen auch die im Laufe der Evolution erschaffenen Hürden überwinden und in den Zellkern gelangen, wo es sich in irgendeinem Chromosom niederließ. Die Wissenschaftler brachten die Zellen in ein HAT-Medium und warteten ab, ob Zellen überleben würden und Kolonien bildeten. Das Team fand ein paar Zellen, die in dem für normale L^--Zellen giftigen HAT-Medium überleben konnten. Das Herpes-TK-Gen war eindeutig in die Zelle gelangt und produzierte Thymidinkinase, die die Zellen schützte.

Das Gen war nicht nur in die Zelle gelangt, es blieb auch stabil über Hunderte von Generationen erhalten, solange die Zellen unter dem Selektionsdruck des HAT-Mediums wuchsen. Wenn man die Zellen allerdings in normalem Medium kultivierte, verloren allmählich alle das TK-Gen.

Der Erfolg dieses Experiments sorgte für große Aufregung unter den Gentechnikern. Jetzt sah es so aus, als sei eine Transfektion von Säugerzellen möglich, ebenso wie Avery und Hotchkiss Bakterien transfiziert hatten. Das TK-Gen schien einen gangbaren Weg darzustellen, die wenigen Zellen ausfindig zu machen, die die neue DNA erfolgreich aufgenommen hatten. Wenn die Forscher einem Gen, das transfiziert werden sollte, jeweils das TK-Gen hinzufügten, konnten sie die wenigen Zellen ausfindig machen, die Fremd-DNA aufgenommen hatten.

Betaglobin gehörte zu den ersten, nicht selektierbaren Genen, die so getestet wurden. Zwischen den Wissenschaftlern an der Columbia University und am CalTech bildete sich eine Zusammenarbeit heraus. Axel und sein Team entwickelten die Übertragungsmethode, während Thomas Maniatis das Gen besaß. Wenn es ihnen gelänge, das Betaglobin-Gen vom Kaninchen einzuschleusen, würde es ihnen wahrscheinlich auch gelingen, das menschliche Betaglobin-Gen einzuschleusen, sobald es identifiziert war – eine Arbeit, die Maniatis bereits in Angriff genommen hatte.

Für Maniatis war dies eine Gelegenheit, zu prüfen, ob er ausreichend viele Steuerungselemente des Betaglobins isoliert hatte, um tatsächlich eine Genexpression zu erhalten. Für ihn war es eine Gelegenheit, die Gensteuerung zu studieren, nicht der erste Schritt zur Gentherapie.

Die Forscher mischten das TK-Gen mit dem Betaglobin-Gen vom Kaninchen, ohne jedoch beide chemisch miteinander zu verbinden. Jedes Gen würde während der Kalziumphosphat-Ausfällung seinen eigenen Weg in die Zelle finden müssen. Das Columbia-Team glaubte, daß nur einige Zellen in der Population aus L^--Zellen tatsächlich für die Transfektion empfänglich waren, so daß diese Zellen mit der gleichen Wahrscheinlichkeit das TK-Gen, das Betaglobin-Gen oder beide aufnehmen würden. Als sie dann die HAT-Selektion durchführten, konnten sie einige Zellen identifizieren, die sowohl das TK-Gen als auch das Betaglobin-Gen enthielten.

Das Team entdeckte sogar geringe Mengen Messenger-RNA des transfizierten Betaglobin-Gens vom Kaninchen, aber es gab keine Anzeichen für eine Protein-Expression. Wie schon bei Anderson fehlten auch hier die Regulationselemente des Betaglobin-Gens. Selbst, wenn es gelang, das Gen einzuschleusen, war die Proteinsynthese so gering, daß sie zu therapeutischen Zwecken nicht ausreichen würde.

Das Hauptproblem dieses Verfahrens, das als Axel-Wigler-Technik bekannt wurde, war seine geringe Effizienz. Nur etwa eine von einer Million Zellen nahm das jeweilige Gen während der Kalziumphosphat-Ausfällung auf. Bei den übrigen wurde die DNA an den zellulären Verteidigungslinien abgeschlagen. Die Forscher mußten mit Hilfe des HAT-Mediums oder eines anderen Selektionsmediums die eine Zelle unter einer Million ausfindig machen, bei der die DNA eingedrungen war. Dann mußten sie diese genetisch modifizierten Zellen aus der Masse der Millionen oder Milliarden unveränderter Zellen herausfischen und sie dazu anregen, Millionen identischer Kopien ihrer selbst herzustellen.

Dieser Ansatz sollte sich als nützlich erweisen, um Gene zu Forschungszwecken in Zellen einzuschleusen, aber niemand konnte sich vorstellen, wie er zu einer Behandlungsmethode auszubauen wäre. Und eine Behandlung zu finden, war für Anderson und seine Patienten zunehmend dringlich. Noch während Axel, Wigler, Maniatis und Anderson ihre Forschung betrieben, war der Körper von Nick Lambis im Zerfall begriffen. Anderson hatte Nick und Judy Lambis immer wieder gesagt, daß sie beide zur Erforschung der Thalassämie beitrugen und so die Chancen erhöhten, zu den ersten Patienten zu gehören, die auf genetischem Wege geheilt werden würden. Während erstaunliche Fortschritte darin erzielt wurden, Gene wie das Betaglobin-Gen in Säugerzellen zu transferieren, begann für Anderson und die Lambis-Geschwister ein Wettlauf mit der Zeit.

Nachdem Nick 27 Jahre lang monatlich zwei bis drei Bluttransfusionen erhalten hatte, forderte der Eisenüberschuß in seinem Körper seinen Tribut. Nick lebte bereits länger als die meisten Thalassämiker. Inzwischen ließen seine Ärzte ihn eine Dosierpumpe tragen, die unablässig das eisenbindende Medikament Desferal in seinen sterbenden Körper infundierte. Sie taten, was sie konnten, um das Eisen abzubauen, das ihn jetzt umbrachte, aber das Desferal reichte nicht aus. Nicks Herz schlug jetzt unregelmäßig und seine Organe begannen, zu versagen.

«Nick und Judy hatten viele Jahre lang eine so große Eisen-Überversorgung erhalten, daß wir nicht das ganze Eisen aus ihnen herausholen konnten», sagte Anderson. «Sie hatten bereits ernsthafte Störungen ihres Hormonhaushaltes, der Leber und des Herzen erlitten, bevor wir die Chelatbildner-Therapie beginnen konnten. Man könnte sagen, daß ihre Körper nun einfach versagten.»

Nick starb als erster, und es war ein schrecklicher, schleichender Tod. Sein Herzschlag geriet außer Kontrolle, und es stellte sich eine Herzinsuffizienz ein.

Sein Herz schlug zwar noch, konnte das Blut aber nicht mehr in ausreichender Menge durch den Körper pumpen. Medikamente erleichterten ihm sein Leiden ein wenig. Sie senkten den Blutdruck und die Menge der Flüssigkeit, die das Herz bewegen mußte. Nick wurde auf die Intensivstation des NIH verlegt und an alle möglichen Schläuche angeschlossen. Er war völlig verzweifelt und schrieb Briefe, in denen er um Erleichterung, um seinen Tod bat. Am 20. November 1979 starb er schließlich.[20]

Diese Phase war eine aufwühlende, nervenaufreibende Zeit. Anderson hatte die Lambis-Geschwister stets als seine eigenen Kinder betrachtet. Er sprach bei Nicks Beerdigung und ließ wesentlich größere Todesanzeigen als üblich in den Zeitungen erscheinen, in denen er Nick Lambis für seinen Beitrag zu einem besseren wissenschaftlichen Verständnis der Beta-Thalassämie posthum dankte.

Judy starb ein Jahr später. Sie war zu einer griechischen Feier gegangen und hatte einen traditionellen griechischen Tanz vorgeführt. Als der Tanz vorbei war, setzte sie sich hin, fiel vornüber und starb an einem Herzanfall. Anderson betrachtete es als einen Segen, daß ihr so die Intensivstation erspart blieb.

Allerdings änderte das nichts an dem Verlust. «Wir hatten uns wegen der Lambis-Geschwister um eine Gentherapie bemüht», sagte Anderson. «Sie gaben uns den emotionellen Antrieb zur Arbeit mit den Eisen-Chelatbildnern und für die Gentherapie. Nick und Judy waren die ersten Patienten, bei denen eine Gentherapie geplant war, die ihnen das Leben retten sollte. Sie glaubten daran, und ich glaubte auch daran.»

Doch es war anders gekommen. Mehr als ein Jahrzehnt nach dem Tod der Geschwister sind die Gentherapie-Forscher der Behandlung von Blutkrankheiten wie der Thalassämie noch nicht näher gekommen, als sie es 1980 waren. Die damaligen Techniken des Gentransfers waren einfach zu primitiv, und es wurde immer offensichtlicher, daß die Regulation des Globin-Gens weitaus komplexer war als die anderer Gene, wie etwa das Thymidin-Kinase-Gen, das sich ohne komplizierte Regulationseinheiten in die Zelle einbringen ließ. Das TK-Gen brauchte nur eingeschleust zu werden und sprang dann von selbst an. Die Expression des Betaglobin-Gens war jedoch so gering, daß nur wenig Aussicht auf eine therapeutische Anwendung bestand.

Während Anderson 1976 seine Zusammenarbeit mit Elaine Diacumakos von der Rockefeller University begann, belagerte ein frisch examinierter Student vom Massachusetts Institute of Technology die Tür zum Büro von Paul Berg an der Stanford University. Es war Richard C. Mulligan, groß, eifrig und von auffallendem Gehabe, der mit Berg arbeiten wollte und sich nicht so einfach mit einem Nein abspeisen ließ – obwohl Berg ihm genau das gesagt hatte.

Mulligan war ein ungeschliffener Diamant. Er war im September 1954 in Summit (New Jersey) als das klassische «Nesthäkchen» geboren worden. Er war intelligent und unbekümmert, nahm gern an Parties teil und scheute sich nicht, Risiken einzugehen. Einmal brachte er sein Motorrad, eine Yamaha 350, auf dem Storrow Drive, der kurvenreichen Schnellstraße entlang des Charles River in Boston, beinahe auf 200 Stundenkilometer.[21]

Mulligan war damals noch groß und knochig. Er schaute von seinen 193 cm Körpergröße auf die Welt hinab und beurteilte von dieser luftigen Höhe aus, wer ein guter Wissenschaftler war, und wer nicht. «Ich gleiche meinem Vater darin, daß ich anspruchsvoll bin und etwas gegen Dummheit habe», stellte Mulligan fest. Sein Vater, ein Ingenieur, leitete die National Academy of Engineering, bevor er Dekan der University of California in Irvine wurde. Mulligans Mutter war Lehrerin.

Das Massachusetts Institute of Technology nahm Mulligan als Student an. Hier arbeitete er mit Alexander Rich zusammen, einem Experten der DNA-Strukturforschung. Mulligan betrieb als Student hochrangige Forschung und fand gemeinsam mit anderen Wissenschaftlern heraus, an welchen Stellen des SV40-Genoms die einzelnen Gene für dessen Proteine liegen. Diese Arbeit war so gut, daß Mulligan seitdem bei Rich Narrenfreiheit besaß. Rich behandelte den jungen Mann wie einen Postdoktoranden. Mulligan erarbeitete nützliche Daten über die Transkription und Translation der Proteine des SV40-Virus. Aufgrund dieser Arbeit wurde er schon bald als Coautor mehrerer wissenschaftlicher Publikationen genannt.

Nach seinem Examen am MIT schaute er sich nun nach einer Stelle für eine Doktorarbeit um. Man riet ihm, die Stanford University bei Los Angeles sei ein guter Ort für Gentechnik, und Mulligan machte sich auf den Weg dorthin.

Dank seiner Tätigkeit am MIT hatte Mulligan kaum Schwierigkeiten, im Fachbereich für Biochemie an der Universität aufgenommen zu werden. Wenn man einmal so weit vorgedrungen ist, stehen einem sozusagen alle Abteilungen der Stanford University offen. Ein graduierter Student absolviert ein vier bis fünf Monate langes allgemeines Praktikum in der Abteilung, während er sich ein Forschungsprojekt und ein Laboratorium aussucht, in dem er arbeiten will. Wenn das Labor nicht gerade überfüllt ist, nimmt es ihn auf. Mulligan wollte mit Berg arbeiten und ließ von Anfang an keinen Zweifel daran.

«Berg war derart berühmt, daß jeder in seinem Labor arbeiten wollte», sagte Mulligan. «Berg war unglaublich gut, und er konnte Menschen motivieren. Er war bemerkenswert. Man hatte den Eindruck, daß es einfach der beste Ort war.» Mulligan wollte dazugehören.

«Anfangs weigerte ich mich, Mulligan anzunehmen, weil er bereits mit SV40 gearbeitet hatte», erinnerte Berg sich.[22] «Ich dachte, es sei nicht gut, wenn er weiter an SV40 arbeiten würde, weil es ihn daran hindern würde, etwas Neues zu erarbeiten. Also sagte ich nein. Er campierte vor meiner Tür, weil er das Nein nicht akzeptierte. Nachdem ich ein paar Wochen lang ständig an ihm vorbeigehen mußte, gab ich schließlich nach und nahm ihn an.»

Mit seiner schwarzen Lederjacke, seinem Vollbart und einem Pferdeschwanz zog Mulligan in Paul Bergs beengtes Labor ein. 1972 hatten Berg und seine Kollegen daran gearbeitet, Fragmente des *lac*-Operon in das SV40-Genom einzubringen. Inzwischen waren vier Jahre vergangen, und die Methoden der Gentechnik waren so weit fortgeschritten, daß es verhältnismäßig einfach war, DNA von SV40 mit anderer DNA zu rekombinieren.

Aber es gab immer noch Schwierigkeiten. Es waren erst verhältnismäßig wenig Gene isoliert worden, mit denen man arbeiten konnte. Zwei Forschergruppen (eine in Kalifornien und eine in Massachusetts), konkurrierten darin, das menschliche Insulin-Gen zu klonieren und das erste biotechnische Produkt herzustellen, aber das Gen war nicht leicht zu isolieren.

Das größte Problem war allerdings immer noch, Gene in Säugerzellen zur Expression zu bringen. Bisher hatten die meisten Gene in Säugerzellen nicht zufriedenstellend funktioniert.

Berg stellte Mulligan die Aufgabe, sich nach einer Methode umzuschauen, die transplantierten Gene in Säugerzellen anzustellen. Mulligan arbeitete mit dem ganzen SV40-Genom und machte sich daran, einen Expressionsvektor zu entwerfen. Ein Vektor ist ein Vehikel, das ein Gen auf die eine oder andere Art in eine Zelle transportiert und dort für einen Erhalt der DNA sorgt. Ein Expressionsvektor sorgt zusätzlich dafür, das neu transplantierte Gen anzuschalten, so daß das Protein synthetisiert wird, das in jenem Gen codiert ist. Damit ein Expressionsvektor funktioniert, muß er die genetischen Regulationselemente enthalten, die dazu führen, daß die richtigen Enzyme die codierten Informationen ablesen, um Messenger-RNA herzustellen, mit deren Hilfe das Protein synthetisiert wird.

Es war Berg und anderen Forschern in seinem Labor zwar gelungen, eine Anzahl von Genen in SV40-Vektoren einzuschleusen, die sich in Säugerzellen reproduzierten, aber die transfizierten Zellen schienen weder die Messenger-RNA noch das Protein herzustellen. Die transfizierten Gene zu aktivieren, war ein Ziel, das Berg sich fast ein Jahrzehnt zuvor gesetzt hatte, als er zu Dulbecco gegangen war, um die Arbeit mit dem Polyoma-Virus zu erlernen. Als seine Gruppe sich Anfang der 70er Jahre bemühte, SV40-Rekombinanten herzustellen, war es zum Hauptanliegen geworden.

Die Rekombination von DNA war jetzt einfach, also begann Mulligan mit der Suche nach dem genetischen Ein-Schalter. Zunächst schleuste er in SV40 ein bakterielles Gen für das Enzym XGPRT ein, einen entwicklungsgeschichtlichen Verwandten des HGPRT-Enzyms, das Anderson bereits verwendet hatte. Menschen, denen das Gen fehlt, leiden am Lesch-Nyhan-Syndrom, das zu einer schweren geistigen Behinderung führt.

Der Vorteil des bakteriellen Gens lag in seiner Fähigkeit, das HAT-Medium zu entgiften – ebenso wie das Thymidin-Kinase-Gen es konnte. Wenn die SV40-XGPRT-Kombination in Zellen eintrat, konnten sie im HAT-Medium überleben und gedeihen. Mulligan hatte das SV40-Genom kurzerhand zu einem Vehikel für das bakterielle XGPRT-Gen umfunktioniert und es in Affenzellen eingebracht, die daraufhin das Protein herstellten. Zellen, die das Protein nicht herstellten, starben im HAT-Medium ab.

«Es war wirklich die erste Gelegenheit, bei der jemand zeigte, daß man tatsächlich ein bakterielles Gen in einer Tierzelle zur Expression bringen konnte», sagte Mulligan Anfang der 80er Jahre zur Autorin Yvonne Baskin.[23] «Es räumte mit dem Mythos auf, daß es mit den Protein-Codierungssequenzen der Tierzellen etwas Besonderes auf sich habe.»

Aber die Codierungssequenzen bei Tieren waren der wichtigste Punkt. Konnte man auf dieselbe Art und Weise Säugergene in Säugerzellen schleusen und aktivieren? Mulligan begann damit, dem SV40 ein großes Gen zu entnehmen – das VP1-Gen, das eines der drei Proteine codiert, aus denen eine Viruskapsel aufgebaut wird. Er beließ aber den größten Teil der Steuerelemente des VP1 an ihrem Platz, so daß ein beliebiges Gen, das man an seiner Stelle einfügte, wahrscheinlich funktionieren würde. Diese Signale würden für die Expression eines beliebigen, eingefügten Gens sorgen.

Aber welches Gen sollte man einsetzen? Am besten wäre wieder einmal das Betaglobin-Gen vom Kaninchen, das sämtliche Vorzüge besaß: Es war verfügbar, es war klein, und es würde sich leicht anstelle des VP1-Gens ins SV40-Genom einfügen lassen. Und da das Betaglobin-Genprodukt leicht zu charakterisieren war, wenn es produziert würde, könnte Mulligan es mühelos identifizieren. Maniatis stellte das Gen zur Verfügung, und Mulligan machte sich an die Arbeit.

Mulligan mußte sich einige Tricks einfallen lassen, um das Betaglobin-Gen mit genau den richtigen «klebrigen Enden» zu versehen um es in das SV40-Genom einzuschleusen, aber er schaffte es schließlich. Mulligan transfizierte die SV40-Betaglobin-Gen-Rekombinante in Affennierenzellen.

Affennierenzellen stellen normalerweise kein Hämoglobin her, also war eine Betaglobinproduktion leicht auszumachen. Wenn die Gentechnik wie erhofft funktioniert hatte, würden die genetischen Signale des SV40 das Kaninchen-Betaglobin-Gen anschalten, und es würde Protein herstellen.

Um herauszufinden, ob das Gen aktiv war, wandte Mulligan eine Reihe von Techniken an: Monoklonale Antikörper, die das Betaglobin-Protein erkannten, chemische Extraktion und den Nachweis von Globin-Messenger-RNA. Mulligan wies unwiderlegbar nach, daß die Affennierenzellen Kaninchen-Betaglobin produzierten. Sie stellten das Protein gleich in großen Mengen her. «Wir schätzen, daß B[eta]-Globin nahezu in derselben Menge synthetisiert wird wie VP1», schrieb Mulligan im Januar 1979 in *Nature*.[24]

Es war eine bedeutende Veröffentlichung, ein Durchbruch in der Proteinexpression in Säugerzellen durch transfizierte Gene. Mulligan hatte noch nicht einmal seinen Doktor gemacht und stand schon am Beginn einer bedeutenden Forscherkarriere. Einige sagen, diese Arbeit habe ihm den Weg zu dem «Genius»-Preis der MacArthur Foundation geebnet, den er einige Jahre später erhielt. Dieser Preis wird an Wissenschaftler verliehen, die einen bedeutenden Beitrag auf ihrem Gebiet geleistet haben. Die MacArthur Foundation zahlt unterschiedlich hohe Beträge aus, bis zu mehreren 10000 Dollars im Verlauf einiger Jahre, die den «Genius» von finanziellen Sorgen befreien, so daß er oder sie neuartige Ideen verfolgen kann.

Es war das erste Mal, daß jemand ein Säuger-Gen in eine Säugerzelle transferiert und dafür gesorgt hatte, daß es normal funktionierte. Endlich war es möglich, aktive Gene in menschliche Zellen einzuschleusen. Zum ersten Mal konnte eine Diskussion über eine Gentherapie beim Menschen geführt werden, die auf Wissenschaft statt nur auf Spekulationen begründet war.

Berg sah das jedoch anders. Jedesmal, wenn ein Forscher in seinem Labor einen weiteren Fortschritt in der Gentherapie oder in der Genexpression verkündete, war er sofort zur Stelle, um jegliche Spekulation zu unterdrücken, daß diese oder jene neue Technik zu einer Gentherapie beim Menschen führen würde. Es war eine Sache, neue Gene in Zellkulturen einzufügen, meinte Berg in solchen Fällen, aber eine völlig andere, Gene in einen Menschen einzuschleusen.

Die Wissenschaftler wußten immer noch nicht, wie sie spezifische Zellen im menschlichen Körper ansteuern sollten. Sie konnten weder Gene an ihre Originalplätze im Chromosom einfügen, noch eine normale genetische Kontrolle über das transplantierte Gen ausüben. Zudem hatten sie immer noch nicht genügend Gene zur Verfügung, die therapeutisch genutzt werden konnten. Berg war der Ansicht, daß eine Gentherapie beim Menschen noch Jahrzehnte entfernt war.

«Berg glaubte, daß dies nur durch die Wissenschaft ermöglicht würde und nicht durch überzogenes Wunschdenken», sagte Mulligan. «Ich denke ebenso. Wir achteten darauf, keine übertriebene Hoffnung in das Konzept der Gentherapie zu setzen. Wir waren uns bewußt, daß die Ansätze, die wir erarbeiteten, die Grundlage für die Gentherapie darstellten. Das war ein wichtiges Thema. Wir waren mehr daran interessiert, über Modellsysteme zu sprechen. Wir hielten nach den biologischen Themen Ausschau. Es ist schon komisch; wir erkannten die Bedeutung dieser Sache sehr genau, konzentrierten uns aber auf die Forschungsarbeit.

Als die Gentherapie Realität wurde, geschah dies nicht durch den SV40-Expressionsvektor. Obwohl Mulligans Betaglobin-Experimente zeigten, daß das Problem der Proteinproduktion in Säugerzellen gelöst werden konnte, war SV40 mit zu vielen anderen Problemen verbunden, um es zu einem geeigneten Werkzeug zu machen. Zunächst einmal war es zu ineffizient. Da der Expressionsvektor zu groß war, um in die SV40-Kapsel zu passen, mußte er mittels chemischer Tricks wie Axel und Wiglers Transfektionstechnik in die Zellen praktiziert werden. Selbst, wenn die neuen Gene in die verhältnismäßig kleine Kapsel des SV40 paßten, waren es nicht sehr viele. Außerdem konnte das Virus nur wenige Zellarten infizieren, von denen die meisten aus Affen stammten, nicht aus Menschen. Und sogar bei den Affen rief es häufig Krankheiten und andere Komplikationen hervor.

Ein noch größeres Problem war die Frage, was geschehen würde, wenn der Expressionsvektor in eine Zelle gelangte. SV40-Vektoren bilden meist eigenständige Chromosomen, die außerhalb des Zellkerns bleiben. Die Enzyme, die zur Konvertierung der genetischen Informationen in Messenger-RNA und letztlich Protein erforderlich waren, funktionierten bei diesen SV40-Minichromosomen, aber die Aktivität der transplantierten Gene hielt nicht sehr lange an. Mulligan fand heraus, daß die SV40-Vektoren zwar große Mengen Betaglobin-Proteine produzierten, aber nur ungefähr dreißig Minuten lang. Das reichte zum Studium der Steuerung der Gene aus, aber nicht zur Therapie von Thalassämiepatienten.

Letztlich war der verhängnisvollste Mangel tödlich. Der SV40-Expressionsvektor tötete die transfizierten Zellen. Damit eine Gentherapie wirksam sein kann, muß die Behandlung gutartig sein, so daß die Zellen ihre normale Lebensspanne durchlaufen und das Protein des transfizierten Gens produzieren.

Im Jahr 1980 lief Mulligans Zeit in Bergs Laboratorium ab. Er hatte seine Doktorarbeit abgeschlossen und verließ das Labor mit der für einen Studenten gewaltigen Anzahl von neunzehn Publikationen – einige davon in den wichtigsten Magazinen.

Zum Abschluß einer Doktorarbeit wurde in Stanford erwartet, daß man eine Zusammenfassung der nach der Promotion geplanten Forschung verfaßte. Da er jetzt vordringlich an der Entwicklung von Methoden des Gentransfers interessiert war, die dazu führten, daß in Säugerzellen Protein hergestellt wurde, legte Mulligan eine Beschreibung der Möglichkeiten vor, wie eine andere Virenart – die Retroviren – dazu verwendet werden könnte, Gene direkt in Säuger-Chromosomen zu integrieren. «Die Idee gründete sich auf das, was bei der SV40-Methode gemacht worden war», sagte er.

Aber diese Vorstellung ging weit über das hinaus, was mit dem Affenvirus möglich war. Retroviren – Mulligan sprach davon, Maus-Retroviren zu benutzen – sind selbst unter Viren ungewöhnlich. Sie tragen ihre Gene in Form von RNA mit sich herum, die sie dann in DNA konvertieren, welche in die Chromosomen der infizierten Zelle eingefügt werden. Ihr größter Vorteil ist, daß Retroviren infizierte Zellen in der Regel nicht töten. Sobald ihre Gene in die Wirts-Gene eingeschmuggelt sind, produzieren sie rasch und in großen Mengen neue Virus-RNA und -Proteine, die sich zu neuen, infektiösen Viruspartikeln formieren. Eine infizierte Zelle bleibt im Prinzip für die Dauer ihrer natürlichen Lebensspanne am Leben, die sich – je nach Zelltyp – auf mehrere Jahre belaufen kann.

Retroviren hatten ihre Nützlichkeit bereits unter Beweis gestellt, indem sie einen Weg zur Entdeckung der Onkogene wiesen – ansonsten normaler Gene, die zu einer kanzerösen Entartung einer Zelle führen, wenn sie mutiert oder dereguliert sind. Retroviren stellen auch die Reverse Transkriptase her, jenes revolutionäre Enzym, das das Zentrale Dogma der Molekularbiologie verletzt, indem es genetische Informationen aus RNA in DNA umsetzt – die Entdeckung, die Howard Temin und David Baltimore einen Nobelpreis einbrachte.

Mulligan sagte voraus, daß es möglich sein würde, einen Stamm von Zellen mit einem defekten Retrovirus-Genom zu züchten, das alle Proteine herstellen könnte, die zur Erzeugung normaler Viruspartikel erforderlich sind, dessen Genom aber die Signale fehlten, um in Viruskapseln verpackt zu werden. Die Zelle würde infiziert und virale Proteine herstellen, wäre aber nicht in der Lage, infektiöse Viren herzustellen.

Zugleich – so stellte Mulligan es sich vor – könnte ein zweites Retrovirus-Genom in dieselbe Zelle eingeschleust werden, das ein zur Therapie nötiges Gen (wie zum Beispiel das Betaglobin-Gen) tragen würde. Die übrigen Gene in diesem Retrovirus – die dazu nötig sind, um retrovirale Proteine herzustellen – würden entfernt. Aber das zweite Gen des Retrovirus würde die Signale behalten, die erforderlich sind, um sein Genom in eine retrovirale Kapsel zu packen, falls vorhanden.

Wenn man diese beiden retroviralen Genome in ein- und dieselbe Zelle brächte, erhielte man ein Komplementationssystem, das infektiöse Retroviren produziere, die mit dem therapeutischen Gen ausgestattet wären. Dann könnte man die Retroviren als molekulare Vehikel benutzen, um das therapeutische Gen in Zellen zu bringen, denen dieses Gen fehlte.

«Es gab bereits Komplementationssysteme», sagte Mulligan. «Da waren zum Beispiel die mit dem SV40-T-Gen transfizierten Affenzellen, die die Reproduktion von SV40-Konstrukten ohne eigenes T-Gen ermöglichten. Es handelte sich um eine Art Helfersystem. Es gab weitere komplementäre Systeme, bei denen zwei verschiedene Viren Mutationen mit unterschiedlichen Funktionen aufwiesen. Sie miteinander zu vermischen, stellte die Funktionen wieder her. Mich interessierte das Konzept der langfristig stabilen Transformationen von Zellen unterschiedlichen Typs mit Konstrukten, die eine Expression fremder Gene ermöglichten.»

Mulligan hatte sich für das Retrovirus entschieden, weil es wie auch SV40 Zellen infizierte, weil es seine Gene stabil in die Chromosomen der Wirtszellen einschleuste, und weil es mehr Gene als SV40 aufnehmen konnte. Außerdem wollte er nicht unmittelbar in Konkurrenz mit Paul Berg treten.

Wichtiger aber war, daß dies das Ende seiner Tätigkeit an der Stanford University bedeutete. Mulligan hatte seinen Doktor erlangt und wollte etwas Neues unternehmen. Er konnte sich nur noch nicht entscheiden, was er tun wollte. Alex Rich, Mulligans alter Mentor am Massachusetts Institute of Technology, bot ihm an, er könne ans MIT zurückkommen und selbständig in seinem Labor arbeiten. Er wolle dem Jüngeren die Unterstützung gewähren, die er brauche, um seine Ideen zu verfolgen. Dieses Angebot gefiel Mulligan, und er nahm an.

Aber bevor er umzog, besuchte Mulligan das Salk Institute und traf sich mit Paul Berg und David Baltimore. Als Baltimore hörte, daß Mulligan plante, in das Labor Richs zurückzukehren, bat er ihn, statt dessen im neuen Krebszentrum des MIT zu arbeiten. «Wir können Sie mit allem versorgen, und Sie können selbständig arbeiten», sagte Baltimore. Mulligan nahm an. Er erhielt einen Arbeitsplatz in Philip Sharpes Labor im Krebszentrum. Er begann, an seiner Idee zu arbeiten, die er zum Abschluß seiner Doktorarbeit formuliert hatte, aus Retroviren genetische Verpackungssysteme anzufertigen.

Nachdem er sich am MIT eingerichtet hatte, leistete Mulligan bedeutende Beiträge zur Technik der Gentherapie beim Menschen. French Anderson am National Institute of Health hingegen wurde bei seiner Suche nach einer genetischen Methode der Behandlung von Krankheiten enttäuscht. Bei Mikroinjektionen war die Erfolgsrate beim Transfer von Genen in die Zelle hoch, aber es war eine langwierige Arbeit, da jede Zelle einzeln injiziert werden mußte. Diese Methode würde für die Korrektur der Millionen oder sogar Milliarden Zellen, die nötig waren, um einen Menschen zu heilen, niemals geeignet sein.

Auch bei den übrigen Ansätzen wie der Axel-Wigner-Methode ließ die Fähigkeit, viele Gene in viele Zellen zu schleusen, zu wünschen übrig. Es traf zu, daß eine Transfektion per Kalziumphosphat-Ausfällung den Ärzten erlaubte, Gene in Säugerzellen einzuschleusen, aber sie war für die Behandlung von Menschen nicht gut geeignet. Es bedeutete, daß die Zellen des Patienten aus dem Körper entfernt, genetisch manipuliert und dann – nach der Selektion – wieder in den Körper zurückgebracht werden mußten. Es wäre eine aufwendige und schwierige Arbeit mit einem so geringen Wirkungsgrad, daß ein Erfolg unwahrscheinlich wäre.

Trotz zunehmenden Interesses an der Verwendung von Viren zum Gentransfer am Menschen befand sich keine der bestehenden Methoden auch nur in der Nähe der Erprobung. Allem Anschein nach würde sich die Gentherapie in naher Zukunft nicht zu einer brauchbaren Heilmethode entwickeln. «Es gab einfach noch nicht die richtige Technik für eine klinische Gentherapie», sagte Anderson.[25]

Im Sommer 1980 half Anderson, eine wissenschaftliche Konferenz in einem Konferenzzentrum namens Airlie House in der Nähe von Washington zu organisieren. Er saß einer Sitzung vor, die eine Übersicht über den Stand der Gentherapie lieferte. Anderson sprach über die Arbeit, die er und Elaine Diacumakos in bezug auf den Gentransfer per Mikroinjektion geleistet hatten. Während die übrigen Teilnehmer ihre Arbeiten mit anderen Ansätzen beschrieben, wurde Anderson immer unglücklicher. «Es war die Erkenntnis, daß wir noch einen langen Weg vor uns hatten», sagte er. «Es war wie bei einem Wettrennen: Man läuft um die Kurve und denkt ‹Jetzt kommt die Zielgerade›, aber statt dessen zieht sich die Laufbahn unendlich.»

An diesem Abend warf er sich unruhig in seinem Bett herum und ließ sich die Ereignisse des Tages durch den Kopf gehen. Er dachte über neue Möglichkeiten der Gentherapie nach, ohne welche zu finden. Um drei Uhr morgens stand er auf und fuhr nach Hause, voller Zweifel, daß er eine Gentherapie noch erleben würde. Es war der 24. Juni 1980, sein 19. Hochzeitstag.

Von diesem Augenblick der Finsternis an ließ Anderson buchstäblich jede Hoffnung darauf fahren, daß er jemals eine Gentherapie durchführen würde, und er wandte sich von diesem Fachgebiet ab. Darüber hinaus beschäftigte er sich in den nächsten Jahren kaum wissenschaftlich. Sein Kalender wies kein Grün mehr auf; statt dessen weitete sich das Gelb und das Rot aus. Er fand Trost in der Kunst des Taekwondo und entwickelte sich zum Experten der Sportmedizin.

Er konnte nicht ahnen, daß im selben Monat, in dem er buchstäblich seinen viele Jahre lang gehegten Traum aufgab, ein anderer Wissenschaftler im Begriff war, eine der Techniken aufzugreifen, die Anderson als nicht geeignet zurückgewiesen hatte, und den ersten Vorstoß in der Richtung unternahm, Gene in menschliche Patienten einzuschleusen. Sein Experiment sollte das Forschungsgebiet – und die ganze Gesellschaft – erschüttern.

Die Gefahren des Fortschritts

«Das Schlüsselwort in der Kritik an der Naturwissenschaft und den Wissenschaftlern lautet Vermessenheit. ... Der Vorwurf, vermessen zu sein, ist deshalb eine ernstzunehmende Angelegenheit.»

Lewis Thomas, «The Hazards of Science» in «*The Medusa and the Snail*»

Ein schmächtiger, unauffälliger Mann mit sandbraunen Haaren und Brille stieg auf dem Los Angeles International Airport an Bord eines Verkehrsflugzeugs nach Rom. Er trug ein ungewöhnliches Gepäckstück mit sich: Eine Styropor-Kühlbox, die Eis und Reagenzgläser voller Gene enthielt. Martin J. Cline, Arzt und Forscher an der University of California in Los Angeles, war auf dem Weg nach Übersee, um im Sommer 1980 in Europa Forschungen durchzuführen. Seine gekühlten Reagenzgläser enthielten unterschiedliche Gene: Ein Gen vom Herpesvirus, ein menschliches Gen, das eine der beiden Untereinheiten des Hämoglobins codierte, und als drittes ein Stück rekombinierte DNA, in dem das Herpes-Gen mit dem menschlichen Betaglobin-Gen zusammengebracht worden war.

Cline war sich noch nicht sicher, was genau er mit den Genen anstellen würde, wenn er in Europa ankam. In den letzten anderthalb Jahren hatte er die Voraussetzungen für ein bemerkenswertes Experiment geschaffen. Zumindest würde er ein paar Laboruntersuchungen vornehmen, um die neue Zusammenarbeit mit Forschern in Israel und in Italien zu festigen. Aber sein eigentliches Ziel war historisch: Er wollte die Gene in der Styroporbox in Menschen einschleusen, die unter Thalassämie litten. Es würde das erste Mal sein, daß jemand Gene in Menschen einbrachte. Es würde ein grandioses Experiment sein. Es würde riskant sein. Wenn er Erfolg hatte, würde er den Nobelpreis verliehen bekommen. Wenn er versagte, wäre er zumindest der erste gewesen, der es versucht hatte – und ein Versagen angesichts derartig großer Schwierigkeiten würde kein Grund sein, sich zu schämen.

All diese Überlegungen gefielen Cline. Er besaß einen starken Hang zum aggressiven Vorgehen, zum Experimentieren. Diese Neigung nährte ein unglaubliches Ego, das durch eine seltene Kombination von Talenten noch gestützt wurde. Er war ein Arzt, der sich wohlfühlte, wenn ihm schwer kranke Patienten anvertraut wurden, und trotzdem war er auch ganz der aufgeschlossene Wissenschaftler, als der er nur in den modernen Forschungslabors der Universität weitab von der Klinik arbeiten konnte. Cline hatte nach seinem Studium an der Harvard Medical School bereits Dutzende erfolgreicher Studien durchgeführt, bei denen Patienten mit bösartigen Krebserkrankungen giftige Medikamente verabreicht worden waren und war als Krebsforscher international bekannt. Seine Kollegen an der University of California in Los Angeles (UCLA) betrachteten ihn als den Arzt der Ärzte, den sie selbst aufsuchten, wenn sie oder ein Familienmitglied krank waren.

Cline war brillant, energiegeladen, mit Ordnungssinn begabt, ein fähiger Forscher, Lehrer und Verwalter. Seine Präsenz war zuweilen überwältigend. Viele betrachten ihn als heftig, ungeduldig, kalt und arrogant. Wenn jemand mit Cline eine Verabredung von 9 Uhr bis 9 Uhr 30 hatte, begann sie um 9 Uhr und endete um 9 Uhr 30, ob die betreffende Person sich verspätet hatte oder nicht. Und wenn Cline zu dem Schluß gelangte, daß ein Stück Forschungsarbeit mäßig war und nicht wert, unterstützt zu werden, dann sprach er es auch aus – deutlich und ohne Rücksicht auf persönliche Gefühle. Er lehnte es nicht nur ab, Dummköpfe höflich abblitzen zu lassen, er duldete sie grundsätzlich nicht. Trotzdem legte er es nicht auf Auseinandersetzungen an.

Er erkannte, daß Wissenschaft die Kunst war, beantwortbare Fragen zu beantworten. «Er hatte ein Gespür für Fragen, die von klinischer Bedeutung sein mochten», sagte einer seiner älteren Freunde.[1] Cline besaß die Neigung, sich auf die größten Fragen der Wissenschaft einzuschießen. Er entschied sich gewohnheitsmäßig für Probleme, die schwierig waren, aber bedeutsam und hochrangig. Erfolge mit schöpferischen Experimenten in einem schwierigen Forschungsbereich brachten den höchsten Lohn ein; persönlich wie beruflich. Die Gentherapie war das höchste auf diesem Gebiet. Nur ein Mensch würde der erste sein, der Gene in einen Menschen transplantierte. Wenn es funktionierte, würde es die Medizin revolutionieren. Er wollte persönlich diese Revolution auslösen.

Martin J. Cline, ein Mann von leichtem Körperbau, der eine Zeit lang Marathon gelaufen war, wurde am 12. Januar 1934 in Philadelphia geboren. 1954 graduierte er als Zwanzigjähriger von der University of Pennsylvania mit Auszeichnungen in Chemie und Mathematik. Vier Jahre später verlieh ihm die Harvard Medical School den Doktor der Medizin *summa cum laude* sowie *cum laude* für seine Arbeit auf einem Sondergebiet. Cline trat unter dem Chefarzt George W. Thorn in das Peter Bent Brigham Hospital in Boston ein, wo er von 1958 bis 1960 blieb. Von 1960 bis 1962 arbeitete er als Assistent unter dem Direktor Nathaniel I. Berlin am National Cancer Institute, er hatte Forschungsaufträge an der University of Glasgow und am College of Medicine der University of Utah in Salt Lake City, bevor er 1964 im Fachbereich für Hämatologie der University of California in San Francisco (UCSF) eine Stelle antrat.

Clines aggressiver Stil trieb ihn steil die Karriereleiter empor und brachte ihm sämtliche Ehren ein, die die akademische Medizin zu vergeben hatte. Im Jahr 1973 erlangte Cline einen der wenigen, hochdotierten Lehrstühle der Medizin an der UCLA, und mit 39 Jahren wurde er Professor für Onkologie. Die UCSF hatte ihn rekrutiert, damit er den kombinierten Fachbereich für Hämatologie und Onkologie der UCLA schuf und leitete. Er errichtete das erste erfolgreiche Krebsforschungszentrum der Universität. Seine Forschergruppe leistete entscheidende Beiträge zur klinischen Medizin. Zum Beispiel war sie daran beteiligt, die Techniken der Knochenmarktransplantation zur Krebsbehandlung zu entwickeln oder den Einsatz von menschlichen Wachstumsfaktoren zur Beschleunigung der Erholung des Knochenmarks nach einer Transplantation zu erproben.

Clines Fachbereich war ebenfalls Gegenstand von Kontroversen. Zu seinen tatkräftigen Mitarbeitern gehörten einige der kühnsten Gestalten in der Medizin. Einer von ihnen war David Golde, ein Forscher, der später in einen erbitterten Rechtsstreit um die Patentrechte an Zellen eines Patienten verwickelt wurde, nachdem diese zur Gewinnung einer medizinisch wirksamen Substanz eingesetzt wurden – ein Prozeß, der zu einem Präzedenzfall wurde. Ein weiterer Mitarbeiter war Robert Peter Gale, ein Knochenmarkexperte, der Anfang 1979 von seinen eigenen Krankenschwestern angezeigt wurde. Sie klagten ihn an, ohne Zustimmung der Verwaltung und ohne Einverständnis der Patienten experimentelle Knochenmarktransplantationen ausgeführt zu haben.[2] Außerdem hatte Gale Transplantationen von fötalen Leberzellen (anstelle von Knochenmark) bei Mitgliedern der russischen Bergungsmannschaft ausgeführt, die nach dem GAU in Tschernobyl im April 1986 einer tödlichen Dosis radioaktiver Strahlung ausgesetzt gewesen waren. Viele Wissenschaftler betrachteten diese Transplantationen als fragwürdig, denn keiner der russischen Arbeiter überlebte.

Ein Kollege nannte Cline, Gale und Golde «die drei Jogger».[3] Drei brillante Köpfe. Drei besessene Forscher. Drei Männer, denen es bestimmt war, bedeutende Fortschritte in der Wissenschaft zu machen – und sich bedeutende Feinde zu schaffen. Sie stritten sogar untereinander. Mitte der 80er Jahre verklagte Cline Golde wegen der Urheberrechte aus der Entdeckung eines der wertvollsten biotechnologisch hergestellten Medikamente: des granulocyte-colony stimulating factor (G-CSF = Granulozyten-Koloniebildungsfaktor). Der Faktor wurde an der UCLA identifiziert und machte Amgen zu einem der reichsten Unternehmen in der Biotechnologie.

Als Wissenschaftler war Cline unübertroffen. Bis 1980 hatte er mehr als 200 wissenschaftliche Arbeiten in den führenden medizinischen Journalen der Welt veröffentlicht. Seine Forschungsvorschläge und Zuschußanträge wurden von den Studienabteilungen des National Institute of Health in der Regel anstandslos genehmigt. In den Studienabteilungen saßen Kollegen, die auf dem jeweiligen Gebiet

Experten waren, und allgemein als letzte Instanz angesehen wurden, wenn es um Erfolg oder Versagen eines Forschers ging. Diese Studienabteilungen zollten Cline regelmäßig hohes Lob für die Qualität seiner Ideen, dem Zuschüsse folgten, die seine Forschung großzügig förderten. Im Jahr 1980 waren in seinem Laboratorium etwa 20 promovierte Forscher und technische Assistenten tätig, die insgesamt jährlich über nahezu 1 Million Dollar an staatlichen Zuschüssen verfügen konnten.

Cline war, um es auf den Punkt zu bringen, ein Star. Er war ein Überflieger, dessen Leistungen ihm internationale Beachtung und Anerkennung durch Wissenschaftler und Ärzte einbrachten. Viele wollten mit ihm arbeiten. Ein Forscher nannte Cline «die schillerndste Persönlichkeit in der Hämatologie». Er hatte soeben ein erfreuliches Forschungsfreisemester in Australien verbracht. Transkontinentalreisen waren eine interessante Möglichkeit geworden, Wissenschaft zu betreiben und zugleich fremde Länder zu sehen. So ließ es sich leben.

Am 8. Juni 1980 flog Cline nach Europa und weiter in den Nahen Osten, neuen internationalen Abenteuern entgegen. Er war aufgeregt. Der Erfolg seiner jüngsten Studien mit Tieren machte ihn ungeduldig, die Gene in Menschen einzubringen. Er glaubte, eine Behandlungsmethode für die Thalassämie gefunden zu haben – möglicherweise sogar eine Heilmethode. Ob er seine Ideen auf dieser Reise überprüfen konnte, das hing davon ab, ob seine Mitarbeiter die nötigen Genehmigungen der Behörden erhielten. Als sein Plan daheim in Kalifornien entstanden war, hatte Cline nicht gewußt, was ihn erwarten würde. Was auch immer geschah, überlegte er, es würde ein interessanter, vielleicht sogar bedeutsamer Sommer werden.

Im letzten Jahrzehnt war die Gentechnik explosionsartig expandiert. Forscher hatten herausgefunden, daß sie Gene in fast jede beliebige Zelle einschleusen konnten, wenn es auch nicht immer ganz einfach war. Aber meistens weigerten sich die Gene, aktiv zu werden, nachdem sie einmal in der Zelle waren. Die Gentechniker testeten ihre Techniken meistens an Bakterien, die sie im Labor züchteten, dachten aber immer häufiger daran, sich Zellen höherer Organismen zuzuwenden, von Laborratten und -mäusen oder sogar von Menschen.

Im Verlauf der großen Debatten über die Gentechnik in den 70er Jahren diskutierten Wissenschaftler, ihre Vorgesetzten, der Kongreß und die Öffentlichkeit über die Möglichkeit, daß die Gentechniker etwas verpatzten und unbeabsichtigt einen Mutantenstamm züchteten, der aus dem Labor entkommen und weltweit eine tödliche Infektionskrankheit verbreiten würde. Im Jahr 1980 – sieben Jahre nach dem Beginn der Debatten – schien die Gefahr eines genetischen Holocaust aus dem Bewußtsein der Öffentlichkeit verschwunden zu sein. Nach einer Überprüfung der neuen Wissenschaft lockerte der Kongreß die gesetzlichen Regelungen zur Genforschung. Die Wissenschaftler des NIH entwickelten eigene Richtlinien zum weiteren Vorgehen und um die allmählich abebbende Furcht vor drohenden Gefahren weiter gering zu halten.

Cline hingegen, der sich weder an der genetischen Grundlagenforschung noch an der diesbezüglichen Debatte beteiligte, hatte kein Interesse daran, mit Genen in Bakterien herumzupfuschen. Er wollte Gene in kranke Menschen einschleusen und glaubte, einer der ersten zu sein, die diese neue Möglichkeit sahen – daß Gene die Heilung tödlicher Krankheiten bedeuten konnten. Er sah sie so deutlich, daß er befürchtete, andere Forscher würden sie ebenfalls sehen und ihm zuvorkommen. Cline wollte der Erste sein, der diese Gentransfer-Experimente ausführte und den Sprung zum Menschen vollführte. Obwohl seine Untersuchungen zu widersprüchlichen und – für viele – nicht überzeugenden Schlüssen geführt hatten, war er selbst sicher, daß sein Ansatz sich ausreichend bewährt hatte, um den Einsatz bei menschlichen Patienten zu rechtfertigen. Viele Forscher stimmten ihm nicht zu. Dies mußte zwangsläufig zu Kontroversen führen.

Im Kampf sah Cline nur seine eigene Rechtschaffenheit und war blind für seine Arroganz – den einzigen seiner Charakterzüge, der seine brillante Karriere gefährden konnte. Wie so viele Ärzte vor ihm glaubte er, nur ein Wissenschaftler, der klinische Forschung betrieb, könne das Wohl und Wehe unerprobter Behandlungsmethoden wirklich beurteilen. Nur er könne beurteilen, wann eine neue Behandlungsmethode – wie riskant ihre Anwendung und wie fragwürdig ihr Erfolg auch sei – reif für die Erprobung beim Menschen war.

Am Ende seiner Reise, als Cline 46 Jahre alt war, sollten die Leistungen seines Lebens bedeutungslos geworden sein. Sein Ruf sollte sich ändern, von der «schillerndsten Persönlichkeit in der Hämatologie» zu einem außer Kontrolle geratenen Einzelgänger, der alle Regeln gebrochen hatte. Als Resultat sollte er von seinen Kollegen an der UCLA und seinen Mitarbeitern aus aller Herren Ländern verlassen, von seinen Patienten geschmäht und vom wissenschaftlichen Establishment mißachtet werden. Viele Forscher sollten seine Taten als wissenschaftlich wertlos abtun. Andere, die durch das, was sie als schwerwiegenden ethischen Verstoß betrachteten, tiefer entrüstet waren, sollten Cline anklagen, gegen die Helsinki-Akte zum Schutz menschlicher Versuchspersonen verstoßen zu haben und verglichen ihn mit den deutschen KZ-Ärzten, die mit Billigung des NS-Regimes Menschenversuche der übelsten Sorte betrieben hatten.

Cline war der nachfolgende Wirbel unverständlich. Seiner Ansicht nach hatte er nur getan, was er immer tat: Er hatte radikal neue Behandlungsmethoden an hoffnungslos Kranken ausprobiert, die ansonsten nicht mehr lange zu leben gehabt hätten. Er legte weder den Grundstein für eine Eugenik, noch züchtete er in einem versteckten Labor einen genetischen Frankenstein. Sein Ziel war, zu heilen, nicht zu schaden. Das Ergebnis geriet allerdings katastrophal.

Wenige Stunden, nachdem es Los Angeles verlassen hatte, landete Clines Flugzeug auf dem Leonardo-da-Vinci-Flughafen in Rom. Cline war nach Italien gekommen, um Dr. Cesare Peschle zur Zusammenarbeit zu überreden, den Chefhämatologen am Instituto Patologia Medica an der Universität von Neapel und eine Koryphäe der Thalassämie und anderen Blutkrankheiten. Peschle war im italienischen Pula geboren und mehr als zehn Jahre jünger als Cline. Obwohl er als Arzt an der Universität von Rom gearbeitet hatte, verbrachte er seine Zeit mit Grundlagenforschung und kümmerte sich nicht um Patienten. Er hatte sich ein Laboratorium eingerichtet, um defekte Blutzellen von Patienten mit Thalassämie und anderen erblichen Blutkrankheiten zu untersuchen. Das Labor besaß den Ruf als eines der wenigen Labors der Welt die Klonierung menschlicher Blutzellen zu beherrschen. Als Cline ankam, hatte Peschle bereits das Blut von mehr als 60 Thalassämie-Patienten untersucht und hielt die Zellen einiger von ihnen in Laborkulturen.

Peschle – groß und schlank, mit raschen Bewegungen und Gesten und ausdrucksvollen, dunklen Augen unter seinem dichten dunklen Haarschopf – war Cline bereits früher bei einem internationalen Hämatologie-Kongreß aufgefallen. Damals hatte Peschle David Golde nach dessen Rede mit Fragen bombardiert. Golde, Peschle und Cline hatten sich nach der Tagung über ihre Forschung unterhalten. Golde und Cline erkannten bei Peschle verwandte Züge: Er war intelligent, zäh, selbsbewußt und ehrgeizig – genau wie sie selbst. Seitdem waren die Amerikaner mit dem Italiener in Kontakt geblieben.

Anfang 1980 lud Cline Peschle ein, an der UCLA über seine Arbeit zu referieren. Im Verlauf dieses Besuchs fragte Cline Peschle, ob er an einer Zusammenarbeit bei einem Experiment interessiert sei, das Cline vorschwebte. Es würde ein revolutionäres Experiment sein, nach dessen günstigem Ausgang Kinder mit Sichelzellanämie geheilt werden könnten, indem man neue Gene in ihr Knochenmark einfügte. Cline legte Peschle ein Protokoll für den geplanten Versuch vor, und erläuterte es. Zehn Jahre später erinnerte Peschle sich daran, beeindruckt, aber skeptisch gewesen zu sein. Aber Cline wäre nicht er selbst gewesen, wenn er ein Nein so leicht hätte gelten lassen. Peschle versprach, über die Sache nachzudenken.

Monate später, im Frühsommer 1980, waren Cline und Peschle wieder zusammen, diesmal in Neapel. Sie planten, die von Cline mitgebrachten Gene zumindest bei *in-vitro*-Versuchen zur Transfektion der Knochenmarkzellen von Patienten mit Beta-Zero-Thalassämie einzusetzen. Letzten Endes schwebte Cline aber immer noch vor, Peschles Verbindungen dazu zu nutzen, mit diesen Genen transformierte Knochenmarkzellen den Thalassämie-Patienten zurück zu infundieren.

Was Cline im Sinn hatte, war recht einfach. Er wollte versuchen, eine normale Kopie des Betaglobin-Gens in die Blutzellen einzubringen, die das anomale Gen enthielten. Wissenschaftler hatten den Traum, Krankheiten auf der genetischen Ebene zu heilen, bereits seit den 40er Jahren geträumt, als Forscher herausfanden, daß Gene aus DNA bestehen. Doch erst die revolutionierenden Techniken der Molekularbiologie Anfang der 70er Jahre rückten die Verwirklichung dieses Traumes in greifbare Nähe.

Aber Cline war kein Molekularbiologe. Er war ein Arzt, der klinische Versuche an todkranken Patienten mit Leukämie, Lymphomen oder anderen Blutkrankheiten anstellte. Für jeden, der mit zellulären Therapien wie Knochenmarktransplantationen arbeitete, stellte die Gentherapie offensichtlich den nächsten Schritt dar. Cline beschloß, Molekularbiologie und Genmanipulation zu erlernen, um sich ein besseres Bild von diesen Methoden machen zu können.

Gegenüber des medizinischen Zentrums der UCLA liegt eine Ansammlung von Gebäuden, in denen die biologische Fakultät der Universität untergebracht ist. Dort hatte sich Winston Salser, Professor für Biologie, Mitte der 70er Jahre mit seiner Forschung zur Rekombination von DNA einen gewissen Ruf erworben. Im Jahr 1980 war er an der Gründung einer Firma beteiligt, die sich zu einem der erfolgreichsten Biotechnologie-Unternehmen des Landes mausern sollte, die Amgen Inc.

Salser ist eine exzentrische Erscheinung, gut über einen Meter achtzig groß, und sein drahtiges, braun-graues Haar neigt dazu, wie elektrisiert vom Kopf abzustehen. Ein ebenfalls drahtiger, schwarz-grau-melierter Bart verdeckt den Hemdkragen, so wie sein Schnäuzer den Mund verdeckt. Durchdringende, blaue Augen spähen lebhaft unter seinen dünnen Augenbrauen hervor. Im Jahr 1976 beschloß Cline, daß Salser der Mann war, der ihm die Kenntnisse der modernen Biologie beibringen sollte, die er für seine Gentherapie brauchte.

Salser war nicht davon beeindruckt, daß er auserwählt worden war. Er engagierte sich zwar im Naturschutz, hatte jedoch nicht viel Interesse an der Universitätspolitik. Er verabscheute die Machtkämpfe auf dem Campus. Als Cline darum bat, an seinem Labortisch arbeiten und Gentechnik erlernen zu dürfen, wußte Salser anfangs nicht, wer Cline war. «Er mußte mir sagen, daß er eine bekannte Größe in der Medizin war», erinnerte Salser sich an ihre erste Begegnung. Salser befürchtete, daß «dieser Doktor» es nicht durchstehen würde. Molekulargenetik ist eine ermüdende Arbeit. Experimente werden gewöhnlich in kleinen Schritten und unter größter Sorgfalt durchgeführt. Oft mißlingen sie aus unerklärlichen Gründen. Salser glaubte, Cline würde aufgeben, wenn er erfuhr, wie anspruchsvoll es war und wie wenig Verbindung es mit der Klinik hatte. Also versuchte er gleich zu Beginn, Cline zu entmutigen.

Als Cline Salser mitteilte, daß er Gentechnik erlernen wollte, um eine Gentherapie für Patienten entwickeln zu können, verstärkte sich Salsers Vorurteil. «O, mein Gott, das wird niemals funktionieren», dachte Salser.[4] Aber als die beiden sich zum dritten Mal über Clines Ideen unterhalten hatten, wurde Salsers Interesse geweckt. Er ließ ihn in seinem Labor arbeiten und lehrte ihn die Molekularbiologie. Cline lernte rasch. Aus dem Lehrer-Schüler-Verhältnis wurde schnell eine Zusammenarbeit; Salser kümmerte sich um den molekularbiologischen Teil, während Cline sich neuartige Experimente einfallen ließ, die die Genetik mit Knochenmarktransplantationen bei Mäusen verband.

Etwa zur selben Zeit wurden aus vielen Laboratorien Entwicklungen gemeldet, die Clines Idee, die Gentherapie zur Behandlung menschlicher Krankheiten einzusetzen, realistischer erscheinen ließen. Die erste Entwicklung war die Isolierung des menschlichen Betaglobin-Gens, einem der wenigen menschlichen Gene, die bisher überhaupt isoliert worden waren. Thomas Maniatis, der Molekularbiologe am CalTech im nahegelegenen Pasadena, hatte das Betaglobin-Gen isoliert.

Die Neuigkeit von dem neu isolierten Gen verbreitete sich rasch. Cline bat Maniatis um eine Kopie des Gens, damit er und Salser versuchen konnten, es in eine Zelle einzufügen, um zu sehen, ob sie es zur Synthese des Hämoglobin-Proteins veranlassen konnten. Maniatis schickte Cline bereitwillig das Gen, obwohl das Team von Maniatis sich ebenfalls bemühte, das Globin-Gen in Zellkulturen einzuschleusen. Aber der CalTech-Wissenschaftler hatte ähnlich anderen Forschern wenig Glück damit, das Gen zu aktivieren, nachdem es in die Zellen eingeschleust worden war. Solange das Gen kein Protein bildete, war es sinnlos, es in Patienten einzuschleusen.

Möglicherweise handelte es sich um eine dieser seltsamen Fügungen in der Geschichte. Wenn der Stadtrat von Cambridge nicht die Forschung mit rekombinierten Genen an der Harvard University untersagt hätte, wäre Maniatis nicht nach Kalifornien gekommen, wo er das Hämoglobin-Gen erfolgreich isolierte. Und wenn Maniatis Labor nicht in der Nähe gewesen wäre, hätte Cline vielleicht keinen so leichten Zugang zu dem Betaglobin-Gen erhalten, wie er sich nun ergab, als sein UCLA-Kollege David Golde ein Forschungsfreisemester im CalTech-Labor von Maniatis verbrachte. Cline hätte das Gen zwar von irgendwoher im Land bekommen können, nachdem Maniatis seine Ergebnisse veröffentlicht hatte, doch machte es die Nähe Golde leichter, mit Maniatis zusammenzuarbeiten und Cline mit dem Bostoner Biologen zusammen zu bringen.

Die Isolierung des Betaglobin-Gens wies Cline eine bestimmte Krankheit als Ziel: die Beta-Thalassämie oder möglicherweise auch die Beta-Form der Sichelzellanämie, eine andere Krankheit der Erythrozyten, die sich häufig bei Afro-Amerikanern findet. Mit dem Hämoglobin-Gen in Händen faßte Cline die Gentherapie noch fester ins Auge.

Cline und Salser hatten nun ein weiteres Hindernis vor sich: das Problem, das Gen in die Blutzellen einzubringen. Alle existierenden Gentransfertechniken funktionierten, aber keine von ihnen funktionierte zufriedenstellend. Die Forscher hatten Schwierigkeiten, auch nur einige der Millionen oder Milliarden Zellen, die sie traktierten, zur Aufnahme neuer Gene zu bringen. Sie kamen überein, daß die beste Technik des Gentransfers 1978 in den Labors von Richard Axel und Michael Wigler an der Columbia University in New York City entwickelt worden war. Die beiden Wissenschaftler hatten gezeigt, daß sie Zellen mit Kalziumphosphat derart beeinflussen konnten, daß DNA hineingelangen und ein Bestandteil der Zelle werden konnte.

Aber die New Yorker Forscher hatten nur mit Zellkulturen gearbeitet. Es lag an Cline, nachzuweisen, daß es auch bei Zellen lebender Tiere funktionierte, wenn er die Technik jemals bei Menschen ausführen wollte. Dann kam ihm eine bemerkenswerte Idee: Er würde den Mechanismus der Darwinschen Selektion dazu benutzen, genetisch veränderte Zellen ausfindig zu machen – nicht in einer Petrischale, sondern in einem lebenden Tier.

Seit Jahrzehnten schon hatten Wissenschaftler Mäuse als Versuchstiere benutzt. Mäuse hatten wertvolle Modelle für menschliche Krankheiten abgegeben, waren zugleich aber so komplex, daß die Forscher die Ergebnisse der Tierexperimente manchmal nicht schlüssig deuten konnten.

Cline und Salser wandten sich trotz dieser Komplexität den Tieren zu, um zu zeigen, daß sich Axels und Wiglers Kalziumphosphatmethode dazu nutzen ließ, das Gen für die Thymidin-Kinease (TK) des Herpes-simplex-Virus oder das Gen für die Dihydrofolat-Reduktase (DHFR) in eine Laborkultur von Maus-Knochenmarkzellen einzuschleusen.

Um ihre Fähigkeit zum Gentransfer zu testen, mischten sie die Gene – entweder das TK-Gen oder eine DNA, die viele DHFR-Gene enthielt – mit den Mäuse-Knochenmarkzellen. Anschließend wurden die behandelten Zellen im HAT-Selektionsmedium kultiviert, das die normale Zellen abtötet. Nur die durch die genetische Behandlung transformierten Zellen konnten gedeihen. Das Experiment gelang und bestätigte Cline und Salser somit, daß sie Gene in einige Zellen einbringen konnten, und damit die Experimente der Columbia-Wissenschaftler erfolgreich wiederholt hatten. Cline wollte darüber hinausgehen; er wollte wissen, ob die Transformation und Selektion auch bei lebenden Tieren möglich war. Das wäre etwas völlig Neues.

Um diese Frage zu überprüfen, entwarfen die UCLA-Forscher ein recht kompliziertes Experiment. Ende 1978 kultivierten sie Knochenmarkzellen von zwei verwandter Mausstämmen in unterschiedlichen Ansätzen. Einer der Zelltypen wies einen chromosomalen Marker auf, der andere nicht. (Der chromosomale Marker half den UCLA-Wissenschaftlern, die Zellen auseinanderzuhalten. Es war, als hätten sie rote und grüne Zellen benutzt.) Den markierten Zellen fügten sie das TK-Gen und Kalziumphosphat zu, so daß einige Zellen es absorbieren konnten. Die markierten «roten» Knochenmarkzellen, von denen einige jetzt das TK-Gen trugen, wurden mit den unmarkierten «grünen» Zellen gemischt, die keine neuen Gene erhalten hatten.

Zugleich wurden die Versuchsmäuse am ganzen Körper bestrahlt. Die Strahlenbehandlung tötete das Knochenmark der Tiere ab und schuf Platz für die Knochenmarkzellen, die Cline und Salser zu transplantieren im Begriff waren. Die

Strahlenbehandlung gehört zur üblichen Vorgehensweise bei Knochenmarktransplantationen auch bei menschlichen Patienten. Da die Strahlung die meisten Zellen des Knochenmarks abtötet, würde das betreffende Tier – oder der Patient – sterben, wenn ein nachfolgendes Knochenmarktransplantat ausbliebe.

Nach der Bestrahlung erhielten die Mäuse ein Gemisch aus behandelten und unbehandelten («roten» und «grünen») Knochenmarkzellen. Dieses Transplantat «rettete» die Mäuse vor den ansonsten tödlichen Folgen der Strahlung und stellte ihre Fähigkeit, Blut zu produzieren, wieder her.

Um sich zu vergewissern, daß die transplantierten Gene funktionierten, wandte Cline zusätzlich zu der üblichen Prozedur der Knochenmarktransplantation einen Trick an: Er behandelte die Tiere, die das Transplantat erhalten hatten, mit dem toxischen Krebsmittel Methotrexat. Ähnlich der HAT-Selektion tötet Methotrexat normale Knochenmarkzellen ab, wenn es in ausreichender Menge gegeben wird und kann so den Erfolg einer Knochenmarktransplantation vereiteln. Da aber das TK-Gen ein Enzym herstellt, das die Auswirkungen des Methotrexats blokkiert, würden alle Zellen, die das neu transplantierte TK-Gen trugen, überleben. Wenn genügend Methotrexat gegeben wurde, konnten nur die genetisch veränderten Zellen in den Mäusen überleben, und somit würden nur sie das Knochenmark wiederherstellen. Alle übrigen Knochenmarkzellen, die nicht genetisch verändert worden waren, würden durch das Medikament abgetötet werden.

Genau das behaupteten Cline und Salser, gefunden zu haben. Die UCLA-Wissenschaftler berichteten, sie könnten Methotrexat-resistente Zellen in den Tieren entdecken. Zwei von sechs behandelten Mäusen im ersten und acht von vierzehn im zweiten Versuch ließen Anzeichen für eine genetische Veränderung erkennen. Aber die genetische Veränderung neigte zur Instabilität. «Weniger als fünfzehn Prozent der Tiere... zeigen eine Beibehaltung des viralen Gens über mehrere Monate.»[5]

In dem DHFR-Versuch war der Prozentsatz der Tiere, die eine Resistenz gegen die Wirkung des giftigen Medikaments zeigten, ähnlich. Aber jene Zellen, die das DHFR-Gen aufgenommen hatten, blieben bis zu achtzehn Monate lang beständig transformiert.

Der Zelltyp («rot» bzw. «grün»), der die transformierenden Gene trug, schien im Mausknochenmark zu überwiegen, ein Hinweis darauf, daß die integrierten Gene ihre Aufgabe erfüllten und einen Selektionsvorteil für die betreffenden Zellen darstellten. Es gab im Verlauf der gesamten Versuche keine Anzeichen für eine Vergiftung.

Wie Cline feststellen mußte, traten die Gene nur in wenige Stammzellen ein, die «unsterblichen» Knochenmarkzellen, die sich zu den Vorläuferzellen aller Blutzellen differenzieren können. Wenn nicht ein großer Prozentsatz der Stammzellen genetisch verändert wurde, würde die Wirkung des Gentransplantats nachlassen, sobald die reiferen Zellen abstarben, die die Gene aufgenommen hatten. Wenn die Stammzellen genetisch verändert waren, würden alle nachfolgenden Blutkörperchen, die sie produzierten, ebenfalls verändert sein. Da Cline und Salser nur so wenige Stammzellen transformiert zu haben schienen, mußten die Folgen des Gentransfers vorübergehender Natur sein. Immerhin war dies das erste Mal gewesen, daß jemand Gene in ein lebendes Tier eingeschleust und nachgewiesen hatte, daß sie dort auch funktionierten. Cline war ermutigt.

Als er 1980 – anderthalb Jahre, nachdem sie begonnen hatten – die Ergebnisse im April in *Nature*[6] und im Mai in *Science*[7] veröffentlichte, schrieb Cline, daß diese Experimente den unmittelbaren Weg zu Versuchen mit Menschen wiesen. «Zwei offenkundige, potentielle Nutzanwendungen dieser Gentransfermethode sind anscheinend für die Anwendung beim Menschen geeignet», schrieb er in *Science*; die erste könnte «eine erhöhte Resistenz des Knochenmarks gegen die Toxizität von Krebsmitteln wie Methotrexat» sein. In *Nature* schrieb er, eine zweite Nutzanwendung sei «die Einschleusung Medikament-resistenter Gene im Verbund mit anderen Genen zur Behandlung von genetisch bedingten Krankheiten wie der Hämoglobinopathien», Krankheiten wie z. B. Sichelzellanämie und Thalassämie.

Nicht alle Forscher waren damit einverstanden. «Dieser Ansatz gehört entschieden dem Reich der Spekulation an», schrieb Robert Williamson, eine Koryphäe auf dem Gebiet der Molekulargenetik an der St. Mary's Hospital Medical School der Londoner Universität, in *Nature*, nachdem Cline seine ersten Daten über die Mäuse veröffentlicht hatte. Williamson führte die Schwierigkeiten und die mangelhafte Wirksamkeit der bestehenden Gentransfertechniken auf und erhob zum ersten Mal die kritische Frage nach der Kontrolle der Proteinproduktion, die durch das neu eingefügte Gen aufgenommen würde. «Die Expression in unpassendem Gewebe oder eine anomale Kontrolle in der Zelle, in der sie normalerweise wirken, könnten katastrophale Folgen haben. Ein Überschuß einer Globin-Kette wäre physiologisch ebenso schädlich wie ihr Fehlen; sie würde eine genetische durch eine iatrogene [durch ärztlichen Einfluß erzeugte] Krankheit ersetzen.»

Williamson warf Fragen auf, die nicht einmal Cline beantworten konnte. Zum Beispiel wußte man nicht, wie die Menge an Protein zu steuern war, das durch ein transplantiertes Gen in der Empfängerzelle hergestellt wird. Bei einem komplexen Gebilde wie dem Hämoglobin-Molekül, bei dem zwei gesonderte Gene synchron arbeiten müssen, damit sie exakt gleiche Mengen von Proteinen herstellen, würde ein Überschuß an Alpha- oder Betaglobin begreiflicherweise eine Krankheit verursachen.

Im Frühjahr 1979 mußte Cline seine eigenen, vorläufigen Mausdaten auswerten, die er in sechs Monaten erarbeitet hatte. Für ihn waren die anfänglichen Ergebnisse eindeutig: Der Versuch funktionierte. Die Gene gelangten in das

Mausknochenmark, und sie schienen zu arbeiten. Die Zeit war gekommen, Gentransplantationen in Menschen zu erproben. Außerdem war sein Konkurrenzdenken erwacht. Die Schlichtheit und Eleganz der Idee, Gene in Menschen einzuschleusen, überzeugte ihn davon, daß auch andere Forschergruppen daran arbeiten würden. Schließlich sprachen French Anderson am NIH und Ted Friedmann an der University of California in San Diego bereits seit Jahren von der Gentherapie. Wenn er sich nicht beeilte, einen Versuch mit Menschen zu unternehmen, würde er den Anschluß verpassen. Für den zweiten Platz gibt es keinen Nobelpreis.

Martin J. Cline, Winston Salser sowie Howard D. Stang und Karen E. Mercola, zwei weitere Kollegen, entwarfen einen Plan, der darlegte, auf welche Weise sie das Tierexperiment beim Menschen wiederholen wollten. Am 30. Mai 1979 sandten sie dieses vorläufige Studienprotokoll an das Human Subjects Protection Committee der UCLA, auch allgemein als Institutional Review Board (IRB) bekannt. (Das Human Subjects Protection Committee entspricht einer bundesdeutschen Ethikkomission, von der die Durchführung von klinischen Studien an Patienten mit neuen Pharmaka, die in Deutschland zugelassen werden sollen, genehmigt werden müssen.) Diese Kommission hatte das letzte Wort bei allen Experimenten mit Menschen, die auf dem UCLA-Campus stattfanden. Das sollte sicherstellen, daß die klinischen Studien auf ethische Weise ausgeführt wurden, daß menschliche Patienten nicht unnötigen Risiken ausgesetzt wurden und daß die freiwilligen Versuchspersonen – oftmals sterbende Patienten – durch die Behandlung eine Besserung ihres Zustandes erfuhren. Es war nicht ethisch, wenn ein Arzt aufs Geratewohl vorging, nur, weil der Patient ohnehin sterben würde.

Das Cline-Salser-Protokoll besagte, daß sie das Betaglobin-Gen, das Tom Maniatis ihnen überlassen hatte, in das Knochenmark von Menschen einschleusen würden, die krank waren, weil sie nicht genug oder gar kein normales Hämoglobin herstellen konnten. Sie verliehen dem Protokoll den wohlklingenden Titel «Autologous Bone Marrow Transplantation in Sickle Cell Disease and Other Life-Threatening Disorders of Hemoglobin Synthesis» (Autologe Knochenmarktransplantation bei Sichelzellanämie und anderen lebensbedrohenden Störungen der Hämoglobin-Synthese) und schickten es an das Komitee.

Nach sieben Jahren der nationalen, öffentlichen und manchmal unschönen Debatten über die Gefahren der DNA-Rekombination in Bakterien wirkte der Vorschlag, Gene in Menschen einzuschleusen, wie eine Bombe. Die Mitglieder des Komitees erkannten sofort das Neuartige und die Bedeutung des Vorschlags. Es war derart kühne Wissenschaft, daß einige Mitglieder des Komitees befürchteten, fachlich nicht kompetent genug zu sein, um den Plan angemessen zu beurteilen. Aber Cline wollte, daß sein Vorschlag geheim blieb und die Diskussion sich auf die zuständigen UCLA-Komitees beschränkte. Er fürchtete, daß sein Plan ruchbar würde und die Konkurrenz anspornen könne, ihm zuvorzukommen. Diese Forderung behinderte die Fähigkeit des Komitees, Clines Vorschlag einzuschätzen, und hat möglicherweise den Prozeß der Beurteilung verlangsamt. Gentherapie war niemals zuvor durchgeführt worden. Die Komitee-Mitglieder hatten keinen Präzedenzfall zur Verfügung, der sie hätte anleiten können, und sie brauchten Hilfe. Aber Cline sprach sich gegen den Versuch des Komitees aus, auswärtige Berater hinzuzuziehen.

Diese Situation führte zu einem 14monatigen Tauziehen zwischen Cline und dem Komitee. Die Auseinandersetzung über die Frage, ob das Experiment statthaft war, nahm in den meisten Details die Schwierigkeiten vorweg, die French Anderson mehr als ein Jahrzehnt später mit dem National Institute of Health wegen der Erlaubnis haben sollte, seinen Gentherapie-Versuch am Menschen durchzuführen. Die Diskussion drehte sich vielfach um dieselben technischen Fragen: Wie viele Zellen würden genetisch verändert? Auf welche Weise würde die Veränderung herbeigeführt? Welche Patienten kamen dafür in Frage? Und die wichtigste Frage: Welche Tierstudien waren durchgeführt worden, die gezeigt hatten, daß die vorgeschlagene Technik tatsächlich funktionieren würde?

Zwei bedeutende Unterschiede gab es dennoch zwischen French Anderson und Martin Cline. Anderson verstand mehr von der Molekularbiologie, die in der Zeit zwischen den beiden Experimenten noch beträchtliche Fortschritte gemacht hatte, und Anderson respektierte den öffentlichen Überprüfungsprozeß sowie die ethischen Theorien, die ihm zugrundelagen.

«Sie waren nicht sonderlich eindrucksvoll», brachte Cline seine Geringschätzung der Kommission später zum Ausdruck.[8] «Ich hatte den Eindruck, daß sie samt und sonders schlecht qualifiziert waren, Versuche mit Menschen zu beurteilen, weil viele von ihnen nie welche durchgeführt hatten. Die Leute, aus denen sich das Komitee zusammensetzte, waren nicht dumm, aber sicherlich auch keine Geistesriesen, und sie hatten bestimmt keine Erfahrung auf dem Gebiet der klinischen Forschung mit Menschen.»

Was die Sache schlimmer machte, es schwelte ein Konflikt zwischen Clines Abteilung für Hämatologie und Onkologie, in der einige der schwierigsten und schmerzhaftesten klinischen Versuche in der ganzen Universität durchgeführt wurden, und dem Human Subjects Protection Committee, das darauf eingeschworen war, Menschen vor unnötigem Leiden zu bewahren. Vor diesem Hintergrund konnte eine derart spektakuläre Angelegenheit wie die Beurteilung der Gentherapie nicht glatt vonstatten gehen.

Darüber hinaus wußten die Mitglieder der Kommission um Clines Einschätzung ihrer selbst. Als das Human Subjects Protection Committee der UCLA im Juli 1979 zusammentrat, um über Clines Protokoll zu beraten, war das Feld abgesteckt. Jeder wußte, daß es eine schwierige Entscheidung werden würde.

Da Clines Vorschlag dem damaligen Stand der Forschung weit vorauseilte, wußte das Komitee kaum, was zu tun war. «Dieses Protokoll ist, wie Sie sich denken können, aufgrund seiner Neuheit vermutlich eines der schwierigsten, mit denen wir es jemals zu tun hatten», sagte die Ärztin Esther F. Hays, die amtierende Vorsitzende des Human Subjects Protection Committee der UCLA, beim ersten Treffen.[9] «Wir haben keine Grundlage, von der wir ausgehen könnten. Keine andere Einrichtung, kein Mensch hat so etwas jemals getan.»

Robert Lehrer, Vize-Vorsitzender der UCLA School of Medicine, den Cline selbst für die Universität angeworben hatte, sagte es gerade heraus: «Wir befinden uns in der unglücklichen Lage, auf der Basis von Informationen, die wir nicht einschätzen können, versuchen zu müssen, unbekannte Risiken für Personen gegen einen Nutzen abzuwägen, der potentiell außerordentlich ist.»

Sie hatten keine Probleme damit, die Bedeutung des vorgeschlagenen Versuchs zu erkennen, und sie brauchten sich auch über Clines Motive keine Gedanken zu machen. «In der Geschichte ist ein Ehrenplatz für denjenigen reserviert, der als erster rekombinierte DNA in Menschen einschleust», sagte Lehrer. «Wenn jemand bei der Erstbesteigung des Mount Everest im Felsen das Graffiti ‹Kilroy was here› vorgefunden hätte, hätte das seine Leistung geschmälert. Es handelt sich hier um die Medizin der Zukunft, und die Frage ist, wird es jetzt getan, weil es an der Zeit dafür ist, oder wird es jetzt getan, weil jemand diesem Neuland den ersten Fußabdruck aufdrücken will? Ich weiß es nicht.»

Cline hatte Angst davor, die Spuren eines anderen vorzufinden, wenn er das Neuland der Gentherapie am Menschen betrat. Er hatte sich geweigert, seine Vorversuche an Mäusen zu veröffentlichen, bevor das Komitee ihm die Erlaubnis erteilte, mit menschlichen Patienten fortzufahren. «Ich würde es vorziehen, es nicht [einem Journal] zu überlassen», sagte Cline, «bis wir weitermachen und unsere Untersuchungen an Menschen durchführen können, denn – wie Sie selbst anhand des Protokolls ersehen können – klingt es so einfach, daß im Prinzip jede Gruppe auf der Welt es ausführen könnte. Deshalb bin ich bei diesem Protokoll so auf Vertraulichkeit bedacht.»

Das UCLA-Komitee drängte erneut darauf, Berater von außerhalb hinzuziehen zu können, um Hilfe bei der Bewertung des Protokolls zu erhalten. Cline lehnte ab. David D. Porter, Vorsitzender des Komitees für biologische Sicherheit der Universität (eines zweiten Komitees, das sich in der Hauptsache um zufällige Infektionen durch Keime sorgte, die zu experimentellen Zwecken benutzt wurden) und IRB-Mitglied, bedrängte Cline, die Experten einer von der Cooley's Anemia Foundation gegründeten Sonderkommission dieses Protokoll prüfen zu lassen, sie seien sicherlich qualifiziert genug. Cline wandte ein, daß French Anderson in dieser Kommission sitze und lehnte den Vorschlag vehement ab. Das letzte, was er wollte, war, Anderson einen Hinweis auf seine Pläne zu geben. Jahre später sollte Cline Anderson abtun und sagen: «Ich betrachte ihn nicht als ernsthaften, intellektuellen Konkurrenten, und ich nehme ihn nicht sehr ernst.» Trotzdem hatte Anderson sich auf diesem Gebiet behauptet, und Cline war ihm keinerlei Hilfe gewesen.

Die schwierigsten Fragen für die Kommission waren: Welche Zellen würde man zum Ziel nehmen? Bestand wirklich eine Hoffnung, daß dem Patienten geholfen würde? Wie wollte Cline erfahren, ob die Behandlung erfolgreich war? Cline beschrieb, wie sein Team dem Patienten eines Teil seines Knochenmarks entnehmen und die Gene hineinmischen würde, die zu einem Bestandteil aller Zellen werden könnten. Natürlich würden einige der Gene in reife Leukozyten gelangen, und das wäre ohne Nutzen für den Patienten. Die meisten der reifen Leukozyten würden nach einigen Wochen absterben. Das eigentliche Ziel waren die Stammzellen, die sämtliche Blutzellen herstellen konnten.

Aber Stammzellen sind außerordentlich selten. Cline schätzte, daß etwa 10 Milliarden Zellen in den insgesamt 10 Millilitern Knochenmark sein würden, die zu entfernen er beabsichtigte. Von diesen Zellen wären nur etwa 1 Million pluripotente Stammzellen (die sich zu allen Blutzellen differenzieren können), und weitere 10 bis 100 Millionen determinierte Stammzellen (aus denen nur noch ein Typ von Blutzellen entstehen kann). Aber in Anbetracht der Ineffizienz eines Gentransfers mit der Kalziumphosphat-Ausfällung «wird es zwischen 10 und 100 pluripotente und determinierte Stammzellen geben, die das Gen aufnehmen werden», schätzte Cline. Demnach würden von den insgesamt eine Billion (10^{12}) Zellen des gesamten Knochenmarks nur 10 bis 100 Stammzellen, aus denen alle übrigen Blutzellen entstehen, korrigiert. Eine recht kleiner und wahrscheinlich klinisch bedeutungsloser Anteil der Zellen – selbst nach Clines Schätzung.

Schwieriger war, daß Cline nicht einmal sicher wissen konnte, ob die Gene auch in den Zellen wären. Eine einfache Messung der Gegenwart des Betaglobins würde nicht ausreichen, da die Patienten auch lebenserhaltende Bluttransfusionen erhalten würden. Das Betaglobin aus den Transfusionen würde die Ergebnisse verfälschen. Wenn Cline das Betaglobin maß, würde er nicht bestimmen können, ob es von dem Gentransplantat oder von den Bluttransfusionen stammte.

Außerdem stand Cline einer noch verzwickteren, möglicherweise sozialpolitisch explosiven Komplikation gegenüber: der Rasse. Dave Porter brachte dieses Problem zur Sprache. Da Cline ursprünglich plante, gegen die Sichelzellanämie vorzugehen – nicht gegen die Thalassämie –, sollte das Experiment bei einem afro-amerikanischen Patienten ausgeführt werden. «Es macht schon einen etwas merkwürdigen Eindruck, wenn man eine experimentelle Behandlung an einer Bevölkerungsminderheit durchführt», sagte Porter. Dies war in der Vergangenheit mehrmals geschehen. In den 50er Jahren hatten Regierungsärzte für einen ethischen und politischen Aufruhr gesorgt, als sie syphiliskranke Afroamerikaner in

Tuskegee (Alabama) unbehandelt ließen, um die natürliche Entwicklung dieser Krankheit studieren zu können. In den 70er Jahren hatte die Regierung eine Kampagne zur Erfassung der Sichelzellanämie gestartet. Unter anderem ließ sie auch nach Trägern eines defekten Gens Ausschau halten, die wegen der gesunden zweiten Kopie des Gens selber nicht erkrankt waren. Wenn zwei Träger verheiratet waren, redeten ihre Berater ihnen oft aus, Kinder zu bekommen, da das Risiko bei ihnen hoch war – eines von vier Kindern wurde krank. Die Afroamerikaner betrachteten dies als eine hinterhältige Form des Genozids unter dem Deckmantel der Wissenschaft, die sie mit Hitlers Endlösung der Judenfrage verglichen. Porter fragte an, ob Cline schon mit führenden Persönlichkeiten afroamerikanischer Gruppen über diese Bedenken gesprochen habe.

Cline sträubte sich gegen diese Zumutung. Er argumentierte, Rasse habe nichts mit Wissenschaft und klinischen Versuchen zu tun. Wenn es sich um die Krankheit grüner Menschen handelte, so sagte Cline, würde er es bei grünen Patienten tun. «Ich denke, die Ethik ist genau dieselbe, als täte man es bei einer weißen Person...»

Porter gab ihm recht, fügte aber hinzu: «Ich bin nicht schwarz, aber schwarze Menschen haben sehr empfindlich auf die Suche nach Personen mit defekten Genen im Zuge des Sichelzellanämie-Programms reagiert...» Cline schlug die Warnung in bezug auf kulturelle Besonderheiten und die Art und Weise, wie Menschen reagieren, in den Wind. Eine weitere Demonstration seiner Fähigkeit, Bedenken abzutun, die nicht seine eigenen waren.

Nachdem sich das Human Subjects Protection Committee mit den technischen Details des Versuchs auseinander gesetzt hatte, wandte es seine Aufmerksamkeit der Einverständniserklärung des Patienten zu, einem Dokument, das sicherstellen sollte, daß der Patient die potentiellen Risiken und Vorteile des Experiments kannte. Das war das Fachgebiet der Kommission. Aber inzwischen waren einige Mitglieder der Kommission am Ende ihrer Geduld. Als es um den Wortlaut der Erklärung ging, platzte Dave Porter heraus: «Vielleicht sollten wir nur ein Statement hinschreiben; etwa ‹Es handelt sich um eine außergewöhnliches Experiment...›»

Die Sitzung endete ergebnislos, und jede Entscheidung über die vorgeschlagene Untersuchung wurde verschoben, bis weitere Fragen beantwortet werden konnten, und bis eine zweites Kommission – ein Unterausschuß der UCLA für die DNA-Rekombination – nach 14 Tagen zusammengetreten wäre. Im Verlauf der Sitzung zur DNA-Rekombation, das noch im selben Monat stattfand, besserte sich Clines Position kaum. Ein großer Teil der Diskussion drehte sich um technische Fragen, vor allem darum, ob Cline rekombinierte DNA benutzte oder nicht, und ob der Versuch der Zustimmung durch das Recombinant DNA Advisory Committee (RAC) der Regierung bedurfte. Aber Dr. Daniel Ray, ein Mikrobiologe an der UCLA, ging darüber hinaus. Er sagte: «Die Risiken [des Experiments] scheinen, wie es aussieht, so groß zu sein, daß der Einbezug von rekombinierter DNA gar nicht nötig ist, um sagen zu können, daß es möglicherweise zu gefährlich ist.»[10]

Als der Vorschlag aus mehreren Richtungen unter Beschuß geriet, stellte T. Randolph Wall, Mikrobiologe und Immunologe an der Medical School, fest: «Dieses Experiment bewegt sich an der vordersten Front mehrerer sehr extremer Techniken», und es bestünden noch viele unbeantwortete Fragen zum Nutzen und zur Wirksamkeit.

Dr. Richard Barnes, ein anderer UCLA-Wissenschaftler, ging noch weiter. Er nannte das Protokoll «sehr, sehr beunruhigend». Er erhob den Vorwurf: «Der wissenschaftliche Aspekt dieser Forschung... scheint recht unklar und undeutlich... [und] die Forscher sagen nicht, was genau sie zu tun beabsichtigen.» Er befürchtete, daß die Kommission Cline anweisen würde, auf welche Weise das Experiment durchgeführt werden müsse, und dann wäre die Kommision – nicht Cline – für dessen Ausgang verantwortlich.

Auch die Kommision für die DNA-Rekombination lehnte es ab, eine Entscheidung zu treffen, und hielt Cline in einem Netz unbeantworteter Fragen gefangen. Sein Experiment hing von zwei Kommissionen ab, von denen jede nur zu der kollektiven Entscheidung fähig war, sich der jeweils anderen zu beugen. Diese Pattsituation brachte Cline auf die Palme.

Die Verwendung rekombinierter DNA war ein grundsätzliches Problem. Der Begriff selbst war zum roten Tuch geworden. Er war ein Schlüsselwort bei den genetischen Debatten der 70er Jahre. Dieser Begriff hatte die Genforschung an der Harvard University und am MIT zum Stillstand gebracht. Staatliche und regionale Behörden im ganzen Land hatten gedroht, die Gentechnik gesetzlich zu regeln. Gentechnik war nicht länger nur Wissenschaft, sondern eine Wechselwirkung zwischen Wissenschaft und Gesellschaft, und sie erschreckte einen großen Teil der Gesellschaft, der sie nicht verstand.

Cline und Salser erkannten die Schwierigkeiten, die ihnen bei dem Versuch, die Erlaubnis zu einem Versuch mit rekombinierter DNA am Menschen zu erhalten, bevorstehen würden, also änderten sie das Experiment ab. Drei Monate nach ihrem Vorschlag nahmen sie die rekombinierte DNA heraus. In einem Brief vom 18. September 1979 schrieben sie:

> Einige Modalitäten der Behandlung ließen den Verdacht aufkommen, daß rekombinierte DNA dabei im Spiel sein würde. Wir möchten noch einmal unser Wissen darum betonen, daß wir gesonderte Genehmigungen sowohl vom Human Subjects Protection Committee als auch vom Institutional Biosafety Committee erhalten müssen, bevor wir mit irgendwelchen Experimenten beginnen, bei denen rekombinierte DNA bei Patienten eine Rolle spielt.... Des-

halb möchten wir unseren ursprünglichen Vorschlag abändern,... *so daß er nur jene Behandlungsmodalitäten enthält, die ihrem Wesen nach eindeutig von den NIH Recombinant DNA Guidelines ausgenommen sind.* [Betonung durch Cline.][11]

Cline trachtete danach, subtile Unterschiede zwischen dem, was als Experiment mit rekombinierten Genen betrachtet wurde, und was nicht, auszunutzen, um einigen der Auflagen zu entgehen und den Genehmigungsprozeß zu beschleunigen. Statt eine rekombinierte Form des Gens zu verwenden, in der genetische Elemente physikalisch verbunden sind, wollte Cline einfach die Gene mit Enzymen auseinanderschneiden, bevor er sie in die Patienten einschleuste. Die Gene wären immer noch im Labor rekombiniert worden. Sie wären immer noch in hohem Maße technisch veränderte DNA-Moleküle. Aber die einzelnen Gene wären gemäß den technischen und juristischen Definitionen des NIH, in dem Augenblick, in dem sie in den Patienten injiziert würden, keine rekombinierte DNA.

Cline und Salser brachten einen großen Teil dieses Herbstes damit zu, bei führenden Persönlichkeiten des NIH und der UCLA vorzusprechen und formell bestätigt zu bekommen, daß ihr Experiment nicht unter die nationalen Richtlinien für die Forschung mit rekombinierter DNA fiel. Am Jahresende hatten sie an dieser Front gesiegt. Das NIH bestätigte ihnen schriftlich, daß ihr vorgeschlagener Versuch nicht als Experiment mit rekombinierter DNA zu betrachten war. Aber dieser Sieg erwies sich als bedeutungslos.

Am 19. September 1979 – einen Tag nach dem Brief, in dem Cline sein Experiment neu definierte – trat das Human Subjects Protection Committee erneut zusammen und weigerte sich, etwas in dieser Sache zu unternehmen. Die Entscheidung über das Protokoll war in einer Endlosschleife gefangen – jede der Kommissionen wollte auf die Entscheidung der anderen warten, bevor sie tätig würde. Hinzu kam, daß das Human Subjects Protection Committee Berater aus der UCLA hinzugezogen hatte, und auch diese eine Reihe technischer Fragen hatten, die beantwortet werden mußten. Diese technischen Fragen vermittelten einen Vorgeschmack darauf, wie eine ähnliche NIH-Kommission zehn Jahre später French Andersons Protokoll beurteilen würde.

Ein UCLA-Berater wollte beispielsweise wissen, ob genug des Hämoglobin-Gens in die Blutzellen des Patienten gelangen würde, um sich auf die Krankheit auszuwirken. Cline erwiderte: «Ich weiß die Antwort nicht.... Es wird nicht möglich sein, diese Frage zu beantworten, bevor wir es beim Menschen ausprobiert haben.» Das war die letzte Verteidigungsmöglichkeit eines Klinikers; ein Argument, das die Grundlagenforscher ablehnten, da sie jede biologische Frage auch im Tiermodell klären zu können glaubten. Anderson sollte später, als er Fragen in bezug auf menschliche Patienten beantworten sollte, ähnliche Argumente benutzen.

Da Cline die Fragen der beiden UCLA-Kommissionen nicht zufriedenstellend beantworten konnte, hielt die Korrespondenz weiterhin an. Das Human Subjects Protection Committee verlangte immer mehr Daten und Stellungnahmen. Aus Clines Sicht wurde die Situation noch unhaltbarer, als Jeremy H. Thompson, ein hartnäckiger irischer Pharmakologe, der in London studiert hatte und das Human Subjects Protection Committee mit eiserner Hand regierte, im Herbst des Jahres 1979 von einem Forschungsaufenthalt im Ausland zurückkehrte, um die Zügel wieder in die Hand zu nehmen. Thompson war seit September 1962 als Professor in der pharmakologischen Abteilung tätig. Er sagte von sich selbst: «Ich habe ein wenig geforscht, ein wenig gelehrt, ein oder zwei Bücher veröffentlicht – ziemlich mittelmäßige Tätigkeiten.»[12] Nachdem er 1970 der Kommission beigetreten war, übernahm er Ende der 70er Jahre deren Vorsitz. Er war inzwischen der Experte einer übergeordneten Institution, die dabei war Richtlinien zum Schutz des Menschen und zur Führung von Institutional Review Boards zu erarbeiten. Cline und Thompson hatten bereits mehrmals zuvor die Klingen gekreuzt – sie mochten sich nicht.

Nun, da Thompson zurück war, hatte er die Macht, über Clines glühenden Plan zu entscheiden. Es kam zu wiederholten Ablehnungen durch die Kommission und einer scheinbar endlosen Liste mit technischen Fragen. Thompsons Schreiben endeten immer mit der Formulierung: «Das Human Subjects Protection Committee hat die obige Studie sorgfältig geprüft, kann sie aber leider in ihrer jetzigen Form nicht bewilligen.» Cline antwortete jedesmal schriftlich, legte seine Argumente dar und führte noch einmal seine Daten aus den Tierversuchen auf.

Am 29. Februar 1980, schrieb Cline schließlich an Thompson:

> Ich möchte... darum bitten, daß Vizekanzler [Albert A.] Barber eine Sonderkommission einberuft, die aus erfahrenen Hämatologen und Molekularbiologen besteht und die dieses Protokoll prüfen soll.... Ich habe den Eindruck, daß das Human Subjects Protection Committee ernsthaft und aufrichtig bemüht ist, sich mit den Fragen zu befassen, die dieses Protokoll aufwirft. Es scheint jedoch, daß die Kommission sich in zu tiefes Wasser begeben hat. Das ist an sich nicht überraschend, wenn man die ungewöhnliche Natur des Protokolls und die Tatsache bedenkt, daß das Komitee nur wenige erfahrene klinische Forscher auf dem Gebiet der Hämatologie und, so weit ich weiß, keinen einzigen Molekularbiologen unter seinen Mitgliedern aufweist.[13]

Cline war allmählich frustriert. Er hatte erwartet, daß die Prüfung ein paar Monate in Anspruch nehmen würde, aber inzwischen war fast ein Jahr vergangen. Die Untersuchungen an Tieren waren faktisch abgeschlossen, und er hatte bereits Berichte für *Science* und *Nature* verfaßt. Überzeugt, daß seine Ergebnisse richtig waren, brannte er darauf, mit den Versuchen an Menschen anzufangen. Mehr als einen Monat später stimmte Thompson zu. Am 3. April 1980 schrieb er Cline: «Eine fachliche Überprüfung Ihres Antrags durch ‹erfahrene Hämatologen und Molekularbiologen› wird erforderlich sein... »[14]

Eine weitere Überprüfung, ein weiterer Aufschub. Cline akzeptierte die Prüfung, bat aber um persönliche Treffen bei weiteren Fragen. Er beklagte sich, daß es zu schwierig sei, komplexe Fragen über die Hauspost der UCLA zu beantworten. Und da die Zeit zwischen Frage und Antwort einen Monat betrug, «müssen die Kommissionsmitglieder die wesentlichen Komponenten zwangsläufig aus den Augen verlieren», schrieb Cline.

Im Mai 1980 begann Thompson, eine Gruppe nicht zur Kommission gehöriger Experten zu sammeln und erlaubte Cline, jeden als Berater abzulehnen, der eine potentielle Konkurrenz für ihn darstellte. Cline beharrte nachdrücklich auf Vertraulichkeit der Kommission, weil er immer noch fürchtete, daß ein anderer Wissenschaftler eine Gentherapie versuchen könne, sobald er von der Idee hörte, oder – was noch schlimmer wäre – die Details seines Protokolls lesen könnte. Cline lehnte sieben Namen ab: Tom Maniatis vom CalTech, der Cline das Hämoglobin-Gen überlassen hatte, Richard Axel von der Columbia University, der die von Cline benutzte Technik entwickelt hatte, French Anderson und Art Nienhuis vom NIH, David Nathan von der Harvard University, der als Begründer der modernen Hämatologie gilt, sowie George Stamatoyannopoulos, ein Knochenmarkexperte an der University of Washington in Seattle, den er ebenfalls als Bedrohung betrachtete.

Noch während des Beurteilungsprozesses, der sich auch über den Herbst 1979 und das folgende Frühjahr hinzog, bereitete Cline ein weiteres Problem Sorgen. Er benötigte zahlreiche freiwillige Patienten, die an Sichelzellanämie oder Thalassämie litten (und zudem todkrank waren), um eine Gentherapie zu testen. Eine Nachfrage ergab, daß die UCLA keinen Patienten mit Beta-Thalassämie führte, und daß es im Children's Hospital of Los Angeles, einem Teil der University of Southern California auch nur fünf Patienten gab. Das waren eindeutig zu wenige Familien mit erkrankten Kindern, um eine klinische Studie der Art zu rechtfertigen, die wahrscheinlich Jahre mit anfänglichen Fehlern und nachfolgenden Verbesserungen beanspruchen würde, um letztlich zum Erfolg zu führen. Es schien in Los Angeles nicht genügend Patienten zu geben, um einen größeren Versuch einer Gentherapie am Menschen starten zu können. Er brauchte eine bessere Versorgung.

Die beste Quelle für Patienten wäre Afrika, wo Sichelzellanämie häufig ist, Forschungseinrichtungen jedoch rar sind, oder die Mittelmeerländer, wo Thalassämiefälle vorkommen und die medizinische Versorgung relativ gut ist. Cline entschied sich für das Mittelmeer und machte sich daran, seine Beziehungen zu

Ärzten an beiden Ufern des Meeres zu reaktivieren. Sie sollten ihm zu einem ausreichenden Fundus an Patienten verhelfen. Neben Patienten benötigte Cline noch ein wohlwollenderes, politisches Klima, in dem er Geschichte machen konnte, statt sich die mitleidlosen Verzögerungen durch UCLA-Kommission gefallen lassen zu müssen.

Mit Israel verband Cline die größten Hoffnungen, weil er dort die besten Verbindungen hatte. Er hatte sich mit Eliezer A. Rachmilewitz angefreundet, einem Arzt und Hämatologen, der die hämatologische Abteilung des Mount Scopus Hospital leitet, das zum Hadassah-Krankenhaussystem der Hebräischen Universität in Jerusalem gehört. Cline war dort schon zuvor zu Besuch gewesen, und er war in Israel vernarrt. Rachmilewitz hatte sogar dazu beigetragen, daß Clines Sohn bei einer archäologischen Ausgrabung in der Altstadt Jerusalems mit dabeisein durfte.

Zu Beginn des Jahres 1980 hatte Cline an Rachmilewitz geschrieben und ihm mitgeteilt, daß er an eine Gentherapie bei Thalassämie dachte und die Absicht habe, im folgenden Sommer nach Israel zu kommen.[15] Cline wollte wissen, ob Rachmilewitz an einer Teilnahme interessiert war. Er war es. Er schrieb in seinem Antwortbrief, daß er die Sache in die Hände seines Vaters Moshe Rachmilewitz legen würde. Der ältere Rachmilewitz, eine Größe der Israelischen Medizin, machte sich auf den Weg nach Los Angeles um eine Gastprofessur in Clines Abteilung anzutreten. Über die Gentherapie schrieb der jüngere Rachmilewitz: «Wir denken ähnlich, und wenn Sie gern mit uns arbeiten würden, wäre es uns eine Ehre und ein Vergnügen, Sie bei uns zu haben.» Cline hatte seine erste Einladung.

Rachmilewitz beschrieb in der Folge die Arbeit, mit der sein Mount-Scopus-Laboratorium befaßt war, darunter Kulturen schwer zu züchtender thalassämischer Blutzellen, die 14 Tage lang überlebt hätten – damals eine große Leistung. Damit verfügte Rachmilewitz über ausreichend viele Blutkörperchen, um die Messenger-RNA und die Proteinsynthese in kranken Zellen messen zu können.

Dann schrieb Rachmilewitz die magischen Worte: «Dies ist unsere Chance, denn meines Wissens gibt es nicht viele Orte, an denen jederzeit genügend viele Patienten verfügbar sind, um Zellen züchten zu können.»[16] «Verfügbare Patienten». Das war es, was Cline brauchte.

Der Brief vom 27. Februar 1980 kam ein paar Tage später zugleich mit Moshe Rachmilewitz in Los Angeles an. Cline handelte sofort. Am 5. März 1980 schickte er Eliezer Rachmilewitz eine aktuelle Fassung des für die UCLA-Komitees bestimmten Studienprotokolls und einen Vorabdruck des *Nature*-Artikels. «Ich glaube, wir sind sämtlichen potentiellen Konkurrenten um Lichtjahre voraus... » schrieb Cline. «Wir sind jetzt bereit, diese Experimente an Patienten durchzuführen. Wenn Sie einen oder zwei Patienten mit schwerer Beta-Thalassämie beisteuern könnten, würde ich gemeinsam mit Ihnen die Versuchsbeschreibung im Protokoll während meines Besuchs in Israel übernehmen.»

Dann verstärkte er den Druck. «Die potentielle Belohnung für eine derartige Forschung ist sicherlich außerordentlich – die erste Demonstration der Korrektur eines genetischen Defekts im Menschen. Wenn Sie den Eindruck haben, daß Sie keinen Zugang zu solchen Patienten haben oder die Forschung nicht unternehmen können, lassen Sie es mich bitte so bald wie möglich wissen, damit ich alternative Arrangements in Griechenland oder Thailand treffen kann. Es wird also von Ihrer Antwort abhängen, wieviel Zeit ich in Israel verbringe.»

Rachmilewitz spürte den Druck und sprang auf die Chance an, Geschichte zu machen. «Ich möchte Sie wissen lassen, daß wir uns auf die Zusammenarbeit mit Ihnen freuen und bereit sind, alles zu tun, damit das Projekt starten kann», antwortete er am 28. April 1980. «Das größte Hindernis, das zu überwinden sein wird, ist die Erlaubnis der Kommission zum Schutz menschlicher Patienten, der zum Glück mein Vater vorsteht.»

Rachmilewitz fuhr fort, indem er das Für und Wider verschiedener Annäherungstaktiken an die israelische Kommission erwog. Dann kam er auf den problematischsten Punkt zu sprechen: «Sie werden sich sicherlich fragen, weshalb Martin Cline den weiten Weg nach Jerusalem gehen muß, um das Experiment durchzuführen – vermutlich, weil niemand in den USA bereit ist, bei diesem phantastischen Wagnis mit ihm zusammenzuarbeiten.» Rachmilewitz machte sich Sorgen, daß auch die Kommission diesen Umstand merkwürdig finden würde und drängte Cline, sich eine gute Erklärung zurechtzulegen.

Obwohl sowohl Israel als auch Italien sehr stolz auf ihre medizinischen Einrichtungen waren, wurden beide Länder auf vielen Forschungsgebieten nicht als führend betrachtet. Die aktuellste biomedizinische Forschung kam meistens aus den Vereinigten Staaten, gelegentlich auch aus Ländern wie England oder Frankreich. Israel war trotz seiner guten Verbindungen zu vielen führenden Universitäten nur ein Abnehmer für medizinische Techniken; auch die Forschung in Italien war in den meisten Fällen rückständig. Weshalb also brauchte der große Martin Cline diese wissenschaftlich unbedeutenden Länder, wenn er Geschichte machen wollte. Konnte er dies nicht ebenso leicht in seiner eigenen, hochgelobten Institution tun, wo er jeden Kredit genoß?

Cline antwortete völlig unbefangen: «Ich würde mich sehr freuen, das Experiment in Israel durchzuführen, aber es ist nicht unbedingt erforderlich. Wir haben unseren ersten Patienten in dieser Woche in der Planung.» Er wußte bereits, daß das Human Subjects Protection Committee der UCLA soeben Berater von außerhalb hinzugezogen hatte und im Begriff war, eine neue Serie von Prüfungen zu starten. Er würde den Versuch niemals so bald durchführen können. «Und wir können vielleicht mit einem zweiten Patienten anfangen, bevor ich Anfang Juli an die Ostküste, nach Westeuropa und Israel reise», fuhr er fort. «Wenn wir die durch das [israelische] Schutzkomitee für menschliche Patienten aufgestellten politischen Hürden nehmen können, werden wir gemeinsam einen Versuch mit einem Thalassämie-Patienten durchführen; wenn nicht, beschränken wir uns halt auf ein paar *in-vitro*-Studien... »

Rachmilewitz reagierte erschreckt. «Wir sind außerordentlich interessiert, daß die Experimente hier und nirgendwo sonst durchgeführt werden», schrieb er am 2. Juni 1980, wenige Tage, bevor Cline Los Angeles verließ. Rachmilewitz ließ das Versprechen folgen, daß seine Familie alles tun würde, um die Reise zu einem Erfolg zu machen.

Ein ähnlicher, wenn auch weniger warmer und persönlicher Schriftverkehr fand im Verlauf des Frühjahrs mit Cesare Peschle statt, dem Leiter der hämatologischen Abteilung der Universität von Neapel in Italien.[17] Cline schickte Peschle einen Vorabdruck des *Science*-Artikels, in dem einige seiner Tierversuche beschrieben wurden. Obwohl Cline das Protokoll in den wichtigsten Teilen mit Peschle besprochen hatte, als der Italiener zu Besuch an der UCLA war, schickte er ihm nicht das Protokoll, das im Augenblick von den UCLA-Komitees geprüft wurde und das er an Rachmilewitz gesandt hatte.

Cline hatte seine Hoffnungen auf Rachmilewitz gesetzt; Peschle war nur seine Rückversicherung. Cline war vorsichtig und ein Pragmatiker. Etwas konnte immer fehlschlagen. Er hatte noch keine Genehmigung von dem israelischen Komitee zum Schutz menschlicher Patienten, und nach über einem Jahr der Verzögerungen durch die UCLA-Komitees, auf die er einen gewissen Einfluß gehabt hatte, wollte er keine Risiken mehr eingehen. In Italien waren die Vorschriften in bezug auf Therapieversuche an Menschen weitaus lockerer als in den USA oder in Israel, und es wäre eine willkommene Alternative, falls Rachmilewitz nicht durchkommen sollte.

Als Clines Flugzeug in diesem Sommer in Richtung Italien startete, hingen alle Experimente in der Luft: das Human Subjects Protection Committee der UCLA mußte immer noch über das Protokoll entscheiden, das Cline zum ersten Mal vor über dreizehn Monaten vorgelegt hatte. Die Israelis hatten noch kein grünes Licht gegeben, und die Italiener wollten erst mit ihm darüber sprechen, bevor sie zu ihren Vorgesetzten gingen.

Als Cline ankam, führte Karen Mercola, eine Forscherin, die früher zu Clines UCLA-Gruppe gehört hatte, am Instituto Superiore di Sanità in Neapel bereits eine Versuchsreihe durch, die klären sollte, ob die Gene in die Blutzellen von Thalassämie-Patienten transfiziert werden konnten. Peschles Labor stellte weltweit eine der wenigen Einrichtungen dar, in denen erfolgreich Zellen von Patienten mit Beta-Thalassämie *in vitro* gezüchtet wurden.

Während die Laborversuche in Neapel begannen, wandte sich das Gespräch Clines erster Priorität zu: der Behandlung von Patienten. Peschle hatte keine eigenen Patienten, obwohl er Arzt war. Er hatte seine Tätigkeit auf das Labor beschränkt. Aber er wußte, daß Dr. Velma Gabutti, die Direktorin der Zweiten Pädiatrischen Klinik der Turiner Universität eine außerordentlich große Anzahl an Thalassämie-Patienten betreute, insgesamt etwa 250.[18] Und alle, die sie kannten, sagten, daß sie ihre Patienten wie ihre eigenen Kinder behandelte.

Gabutti flog nach Neapel, um Cline zu treffen und von seiner Idee zu hören, Thalassämie-Patienten mit Genen zu behandeln. Sie war beeindruckt und sagte, es sei ihr möglich, einen Patienten zur Verfügung zu stellen. Aber bevor Genaueres vereinbart werden konnte, wurde die Zeit für Cline knapp. Seine Frau Evie und sein Sohn waren bereits vor zwei Tagen in Jerusalem eingetroffen und erwarteten ihn. Auch Eliezer Rachmilewitz erwartete seine Ankunft aus Italien. Als Leiter der hämatologischen Abteilung des Mount Scopus Hospital kannte Rachmilewitz die Leiden der Thalassämie-Patienten aus erster Hand; seine kleine Ärztegruppe betreute rund 150 Patienten mit dieser Krankheit, Juden und Araber gleichermaßen.

Anfangs war Cline von Israel enttäuscht. Das Mount Scopus Hospital war eine schöne, neue und wenig ausgelastete Einrichtung. Trotz seiner Zugehörigkeit zum medizinischen Hadassah-Zentrum und zur Hebräischen Universität war Mount Scopus eigentlich keine Forschungseinrichtung, sondern nur ein Krankenhaus. Cline verwarf die Laborstudien. Er und Rachmilewitz beschlossen statt dessen, sich an das Hadassah-Schutzkomitee für menschliche Patienten zu wenden. Er wollte die Erlaubnis erhalten, einen Gentherapieversuch am Menschen durchzuführen.

Das israelische Schutzkomitee für menschliche Patienten war nach amerikanischem Vorbild geschaffen worden. Einige Jahre zuvor hatten die Hadassah-Kliniken vom amerikanischen NIH Forschungsgelder für eine klinische Studie erhalten, und die Hadassah-Kliniken sowie die Hebräische Universität sollten in diesem Jahr weitere 1,5 Millionen Dollar vom NIH bekommen. Die NIH-Regeln verlangten, daß jede Institution, die von ihnen Gelder erhält, eine Kommission zum Schutz menschlicher Patienten aufstellen muß, und die Israelis nahmen diese Verpflichtung ernst. Sie hatten bereits in jedem Krankenhaus, in dem Forschung betrieben wurde, Ethikkommissionen eingesetzt – zu Ehren des in Helsinki unterzeichneten internationalen Abkommens, das Patienten vor unethischen Experimenten schützt und sicherstellt, daß jeder Patient Gelegenheit erhält, vor seiner Behandlung seine informierte Zustimmung zu geben – Helsinki-Komitees genannt.

Rachmilewitz hatte zuvor beschlossen, daß keinem der israelischen Komitees ein Vorschlag unterbreitet werden würde, bis Cline eintraf. Und Cline würde das Anliegen allein vorbringen, ohne Rachmilewitz. Der israelische Wissenschaftler würde jedoch eine entscheidende Hilfe beisteuern: seinen einflußreichen Vater.

Moshe Rachmilewitz, ehemaliger Dekan der Medizinischen Fakultät der Hebräischen Universität, Freund und Hausarzt des israelischen Premierministers, der außerdem Gastprofessor in Clines Abteilung an der UCLA gewesen war, saß dem Helsinki-Komitee vor, das Cline überzeugen mußte. Das war allerdings keine Erfolgsgarantie, wohl aber eine Versicherung, daß Cline ein wohlgesonnenes Gremium erwarten konnte.

Aber auch der jüngere Rachmilewitz hatte seine eigenen Bedenken in Hinblick auf das Experiment. Die ganze Idee schien ihm einigermaßen absurd. Allerdings verstand er nicht genug von der Molekularbiologie, um die Methodik beurteilen zu können, also war er gezwungen, Clines Versicherung zu vertrauen, daß es funktionieren würde. Außerdem wußte er natürlich, daß die Patienten verzweifelt krank waren, und die Frau, die ihm als Kandidatin für den ersten Versuch vorschwebte, sah ihrem Tod entgegen. Für Rachmilewitz bestand aufgrund der Vorversuche Clines kein ernstliches Risiko für die Patienten, obwohl einige recht invasive Verfahren angewendet werden sollten. Wenn nur eine geringe Wahrscheinlichkeit bestand, daß der Eingriff schmerzhaft war, und wenig Chance auf Heilung bestand, dann war es die Sache dennoch wert. Wenn es klappte, würde außerdem seine Karriere sehr davon profitieren, und sogar sein Vater würde die Kühnheit des Experiments bewundern müssen.

Aber nicht alle Mitglieder des Helsinki-Komitees bewunderten es. Clines Vorschlag bewegte sich in den Augen vieler Hadassah-Wissenschaftler am Rande des Zumutbaren. Sie fragten sich, weshalb dieser berühmte Forscher ein derart großartiges Experiment an einem medizinisch so unbedeutenden Ort statt an seiner eigenen, größeren Universität durchführen wollte. Cline ließ seinen ganzen verführerischen Charme spielen. Er beschrieb seine kürzlich veröffentlichten Tierexperimente und sprach von seinen Hoffnungen auf eine revolutionäre, genetische Behandlung. Er gab zu, daß sein Vorschlag, den Versuch an der UCLA auszuführen, länger als ein Jahr beim Human Subjects Protection Committee der Universität gelegen hatte und daß, seines Wissens, noch immer keine Entscheidung getroffen worden war.

Bei all ihren unguten Ahnungen waren sich die Israelis auch der Leiden der Thalassämie-Patienten und ihrer eigene Unfähigkeit bewußt, sie zu behandeln. Ebenso wie die Italiener waren sie verwundert, daß ein bedeutender Wissenschaftler von einer großen amerikanischen Universität anbot, ihnen eine Behandlung ins Haus zu liefern, die diese Krankheit möglicherweise heilen konnte; eine Behandlung, die die Zukunft der Medizin ändern und ihnen vielleicht einen Anteil an einem Nobelpreis sichern würde.

Cline machte seinen Vorstoß in Israel, weil er glaubte, die nötige Erlaubnis erhalten zu können, wenn er nur genügend Überzeugungskraft und Druck anwandte. Cline beeinflußte das Helsinki-Komitee der Hadassah-Kliniken, sein

Einverständnis zu erklären. Es war nur ein kleines Komitee – vier Mitglieder und Moshe Rachmilewitz als Vorsitzender.

Hadassah-Beamte riefen Dr. Leo Sacks am Weizmann-Institut in Rehovot an, den Vorsitzenden des Komitees für Experimente mit rekombinierter DNA der Israelischen Akademie der Wissenschaften. Das Komitee entsprach dem American Recombinant DNA Advisory Committee und prüfte die Vorhaben israelischer Wissenschaftler, die sich mit Gentechnik befaßten. Als man Sacks den Versuch am Telefon schilderte, riet er knapp: «Nein, erlaubt es nicht.»

Das war nicht die Antwort, die Cline hatte hören wollen. Er konterte mit der Erklärung, er sei einer Prüfung durch die US-Behörden entgangen, indem er das Experiment derart neu definierte, daß rekombinierte DNA darin keine Rolle spielte. Die Mitglieder des Helsinki-Komitees verlangten, daß Cline versicherte, das Experiment entspräche sämtlichen amerikanischen Richtlinien, besonders jenen, die für die DNA-Rekombination galten. Cline beteuerte den Israelis gegenüber, daß sich das Experiment ohne rekombinierte DNA, allein mit isolierten Genen, durchführen ließ. Er überreichte ihnen die Fassung des Protokolls, die er modifiziert hatte, um die NIH-Richtlinien für Experimente mit rekombinierter DNA zu umgehen.

Cline bot den Israelis etwas an, was er ihnen nicht geben konnte, zumindest nicht sofort. Die menschlichen und viralen Gene, die er mitgebracht hatte, waren alle in Plasmide integriert, jene Ringe aus bakterieller DNA, die benutzt wurden, um große Mengen der Gene zu produzieren. Sie waren rekombinierte DNA. Aber Cline versicherte dem Komitee der Israelis, er könne das Experiment ohne rekombinierte DNA ausführen. In Kalifornien hatte er geplant, Enzyme einzusetzen, um die gesamte Plasmid-DNA aufzuspalten und nur die einzelnen Gene zu verwenden. Aber als Cline nach Israel reiste, besaß er nach Aussage seines Partners Winston Salser weder die erforderlichen Reagenzien, noch das technische Fachwissen, das nötig gewesen wäre, um die Gene aus den Plasmiden auszuschneiden, die er mitgebracht hatte.

Immerhin veranlaßte Cline zur Stützung seiner Behauptung, daß Salser vom Kanzlerbüro der UCLA aus ein Telex an Yochanan Benbassat sandte, einen außerordentlichen Professor der Medizin am Krankenhaus der Hadassah-Universität, welches bestätigte, daß bei dem Experiment (zumindest in der Form, wie es in Kalifornien geplant war) keine rekombinierte DNA verwandt würde. Salser zitierte freizügig aus einem Brief David Porters, des Verantwortlichen für biologische Sicherheit an der UCLA. Der Brief schloß, das UCLA-Komitee stimme nach Prüfung der Vorschläge Clines zu, daß bei dem Versuch keine rekombinierte DNA verwandt werde und er somit nicht unter die NIH-Richtlinien fiel.

Aber die Israelis waren vorsichtig; das Komitee für den Schutz menschlicher Patienten zeigte das Telex Dr. Ezekiel Halpern von der medizinischen Fakultät der Hebräischen Universität. Das Telex überzeugte Halpern nicht davon, daß die Experimente von den Richtlinien ausgenommen waren. All diese Versicherungen waren von der UCLA gekommen. Also rief Halpern Dr. William Gartland an, den damaligen Direktor des NIH Office of Recombinant DNA Activities (ORDA), und fragte ihn, ob diese Behauptung der Wahrheit entspreche. Gartland bestätigte, daß viele Briefe zwischen der UCLA und seinem Büro gewechselt worden waren, und daß das UCLA-Experiment in der von Cline und Salser modifizierten Form nicht als Versuch mit rekombinierter DNA definiert würde. Das UCLA-Experiment könne in den Vereinigten Staaten ohne Zustimmung durch das Recombinant DNA Advisory Committee durchgeführt werden.[19]

Wo genau die Kommunikation zusammenbrach, ist nicht klar. Gartland hatte lediglich bestätigt, daß Clines Experiment ohne die Verwendung rekombinierter DNA möglich war, und daß das NIH von der Prüfung der aktuellen Pläne in Kalifornien wußte – Pläne, die nicht von seiner Zustimmung abhingen. Die israelischen Wissenschaftler legten diesen Sachverhalt so aus, als würde keines der verwendeten Materialien als rekombinierte DNA betrachtet, so daß sie grünes Licht geben konnten, ohne gegen die NIH-Richtlinien zu verstoßen. Cline tat nichts, um diesen Irrtum aufzuklären.

Leo Sacks, der Leiter des israelischen Komitees für die Rekombination von DNA, wurde erneut angerufen und darüber informiert, daß bei dem Experiment keine rekombinierte DNA gemäß den NIH-Richtlinien verwendet werde. Die Zustimmung seines Komitees sei nicht länger erforderlich. Sacks rief zurück und bat die Hadassah-Beamten, trotzdem das Experiment nicht zu genehmigen.[20] Er hielt den Versuch für verfrüht, da die Wissenschaft noch nicht weit genug entwickelt sei. Doch Sacks stieß nun auf taube Ohren.

Zur selben Zeit zog das Hadassah-Komitee zwei externe Berater hinzu, die beide Experten in der Gentechnik waren, damit sie den Vorschlag prüften. Zumindest einer der namentlich nicht genannten Wissenschaftler hatte Bedenken gegen das Experiments, teilte er im Oktober 1980 dem Reporter Paul Jacobs von der *Los Angeles Times* mit.[21] Jacobs war nach Jerusalem gegangen, um die an der Studie Beteiligten zu interviewen. Einer der externen Experten, der sich weigerte, seinen Namen zur Veröffentlichung freizugeben, glaubte, daß «der Gentransfer verfrüht» gewesen sei. Offensichtlich waren auch seine Bedenken nicht berücksichtigt worden.

Verglichen mit der monatelangen Verzögerung an der UCLA war das Komitee der Israelis in Windeseile mit dem Vorschlag Clines fertig: nach einer Woche fiel die Entscheidung. Laut der französischen Zeitung *Le Monde* wurde das Experiment sogar vom israelischen Gesundheitsministerium genehmigt. Aber um die Entscheidung herbeizuführen, mußte Cline wieder Druck anwenden.

Noch während er mit den Israelis verhandelte, telefonierte er weiterhin mit Peschle, Gabutti und deren Vorgesetzten in Italien. Am Mittwoch, den 9. Juli 1980, hatten die Israelis noch keinen Entschluß gefaßt, und Cline traf Anstalten, Israel zu verlassen und nach Italien zurückzukehren. Er deutete an, er habe einen ersten Hinweis darauf erhalten, daß er das Experiment in Italien durchführen könne. Die Israelis, die ihre Chance dahinschwinden sahen, an einem geschichtlichen Ereignis teilzuhaben, beschleunigten daher ihre Entscheidung.

Am Abend bevor Cline aufbrechen wollte, rief Rachmilewitz ihn in seinem Jerusalemer Apartment an und sagte, das Helsinki-Komitee habe beschlossen, dem Experiment seinen Segen zu geben.

Monate später sollte Kalman Mann, Generaldirektor des Hadassah-Zentrums, noch einmal über den Verlauf der Prüfung von Clines Experiment nachdenken, und auch darüber, ob man Moshe Rachmilewitz hätte erlauben dürfen, sich mit einem strittigen Versuchsvorschlag zu befassen, den sein eigener Sohn mit beantragt hatte. «In der Rückschau war es keine ganz saubere Angelegenheit», erklärte Mann gegenüber der *Los Angeles Times*.[22] «Vielleicht hätte er sich selbst disqualifizieren sollen.»

Trotzdem, so Mann, war die Prüfung der Israelis gründlich. Die Vorteile standen zwar nicht fest, aber es schien keine große Gefahr für die Patientin zu bestehen. «Wenn auch nur die geringste Wahrscheinlichkeit besteht, daß die Behandlung hilft, ist es einen Versuch wert», sagte Mann zu Jacobs. Außerdem, so versicherten die Israelis, war die zur Pionierin erkorene Patientin so krank, daß man ihr keine große Lebenserwartung mehr gab. Angesichts dieser Situation war die Entscheidung, das Experiment zuzulassen, ethisch gerechtfertigt. Martin Cline war erleichtert. Nach über anderthalb Jahren, konnte er endlich weitermachen.

Die Patientin war eine 21 Jahre alte kurdische Jüdin mit einer schweren Beta-Zero-Anämie. Ihr Name war Ora Morduch. Sie lebte in Jerusalem, nicht weit vom Mount Scopus Hospital entfernt. Ihre Familie hatte zu den unzähligen kurdischen Juden gehört, die in den 50er Jahren aus dem Irak nach Israel emigriert waren – als ganze Dörfer per Flugzeug in den neu errichteten jüdischen Staat verfrachtet wurden und in der Wüste angesiedelt wurden, damit diese vom Staat Israel beansprucht werden konnte. Sie kamen aus einem Teil der Welt, in dem sie häufig von Mücken gestochen worden waren, die Malaria übertragen konnten. Der irakische Teil Kurdistans war ein Paradies für *Plasmodium vivax*, den häufigsten, und *Plasmodium falciparum*, den heimtückischsten Malaria-Erreger, sowie für die *Anopheles*-Mücke, deren blutsaugende Weibchen beide Erreger übertragen konnten. Wie überall dort, wo Malaria endemisch vorkommt, waren auch hier Thalassämie und andere genetische Blutkrankheiten, die einen gewissen Schutz gegen *Plasmodium* boten, weit verbreitet. Dies galt besonders für die Kurdenstämme, in deren isolierten Dörfern Inzucht sehr verbreitet war.

Ora Morduchs Eltern waren kurdische Überträger, die beide je ein defektes und ein normales Betaglobin-Gen besaßen. Das normale Gen sorgte dafür, daß sie nur eine leichte Anämie aufwiesen, die für Menschen mit dieser genetischen Mischung typisch ist. Ora hingegen hatte beide defekten Hämoglobin-Gene von ihrer Mutter und ihrem Vater geerbt. Daher konnte sie überhaupt kein Betaglobin herstellen und folglich auch keine normalen Erythrozyten.

Das Mädchen litt unter einer schweren Anämie. Da sie geboren wurde, als es in Israel noch nicht viele Möglichkeiten zur Bluttransfusion gab, litt sie an einer krankhaften Knochendeformierung, weil sich ihr Knochenmark in dem sinnlosen Versuch, den qualitativen Mangel durch Quantität auszugleichen, immer mehr ausbreitete und dabei die Knochenstruktur zerstörte. Folglich war sie klein geblieben, beinahe wie eine Zwergin. Die Knochen ihrer Beine waren so verändert, daß sie beim Gehen hinkte und wiederholte Brüche der deformierten Knochen und chronische Schmerzen erlitt. Selbst die Knochen ihres Schädels und Gesichts hatten sich durch die Ausdehnung des Knochenmarks ausgeweitet und zu Gargoylismus geführt, dem sogenannten «Wasserspeier»-Gesicht, das für diese Krankheit typisch ist. Sogar ihre Haut war betroffen; Eisendepots infolge der ständigen Bluttransfusionen führten zu dunklen Flecken.[23]

Ora Morduch war trotz ihres lebenslangen Kampfes mit körperlichen Defekten eine bemerkenswerte Person. Sie war sehr intelligent, hatte die Hebräische Universität besucht und ihren Magister in Sozialarbeit gemacht. Sie war ehrgeizig, sprach fließend Englisch, reiste kreuz und quer durch die Welt, um an Thalassämie-Kongressen teilzunehmen, und war die Leiterin der örtlichen Thalassämie-Patientenorganisation geworden. Sie kümmerte sich um andere Thalassämie-Patienten und beschwerte sich, wenn diese ihrer Meinung nach nicht angemessen gepflegt und versorgt wurden. Sie bemühte sich, ihr eigenes Leiden dabei zu ignorieren. Das machte sie zu einer schwierigen Patientin, weil sie oft um Tage zu spät zu ihren regelmäßigen Bluttransfusionen und den Nachsorgeuntersuchungen kam. Und doch hatte er sie liebgewonnen und freute sich darüber, daß sie immer noch am Leben war. «Alles [in ihrem Körper] fiel auseinander, mit Ausnahme ihres Gehirns», sagte Rachmilewitz einmal.

Inzwischen forderten die Folgen der ständigen Bluttransfusionen auch bei ihr einen Tribut. Jede Transfusion brachte weiteres Eisen in ihren Körper. Ihre überladene Leber beförderte den Überschuß an Eisen ins Blut zurück, und es sammelte sich in anderen Organen an, besonders im Herzen. Ora litt an periodischen Herzrhythmusstörungen und Herzjagen, die zu ungeregelten Herzmuskelkontraktionen führten, so daß das Blut nicht in ausreichendem Maße durch den Körper gepumpt wurde. Sie mußte häufig stationär aufgenommen werden, damit sie nicht durch einen Herzanfalls starb. Wenn es nicht gelang, einen Teil des Eisens aus ihrem Körper zu schaffen, würde sie sterben.

Für sie wünschte Rachmilewitz sich, Clines «phantastisches Wagnis» würde gelingen. Außerdem stellte sie eine ideale Kandidatin gemäß Clines Kriterien dar:

Er wollte sein Experiment nur bei jemandem durchführen, der unmittelbar vom Tod bedroht und intelligent genug war, um die Art der Behandlung zu begreifen. Rachmilewitz erklärte Ora die Behandlung und ihre erhoffte Wirkung, so weit er selbst sie verstand, und legte ihr die Risiken dar, die er für gering hielt. Sie beschloß, den Versuch zu wagen.

Als Cline das Mädchen zum ersten Mal besuchte, war er von ihr beeindruckt. Sie hatte eine klare Vorstellung von dem, was geschehen würde, und sie wußte, daß die Chancen, daß sie tatsächlich beim ersten Versuch geheilt würde, gering waren. Cline saß eine halbe Stunde lang bei Ora und sprach mit ihr, ging die Prozedur Schritt für Schritt durch. Zuerst würden Rachmilewitz und er Knochenmark aus ihrer Hüfte entnehmen. Das Knochenmark würde in ein Laborgefäß gegeben und mit dem Gen behandelt. Inzwischen würde das Mädchen in die Strahlentherapie-Abteilung geschickt, wo ein fünfzehn Zentimeter langes Knochenstück in einem ihrer Oberschenkel mit 300 Rad bestrahlt würde. (Rad, die Abkürzung für *radiation absorbed dose*, ist eine ältere Bezeichnung für die Einheit der Strahlen-Energiedosis. Diese Einheit war bis 1985 in Deutschland zugelassen, die heute gültige SI-Einheit ist das Gray [gy]. Es gilt: 1 rd = 0,01 gy.) Cline glaubte, daß auf diese Art ihr Knochenmark in diesem Teil des Beines abgetötet und Platz für die genbehandelten Knochenmarkzellen geschaffen würde. Dort könnten sie sich ansiedeln und gedeihen, nachdem sie ihr wieder injiziert worden waren. Cline gab später zu, daß diese «Platzbeschaffungshypothese» den schwächsten Punkt in seinem Experiment darstellte. Bisher waren nur Versuche mit Tieren angestellt worden, um diese Theorie zu bestätigen. Es lagen keine Daten vor, aus denen hervorgegangen wäre, daß es auch beim Menschen funktionieren würde.

Aber Cline war nicht mehr zu bremsen. Endlich würde es geschehen. Er würde der erste sein, der eine Gentherapie beim Menschen durchführte – ein historischer Durchbruch. Aber er sagte zu Ora, er erwarte nicht, daß das Experiment erfolgreich sei. Daß das Einschleusen des Betaglobin-Gens in ihre Knochenmarkzellen wahrscheinlich nichts an ihrem körperlichen Zustand ändern würde. Er wußte, daß er das Gen nicht in viele Zellen einbringen konnte. Er konnte noch nicht einmal sagen, ob das Globin-Gen aktiv werden würde. Und er kannte die geringe Chance, daß es in ausreichend viele Stammzellen gelangte – in jene Zellen also, aus denen alle übrigen Blutkörperchen entstehen -, um zu einer langfristigen, klinischen Besserung ihres Zustandes zu führen. Aber, so sagte er, es war einen Versuch wert.

Wie vielen Patienten mit einer tödlichen Krankheit waren Ora Morduch nur zwei Möglichkeiten geblieben: Verdrängung und Hoffnung. Verdrängung wandte sie häufig und mit gutem Erfolg an. Sie ignorierte ihre Krankheit, so weit dies möglich war. Sie besaß auch Hoffnung und die Fähigkeit, zu hören, was sie hören wollte – daß diese experimentelle Behandlung vielleicht dazu führen würde, daß sie sich zum ersten Mal in ihrem Leben wohlfühlte. Und wenn sie bei ihr erfolglos war, würde sie vielleicht eines Tages erfolgreich sein. Vielleicht würde sie lange genug leben, um von dieser Entwicklung zu profitieren. Trotz Clines Vorbehalten stimmte sie dem Versuch zu und hoffte das beste.

Cline und Rachmilewitz erhielten die offizielle Erlaubnis durch Hadassah-Beamte am 10. Juli 1980 um 7 Uhr am Morgen. Dann ging alles sehr schnell. Rachmilewitz bestellte Ora umgehend in das Krankenhaus. Um 9 Uhr erschien sie im Mount Scopus Hospital und erhielt ein Bett zugewiesen. Spannung baute sich auf. Man schaffte chirurgisches Gerät in ein Untersuchungszimmer für ambulante Patienten – kein steriler Operationsraum, aber ausreichend.[24]

Um 11 Uhr lag Ora auf dem Untersuchungstisch. Rachmilewitz betäubte ein Stück ihrer Haut mit einem Lokalanaesthetikum. Er machte einen kleinen Einschnitt mit einem Skalpell, um eine Öffnung in der Haut zu erhalten. Dann stieß Rachmilewitz eine Injektionsspritze mit einer langen Hohlnadel – die kräftig genug war, um sich in Knochen zu bohren – durch den Schlitz in der Haut, durch das Fettgewebe über dem Darmbeinkamm (im hinteren Hüftbereich unmittelbar über dem Gesäß) und führte sie zum Knochen auf der Rückseite des Beckens. Sobald die Nadelspitze den Knochen berührte, drückte und bohrte er sie mit Nachdruck durch die Knochenwandung in das darunterliegende schwammige Knochenmark. Diese Prozedur ist trotz des Anaesthetikums unangenehm und recht schmerzhaft.

Mit Hilfe des Kolbens saugte Rachmilewitz ein paar Tropfen Knochenmark ab und gab sie in einen sterilen Container. Dann wurde der ganze Prozeß wiederholt. Anritzen der Haut. Durchbohren des Knochens. Absaugen des Knochenmarks. Immer wieder und wieder, bis Rachmilewitz fünfzehn Milliliter beisammen hatte. Das entsprach etwa 0,1 bis 1,5 Prozent von Oras Knochenmark. Danach ging Ora in die Strahlentherapie-Abteilung, wo ihr Bein bestrahlt wurde.

Mittlerweile übergab Rachmilewitz Cline das kostbare Zellmaterial. Cline brachte es ins Labor und betrachtete die Zellen unter dem Mikroskop. Die Knochenmarkzellen von Thalassämier-Patienten weisen zu viele Erythrozyten-Vorläufer auf und weisen aufgrund der Erkrankung gewöhnlich Anomalien auf. Cline zählte die Zellen: Zwischen 4 und 6×10^8 in der gesamten Probe. Cline vergewisserte sich, daß das gerinnungshemmende Mittel ein Verklumpen der Zellen verhinderte. Alles verlief planmäßig.

Im nächsten Schritt wurden die Gene zugegeben – nur ein winziges Stäubchen von Substanz. Gedanken an das Protokoll und daran, was er als nächstes tun sollte, rasten durch Clines Kopf. Er hatte sich bereit erklärt, die isolierten Gene zu benutzen, sie voneinander und von ihren bakteriellen Trägerplasmiden zu trennen. Sie standen ihm in dieser Form allerdings nicht zur Verfügung, er hatte nur rekombinierte DNA mitgebracht. Die Israelis waren besorgt, daß er keine rekombinierte DNA verwenden würde. Ihm blieb jedoch keine andere Wahl, als die rekombinierten Gene in den Trägerplasmiden einzusetzen. Erhatte keine Möglichkeit, die Gene aus ihren Trägerplasmiden und voneinander zu trennen, die rekombinierte DNA in isolierte Betaglobin- und Thymidinkinase-Gene aufzuspalten.

Cline fühlte die Frustration über die Einschränkungen, die ihm auferlegt worden waren. Es handelte sich um politische Auflagen, keine wissenschaftlichen. Sie waren nicht einmal rational begründbar. Die isolierten Gene wiesen, wenn sie aus den Plasmiden herausgespalten wurden, klebrige Enden auf. Diese klebrigen Enden würden einander in den Reagenzgläsern oder im Zellinneren finden und sich auf zufällige Weise wieder miteinander verbinden. Auch, wenn er isolierte Gene einsetzte, so überlegte Cline, würden die Gene sich ohnehin rekombinieren, und am Ende befände sich rekombinierte DNA in der Patientin. Also ergab die gesetzliche Auflage, isolierte Gene anstelle von rekombinierter DNA zu benutzen, wissenschaftlich betrachtet keinen Sinn. Die Definition, die er dem NIH abgerungen hatte, um sich der zusätzlichen Überprüfung durch eine Bundesbehörde zu entziehen, war unlogisch und technisch unerheblich.

Wichtiger war, daß Cline anhand seiner Untersuchungen mit Tieren über gewisse vorläufige Beweise dafür verfügte, daß die neuen Gene mit größerer Wahrscheinlichkeit in die Chromosomen der Zielzelle integriert wurden, wenn man sie in rekombinierter Form einschleuste. Wenn dieses Experiment erfolgreich sein sollte – wenn diesem Mädchen geholfen werden sollte -, war es das vernünftigste, rekombinierte DNA zu benutzen. Diese Überlegung sollte sich letztlich als falsch erweisen – wissenschaftlich wie auch politisch.

Cline griff in den Behälter und holte die Glasröhrchen mit der rekombinierten DNA heraus. Es war wirklich nur eine Spur – vier Mikrogramm mit einem bakteriellen Plasmid rekombinierte virale Thymidinkinase-DNA, vier Mikrogramm mit einem bakteriellen Plasmid rekombinierte menschliche Betaglobin-DNA und 12 Mikrogramm Thymidinkinase- und menschliche Betaglobin-DNA, die zu einem einzigen Plasmid rekombiniert waren. Er benutzte die rekombinierte DNA – die Form, die nicht zu verwenden er versprochen hatte. Er rechtfertigte diese Vorgehensweise vor sich selbst damit, daß das Experiment auf diese Art angemessener war. Er sagte nichts davon zu Rachmilewitz, der neben ihm stand. Er glaubte nicht, daß der israelische Arzt den Unterschied bemerken würde. Er sagte auch zu Ora Morduch nichts davon. Sie hatte einem Versuchsprotokoll zugestimmt, in dem keine rekombinierte DNA vorkam, aber Cline befolgte es nicht. Ein rein technischer Unterschied, aber er brach das Vertrauen zwischen Arzt und Patient.

Als nächstes fügte Cline das Kalziumphosphat hinzu, die geweihte Substanz in der Reaktion, die auf mysteriöse Weise Kanäle in der Zellmembran eröffnete, durch die DNA hineingelangen und ein ständiger Bestandteil der Erbanlage dieser Zelle werden konnte. Vier Stunden lang beobachteten Cline und die anderen

Wissenschaftler die Knochenmarkzellen, während diese sich bei 37 Grad Celsius – der menschlichen Körpertemperatur – mit den Genen vereinigten.

Nachdem die Gene in alle erreichbaren Zellen gelangt waren, kontrollierte Cline sie ein letztes Mal unter dem Mikroskop. Sie waren so normal, wie Knochenmarkzellen eines Thalassämie-Patienten nur sein konnten. Die ersten gentechnisch bearbeiteten Zellen, die den Verlauf einer Krankheit des Menschen verändern sollten, waren soeben hergestellt worden.

Das war ein entscheidender Augenblick in Clines Laufbahn. Er hatte sein ganzes Leben mit der Arbeit an der vordersten Front der wissenschaftlichen Forschung verbracht. Er hatte bedenkenlos Therapieversuche mit toxischen Medikamenten an Sterbenden unternommen. Jetzt hatte er eine neue Epoche der Gentherapie am Menschen eingeleitet. Statt ständig Medikamente gegen ihre chronischen Krankheiten einnehmen zu müssen, würden die Patienten von nun an von innen heraus geheilt werden. Die Gene in ihren Zellen würden verändert, die Leiden aus ihren Körpern verbannt.

Und hier war der couragierte Arzt, der bereit war, seine Karriere und seine Patienten im Namen des medizinischen Fortschritts zu opfern – in dem Bemühen, das Leben vieler Tausender zukünftiger Kranker zu retten. Nur Cline verfügte über die einzigartige Kombination von Fähigkeiten, um dieses Ziel zu verwirklichen. Nur er allein, so glaubte er, war qualifiziert genug, dieses Experiment durchzuführen. Vielleicht würde es ihm den Nobelpreis und die Dankbarkeit von Patienten auf der ganzen Welt einbringen. Wenn er erfolgreich war.

Die genetisch veränderten Zellen wurden aus den Kulturen genommen, gewaschen und zentrifugiert, um sie vom freien, nicht aufgenommenen Genmaterial zu befreien. Dann wurden rund 800 Millionen der Knochenmarkzellen in einen gewöhnlichen Blutkonservenbeutel gegeben. Eine kleine Menge wurde zurückbehalten, um sie nach infektiösem Material zu untersuchen. In einer andere Probe wurde die Vitalität der Zellen überprüft: 99 Prozent von ihnen waren noch am Leben.

Ora Morduch war aus der Strahlentherapie-Abteilung zurückgekehrt. Die Knochenmarkzellen in ihrem Bein starben durch die Stahlenbehandlung ab. Rachmilewitz stieß ihr eine Kanüle in die Vene des linken Arms und verband sie mit dem Blutbeutel, der die Zellen enthielt. Ängstliche Erwartung breitete sich im Raum aus. Es war eine Sache, Zellen im Labor genetisch zu verändern; sie in den Patienten zurückzuführen, eine andere. Cline war angespannt. Keine der Versuchsmäuse hatte jemals auf das Kalziumphosphat oder etwas anderes im Nährmedium der Kultur negativ reagiert. Aber diesmal handelte es sich um eine menschliche Patientin. Alles war möglich.

Fünf Stunden, nachdem die Knochenmarkzellen des Mädchens entfernt worden waren, wurden sie ihr nun durch die Vene langsam wieder eingegeben. Ihre

Ärzte hielten nach einer negativen Reaktion Ausschau: einer plötzlichen Veränderung des Pulses, einem plötzlichen Schweißausbruch oder einer Beschleunigung der Atmung. Nichts dergleichen geschah. Puls und Blutdruck blieben konstant. Cline, Rachmilewitz und die übrigen beobachteten die Patientin den ganzen restlichen Tag über. Aber der Patientin ging es gut.

Am folgenden Tag wiederholten Cline und Rachmilewitz die Prozedur. Sie entnahmen dem Mädchen weitere fünfzehn Milliliter Knochenmark, behandelten die Zellen mit den Genen, und schleusten sie fünf Stunden später wieder ein. Die Strahlenbehandlung wurde dabei unterlassen.

Von den 800 Millionen Knochenmarkzellen, die Cline mit Genen behandelte, konnten deutlich weniger als ein Prozent Stammzellen sein. Wenn es Cline nicht gelang, Gene in eine beträchtliche Anzahl von ihnen einzuschleusen, wäre jede Wirkung des Gentransfers in Oras Körper nur vorübergehender Natur. Die Anzahl der genetisch veränderten Zellen würde ständig abnehmen, da sie abstarben.

Obwohl Cline rekombinierte Gene benutzt hatte (das Thymidinkinase-Gen und das Betaglobin-Gen), die die Zellen resistent gegen toxische Medikamente machen würden, sollte seine Patientin im Gegensatz zu den Versuchstieren keine selektierenden Medikamente erhalten. Dieser Entschluß verringerte möglicherweise die Chance, daß das Experiment erfolgreich verlief, machte aber das Leben für die Patientin leichter. Ohne eine medikamentöse Selektion war die Wahrscheinlichkeit gering, daß die wenigen genetisch transformierten Zellen einen Selektionsvorteil gegenüber den defekten Zellen hatten. Selbst, wenn einige Zellen transformiert worden waren, wären die defekten Zellen in der Überzahl und im Überlebenswettbewerb überlegen, und die transformierten Zellen würden aussterben, bevor sie die Milliarden gesunder Erythrozyten hervorbringen konnten, die nötig wären, um Oras Krankheit zu heilen.

Aber obwohl er in seinem Experiment in einigen Punkten vom Protokoll abgewichen war und trotz der nagenden Besorgnis, weil er rekombinierte DNA benutzt hatte, war Cline zufrieden. Das Experiment hatte stattgefunden; die Gentherapie am Menschen hatte begonnen. Er hatte getan, was zu tun er sich vorgenommen hatte.

Er blieb noch ein paar Tage in Israel, um nach der Patientin zu schauen und Pläne für Nachsorgeuntersuchungen zu machen. Man würde ihr in regelmäßigen Abständen Blut abnehmen, es einfrieren und nach Los Angeles schicken. Clines Team würde es den modernsten molekularen Tests unterziehen. Je eine Blut- und Knochenmarkprobe würde eingefroren und in Israel verwahrt.

Nachdem die Vorbereitungen für eine weitere Zusammenarbeit mit Israel abgeschlossen waren, stieg Cline in ein Flugzeug und flog nach Neapel. Jetzt, nachdem ihm die Israelis die Tür geöffnet hatten, war Cline sicher, daß die Italiener nicht zurückstehen und ihm ihren Patienten zur Verfügung stellen würden. Cline wollte einen zweiten Patienten haben, und Italien schien ihm dafür geeignet zu sein. Eine einzige Patientin bewies gar nichts – ob die Behandlung erfolgreich verlaufen war oder nicht. Cline brauchte gleich zu Beginn mehrere Patienten, um nachzuweisen, daß die Gentransplantate eine biologische Veränderung zur Folge hatten. Er wollte beweisen, daß sein Konzept richtig war. Dann konnte er weitere Patienten annehmen, um die Techniken zu verfeinern, und wahrscheinlich sogar Patienten in Los Angeles behandeln.

Als Cline in Neapel landete, war noch nichts geklärt. Die Laborstudien, die dort durchgeführt worden waren, um zu zeigen, daß man Gene transferieren konnte, waren noch nicht abgeschlossen. Cesare Peschle hatte zwar von dem Augenblick an, als Cline es ihm vorgeschlagen hatte, einen Versuch mit Menschen in Erwägung gezogen, aber er zog es vor, zuvor ein paar handfeste Beweise dafür zu sehen, daß es funktionierte. Cline hatte jedoch nicht vor, sich so lange in Italien aufzuhalten, bis Peschle seine Beweise hatte. Er wollte gleich zur nächsten Stufe übergehen: zur Behandlung eines Patienten.

Dr. Velma Gabutti und einige ihrer jungen ärztlichen Mitarbeiter kamen aus Turin. Sie hatten für alle Fälle eine Patientin mitgebracht. Vielleicht würden sie die Patientin mit Clines Genen behandeln, oder sie würden ihr nur ein wenig Knochenmark entfernen und versuchen, die Gene in ihre Zellen einzuschleusen. Sie hatten noch nichts entschieden.

Beim Essen beschrieb Cline seine erfolgreichen Untersuchungen mit Tieren, aus denen hervorging, daß man das Gen einfügen konnte, und er sagte, die Selektionstechniken zeigten, daß die Gene ihre Aufgaben erfüllten. Er sprach auch über die Vorbereitungen, die er soeben in Israel getroffen hatte; wie man dort über seine Ideen nachgedacht und sie gutgeheißen hatte. Zum Schluß beschrieb er die Schritte, die sie in Italien ausführen würden, wenn sie einverstanden wären: Entfernung des Knochenmarks, Genbehandlung der Knochenmarkzellen und Rückführung der Zellen in den Patienten.

Für die Italiener war es eine aufregende Mahlzeit. Da war Cline, brillant und wortgewandt, ein Forscher von internationalem Ruf, Leiter einer der erfolgreichsten hämatologischen und onkologischen Einrichtungen der Welt. Er gab ihnen einen Blitzkurs in der Medizin der Zukunft. Die jungen Forscher in Begleitung Gabuttis waren beeindruckt. Peschle war es nicht. Er wollte immer noch zuerst die Ergebnisse der früheren Untersuchungen sehen.

Cline ließ nicht locker. Peschle stellte immer neue Fragen, aber er war kein Molekularbiologe und begriff die Details der Gentherapie selbst nur in groben Umrissen. Gewiß war es nicht leicht, zu bestimmen, was rekombinierte DNA war und was nicht – besonders, weil Cline von dieser Ungewißheit profitierte. Peschles Intuition sagte ihm, daß etwas nicht in Ordnung war, aber ihm fehlte das nötige

Wissen, um herauszufinden, was es war. Aber noch gewichtiger waren seine persönlichen Bedenken hinsichtlich des vorgeschlagenen Experiments. Er war in der Lage, dessen potentielle Bedeutung zu erkennen. Wenn es erfolgreich war, würde dies seiner Laufbahn einen Auftrieb geben. Die Universitäten ganz Italiens würden sich um ihn reißen. Aber Peschle glaubte bei all seiner Unentschlossenheit, daß es besser sei, zuerst die Ergebnisse der *in-vitro*-Studien abzuwarten, um sicher zu sein, daß die Sache bei Tieren funktionierte, bevor man sie bei menschlichen Patienten ausprobierte.

Die Diskussion wogte während des Essens hin und her. Gegen Ende des Essens fühlte Peschle sich entspannter, weil er spürte, daß die Stimmung sich dem Abwarten zuneigte. Gabutti, die wenig gesagt und lange zugehört hatte, ließ mit keinem Wort erkennen, daß sie für ein Experiment mit Menschen war.

Am gleichen Nachmittag setzten sich Cline und Gabutti in Peschles Büro zusammen. Cline fragte Peschle, was er davon hielt. Da Peschle annahm, daß kein Experiment durchgeführt würde, nahm er eine überlegene Haltung ein. Er sah keinen Grund, die Sache voranzutreiben, sich verfrüht der Patientin zuzuwenden. Es lag immer noch kein Beweis dafür vor, daß das Gen in die Zellen ging und nennenswerte Mengen Betaglobin herstellte; weder *in vitro* noch im Tierversuch. Es war besser, zuerst die *in-vitro*-Untersuchungen abzuwarten. Aber Peschle erinnerte sich, später gesagt zu haben: «Es handelt sich um Dr. Gabuttis Patientin. Ich will mir anhören, was sie dazu sagt.»

Als nächstes sagte Cline, die einzige Möglichkeit, festzustellen, ob es funktioniere, bestünde darin, es an einem Patienten zu erproben. Er stellte nachdrücklich fest, daß er das Experiment durchführen wolle, und führte noch einmal die Punkte auf, die ihn rechtfertigten.

Dann wandte Cline sich Gabutti zu. Sie entgegnete einfach: «Gut, fangen wir an.»

Peschle war wie gelähmt. Irgend etwas hatte Gabutti umgestimmt, das war jedenfalls sein Eindruck. Offenbar hatten sich die jungen Ärzte in Gabuttis Gefolge – beeindruckt von Clines Vorschlag, der verdächtig nach geschichtlicher Bedeutung roch – auf die Seite des Amerikaners geschlagen. Sie wollten, daß Gabutti mitmachte. Später gab es Gerüchte, daß sie sogar gedroht hatten, ihr die Mitarbeit zu kündigen, wenn sie sich gegen den Versuch sträubte. Gabutti gab ihr Einverständnis. Sie würde Cline eine Patientin zur Verfügung stellen, falls die notwendigen Genehmigungen gegeben wurden, und das Experiment konnte an der Universitätsklinik in Neapel durchgeführt werden.

Peschle saß in der Falle. Noch vor fünf Minuten hatte er sich auf neutralem Boden befunden. Wenn Gabutti in ihrer Eigenschaft als Ärztin der Patientin dem Versuch zustimmte, würde er sich nicht in den Weg stellen. Doch Peschle kämpfte immer noch um die Entscheidung, dem Experiment zuzustimmen. «Es war ein phantastisches Experiment, aber es gab keine phantastischen Hinweise darauf, daß die Wahrscheinlichkeit seines Gelingens sehr hoch war», sagte er später. «Man konnte es [das Gelingen] nicht ausschließen, und die Toxizität war günstig [es gab keine], und das Komitee der Israelis hatte zugestimmt.» Am folgenden Morgen rief Peschle sechs Wissenschaftler aus seinem Bekanntenkreis an, um sie zu fragen, ob sie glaubten, daß das Experiment gelingen könnte, und ob er sich daran beteiligen sollte. Keiner von ihnen konnte sagen, ob es gelingen würde. Keiner von ihnen sagte, er solle es nicht tun. Peschle gab nach.

Cline hatte die erste Hürde überwunden. Er hatte sich die Unterstützung seines Mitarbeiters gesichert. Jetzt brauchten sie nur noch die Genehmigungen der zuständigen italienischen Behörde – deren Leiter, wie sich herausstellen sollte, Peschles Vorgesetzter war: Professor Mario Condorelli, Direktor der hämatologischen Abteilung. Damals fehlte es in Italien an strengen Gesetzen, die derartige Versuche an Menschen regelten. Condorelli kannte Clines Ruf. Als der amerikanische Wissenschaftler in Neapel angekommen war, hatte Peschle ihn seinem Vorgesetzten vorgestellt. Condorelli war beeindruckt gewesen und hatte sofort gesagt, er sehe keine Gründe, die dagegen sprächen, daß das Experiment in Italien durchgeführt würde. Die Würfel waren gefallen. Die zweite Patientin würde behandelt werden.

Während in Peschles Büro über ihre Zukunft entschieden wurde, wartete Maria Addolorata aus Turin. Sie war ebenso wie Ora Morduch mit Beta-Zero-Thalassämie geboren worden. Ihre Krankheit war so heftig, daß ihr Körper zu wenig Betaglobin herstellte – schätzungsweise 2,5 Prozent der normalen Menge. Ihre Eltern waren Sizilianer. Sie hatten in einer Gegend des Mittelmeerraumes gelebt, wo die Malaria einst endemisch und Thalassämie häufig gewesen war. Jetzt lebten sie in Norditalien, weil sie Arbeit in dem Industriegebiet zwischen Turin und Mailand gesucht hatten.

Im Jahr 1980 war Maria sechzehn Jahre alt, aber sie sah wie eine Zwölfjährige aus. Sie erhielt seit ihrer frühen Kindheit Bluttransfusionen, um die Symptome der Thalassämie abzumildern. Die Transfusionen wirkten ihrer Anämie und dem unkontrollierten Wachstum ihres Knochenmarks entgegen. Somit hatten sie die Deformationen ihrer Knochen und ihres Gesichts verhindert, die ihre Leidensgenossin in Israel entstellt hatten.

Aber die Transfusionen hatten bewirkt, daß ihre Hypophyse (Hirnanhangdrüse) ihre Tätigkeit einstellte – eine der vielen, möglichen Folgen einer Eisen-Überversorgung. Die Hypophyse ist die oberste Kontrollinstanz des gesamten Hormonhaushaltes. Ihre Signale regeln unter anderem das Wachstum und die sexuelle Entwicklung. Daher war Maria nie in die Pubertät eingetreten und hatte nie ihre normale, körperliche Gestalt und Reife erlangt. Wie bei Ora Morduch war auch bei Maria der Eisenüberschuß so stark geworden, daß sie immer wieder ins

Krankenhaus mußte, um ihren rasenden, arrhythmischen Herzschlag behandeln zu lassen. Wenn diese Anfälle von Herzjagen nicht unter Kontrolle gebracht wurden, würde sie schließlich daran sterben.

Gabutti hatte mit Maria und ihren Eltern über Clines Vorschlag gesprochen. Cline hatte sich nicht persönlich an diesen Gesprächen beteiligt, weil die Familie Addolorata kein Englisch und er kein Italienisch sprach. Aber in seinen Aufzeichnungen aus jener Zeit schrieb Cline: «Sowohl die Patientin als auch ihre Familie waren sehr intelligent und verstanden die Implikationen der Behandlung.» Wichtiger war, daß die Familie ein einfaches, vier Paragraphen umfassendes Einverständnisformular unterschrieben, das später bei der Anhörung vor dem US-Kongreß zu den Akten genommen wurde.[25] Im ersten Absatz wurde erklärt, wer die Behandlung durchführen und wo sie stattfinden würde. Der zweite beschrieb die Behandlung, wenn auch auf unverständliche Art. Der dritte bestätigte, daß diese Experimente bereits bei Tieren durchgeführt worden waren, aber noch nie zuvor bei Menschen.

Der letzte Absatz lautete: «Im vollen Bewußtsein der Bedeutung, die diese neuartige Methode für unsere Kinder und für alle anderen haben kann, die an Thalassämie leiden, und nachdem wir Maria Addoloratas zustimmende, in vollem Bewußtsein und frei ausgedrückte Meinung gehört haben, erklären wir uns aus eigenem Willen und ohne jeden Zwang einverstanden, daß unsere Tochter dieser Behandlung unterzogen wird.» Diese Erklärung wurde am 8. Juli 1980 unterzeichnet – zwei Tage, bevor Cline das genetische Experiment bei Ora Morduch in Israel ausführte.

Eine Woche, nachdem Marias Eltern die Einverständniserklärung unterschrieben hatten, war am 15. Juli 1980 alles für die zweite Gentherapie vorbereitet. Peschle und Gabutti trugen die nötige Ausrüstung in der Universitätsklinik in Neapel zusammen und beorderten die Patientin dorthin. Cline steuerte die Gene bei. Wieder entfernte das Team unter örtlicher Betäubung eine geringe Menge Knochenmarkzellen des Mädchens und bestrahlte ihr Bein mit 300 Rad, um Platz für die Knochenmarkzellen zu schaffen, die ihr später wieder injiziert werden sollten.

Cline setzte die 700 Millionen Knochenmarkzellen in der Petrischale einer Mischung von Genen aus: das mit einem Plasmid rekombinierte Herpes-Thymidinkinase-Gen und das mit dem Betaglobin-Gen rekombinierte Herpes-Gen. Maria erhielt zwei Behandlungen mit genetisch behandeltem Knochenmark, aber sie erhielt keine Gabe des toxischen Medikaments Methotrexat, das Cline seinen Mäusen verabreicht hatte, um ihren Knochenmarkzellen einen Selektionsvorteil zu verschaffen. Das genetisch veränderte Knochenmark würde sich einfach im Blut und im Knochenmark aus eigener Kraft durchsetzen müssen. Wie Ora überstand auch Maria die Behandlung ohne Komplikationen. Und wieder hatte Cline entgegen seinen Versprechungen rekombinierte DNA verwendet.

Einen Tag nach Marias Behandlung gelangte das Human Subjects Protection Committee der UCLA nach vierzehnmonatigen Debatten und Überlegungen endlich zu einem Entschluß über Martin Clines Vorschlag, Gene in das Knochenmark menschlicher Patienten einzuschleusen. Die Kommission lehnte den Antrag ab.

Am 16. Juli 1980 schrieb Jeremy Thompson, der Vorsitzende des UCLA-Komitees, Cline eine kurze Notiz, die auszugsweise lautete: «Ich bedaure, Ihnen mitteilen zu müssen, daß das Komitee für eine Ablehnung der Studie gestimmt hat.»[26] Thompson nannte weiterhin die Fragen und Einwände von vier anonymen externen Gutachtern, die in der Gentechnik tätig waren – darunter, wie verlautet, zwei Nobelpreisträger. Alle vier lehnten das Experiment als verfrüht ab. Sie meinten, es seien noch weitaus mehr Arbeiten mit Tieren erforderlich, bevor die Behandlungsmethode beim Menschen erprobt werden könne. Alle vier erhoben zahlreiche technische Einwände, nannten verschiedene Fehlerquellen beim Nachweis, daß transplantierte Gene in einer signifikanten Anzahl in die Knochenmarkzellen der Mäuse gelangt waren oder daß sie ihre Pflicht erfüllten, nachdem sie eingebracht worden waren. Mehrere der Wissenschaftler zweifelten die Verläßlichkeit der Daten der Artikel an, die in *Science* und *Nature* veröffentlicht wurden.

«Ich glaube, die ungeklärten Fragen... machen es in hohem Maße unbeweisbar, daß man einen Nutzen gleich welcher Art für den Patienten bewirken kann», sagte der erste Berater. Nachdem er Bedenken bezüglich der Kosten und Risiken von Versuchen mit Menschen erhoben hatte, sorgte er sich über «die negativen, gesellschaftlichen Folgen eines fehlgeschlagenen Experiments» und fuhr fort: «Es ist meine Überzeugung, daß ein beträchtlicher Prozentsatz der Bevölkerung geneigt ist, sich gegen die Manipulierung der genetischen Anlagen des Menschen aufzulehnen. Experimente dieser Art könnten diese Gruppe potentieller Kritiker mobilisieren. Für ein schlecht verstandenes und ohne ausreichende Vorbereitungen ausgeführtes Experiment trifft dies umso mehr zu.»

Der vierte Berater machte sich ebenfalls über die Reaktion der Öffentlichkeit auf den von Cline vorgeschlagenen Versuch Sorgen. «Ich kann nicht genug betonen, daß die Risiken dieses Experiments zu hoch sind, um auf die geringen Chancen eines positiven Ausgangs zu spekulieren», sagte er. «Und ich kann die Ausführung [des Experiments] nicht aufgrund des Arguments gutheißen, daß der Patient ohnehin sterben würde.»

Cline fand diese Kommentare in einem hohen Stapel Post, als er wieder an der UCLA war. Damals hatte er die Globin-Gene bereits in die beiden Mädchen in Israel beziehungsweise Italien eingebracht. Italien und Israel waren für ihn bereits vergangene Etappen, und Cline dachte nun an zukünftige Experimente und die längere Folgebehandlung der Kinder, die er bereits behandelt hatte. Das Vergangene war reine Forschung gewesen, eine weitere Sprosse auf seiner Karriereleiter.

Selbst in seinen kühnsten Träumen hätte sich Cline weder das Aufsehen, das nun folgen sollte, noch die Art und Weise, wie dadurch sein Leben und die Zukunft der Gentherapie verändert werden sollten, ausmalen können – und genauso wenig hätte er sich träumen lassen, daß er seine beiden Patientinnen niemals wiedersehen würde.

Der Sturz eines Engels

«Eine Untersuchung ist von Anfang an ethisch oder nicht; sie wird nicht deshalb ethisch, weil sie wertvolle Daten erbringt.»

Henry K. Beecher, Professor für Anaesthesie an der Harvard Medical School (1966)

An einem für den Washingtoner Sommer typischen heiß-schwülen Augustsamstag im Jahre 1980 saß French Anderson stocksteif im Sessel neben seinem Pool im Garten seines Haus in Bethesda. Art Nienhuis, Andersons langjähriger Kollege und Freund, war soeben mit seiner Frau eingetroffen, um an dem alljährlichen Sommerfest der Hämatologie-Abteilung teilzunehmen, das bereits in vollem Gang war.

«Mir ist zu Ohren gekommen, daß Marty Cline in Israel Patienten behandelt hat», sagte Nienhuis, der soeben vom Treffen der Internationalen Gesellschaft für Hämatologie in Montreal zurückgekommen war. «Das ist fürchterlich. Das heißt, wir sind geschlagen worden.»

Die Neuigkeiten ließen das Gespräch verstummen.

«Es kann nicht funktionieren», sagte Anderson und lehnte sich zurück. Erst vor zwei Monaten hatte Anderson alle Hoffnungen aufgegeben, mit den derzeit zur Verfügung stehenden Techniken eine Gentherapie beim Menschen ausführen zu können. Die bekannten Methoden waren nicht effizient genug, um genügend Genmaterial in die richtigen Zellen einzubringen und den Zustand eines Patienten dadurch verbessern zu können. Anderson hatte daraus gefolgert, daß die Gentherapie auf einen technischen Durchbruch warten mußte, um ausführbar zu sein – und ein solcher Durchbruch zeichnete sich noch nicht ab. Falls Cline Erfolg gehabt hatte, bedeutete das, daß er einen Trick herausgefunden hatte, den Anderson und alle übrigen Forscher, die auf diesem Gebiet tätig waren, übersehen hatten. Das war unwahrscheinlich. Cline war ein bekannter klinischer Forscher mit einen guten Ruf in der Hämatologie, aber er war kein Molekularbiologe. Winston Salser, sein Partner, hatte das Problem vermutlich ebenfalls nicht gelöst. Aber man konnte nie wissen.

«Ich bin auch der Meinung, daß es nicht funktioniert», sagte Nienhuis.

«Aber wenn er tatsächlich Versuche an Menschen durchgeführt hat, war er der Erste», gab Anderson zu bedenken. «Wir müssen herausfinden, ob es stimmt.» Der

Zweifel nagte an ihm. «Alle Theorien besagen, daß es nicht klappen kann, aber möglich ist es trotzdem.» Später erinnerte sich Anderson an den beunruhigendsten Aspekt des Gerüchts: «Wir konnten nichts erfahren, weil Cline immer im Geheimen arbeitete. Wir wußten nicht, ob er einen Trick gefunden hatte, der es funktionieren ließ. Winston Salser ist ein einfallsreicher Bursche, und Cline ist sehr intelligent. Wir haben Blut und Wasser geschwitzt.»[1]

Die erste günstige Gelegenheit, das herauszufinden, würde sich in der folgenden Woche ergeben. Anderson mußte nach San Francisco fahren, um den Vorsitz bei einem Kongreß über Eisenchelatbildner zu führen. Sehr viele führende Hämatologen würden zu dem Treffen kommen, und gewiß würde einer von ihnen etwas gehört haben.

Nach seiner Ankunft in San Francisco begann Anderson sofort herumzufragen, ob jemand Gerüchte über Cline gehört hatte. In der Empfangshalle des Konferenzhotels traf Anderson einen Doktor der Hadassah-Universität. Der Mann, durch Andersons unverblümte Frage völlig überrascht, wollte keine Antwort geben. Eine Selbstschutzmaßnahme, die Anderson stark vermuten ließ, daß an den Gerüchten etwas Wahres war.

Anderson traf David J. Weatherall, den Vorsitzenden des Ausschusses für Molekulare Hämatologie des Medical Research Council und des Instituts für Molekulare Medizin an der Oxford University in England. Weatherall war ein bekannter Genetiker, der schon oft einen guten Instinkt bewiesen hatte. Anderson teilte Weatherall mit, was er gehört hatte, und der englische Genetiker erklärte sich bereit, sich umzuhören.

«Ich kann es nicht beschwören, aber ich habe den Eindruck, daß an der Sache etwas dran ist», sagte Weatherall noch am selben Tag zu Anderson, nachdem er mit ein paar Freunden gesprochen hatte. Voller Zweifel, ob Cline wirklich das Zeitalter der Gentherapie eingeläutet hatte, flog Anderson nach Washington zurück und beschloß, mit Donald S. Fredrickson zu sprechen, dem Direktor des NIH.

Am Donnerstag, den 28. August, überquerte Anderson um 8:30 Uhr den Parkplatz zwischen seinem Büro im Klinikum und Don Fredricksons Büro. Fredrickson hatte immer schon zu den eher ungewöhnlichen Figuren unter den Wissenschaftlern gehört. Seine dicken Brillengläser verliehen ihm ein eulenhaftes Aussehen. Er hatte bedeutende Beiträge zum Verständnis der Biologie des Blut-Cholesterins und seines Verhältnisses zu Herzkrankheiten geleistet. Aber Fredrickson verfügte nicht nur über wissenschaftlichen Spürsinn, er war auch ein meisterhafter Diplomat. Er war 1953 als unbedeutender klinischer Assistent ans Herzzentrum des NIH gekommen. Er hatte sich beständig emporgearbeitet und immer bedeutendere Verwaltungsaufgaben übernommen. Im Jahr 1966 leitete er das Herzzentrum. Einige Jahre später (nach einer einjährigen Tätigkeit als Präsident des Institute of Medicine, einer Abteilung innerhalb der National Academy of Sciences) wurde Fredrickson 1975 Direktor des NIH und mußte sich sofort mit dem heißesten aller Eisen befassen, den Debatten über die DNA-Rekombination. Er wurde ohne Vorbereitung in eine Auseinandersetzung mit dem US-Kongreß gestoßen, der drohte, die Genlabors im ganzen Land zu schließen. Fredrickson bewährte sich unter dem Druck und manövrierte das NIH geschickt durch heikle Anhörungen vor dem Kongreß, bei denen er manchmal, nach seinen eigenen Worten, «in heißem Öl gesotten» wurde. Er schmetterte erfolgreich viele Kritiker ab, die dem NIH unterstellten, nur seine Privilegien verteidigen zu wollen und sich nicht für die Öffentlichkeit zu interessieren.

Trotz der Heftigkeit der Debatte und der Klagen über den Interessenkonflikt des NIH – da es den größten Teil der Forschung finanzierte, versuchte es natürlich auch, sie zu beeinflussen – schuf Fredrickson eine Atmosphäre des Vertrauens. Er führte Mechanismen ein, die die offenkundige Selbstbedienung des NIH unterbanden. Die Strategie schien sich zu bewähren. Ende der 70er Jahre verstummten die Gespräche im Kongreß über Gesetze zur Regelung der Forschung mit rekombinierter DNA allmählich. Die Furcht vor dem Würgegriff um technische Innovationen legte sich. Fredrickson hatte das Schifflein der entstehenden Gentechnik sicher in stillere Gewässer gesteuert.

Fredrickson und Anderson verband eine starke, persönliche Beziehung, die begonnen hatte, als Anderson 1965 ans NIH kam. Fredrickson war damals Direktor des Herzzentrums gewesen. Anderson hatte sofort seine Aufmerksamkeit erregt, weil er intelligent war, sich nicht vor Wettbewerb scheute und ein Gespür für lohnende Projekte hatte.[2] Fredrickson sah mit Wohlgefallen, wie Anderson nur zwei Jahre nach seinem Eintritt ins NIH ein unabhängiger Forscher wurde – ein ungewöhnlich rasches Vorankommen. In dieser ganzen Zeit suchte Anderson Fredricksons Rat, zeigte ihm die neuesten Daten, besprach mit ihm seine Theorien und Ansichten. Andersons Aufmerksamkeit gefiel Fredrickson.

Also war es nicht ungewöhnlich, daß Anderson Fredrickson aufsuchte. Aber dieser Besuch sollte sich von früheren unterscheiden. Anderson sprach von den Gerüchten um Clines Experiment. Der UCLA-Wissenschaftler war offenbar nach Übersee gegangen und hatte Gene in Patienten eingeschleust; wahrscheinlich waren die Richtlinien für die DNA-Rekombination mißachtet worden.

Fredrickson lauschte ungläubig. Clines Vorgehen drohte, fünf Jahre Kampf um die Einrichtung eines Recombinant DNA Advisory Commitee am NIH zunichte zu machen. Geschickte Verhandlungen hatten den Erlaß eines sechzehn Seiten langen Gesetzestextes abgewendet, der genetische Experimente regeln sollte. Die Besorgnisse hinsichtlich der Einschleusung von DNA-Fragmenten in Bakterien, die im Labor gezüchtet wurden, würden vor den Befürchtungen hinsichtlich der Einschleusung von Genen in Menschen verblassen. Bei den Debatten über die

DNA-Rekombination hatte immer die Genmanipulation von Menschen im Hintergrund gelauert. Die meisten Forscher glaubten, dies läge in so weiter Zukunft, daß niemand über die Veränderung von Genen in Menschen sprach. Daß Cline bedenkenlos vorangeprescht war und heimlich Gene in Menschen eingeschleust hatte, war unerhört. Es war der Alptraum eines jeden Wissenschaftlers. Es bedrohte die Freiheit der wissenschaftlichen Forschung auf dem Gebiet der Genetik, für deren Schutz Fredrickson gekämpft hatte. Wenn es stimmte und öffentlich bekannt wurde, und wenn das NIH die Angelegenheit nicht in den Griff bekam, würde der Kongreß sehr übel reagieren. Fredrickson hatte dem Kongreß versprochen, daß er ein Auge auf die Gentechnik haben würde; daß alle Vorgänge auf diesem Gebiet offengelegt und die Öffentlichkeit darüber informiert würde. Diese Strategie würde alles verhindern, was auch nur im entferntesten an die Schrecken eines NS-Deutschland erinnerte.

Es mußte etwas in bezug auf Andersons Bericht unternommen werden, und zwar rasch. Aber Anderson war eindeutig ein wissenschaftlicher Konkurrent von Cline; er konnte in die Aktionen nicht miteinbezogen werden. Fredrickson wies Anderson an, einen Bericht zu schreiben. Der Bericht trägt das Datum des 25. August 1980 und umfaßt nur einen einzigen Absatz:

> Am vergangenen Wochenende nahm ich an einem Treffen über die Eisen-Chelatbildnertherapie bei Cooley-Anämie [Thalassämie] teil. Mehrere Teilnehmer an diesem Treffen, die soeben vom Internationalen Hämatologie-Kongreß in Montreal gekommen waren, erzählten mir von dem Gerücht, daß Dr. Martin Cline von der UCLA anläßlich eines gentechnischen Versuchs rekombinierte DNA in menschliche Patienten in Israel eingeschleust habe. In Anbetracht des derzeitigen Standes der Wissenschaft halte ich ein derartiges Experiment – falls es stattgefunden hat – für entschieden verfrüht. Könnte Ihr Büro die Richtigkeit dieser Behauptung überprüfen?[3]

Fredrickson rief sein hauseigenes RAC zusammen. Fredricksons Komitee setzte sich aus einigen der fähigsten NIH-Genetiker zusammen, darunter Maxine Singer und Susan Gottesman, Bernie Talbot, Fredricksons spezieller Verwaltungsassistent, der Anwalt des NIH, sowie weitere Berater. Fredrickson hatte sich während der hitzigen Debatten über die DNA-Rekombination in den 70er Jahren auf sein hauseigenes RAC verlassen können. Die Früchte dieser harten Arbeit waren in Gefahr, wenn sich das, was Anderson über Cline berichtet hatte, als wahr erwies.

Die Versammlung fand in Fredricksons Büro statt. Anderson wiederholte, was er gehört hatte, erzählte dem Komitee von den Gerüchten, die Nienhuis gehört hatte, und von dem Treffen in San Francisco. Unter den Versammelten war Charles McCarthy, Direktor des NIH Office for Protection from Research Risks (Büro zum Schutz vor Forschungsrisiken). Seine Abteilung leitete die Organisation der universitären IRBs (Institutional Review Boards), die Patienten vor gefährlichen und unverantwortlichen Experimenten schützten. McCarthy erkannte, daß – wenn das, was Anderson gehört hatte, stimmte – der Fall Cline nicht nur gegen die Richtlinien über DNA-Rekombination verstieß, sondern darüber hinaus «die erste Bewährungsprobe des IRB-Systems» bedeutete.

Die Gerüchte, die Anderson gehört hatte, reichten offenbar nicht als Grundlage aus, um weiterzumachen. Fredrickson wies Anderson an, sich aus der Sache herauszuhalten. Falls es zu einer offiziellen Untersuchung kam, konnte Anderson nicht daran beteiligt werden. Es würde so aussehen, als versuche das NIH, Cline zur Verantwortung zu ziehen, um den Konkurrenten eines eigenen Mitarbeiters auszuschalten. Anderson zog sich aus der Untersuchung zurück und schwieg. «Ich sagte zu niemandem: ‹Ich bin derjenige, der wegen Cline Alarm geschlagen hat›», sagte Anderson. «Ich habe überhaupt nichts dazu gesagt. Ich war weder stolz darauf, noch schämte ich mich deswegen.»

Die ersten Schritte waren allen klar. Das NIH mußte zunächst herausfinden, was geschehen war. Fredrickson und sein Komitee entschieden sich für eine zurückhaltende Vorgehensweise: McCarthy würde in seiner Eigenschaft als Leiter des Schutzbüros an die Verwaltung der UCLA schreiben und fragen, was man dort wußte. Von der Antwort würde abhängen, was als nächstes geschähe. Am 8. September 1980 schickte McCarthy einen Brief an Charles E. Young, den Kanzler der Medical School der UCLA. Der Brief begann:

> Unserer Behörde sind Informationen zugegangen, die den Verdacht nahelegen, daß Dr. Martin Cline von der Medizinischen Fakultät der UCLA in Forschungstätigkeiten verstrickt war, die den Department of Health and Human Services Regulations for the Protection of Human Research Objects (45 CFR 46) widersprechen. Gemäß der UCLA General Assurance (GO 238), die unserer Behörde vorliegt, ist die UCLA für die Einhaltung dieser Regeln durch sämtliche Angehörige der Universität verantwortlich, die Forschungstätigkeiten ausüben, bei denen menschliche Patienten beteiligt sind.[4]

Die merkwürdige Abkürzung 45 CFR 46 steht für den 45. Band des Code of Federal Regulations, Teil 46 – jenen Teil der Gesetze der USA, der für die Richtlinien institutioneller Aufsichtskomitees zum Schutz von Versuchspersonen verbindlich ist. Die General Assurance besagt in der Hauptsache, daß die Universität dafür gerade steht, daß alle in ihr Tätigen diesem Gesetz gehorchten. Selbst wenn Young nicht gewußt hatte, daß Cline nach Israel und Italien ging und dort US-Gesetz brach, waren er und die gesamte UCLA immer noch verantwortlich dafür. Es war eine ernsthafte Angelegenheit.

Der Brief fuhr mit der Forderung fort, die UCLA möge sich mit der Sache befassen und bis spätestens 15. Oktober antworten. Dann führte McCarthy im einzelnen aus, was er wissen wollte: «War Dr. Cline mit Forschungen befaßt, zu denen die Einschleusung von DNA in Menschen gehörte? Wenn ja, handelte es sich bei dem Material um ‹rekombinierte DNA›»? Und, falls Cline damit befaßt war, «wurden derartige Experimente von einem Institutional Review Board der UCLA beaufsichtigt? Falls ja, zu welchen Entscheidungen ist das Komitee gelangt... ?»

Anderson wollte dieselben Dinge wissen, aber er war von der Untersuchung ausgeschlossen. Es gab jedoch noch andere Möglichkeiten, auf dem laufenden zu bleiben. Er beschloß, seinen Freund John C. Fletcher zu besuchen, einen NIH-Experten für ethische Fragen. Die Gentherapie faszinierte Fletcher schon seit langer Zeit, da sie so viele interessante, ethische Fragen aufwarf. Das Gebiet würde eines Tages wichtig werden, aber zur Zeit waren alle ethischen Diskussionen noch rein akademischer Natur und ein Vorgriff auf Ereignisse, die eines Tages aktuell werden würden. Zu Beginn des Jahres hatten die beiden Freunde beschlossen, gemeinsam eine Arbeit über technische und ethische Fragen zu schreiben, die geklärt werden mußten, bevor tatsächlich Genexperimente am Menschen durchgeführt wurden. Anderson sorgte für die wissenschaftliche Seite der Arbeit, Fletcher für die ethische. Im Sommer 1980 war der Artikel beinahe abgeschlossen.

Sie gaben ein gutes Team ab. Fletcher war ein Experte auf seinem Gebiet. Er war 1977 ans NIH gekommen, um am größten Krankenhaus auf dem NIH-Campus, dem Warren Grant Magnuson Clinical Center, eine Studie über biologisch-ethische Fragen auf die Beine zu stellen. Dieses Zentrum, das Forschung und klinische Anwendung unter einem Dach vereint, stellt zum einen eine entscheidende Hilfe bei dem Bemühen des NIH dar, die praktische Anwendung medizinischer Entdeckungen zu beschleunigen. Dagegen ist es ein Alptraum für Leute wie Fletcher, denen der Umstand Sorge bereitet, daß Wissenschaftler in ethischer Hinsicht kurzsichtig sein können und nur das Versprechen einer neuartigen Behandlungsmethode und das Gedeihen ihrer eigenen Ideen und Laufbahnen sehen statt möglicher Gefahren oder der Rechte und Bedürfnisse ihrer Patienten.

Fletcher, der von 1966 bis 1969 von Amts wegen Experte für ethische Fragen gewesen war, begriff diese miteinander konkurrierenden Zielsetzungen und die ethischen Verwicklungen, die sie hervorrufen können. In den 60er Jahren befand sich Fletcher inmitten einer Bewegung, in deren Verlauf die Ethik der Forschung neu formuliert und reformiert wurde, vor allem aufgrund unerhörter medizinischer Experimente in der Vergangenheit. Im Anschluß an die Nürnberger Kriegsverbrecherprozesse machten sich in den 50er Jahren die durch die grauenhaften Experimente der Nazis in den Konzentrationslagern aufgekommenen ethischen Besorgnisse endlich auch bei den wissenschaftlichen und politischen Führern in den USA bemerkbar. Der Nürnberger Codex, wie der Regelkatalog für eine ethische medizinische Forschung bald genannt wurden, forderte verschiedene Dinge: (1) Ein Mensch mußte seine freiwillige Einverständniserklärung zur Teilnahme an der Untersuchung abgeben. (2) Das Experiment sollte für die Gesellschaft nützliche Ergebnisse zeitigen. (3) Zuvor sollten Tierversuche durchgeführt werden, um nachzuweisen, daß der Ansatz des Experiments von vernünftigen Annahmen ausgeht. (4) Unnötige körperliche oder psychische Leiden oder Verletzungen sollten vermieden werden. (5) Der Versuch sollte nur von qualifizierten Forschern durchgeführt werden. (6) Der Patient oder der Arzt konnte ihn jederzeit abbrechen.

Viele der Regeln des Nürnberger Codex und des nachfolgenden Helsinki-Abkommens – das 1964 durch die World Medical Assembly in Helsinki formuliert wurde – schienen auf die Vernunft gegründet zu sein. Aber sie führten zu einer gewaltigen Debatte unter Ärzten und Wissenschaftlern, die nicht zulassen wollten, daß andere darüber entschieden, wann eine neuartige Behandlungsmethode beim Menschen ausprobiert werden konnte. Von den frühen 50er Jahren bis 1966 wütete die Debatte vorwiegend hinter den verschlossenen Türen der medizinischen Forschung. Die meisten Ärzte glaubten, nur sie allein seien fähig, das Verhältnis von Risiko und Nutzen eines Experiments angemessen zu beurteilen, weil sie mehr als jeder sonst über die medizinischen Techniken wüßten. Den größten Teil dieser 15 Jahre über blieb dieser Standpunkt unerschüttert, bis eine Reihe biomedizinischer Experimente ans Tageslicht kamen, die moralisch anrüchig waren.

Die Sache kam ins Rollen, als Dr. James Shannon eines Morgens im Juli 1964 seine *Washington Post* zur Hand nahm und eine Titelstory vorfand, in der beschrieben wurde, wie Chirurgen aus Jackson (Mississippi) ein Pavianherz in einen Menschen verpflanzt hatten. So etwas war nie zuvor gemacht worden. Shannon, der dynamische, erfolgreiche und manchmal heftige NIH-Direktor, ging an die Decke. Das NIH hatte den Versuch gefördert, aber es hatte nie auch nur den Ansatz einer öffentlichen Debatte über die Ethik eines derart frevelhaften Experiments gegeben. Der Patient starb natürlich.

Im Juni 1966, veröffentlichte Henry K. Beecher, ein Forscher an der Harvard Medical School, im *New England Journal of Medicine* eine Liste von 20 Versuchen, die er als unethisch empfand. Darunter war eine Studie an der Willowbrook State School, einer Einrichtung, in der 6000 geistig schwer behinderte Patienten auf engstem Raum auf Staten Island in New York zusammengepfercht waren.[5] Die Mitte der 50er Jahre begonnene Studie sollte Aufschluß über eine weit verbreitete, chronische Form der Hepatitis geben. Um zu erfahren, wie lange eine mit dem Hepatitisvirus infizierte Person andere anstecken konnte, infizierten die Ärzte absichtlich alle neu eingehenden Kinder mit dem Virus. Die Ärzte teilten den

Eltern mit, daß die Kinder infiziert würden, aber sie verschwiegen ihnen die Risiken.[6] Beecher war empört. Laut dem Helsinki-Abkommen durfte ein Arzt «nichts tun, das die körperliche oder psychische Widerstandskraft eines Menschen schwächte....» Beecher fügte hinzu: «Niemand hat das Recht, eine einzelne Person zum Wohle anderer zu verletzen.»

Noch vor den Fällen von Mißbrauch in Auschwitz, Dachau und Ravensbrück hatte der United States Public Health Service (PHS) seine eigene, unethische Forschungsstudie begonnen, die länger als vier Jahrzehnte dauern sollte. Der PHS verpflichtete 1932 in Macon County (Alabama) 412 Schwarze, um den natürlichen Verlauf der unbehandelten Syphilis zu studieren. Die Männer, die zu Beginn der Studie bereits infiziert waren, wurden 200 nicht infizierten Schwarzen als Vergleichspersonen gegenübergestellt. Über die ersten Ergebnisse der Syphilisstudie von Tuskegee (dem Sitz der Verwaltung des Macon County) wurde 1936 in der medizinischen Literatur berichtet, und bis in die 60er Jahre wurde alle vier Jahre ein Nachtrag veröffentlicht.[7]

Zu Beginn der Studie betrachtete sie niemand als unethisch, weil die Ärzte damals gegen die Sprirochäten (die Syphilis-Erreger) nicht viel unternehmen konnten. Aber Anfang der 50er Jahre erwies sich Penicillin als wirksames Medikament, und doch erhielten diese Männer es nicht. PHS-Beamte kämpften bei mehreren Gelegenheiten erfolgreich gegen eine Behandlung mit Antibiotika, und noch 1969 befürwortete eine Kommission der Seuchenbekämpfungsbehörde in Atlanta (Georgia), die die Studie beaufsichtigte, deren Fortsetzung. Der Druck einer landesweiten Bloßstellung durch die Medien im Jahr 1972 war nötig, um das Department of Health, Education, and Welfare zur Beendigung des Experiments zu veranlassen. Von den ursprünglich 412 Männern mit Syphilis waren nur noch 74 am Leben. Wenigstens 28 und möglicherweise mehr als 100 waren an fortgeschrittener, unbehandelter Syphilis gestorben.

Selbst angesichts solcher offensichtlichen Verbrechen zeichnete sich nur allmählich ein Wandel ab. Nach der Verpflanzung eines Pavianherzens im Jahr 1964 ordnete Shannon an, daß das Livingston-Komitee, das damals immer noch über die einzelnen Punkte des Nürnberger Codex argumentierte, sich mit dem Schutz menschlicher Patienten zu befassen. Shannon schloß, daß man Ärzten nicht in allen Fällen das Leben der Patienten anvertrauen durfte. Die einzige Lösung war eine Aufsicht durch eine übergeordnete Gruppe; ein Prozeß, bei dem Experimente am Menschen durch ein Komitee der Einrichtung bewilligt werden mußten, die das Experiment durchführte. Das Komitee sollte die Patienten schützen, indem es die Forschungsrisiken gegen die potentiellen Vorteile des Patienten durch die experimentelle Behandlung abwog. Bei allen Forschungen, bei denen Menschen beteiligt waren, würde es zur Regel werden, daß sie zuvor durch eine Gruppe überprüft und genehmigt würden.

Die Arbeit des Livingston-Komitees führte 1966 zu einem Erlaß des US Surgeon General (Oberste Gesundheitsbehörde der USA), der vorschrieb, daß jede vom öffentlichen Gesundheitsdienst geförderte Forschung am Menschen – die meistens vom NIH veranlaßt wurde – durch ein Komitee von Experten der Universität oder Anstalt des Forschers genehmigt werden mußte. Diese Komitees zum Schutz menschlicher Patienten sollten die Bezeichnung Institutional Review Board oder IRB führen. Fünf Jahre später wandte das Department of Health, Education, and Welfare diese Regel auf alle Institutionen an, die es ins Leben rief.

Als die Tuskegee-Studie platzte, steckte Senator Edward Kennedy mitten in den vier Jahre dauernden Anhörungen über Fragen der biomedizinischen Ethik, bei denen es vor allem um die Leistung einer Gesundheitsfürsorge ging. Nach Tuskegee verband Kennedy die Bioethik mit der Bürgerrechtsbewegung. «Plötzlich riefen Anwälte des Bürgerrechts nach einem besseren Schutz für Menschen an den Randgebieten der biomedizinischen Forschung», sagte Charles McCarthy vom NIH.[8] Darunter fiel der Schutz jener, «die als unfähig galten, sich selbst zu beschützen, wie die Armen, die geistig Behinderten, ältere Menschen, schwangere Frauen, Föten, Kinder und Strafgefangene.»

Kennedys Tuskegee-Anhörungen führten zum National Research Act von 1974. Es stellte die Regelungen des Department of Health, Education, and Welfare zum Schutz menschlicher Patienten unter Bundesrecht. Und sie setzte eine National Commission for the Protection of Human Subjects on Biomedical and Behavioral Research ein (Bundeskommission zum Schutz von Personen in der biomedizinischen und Verhaltensforschung). Von 1974 bis 1978 untersuchte diese Bundeskommission die Gefahren der experimentellen Medizin und gab mehr als ein halbes Dutzend Berichte sowie über 125 Empfehlungen zum Schutz von Patienten heraus. Eine Empfehlung führte 1978 zur Einrichtung der President's Commission for the Study of Ethical Problems in Medicine and Biomedical and Behavioral Research.

Obwohl der Patientenschutz zu einem Bundesgesetz geworden war, dessen Vorschriften im *Federal Register* (dem «Bundesanzeiger» der USA) veröffentlicht wurden, mußten biomedizinische Ethiker und Forschungsleiter die ganzen 70er Jahre hindurch kämpfen, um diese neuen Vorschriften für IRBs und die vorherige Genehmigungspflicht bei Versuchen mit Menschen allgemein bekannt zu machen. Um dazu beizutragen, daß die bioethischen Maßstäbe zu einem festen Bestandteil des Verhaltensrepertoirs eines jeden Forschers wurden, beschloß das NIH, in seinen eigenen Kliniken einen hohen Standard einzuführen. John Fletcher kam 1977 ans NIH, um diesen hohen Standard zu realisieren.

Am Tag bevor Anderson die Sache mit Cline Fredrickson erzählte, raste Anderson in Fletchers Büro im Klinikum, um ihm mitzuteilen, was er gehört hatte:

Das Zeitalter der Gentherapie hatte begonnen. Während Anderson die Einzelheiten des Gerüchts über Cline hervorsprudelte – daß der UCLA-Wissenschaftler mit rekombinierter DNA im Gepäck aus Kalifornien geflohen sei und die Gene in Thalassämiepatientinnen in Italien und Israel eingeschleust habe –, fühlte sich Fletcher zunehmend unwohler. Es klang sehr nach einer Verletzung der Tradition, daß ein beherzter Forscher auf eigene Faust handelte, statt die gemeinschaftliche Zustimmung einzuholen. Wenn dieses Gerücht stimmte, machte es die Jahre der Arbeit zunichte, die Fletcher und andere geleistet hatten, um die ethischen Maßstäbe aufzurichten. Natürlich war Fletcher sich dessen bewußt, daß Cline nicht ins Ausland gegangen wäre, wenn er die Zustimmung seiner eigenen Anstalt erhalten hätte. Noch eindeutiger war, daß sein Experiment nicht vom NIH bewilligt worden war, sonst wäre Fletcher über ein derart ungewöhnliches Vorhaben informiert worden. Es machte ihn wütend.

«Wir wollen Cline anrufen und ihn fragen, was los ist», sagte Fletcher.[9] Anderson wehrte ab, so sehr er sich auch wünschte, genaueres zu erfahren. Er war weiterhin Clines Konkurrent, denn er war überall als eifriger Forscher auf dem Gebiet der Gentherapie bekannt. Dennoch stellte er hier Clines Moral und Ethik in Frage. Das könne man auf unterschiedliche Weise auslegen, sagte Anderson – und keine der möglichen Interpretationen klang gut. Eine Auslegung war die, daß er Cline in Schwierigkeiten mit den von der Regierung eingesetzten wissenschaftlichen Beratern bringen wollte, wenn er ihn schon nicht auf wissenschaftlichem Grund schlagen konnte. Anderson, der Wettkämpfer und Langstreckenläufer, fürchtete sich vor dem Verdacht, daß er Cline anschwärzen wolle, damit er disqualifiziert würde, so wie ein Sportler auf einen anderen Wettkämpfer aufmerksam macht, der unerlaubte Doping-Mittel nimmt. Anderson wollte nicht taktlos erscheinen. Er beschloß, Cline nicht anzurufen.

Fletcher fühlte keine solchen Hemmungen. Er spürte Cline in einem Hotel in Montreal auf. Cline hatte sich nach dem gemeinschaftlichen Treffen der Internationalen Gesellschaft für Hämatologie und der Internationalen Gesellschaft für Bluttransfusion, bei dem er eine Arbeit vorgelegt hatte, Urlaub genommen. Fletcher hatte Martin Cline nie persönlich getroffen. Er hatte keinen offiziellen Anlaß, ihn anzurufen oder ihm Fragen zu stellen. Fletcher sagte später, seine Absicht sei ehrenwert gewesen. «Ich wollte ein Freund sein, diesem Burschen helfen und die Sache ausräumen. Ich wußte genug über die Entwicklung der Ethik der experimentellen Gentherapie am Menschen, um zu erkennen, daß es einen Rückschlag bedeuten würde, wenn die Gerüchte stimmten. Ich wollte Cline warnen, daß es Gerüchte gab, und ihn bitten, daß er ans NIH käme, um die Sache zu klären. Was auch immer geschehen mochte, es wäre auf jeden Fall besser gewesen, wenn er gekommen wäre. Doch es sah nicht gut für ihn aus.»

Das Telefon auf dem Nachtschränkchen neben Clines Hotelbett klingelte, als er sich zu einem Lauf in der warmen Herbstluft bereit machte. Er nahm den Hörer ab und Fletcher stellte sich vor.

«Dr. Cline», sagte Fletcher, «es gibt Gerüchte, daß Sie in Israel eine Gentherapie an Menschen durchgeführt haben.» Fletcher führte in der Folge aus, was er über die Thalassämie-Patienten und Clines Versuch gehört hatte, eine neue Methode auszuprobieren, Gene in die Knochenmarkzellen zu transferieren.

Cline hörte schweigend zu. Seine Gedanken rasten. Ein Anruf des NIH war eine ernste Sache. Verdammt! Sein Versuch hatte doch nicht überall bekannt werden sollen. Cline vermied es instinktiv, über laufende Experimente zu sprechen, bis er Resultate vorweisen konnte. Die Genversuche hatten erst vor etwas mehr als einem Monat begonnen. Die Zellen, die an die UCLA geschickt worden waren, mußten noch untersucht werden. Dem Mädchen schien es gut zu gehen, aber mehr konnte er darüber nicht sagen. Außerdem war etwas in der Stimme von diesem Burschen... etwas Bedrohliches; etwas, das besagte, daß er nicht hätte tun sollen, was getan zu haben er noch nicht einmal zugegeben hatte.

«Dr. Fletcher», erwiderte Cline nach einer Pause, «ich interessiere mich nicht für Gerüchte.»[10]

«Dr. Cline, Sie hören mir besser zu», erwiderte Fletcher eindringlich. «Ich sage Ihnen, daß Sie dieser Angelegenheit Ihre Aufmerksamkeit widmen müssen, und daß Sie persönlich ins NIH kommen und sich zu diesen Dingen äußern müssen.»

«Tut mir leid», wiederholte Cline, «ich interessiere mich nicht für Gerüchte.»

Fletcher entschied sich für eine direkte Frage. «Dr. Cline, haben Sie Gene in Patienten eingeschleust?»

«Nein», erwiderte Cline. «Das habe ich nicht. Ich habe *in-vitro*-Studien angestellt, aber keine Gentherapie-Experimente mit Menschen durchgeführt.»

Diese direkte Verneinung ließ Fletcher keine Möglichkeit mehr offen. Er dankte Cline für das Gespräch und legte auf. Er hatte nichts weiter tun können, sagte er später zu Anderson. Wenn Cline jedes Fehlverhalten leugnete, wenn er nicht über das Geschehene reden wollte, konnte Fletcher ihn vorerst nicht packen. Er war nicht zu einer Untersuchung befugt. Es wäre die Aufgabe anderer, vielleicht die des NIH-Direktor-Büros. Natürlich sei die Untersuchung bald in Gang. In einem Monat oder so würde jeder die Geschichte kennen.

In Israel kam es zu einer Krise. Ora Morduchs Familie brachte das Mädchen eilig in die Notaufnahme des Mount Scopus Hospital der Hadassah-Universität. Sie war ohnmächtig und ihr Puls raste. Eine solche Herzrhythmusstörung ist ein lebensbedrohlicher Zustand. Das Herz pumpt nicht richtig und versorgt das Gehirn, die Nieren und die übrigen Organe nur unzureichend mit Blut. Unbehandelte Herzrhythmusstörungen sind tödlich. Ora hatte eine Zeitlang unter Herzrhythmusstörungen gelitten – eine Folge des Eisenüberschusses, der wiederum eine Folge der wiederholten Bluttransfusionen darstellte, die nötig waren, um die Auswirkungen ihrer Thalassämie aufzuheben. Das Eisen störte die elektrische Aktivität des Herzens. Falls nichts unternommen wurde, um den Eisengehalt in ihrem Körper zu verringern, würde sie sterben.

Die Ärzte in der Notaufnahme bemühten sich, ihr Herz mit Medikamenten zu stabilisieren und wiesen sie ins Hadassah-Krankenhaus ein. Der Vorfall entsetzte Eliezer Rachmilewitz. Er erkannte, daß er in einer ernsten, politischen Gefahr schwebte. Wenn diese Patientin, die einer experimentellen gentherapeutischen Behandlung unterzogen worden war, starb, würde man unter Umständen den Gentherapieversuch dafür verantwortlich machen. Er persönlich bezweifelte, daß die Herzrhythmusstörung etwas mit der genetischen Behandlung zu tun hatte, aber das Gegenteil wäre schwer zu beweisen – besonders dann, wenn das Experiment erst einmal bekannt wurde. Rachmilewitz machte sich während der ganzen Zeit, in der Ora stationär aufgenommen war, Sorgen. Aber allmählich stabilisierte sich ihr Herzschlag, und das Mädchen wurde nach Hause entlassen. Rachmilewitz entspannte sich.

Martin Cline machte seine eigene Krise durch. Sobald er nach dem Gespräch mit John Fletcher den Hörer aufgelegt hatte, fühlte er sich irgendwie unbehaglich. Fletchers direkte Frage war mit einem Unterton gestellt worden, der Cline das Gefühl gab, daß man das Experiment mißverstehen mochte, daß andere vielleicht nicht verstehen würden, weshalb er eine Gentherapie ausführen wollte. Zum ersten Mal sorgte Cline sich, «daß die Leute negativ auf das Experiment reagieren könnten». Er zog seine Joggingschuhe zu einem langen Lauf in den Hügeln um Montreal an. Er hatte nicht die Absicht gehabt, jemandem zu nahe zu treten. Er war nur vorgegangen, wie er stets vorgegangen war – aggressiv. Er wußte, daß er wenig Skrupel hatte und dazu neigte, jeden niederzuwalzen, der ihm in die Quere kam, selbst wenn es sich dabei um Kollegen handelte. In diesem Fall war es gerechtfertigt. Es war eine tödliche Krankheit gewesen, und die Gentherapie würde letzten Endes helfen. Davon war er überzeugt. Hätte er gewußt, was auf ihn zukam, wäre Cline niemals ins Ausland gegangen.

Nachdem Cline nach Kalifornien zurückgekehrt war, brach die Hölle los. Inzwischen hatte die UCLA-Verwaltung einen oder zwei Anrufe erhalten, bei denen das NIH sein Interesse an Clines Aktivitäten im Sommer bekundete. Am 8. September 1980 verfaßte Martin Cline ein fünfseitiges, vertrauliches Memorandum an David H. Soloman, seinen Freund und Vorgesetzten.[11] Soloman hatte als Vorsitzender der Medizinischen Fakultät Cline nach Los Angeles geholt. Cline hatte Soloman vor seiner Abreise von seinen Plänen in Israel und in Italien unterrichtet. Soloman hatte offenbar keine Einwände erhoben, da Cline gesagt hatte, er gehe ins Ausland, weil dort Patienten seien, und nicht, um den US-Bestimmungen zu entgehen. Außerdem hatte Solomon Verständnis für Clines Probleme mit Jeremy Thompson und dem Prüfungskomitee. Als Cline nach Kalifornien zurückgekehrt war, hatte er Solomon beschrieben, was er im Sommer getan hatte.

Aber inzwischen hatte sich die Situation verschärft. Cline bemühte sich in seinem Memorandum an Solomon, seine Experimente in ein möglichst günstiges Licht zu rücken. Er beschrieb seine Vorgehensweise in medizinischen Fachausdrücken und rechtfertigte fast jeden einzelnen Schritt. Er führte an, daß die Tierversuche den Weg zu Versuchen am Menschen wiesen – an Patienten mit begrenzter Lebenserwartung –, und daß die Experimente in anderen Ländern unterschiedlichen Regeln unterlägen. Er sei nur nach Israel und Italien gegangen, weil er in den USA nicht genügend viele Patienten bekommen konnte. Außerdem habe er sich geweigert, Anrufe von Reportern entgegenzunehmen, bis er Resultate vorweisen konnte, die von Forscherkollegen begutachtet und in wissenschaftlichen Journalen veröffentlicht worden wären. Cline schloß mit der Bitte um Vertraulichkeit.

Anfang Oktober rief Paul Jacobs von der *Los Angeles Times* an. Cline hatte nie zuvor einen Anruf von einem Reporter erhalten. Der Anruf von Jacobs war beunruhigend. Ein anderer Reporter dieser Zeitung hatte ihm einen Tip über Clines Aktivitäten gegeben: Jemand, der Cline oder das, was er angeblich getan hatte, nicht mochte, versuchte, ihm zu schaden. Jacobs, der damals als medizinischer Reporter tätig war, folgte dem Hinweis, indem er andere UCLA-Forscher interviewte, um herauszufinden, was sie über Clines Sommer-Experimente wußten. Es kursierten genügend Gerüchte auf dem Campus, so daß Jacobs ohne Schwierigkeiten erfuhr, daß Cline ins Ausland gegangen war, um dort Experimente durchzuführen, für die er in Amerika keine Erlaubnis erhalten hätte.

Nachdem seine Story in den wesentlichen Punkten bestätigt worden war, rief Jacobs Cline an. Er wunderte sich darüber, daß der Wissenschaftler den Sprung von Tierversuchen zum Menschen so rasch gewagt hatte. Laut Jacobs gab Cline buchstäblich alles zu.[12] Er schien bereit, sich zu seiner bahnbrechenden Arbeit zu bekennen, legte seine Experimente im Ausland Schritt für Schritt dar und sprach offen über seine Unzufriedenheit mit dem Überprüfungsverfahren der UCLA. Aber eine Einzelheit verschwieg er. Er sagte Jacob nicht, daß er rekombinierte DNA verwendet hatte, obwohl er damals bereits wußte, daß die UCLA auf die Fragen des NIH hin genau diesen Punkt untersuchte.

Jacobs Story stand am Mittwoch, dem 8. Oktober 1980 unter der Überschrift: «Pioneer Genetic Implants Revealed» (Erste genetische Implantationen enthüllt) unter der zusätzlichen Schlagzeile *Human Engineering* (Gentechnik am Menschen)[13] auf der Titelseite der *Los Angeles Times*. Darin verkündete der Reporter, ein UCLA-Doktor «ist der erste, bekannte Wissenschaftler, der die neuen Methoden der Gentechnik beim Menschen angewendet hat.» In der Folge war beschrieben, wie Cline die Experimente in Israel und in Italien durchgeführt hatte, nachdem er sich vergeblich um die Erlaubnis bemüht hatte, es an der UCLA durchzuführen. Laut Jacobs stritt Cline ab, ins Ausland gegangen zu sein, um die UCLA-Regeln zu umgehen. Jacobs deckte in seinem ersten Bericht alle Details auf. Er schilderte Clines Aktivitäten und die Kontroversen, die diese Experimente im Gefolge haben würden.

Jacobs zitierte mehrere Wissenschaftler, die diese Experimente für verfrüht hielten, da die Gentechnik noch nicht weit genug entwickelt sei, um derartige Versuche beim Menschen zu rechtfertigen. Der Artikel berichtete auch darüber, daß das NIH eine Untersuchung der Frage eingeleitet hatte, ob Cline «Regierungsrichtlinien zum Schutz menschlicher Patienten vor möglichem Schaden» verletzt hatte. In der Fortsetzung der Story auf der zweiten Seite bemerkte Jacobs: «Bei Clines Experiment... war keine rekombinierte DNA beteiligt.»

Winston Salser, der UCLA-Biologe, der Cline die zur Ausführung von Experimenten mit Menschen erforderlichen molekularen Techniken beigebracht hatte, wußte, daß dieser Teil des *Times*-Artikels nicht zutraf.[14] Er war eindeutig falsch. Salser wußte, daß die Genfragmente, die Cline in die beiden Mädchen eingebracht hatte, eine Form aufwiesen, die in den NIH-Richtlinien als rekombinierte DNA definiert wurde. Cline hatte das Genmaterial von Salser selbst erhalten. Und Salser wußte außerdem, daß seinem Schüler immer noch das Knowhow fehlte, ein einzelnes Gen aus den rekombinierten Plasmiden herauszulösen, die Cline mit nach Europa genommen hatte. Sie alle waren rekombiniert – selbst die einfachen, die nur das menschliche Hämoglobin-Gen enthielten oder das Herpes-Thymidinkinase-Gen.

Das war ein gravierender Fehler, aber Salser glaubte, die *Los Angeles Times* habe Cline lediglich falsch zitiert. Salser rief Cline am folgenden Tag an. Cline rief ihn nie zurück. Aber am Sonntag darauf kam Cline in Salsers komfortables Haus an einer der gewundenen Straßen über die Hügel von Santa Monica am Pazifik. Nachdem sie die nötigen Daten durchgeschaut hatten und Cline sich zum Aufbruch bereit machte, fragte Salser Cline, ob er nicht darauf bestehen wolle, daß sein falsches Zitat über die Verwendung rekombinierter DNA in der Zeitung richtiggestellt würde. Cline schnitt seinem Mitarbeiter das Wort ab. Er sagte, die Zeitungsstory sei unwichtig.

Salser begann, sich aufzuregen. Er wußte nur zu gut über die Auseinandersetzungen um die Gentechnik Bescheid. Er war als Grundlagenforscher in diese Querelen verwickelt gewesen, als Cline sich noch um Krebspatienten gekümmert hatte. Er hatte im Juni 1973 an der Gordon Research Conference über Nukleinsäuren teilgenommen, die zum ersten Moratorium geführt hatte. Salser war auch als Experte vor dem Stadtrat von Cambridge erschienen, als über das Moratorium der Gentechnik beraten wurde.

«Die Richtlinien mögen zu streng sein, und sie mögen unsinnig sein», sagte Salser zu Cline, «aber wenn wir sie verletzen, ist das ein Vertrauensbruch gegenüber der Öffentlichkeit. Wir können sagen, daß die Regeln überflüssig sind, aber wir haben eine Verpflichtung gegenüber der Gesellschaft. Die Menschen haben Angst vor der Gentechnik. Wir müssen eine Richtigstellung an die *Los Angeles Times* schicken, weil der Reporter vielleicht nicht begreift, daß dieses falsche Zitat bedeutsam ist.»

Martin Cline schaute Salser nur an und gab nach einer Weile zu: «Es gibt da ein Problem. Die Israelis wissen nicht, daß rekombinierte DNA im Spiel war.» Nach seiner Reise ins Ausland hatte Cline seinen UCLA-Kollegen mitgeteilt, daß er rekombiniertes Material verwendet hatte. Immerhin würden sie die Analyse machen und entdecken, daß genetisches Material dieser Art vorhanden war. Sie nahmen einfach an, daß Cline rekombiniertes Material verwendet hatte und die Israelis und die Italiener das akzeptiert hatten.

Salser war sprachlos. Gewiß wäre es möglich gewesen, das Experiment ohne rekombinierte DNA durchzuführen. Darüber hatten Salser und Cline vor dem UCLA-Komitee gesprochen, und sie hatten sogar Unterstützung vom RAC des NIH erhalten. Schließlich hatte Salser auch das Telex nach Israel geschickt, in dem stand, daß solche Experimente ohne rekombinierte DNA gemäß den gültigen Richtlinien möglich waren und dann nicht der Zustimmung durch das NIH bedurften. Salser hatte aber angenommen, daß Cline warten würde, bis er nicht rekombiniertes Material zur Verfügung hatte, wenn man ihm nur dessen Verwendung erlaubt hatte. Jetzt dämmerte es ihm, daß Cline den Israelis und den Italienern einfach weisgemacht hatte, er würde nicht rekombinierte DNA benutzen, nachdem es ihm nicht gelungen war, sie zur Genehmigung eines Einsatzes rekombinierter DNA zu überreden. Er hatte sie belogen. Er hatte einfach benutzt, was für ihn verfügbar war – die rekombinierte DNA in seinem Reisegepäck.

Nun gäbe es nur eine Lösung, sagte Salser. Sie mußten zu den UCLA-Verwaltern gehen und ihnen sagen, was geschehen war. Cline weigerte sich. Am nächsten Tag setzten sich die mit der Studie befaßten Wissenschaftler zu einer Lagebesprechung zusammen. Cline traf sich mit Karen Mercola, Salser und seinem Kollegen Howard Stang, einem Arzt und Forscher, der mit Herz und Seele bei dem Experiment war. Nach Salsers Aussage instruierte Cline die Gruppe, eine Mauer des Schweigens zu bilden. «Wenn wir diese Sache nicht vertuschen, seid ihr alle zusammen mit mir euren Job los», soll er gesagt haben. Nach einer lebhaften Debatte waren sie sich alle einig, daß sie nichts Unrechtes getan hatten. «Wenn wir angefangen hätten, es zu vertuschen», erinnerte sich Salser, «dann würden wir etwas Unrechtes getan haben. Und es gab auch keine Möglichkeit, es zu vertuschen. Es war das beste, alles offenzulegen.» Und sie stimmten ab: Salser, Stang und Mercola waren dafür, den Universitätsbeamten alles zu sagen, Cline stimmte dagegen.

Diese Weigerung erwies sich als unkluge Strategie. Cline konnte nicht einmal seine eigenen Mitarbeiter aufhalten, sondern machte sie nur wütend, was ihn ihre

Unterstützung kostete. Letzten Endes würde er eine Aussage machen müssen. Eine Woche nach Erscheinen der *Times*-Story, zwei Tage nach der Auseinandersetzung mit seinen Kollegen, gab Cline nach. Er schickte ein siebenseitiges Schreiben an die UCLA-Verwaltung, in dem er seine Version der Geschichte erzählte – einschließlich der rekombinierten DNA.[15]

Der Brief stellte eine erweiterte Fassung seines Berichts an Solomon dar, allerdings versuchte Cline, sich in ein noch besseres Licht zu rücken als in seinem früheren Memorandum. Zu Beginn beschrieb er die positiven Ergebnisse seiner Tierversuche von 1979 und wie er sich bemüht hatte, im Anschluß daran die üblichen, klinischen Versuche durchzuführen, die er zuvor schon bei Krebsmedikamenten durchgeführt hatte. Er bezeichnete es als eine Studie der Phase Eins: einen Toxizitätstest des Gentransfers. Außerdem wollte er auf Hinweise darauf achten, ob die Gene in den Patienten hinein gelangten und vielleicht sogar das Hämoglobin herstellten. Statt sich mit seinen Problemen mit dem Human Subjects Protection Committee der UCLA aufzuhalten – er erwähnte nicht, daß das Komitee seinen Antrag abgelehnt hatte –, beschrieb er, wie er sich die Zusammenarbeit von Wissenschaftlern gesichert hatte, die zahlreiche Thalassämiepatienten betreuten. Er sprach auch über die Prüfung durch das Komitee in Israel, und daß er erwogen hatte, jenes kleine Land zu verlassen und das Experiment später mit nicht rekombinierter DNA durchzuführen, wenn die Israelis es ihm erlaubten. Dann erhielt er die Erlaubnis zur Durchführung des Versuchs noch vor seiner Abreise. Er schrieb: «Ich änderte [daraufhin] meine Reisepläne und begann sofort mit den Vorbereitungen der Studie».

Dann hörte Cline auf zu mauern: «Ich beschloß, die rekombinierten Gene zu benutzen, weil ich davon ausging, daß die Chance zur Aktivierung der Betaglobin-Gene im Patienten dadurch deutlich erhöht wurde und kein zusätzliches Risiko für den Patienten erkennbar war... Ich gelangte aus medizinischen Gründen zu diesem Entschluß», schrieb er an die UCLA-Gewaltigen.

In Kanzler Youngs Augen gab Cline alles zu. Er hatte heimlich rekombinierte Gene verwendet und war offenbar nach Übersee gereist, um einen Konflikt mit dem Prüfungskomitee der UCLA zu vermeiden. Außerdem hatte er Regierungsgelder mißbraucht, um sich die Materialien zu beschaffen, die er zur Behandlung der Patientinnen benötigte. Clines medizinisches Urteilsvermögen mochte stimmig sein, aber sein politisches und ethisches Gespür war völlig unterentwickelt. Er hatte Gott und die Welt brüskiert, die Richtlinien zur Verwendung von rekombinierter DNA und die Regeln zum Schutz menschlicher Versuchspersonen im Geist und im Wortlaut verletzt und letztlich seine Karriere ruiniert.

Während die Beamten der UCLA noch darüber brüteten, welche Maßnahmen sie als nächstes ergreifen sollten, entfesselte der sensationelle Artikel von Paul Jacobs in der *Los Angeles Times* einen Sturm,[16] der sämtliche Zeitungen und Zeitschriften von der *New York Times* bis *Science*[17] und *Nature* erfaßte. Die Anrufe der Reporter bei Cline und offiziellen Sprechern der Universität hörten gar nicht mehr auf. Cline, der im Umgang mit den Medien unerfahren war und die Folgen der öffentlichen Enthüllung eines Experiments fürchtete, von dem er jetzt wünschte, er hätte es niemals durchgeführt, geriet nun völlig aus der Fassung. Als Wissenschaftler lehnte er es in der Regel ab, über ein Experiment zu sprechen, bevor er über Daten verfügte. Da ihm in diesem Fall noch keine Daten vorlagen, sagte er nur wenig. Mit diesem Verhalten schien er aber nur die Verdächtigungen zu bestärken. Er verlor rasch die Übersicht über die Geschichte. Da er unfähig war, seine Vorgehensweise zu erklären oder über seine Beweggründe zu sprechen, ging Cline immer mehr in die Defensive. Negative Aussagen von Kollegen und Molekularbiologen über die Verfrühtheit des Experiments wirkten sich verheerend aus. Verärgert darüber, daß die Wissenschaftler in Unkenntnis der genauen Sachlage geurteilt hatten, wies Cline jegliche Kritik wütend zurück.

In seiner Verzweiflung wandte er sich an das UCLA-Büro für Öffentlichkeitsfragen. Man riet ihm zu einer Pressekonferenz, die jedoch zu einem Fiasko geriet. Alle Welt rückte an. Cline versuchte, sich im Scheinwerferlicht der Fernsehkameras zu verteidigen: Es handele sich um das erste Experiment in einer langen Versuchsreihe, die allmählich zu einer genetischen Behandlungs- und Heilmethode führe. Aber die Reporter interessierten sich nicht für seine Pläne. Sie wollten alles über die Experimente in Israel und in Italien erfahren. Sie wollten wissen, weshalb er versucht hatte, die in den USA geltenden Richtlinien zu umgehen. Sie wollten hören, wie es den Patientinnen ging. Als Cline erwiderte, er wisse es nicht genau, schlossen die Reporter, daß das Experiment mißlungen war. «Ich habe meine fünfzehn Minuten des Ruhms nicht genossen», sollte Cline später feststellen.[18]

Seine Universität genoß sie ebenfalls nicht. David Soloman, der Dekan der Medizinischen Fakultät, bat Cline in einem Gespräch unter vier Augen, vorübergehend sein Amt als Abteilungsleiter der Hämatologie-Onkologie niederzulegen, bis sich die Wogen wieder geglättet hätten. Die allgemeine Katastrophe nahm persönliche Formen an: Clines langer, stetiger Abstieg hatte begonnen. Schlimmer waren jedoch, seine aufkommenden Selbstzweifel. Seine zuvor unerschütterliche Überzeugung, ein guter und ehrenwerter Arzt zu sein, der sich bemühte, die Mauern der Ignoranz einzureißen, geriet ins Wanken. Er fürchtete, sich geirrt zu haben und möglicherweise zu weit gegangen zu sein. Der Druck von Seiten der Universität und der öffentliche Druck durch das ständige Medienbombardement begannen, ihren Tribut von Martin Cline zu fordern.

In einem bemerkenswerten, persönlichen Appell an Soloman, den Dekan der Medizinischen Fakultät, legte Clines Frau Evie ein Wort für Cline ein:

> Die Lage sieht für Marty reichlich schwarz aus. Ein paar ehrgeizige Reporter haben ihn bereits verdammt. Er ist zutiefst traurig über die allzu menschliche

> Tendenz zur Bosheit bei «Kollegen» auf einem sehr wettbewerbsorientierten Gebiet. Ich spreche zu Ihnen als einem Freund, der Marty kennt, und als Repräsentant jener vernünftigen und objektiven Personen, die, wie ich hoffe, die Mehrheit bilden und die abwarten und anhand der Fakten urteilen werden. Seine Entscheidung, rekombinierte Gene zu verwenden, gründete sich ausschließlich auf dem Wissen, daß diese Methode mit größerer Wahrscheinlichkeit zum Erfolg führen und den Patientinnen nutzen würde... Zugegeben, im Hinblick auf seine Karriere war es eine schlechte Entscheidung, aber ich glaube nicht, daß die Geschichte der Medizin sie später als schlechte Entscheidung werten wird.
>
> Im Augenblick mag es für die Menschen ein Leichtes sein, in das heuchlerische Geschrei der übrigen Moralapostel einzustimmen und meinen Mann zu verdammen.... Ihm die Arbeit fortzunehmen oder seine Forschungstätigkeit zu unterbinden, würde diesen Mann vernichten. Es wäre eine Strafe, die sein Verbrechen bei weitem überstiege.... Er ist schon bestraft genug. Ich appelliere an Ihr Mitgefühl.[19]

Aber Cline sollte kein Mitgefühl erhalten. Am 20. Oktober – zwei Tage, nachdem er Evies Brief erhalten hatte – ersuchte Solomon Cline offiziell um dessen einstweiligen Rücktritt von seinem Amt[20] und legte ihm nahe, sich zu den Fragen im Zusammenhang mit seinen Experimenten in Übersee zu äußern. Wiederum zwei Tage später übersandte UCLA-Kanzler Young dem NIH die Antwort der Universität auf Charles McCarthys ursprüngliche Anfrage. Auf der Grundlage von Clines eigenen Berichten und ausführlichen Gesprächen mit Gewährsleuten in Israel und in Italien bestätigte die UCLA, daß Cline mehrere Regeln gebrochen zu haben schien. Unter anderem habe er ohne Erlaubnis rekombinierte DNA in Menschen eingebracht. Die Universität ordnete eine Untersuchung an, um zu entscheiden, ob Clines Aktivitäten eine «strafbare Verletzung» der Universitätspolitik darstellten, und stellte «Überlegungen hinsichtlich einer Verhängung von Sanktionen für Handlungen dieser Art» an.

Drei Tage später, am 23. Oktober, nahm Cline die offizielle Aufforderung Solomons zu seinem einstweiligen Rücktritt zur Kenntnis.[21] Aber mit seiner schriftlichen Rücktrittserklärung ließ er sich noch weitere zwei Monate Zeit. Drei Tage vor Weihnachten traf sie im Büro von Sherman Mellinkoff ein, dem Dekan der Medical School. Das symbolisiert den Anfang vom Ende einer ruhmreichen, klinischen Karriere.[22] Zurück blieb ein begabter Kliniker, der sich darauf beschränken mußte, Labortiere zu behandeln.

Am 23. Oktober 1980 bestätigte der UCLA-Bericht die schlimmsten Befürchtungen Don Fredricksons. Martin Cline hätte unglaublicherweise ohne Erlaubnis rekombinierte DNA in Patienten eingebracht. Falls die UCLA nicht rasch damit fertig wurde, würde diese Angelegenheit schlimme Konsequenzen für die Institution und möglicherweise für die gesamte Genforschung am Menschen haben. Der Kongreß hatte sich endlich in bezug auf Experimente mit rekombinierter DNA in Bakterien beruhigt. Experimente mit rekombinierter DNA an Menschen konnten eine wahre Feuersbrunst zur Folge haben. Schon jetzt wurde Fredrickson bei Kongressen mit Fragen und Gerüchten über Cline überschüttet.[23] Führende Wissenschaftler wollten wissen, wie das NIH reagierte. Einen solchen Fall habe es noch nie gegeben, sagten sie, es sei eine große Sache, DNA war in Menschen eingebracht worden. Fredrickson mußte etwas unternehmen.

Der Direktor des NIH verweigerte eine Antwort, «bis alle Fakten bekannt sind». Er wußte, daß NIH-Geld im Spiel gewesen war, zumindest bei der Vorbereitung der Gene. Das NIH würde die Rechtsfragen zu klären haben und entschlossen durchgreifen müssen. «Dieser Cline-Fall stellt einen Schlag gegen die Ordnung dar, die wir alle versucht haben, aufrecht zu erhalten», schrieb Fredrickson in sein Tagebuch. «Es bereitet keine Schwierigkeiten, die Moral eines derartigen Vorfalls zu beurteilen; die Frage lautet, wie behandelt man ihn angemessen als Präzedenzfall, um gefährliche Überreaktionen der Verwaltungsbehörden zu vermeiden.»[24]

Zwei Tage nach Eingang des UCLA-Berichts kämpfte Fredrickson um die richtige Vorgehensweise. Er schrieb in sein Tagebuch:

> Als ich gestern morgen auf dem Radweg zum West-Gebäude des NIH durch das bunte Herbstlaub des Oktobers fuhr, hatte ich Muße, um über die Affäre Martin J. Cline, eines NIH-geförderten Forschers, nachzudenken. Er ist schuld daran, daß ich noch eindringlicher, als es sonst meine Art ist, von dem Schrecken sprechen muß, den ich empfinde – den wir alle empfinden müssen -, wenn ich an schwarze Listen in der Forschung, willkürliche Verwaltungsmaßnahmen, eifrige Gesten zum Schutz des «öffentlichen Interesses» denke; obwohl keine Schädigung dieses Interesse durch einen Schurken den Schaden übersteigen könnte, der entstünde, wenn man einem unschuldigen Wissenschaftler das Werkzeug seiner Forschungen fortnähme.
> In den Nachricht wird berichtet, der Papst habe beschlossen, den Fall Galileo wiederaufzunehmen. Es ist 300 Jahre her, seit die Inquisition diesen «Schurken» von seiner törichten Meinung läuterte, daß die Sonne dem Zentrum der Dinge näher sei, als die Erde. Wird in einem späteren Jahrhundert Cline als der erste Menschen geehrt werden, der den Mut aufbrachte, ein grausam defektes Gen zu ersetzen und so einem zum Tode verdammten Kind ein längeres Leben schenkte? Werden einige von uns in einer Neuauflage der Inquisition schwarze Roben tragen?

Fredrickson entschied, daß dieser Fall bedeutend genug war, um vom Büro des NIH-Direktors untersucht zu werden, aber nicht von ihm persönlich. Fredrickson trommelte einen provisorischen Unterausschuß unter der Leitung von Richard M. Krause, der aus sieben sorgfältig ausgewählten und unterwiesenen Personen bestand, und der Clines Aktivitäten untersuchen sollte. Fredrickson beschrieb Krause als «Institutsdirektor, Mitglied der National Academy of Sciences, ehemaliger Reformer, Vorsitzender des rDNA-Exekutiv-Komitees... unser Sachverständiger für die Verletzung von Richtlinien... aber zu ungeschickt, um mit diesem speziellen Fall klarzukommen.» Die übrigen Mitglieder des Komitees beschrieb er so: «Chas [Charles R.] McCarthy, Leiter des OPRR, ehemaliger Priester, Autorität in Fragen der Ethik; Mort [Mortimer B.] Lipsett, Direktor des Klinikums [des NIH], Associate Director for Clinical Care, ein erfahrener IRB-Mann, der zu einem gewissen Teil McCarthys Übereifer durch sein Gespür ausgleicht, wie es ist, wenn man im Schützengraben steckt; Sue [Susan] Gottesman vom RAC und vermutlich die weltweit beste Expertin für rDNA-Richtlinien. Als fünftes Mitglied braucht man einen klinischen Forscher, der entschlossen ist, die Flamme der Forschung hell und frei vom trübendem Rauch am Brennen zu halten.» Fredrickson entschied sich für Harry R. Keiser, einen Arzt am Herzzentrum. Bernard Talbot, Fredricksons rechte Hand, diente als Verwaltungssekretär. Richard J. Riseberg, der Anwalt des NIH, vervollständigte das Komitee.

Fredrickson stellte das Komitee am 27. Oktober 1980 zusammen. Die Mitglieder sahen sich einer entmutigenden Aufgabe gegenüber: Sie sollten untersuchen, ob einer der bekanntesten Forscher des Landes in der Hämatologie und der Onkologie Richtlinien verletzt hatte, die für Experimente mit Menschen und den Einsatz von rekombinierter DNA galten. Es würde die erste, größere Erprobung der NIH-Richtlinien und der Fähigkeit des Instituts sein, diese Richtlinien durchzusetzen, aber auch die erste Belastungsprobe des Systems der Institutional Review Boards und seiner Richtlinien. Charles McCarthy ahnte, daß im Falle eines Sieges von Cline, die Richtlinien zum Schutz der Patienten vor vermeidbaren Forschungsunfällen wertlos seien. Diese Richtlinien waren nie zuvor auf die Probe gestellt worden; bis dahin war zumindest noch keine Übertretung bekannt geworden.

Als die Komitee-Mitglieder ihre Arbeit aufnahmen, hatten sie es mit Fragen zu tun, die ebenso einfach wie tiefgründig waren. Erstens, war die Bundesregierung zuständig? Da die Einschleusung von rekombinierter DNA in die beiden Mädchen mit NIH-Geldern ermöglicht worden war, hatte die Regierung eindeutig ein Interesse. «Wenn wir auch nur einen einzigen Dollar in die Sache gesteckt haben, dann gelten unsere Regeln», meinte McCarthy. «Das war eine Grundsatzentscheidung.»[25]

Als nächstes entschied das NIH-Komitee, daß die Institution (also die UCLA, nicht Cline allein) für jede Regelwidrigkeit verantwortlich gemacht werden sollte.

Ein UCLA-Anwalt argumentierte anfangs, es falle nicht in ihre Verantwortlichkeit, was ihre Fakultätsmitglieder in ihrem Urlaub anstellten. Das Komitee bestand darauf, die Universität sei «verantwortlich für das, was ihre Angehörigen irgendwo in der Welt mit Versuchspersonen anstellen, sobald dies mit NIH-Mitteln geschieht», sagte McCarthy. «Bei den Wissenschaftlern schlug das wie eine Bombe ein.»

Der Haken bei der Untersuchung war das sogenannte *assurance document*, eine schriftliche Vereinbarung zwischen der UCLA und der Bundesregierung. Da die UCLA eine größere Institution war, die sehr viele Steuergelder erhielt, hatte sie zugesichert, daß – unabhängig davon, ob die Regierung eine bestimmte Studie unterstützte oder nicht – alle an der UCLA durchgeführten Versuche an Menschen im Einklang mit den IRB-Richtlinien (die noch entwickelt werden mußten) stehen würden. Diese Vereinbarung stellte eindeutig fest, daß das NIH zuständig war, und sie bedeutete, daß sich Cline an die IRB-Richtlinien halten mußte – selbst wenn er nach Übersee ging.

Verglichen mit Betrugsfällen in der Wissenschaft, die in den Folgejahren rasch zunehmen und in den 80er Jahren an der Tagesordnung sein würden, nahm die Gerechtigkeit in Clines Fall rasch ihren Lauf. Letzten Endes gab Cline alles zu. «Cline hat es geradeheraus gestanden», meinte Bernard Talbot später.

Während das NIH-Untersuchungskomitee im stillen Kämmerlein vorging, erreichte der öffentliche Aufruhr unter den Medizinern seinen Höhepunkt. French Anderson und John Fletcher veröffentlichten Stellungnahmen im *New England Journal of Medicine*.[26] Der Artikel mit dem Titel «Gene Therapy in Human Beings: When Is It Ethical to Begin?» (Wann ist eine Gentherapie beim Menschen ethisch vertretbar?), den sie bereits Anfang des Jahres verfaßt hatten, besaß inzwischen eine gewisse Dringlichkeit. Die Herausgeber des *New England Journal*, die hier einen historische Moment witterten, druckten den Artikel bereits am 27. November 1980 – nur sieben Wochen, nachdem die *Los Angeles Times* die Geschichte gebracht hatte.

Anderson und Fletcher begannen mit einer Übersicht über aktuelle Entwicklungen in der Gentherapie und die daraus entstehenden ethischen Grundlagen, die heute für Experimente mit Menschen gültig sind. Dann legten sie die technischen Details dar, die sorgsam bei Tieren getestet werden mußten, bevor man sich dem Menschen zuwandte: «Das neue Gen sollte in die richtige Zielzelle eingeführt werden und dort bleiben.... Das neue Gen sollte angemessen gesteuert werden.... [es] sollte der Zelle keinen Schaden zufügen.» Die Autoren fügten hinzu: «Wenn alle drei Bedingungen erfüllt sind, kann man Versuche, genetisch bedingte Krankheiten beim Menschen zu behandeln, ethisch vertreten.»

Anderson mußte eine Gratwanderung beschreiten, als er diese Forderungen darlegte, denn letzten Endes würde er anhand von ihnen beurteilt. Er mußte einerseits Kriterien anführen, die Cline verletzt hatte, und andererseits Bedingungen nennen, die erfüllbar waren. Wenn die wissenschaftlichen und ethischen Anforderungen zu hoch waren, konnte niemand weitermachen. Zum Beispiel äußerte Anderson die Sorge, daß Untersuchungen langfristiger Nebenwirkungen an höheren Tieren erforderlich würden – beispielsweise an Primaten, die beinahe ebenso lange leben wie die Forscher. Ein Wissenschaftler könnte eventuell sterben, bevor die Tierstudie abgeschlossen war. Die Forschung auf diesem Gebiet würde dann zum Stillstand kommen, während man auf die Daten wartete, die die Ergebnisse absichern sollten. «Es wäre genauso unangebracht, die Behandlung von Patienten aufzuschieben, während wir auf die Ergebnisse langfristiger Untersuchungen von Primaten warten, wie es falsch wäre, sich in ein Experiment mit menschlichen Patienten zu stürzen, bevor entsprechende Tieruntersuchungen abgeschlossen sind», schrieben Anderson und Fletcher.

Im Schlußteil ihrer Arbeit sprachen sie direkt über den Fall Cline:

> «Wir müssen einen vollständigen wissenschaftlichen Bericht über die Einzelheiten des kürzlich gemeldeten Versuchs abwarten, eine Beta-Thalassämie gentherapeutisch zu behandeln, bevor wir uns ein Urteil über diesen Versuch erlauben können. Wir verstehen, daß der dringende Wunsch, Patienten mit tödlichen oder sehr gefährlichen Erbkrankheiten zu behandeln, den betreffenden Arzt dazu verleiten kann, vielversprechende, aber noch nicht ganz ausgereifte Behandlungen auszuprobieren.... Wir hoffen, daß dieses löbliche Ziel [Patienten helfen zu wollen] nicht durch verfrühte Experimente gefährdet wird, die sich als unnötig wirkungslos oder riskant erweisen.»

Fairerweise muß man sagen, daß die Herausgeber des *New England Journal* Cline Gelegenheit gaben, in derselben Ausgabe seine Version der Geschichte darzulegen.[27] Cline konnte sich nicht entscheiden, wieviel er enthüllen sollte, da ihm immer noch keine Nachricht darüber vorlag, wie es den beiden Mädchen ging oder wieviel Genmaterial in ihr Knochenmark gelangt war. Er begann mit einer Darlegung der Gentransfertechniken und fuhr dann mit seinen Tierstudien fort. Als es an der Zeit war, über Versuche am Menschen zu sprechen, gab er nicht zu, die Experimente durchgeführt zu haben, die inzwischen durch die Laienpresse bekannt waren. Trotzdem bot er eine Reihe von Rechtfertigungen für diese Experimente an:

> «Kliniker, die Patienten mit fortgeschrittenen tödlichen Krankheiten behandeln, müssen häufig nach bestem Wissen und Gewissen beurteilen, wann sie mit einem Versuch beginnen.... Die Entscheidung über den richtigen Zeitpunkt lag noch bis vor kurzem beim einzelnen Forscher, sie wurde von

Klinikern getroffen, die Wissen und Können bewiesen. Derartige Entscheidungen werden allerdings zunehmend von Komitees getroffen.... Eine der nicht wünschenswerten Folgen ist, daß wichtige Experimente oft unnötig verzögert werden.»

Dann führte er seine Kriterien für den Beginn eines gentherapeutischen Versuchs an:

> «Erste Versuche sollten bei Patienten durchgeführt werden, die nur begrenzte Alternativen haben... Die Versuche sollten dem Patienten möglicherweise helfen... Das Experiment sollte zudem so angelegt sein, daß es zu brauchbaren Informationen führt, die beim Entwurf zukünftiger Versuche nützlich sind.»

Keine seiner Argumente und Rechtfertigungen sollte ihn retten, weder vor der Verdammung durch seine Kollegen, die ihn bereits verurteilt hatten, noch vor dem NIH-Komitee, das sich nun mit der Rechtmäßigkeit seines Vorgehens befaßte.

Das NIH-Komitee beurteilte Cline von der rechtlichen Seite her; seine Kollegen beurteilten sein Vorgehen unter wissenschaftlichen Aspekten. Sie fanden Clines Verhalten schuldhaft. «Clines Experimente verstießen gegen die Grundsätze der Ethik», sagte Robert Williamson später vor einer Kommission des Präsidenten, die sich mit der Gentherapie im allgemeinen befaßte. «Seine eigene Arbeit mit Mäusen ergab keinen Anlaß für die Hoffnung, daß eine Einschleusung von Globin-Genen in Knochenmarkzellen zur damaligen Zeit einen klinischen Erfolg haben könnte. Es wurde den Familien der Patientinnen Hoffnung gemacht, daß die Gentherapie ihnen in ihrem Kampf um das Überleben ihrer Töchter helfen könnte.» Williamson hatte in *Nature* viele unbeanwortbare Fragen in Verbindung mit der Anwendung dieser Techniken beim Menschen aufgeworfen. Diese Fragen waren immer noch nicht beantwortet worden, als Cline seine Versuche mit Menschen unternahm und dadurch den englischen Wissenschaftler empörte.

Trotz der Verdammung durch viele Wissenschaftler erhielt Cline eine Flut von Briefen, die ihn unterstützten. Viele dieser Briefe stammten von Familien, die Mitglieder mit vielen unterschiedlichen Krankheiten hatten und sich von der Gentherapie Heilung erhofften. Andere kamen von geachteten Wissenschaftlern, die private oder sogar öffentliche Unterstützung anboten. Richard E. Wurtman, Arzt und Forscher am MIT Laboratory of Neuroendocrine Regulation, schrieb an Cline: «Ich dachte mir, es wäre vielleicht tröstlich für Sie, einen Brief von jemandem zu erhalten, der der Ansicht ist, daß Ihre gentechnischen Versuche zumindest so ethisch waren wie die üblichen klinischen Untersuchungen – vermutlich sogar noch ethischer, da die Möglichkeit bestand (und besteht), daß Sie Ihren Patientinnen tatsächlich geholfen haben.»

Waclaw Szybalski, der Erfinder des HAT-Mediums, der vom NIH in das McArdle Laboratory for Cancer Research an der University of Wisconsin gewechselt hatte, schrieb an den Ausschußvorsitzenden Richard Krause eine vernichtende Kritik am NIH-Untersuchungsbericht. Er beglückwünschte das Komitee zu einem «sehr juristischen Bericht, der eines Staatsanwalt- oder Anwaltbüros würdig wäre.» Später schrieb er: «Dieser Bericht hinterließ das unangenehme Gefühl bei mir, daß es sich um die neuzeitliche Version eines mittelalterlichen Inquisitionsverfahrens handelte, und das einzige Detail, das fehlte, war die Folterbank (engl. *rack*; eine Anspielung auf das RAC) und das Verbrennen auf dem Scheiterhaufen.» Szybalski verteidigte Clines Experiment und schloß: «Dr. Clines Entscheidung war unter den gegebenen Umständen wissenschaftlich und medizinisch gerechtfertigt.»

Der Untersuchungsauschuß des NIH beendete seine Untersuchung und verfaßte im April 1981 einen Abschlußbericht.[28] Am 22. April sandte das Komitee Cline ein Exemplar zur Stellungnahme. Am 15. Mai schickte er eine Antwort, die aus einem einzigen Satz bestand: «Ich habe den Bericht Ihres Komitees gelesen und habe zum gegenwärtigen Zeitpunkt keine Kommentare dazu.»[29] Vier Monate später verfaßte Cline eine ausführliche Verteidigung, in der er den Untersuchungsausschuß der UCLA stark belastete – aber da war es zu spät.

Am 21. Mai 1981, sieben Monate nach seiner Konstituierung, verkündete der NIH-Untersuchungsausschuß in Sachen Martin Cline sein Urteil und das Strafmaß: Cline war schuldig, die Regeln verletzt zu haben, und sein Fall erforderte «disziplinarische Maßnahmen». Die Strafe gliederte sich in vier Teile: In den folgenden drei Jahren mußte Cline vor jedem Experiment, an dem Menschen beteiligt waren, und vor jedem Experiment, bei dem rekombinierte DNA eine Rolle spielte – ob Menschen daran beteiligt waren oder nicht –, die Genehmigung des NIH einholen; verschiedene Institutionen würden bestehende staatliche Unterstützungen für Clines derzeitige Arbeit überprüfen; und in Zukunft mußte Cline den wenig schmeichelhaften Bericht des Komitees beilegen, wann immer er wegen einer Unterstützung des NIH nachfragte. Das Urteil würde in Kraft treten, wenn Fredrickson den Bericht des Komitees bestätigte, und es wäre drei Jahre lang wirksam.

Drei Tage später bestätigte Fredrickson den Bericht offiziell. Er bestätigte, er sei «voll und ganz mit der Schlußfolgerung einverstanden, daß Dr. Cline sowohl dem Wortlaut als auch dem Geist nach die angemessenen Vorsichtsmaßnahmen der biomedizinischen Forschung mißachtet hatte. Deshalb befürworte ich sämtliche Empfehlungen des Komitees...»[30] Frederickson ordnete die Durchsetzung der Maßnahmen an.[31]

Für Martin J. Cline, den Superstar in der Forschung, war dieser Ausgang verheerend.[32] Nach seinem vorläufigen Rücktritt von seinem Amt als Leiter der

Abteilung für Hämatologie und Onkologie im Dezember 1980 mußte er im Februar 1981 nun endgültig gehen. «Die Gründe für meinen Rücktritt stehen im Zusammenhang mit den Begleitumständen der klinischen Experimente auf dem Gebiet der Gentherapie, die ich in Israel und Italien durchgeführt habe», schrieb Cline im Dezember.[33] «Die Durchführung dieser Experimente im Ausland und der nachfolgende öffentliche Aufruhr im Zusammenhang mit ihnen haben mich und die Universität in Verlegenheit gebracht.... Ich bedaure zutiefst, daß ich diese Versuche durchgeführt habe, ohne mich strikt an die geltenden Richtlinien gehalten zu haben.»

Cline blieb Professor an der UCLA und gewann seinen Titel als Professor für Onkologie zurück, aber er verlor das Anrecht auf annähernd 70000 Dollar jährlicher Ausschüttung aus den Millionen Dollar Stiftungskapitel, die seinem Lehrstuhl zustanden. Außerdem verlor er einen großen Teil seiner Forschungsmittel vom NIH. Nach einer Revision im Jahr 1981 verlor Cline seinen Posten als Forschungsleiter eines umfangreichen Subventionsprogramms des National Cancer Institute für Krebsforschungen an der UCLA. Die Subvention belief sich auf 3,3 Millionen Dollar im Verlauf der nächsten vier Jahre, wenn auch ein kleinerer Forschungsetat in Höhe von fast 50000 Dollar sechs Monate später über die normale Laufzeit hinaus verlängert wurde. Das National Heart, Lung, and Blood Institute, das einen Zuschuß in Höhe von 243890 Dollar für den Zeitraum von drei Jahren für die «Behandlung von Hämoglobinopathien durch Einfügung von Genen» gewährt hatte, zog seine finanzielle Unterstützung für Cline am Ende des ersten Jahres zurück. Das National Institute of Arthritis, Diabetes, and Digestive and Kidney Diseases (Institut für Arthritis, Diabetes und Magen-, Darm- und Nierenerkrankungen) ließ den Zuschuß für Cline für die restlichen drei Jahre bestehen. Es handelte sich um rund 118000 Dollar, die gewährt wurden, wenn ein Beamter der UCLA bescheinigte, daß «die derart finanzierte Forschungsleistung im Einklang mit der Absicht und den Bedingungen ausgeführt wurde, für die der Fundus eingerichtet war.»

Cline war nicht der einzige, der unter dem Fiasko leiden mußte. Seine Kollegen in Israel und Italien mußten ebenfalls bluten, obwohl ihr Preis weitaus geringer war. In Jerusalem starb im Frühjahr 1980 plötzlich der Chef-Hämatologe der Hadassah-Universität. Eliezer Rachmilewitz wäre regulär sein Nachfolger gewesen, aber man überprüfte nochmals seinen Werdegang. Dabei kam die Kontroverse über die experimentelle Gentherapie zur Sprache, und seine Gegner hatten damit eine Handhabe, um die Ernennung nahezu ein Jahr lang zu verhindern. Offiziell sagte die Leitung der Hadassah, sie wolle die Ergebnisse der offiziellen Untersuchung des NIH abwarten.

Die Cline-Affäre behinderte die Laufbahn von Rachmilewitz, aber ansonsten hatte er außer Gerüchten nicht viel darunter zu leiden. Die Überprüfung und

Billigung des Experiments durch das Komitee seiner Universität schützte ihn. Technisch gesehen bedeutete eben diese Überprüfung durch die Hadassah-Universität eine Verletzung amerikanischer Richtlinien. Aus amerikanischer Sicht besaß die Hadassah-Universität nicht die Autorität, die Überprüfung der Experimente Clines durchzuführen. Während für die UCLA eine allgemeine Vereinbarung galt, die alle Experimente mit Menschen abdeckte, galten für ausländische Institutionen wie die Hadassah-Universität nur einzelne, projektbezogene Garantieerklärungen. Mit anderen Worten, sie konnten nur einzelne vom NIH finanzierter Projekte überprüfen, und nicht jedes Projekt, an dem Amerikaner beteiligt waren, und das sie überprüfen zu müssen glaubten. «Sie hätten die Erlaubnis des NIH einholen müssen, um den Vorschlag Clines überprüfen zu dürfen», sagte McCarthy. «Sie haben nie danach gefragt.... Aber wir haben ihnen das nie vorgeworfen, weil sie sehr kooperativ waren.»

Ausschlaggebend war, daß Cline die Israelis belogen hatte. Er verzichtete bei dem Experiment nicht auf die rekombinierte DNA, obwohl er genau das zugesichert hatte. Als der NIH-Bericht erschien, der Cline buchstäblich jede Schuld zuwies, waren die Hadassah-Universität und Rachmilewitz aus dem Schneider. Rachmilewitz wurde schließlich befördert und setzte seine internationalen Zusammenarbeiten auf den Gebieten Hämatologie und Onkologie im folgenden Jahrzehnt ungehindert fort.

Ähnlich Rachmilewitz stand auch Cesare Peschle, der italienische Mitarbeiter, kurz vor einer Beförderung, als die schlechten Nachrichten eintrafen. Die Universität von Neapel ist selbst für italienische Verhältnisse ein wenig rückständig. Peschle, der in Rom geboren war, hatte im Istituto Superiore di Sanità in Rom – einer Art italienischer Kombination von NIH und FDA – eine Anstellung erhalten. Er war als Forschungsdirektor der Hämatologie eingestellt worden. Nachdem er die Stelle angenommen hatte, aber noch ehe er nach Rom ging, erschien die Geschichte von Clines Experiment in der amerikanischen Presse und breitete sich weltweit aus. Peschle geriet unter einen vernichtenden Beschuß durch die italienische Presse. Die Journalisten verglichen ihn mit Josef Mengele, dem Todesengel von Auschwitz. Mengele hatte pseudowissenschaftliche Experimente an Lagerinsassen ausgeführt, die meistens mit deren Tod endeten.

Die Angriffe auf Peschle verstärkten sich, als dreizehn ältere italienische Wissenschaftler eine öffentliche Erklärung abgaben, in der sie den Versuch einer Gentherapie am Menschen ablehnten.[34] Zu diesen Wissenschaftlern gehörten Sergio Ottolenghi, der entdeckt hatte, daß die Ursache der Alpha-Thalassämie durch den Verlust (Deletion) eines Gens entsteht, und Lucio Luzzatto, der wegen seiner Arbeit mit Malaria in Afrika international bekannt war. Sie distanzierten sich von dem Experiment und sagten, eine derart radikale genetische Behandlung sollte an Tieren ausprobiert werden, nicht an Menschen. Die italienischen Forscher befürchteten auch, die ersten Zeitungsberichte könnten bei Familien mit Thalassämie-Patienten falsche Hoffnungen erwecken, und es könnte zu einem öffentlichen Angriff auf die Wissenschaftler führen, falls etwas mißlang. Die Gruppe gab zu, daß die Gentherapie eine Hoffnung darstelle, verurteilte aber das Experiment und forderte seine Beendigung. In Italien entstand rasch der Eindruck, daß es keine wissenschaftliche Grundlage für diese Experimente am Menschen gab, und daß Peschle und Cline bei ihrem Versuch nur auf ihren Ruhm bedacht gewesen waren.

Als Reaktion gaben Peschle und Cline gemeinsam mit ihren Mitarbeitern ihre eigene Verlautbarung heraus. Sie erklärten das Ziel der Studie, daß sie im Augenblick nur die eine Patientin behandeln wollten, und daß es ihr gut gehe, wenn sie auch nicht wüßten, ob ihr die Behandlung genützt habe. Peschle konnte bei der öffentlichen Debatte nicht gewinnen. Da es in Italien kein Prüfungskomitee gegeben hatte, fehlte Peschle die Absicherung, die Rachmilewitz gerettet hatte. Peschle wurde für eine Zeitlang ein wissenschaftlicher «Paria». Frühere Kollegen schmähten ihn. Sie griffen Peschle entweder auf wissenschaftlichen Kongressen an oder luden ihn gar nicht erst ein, auf derartigen Treffen zu sprechen. Wenn er durch die Türen des Istituto Superiore di Sanità ging, brach fast ein Aufstand los. Niemand wollte für ihn arbeiten.

«Was ihn eigentlich rettete, war eine typisch italienische Situation», sagte Fulvio Mavilio, ein italienischer Forscher, der seit Peschles Ankunft in Rom mit ihm zusammenarbeitete.[35] «In Italien kann man niemanden feuern. Selbst in der Regierung kann niemand sagen: ‹Wir haben uns geirrt. Bitte, gehen Sie wieder›. Wenn man einmal einen Regierungsposten erhält, bleibt man dort für den Rest seines Lebens.»

Peschle wurde nicht nur nicht gefeuert, sondern darüber hinaus einer der einflußreichsten Hämatologen Italiens, weil er an dem Institut arbeitete, das sämtliche Versuchsprotokolle zu überprüfen hatte. Viele italienische Forscher waren darüber entsetzt, sagte einer von Peschles früheren Kollegen. «Ausgerechnet der Kerl, der an diesem unethischen Experiment beteiligt gewesen ist, kam in die Behörde, die solche Dinge zu genehmigen hatte.»

Sobald er dort Fuß gefaßt hatte, konnte Peschle sich behaupten. Er erklärte seinen Mitarbeitern seine Rolle bei dem Versuch: Daß er geglaubt hatte, es gäbe eine internationale Zustimmung zu diesem Experiment, daß Cline, der Superstar, ihn geblendet hatte. Er gab zu, daß er den Fehler gemacht hatte, sich von Cline unter Druck setzen zu lassen, als er sich über den Wert des Experiments im unklaren war. Peschle, intelligent und energisch, siegte bald über die jüngeren Wissenschaftler und überdauerte jene, die weiterhin Verachtung für ihn hegten. Immerhin gab es keine offizielle Verurteilung. Peschle fuhr fort, wertvolle Grundlagenforschung zu betreiben und im Lauf der Jahre wuchs Gras über die Geschichte. Peschle wurde die Leitung der gesamten Abteilung für Hämatologie und

Onkologie übertragen. Jetzt unterstanden ihm nahezu 100 Wissenschaftler und Laboranten. Sein Interesse an der Gentherapie blieb bestehen, aber er beschränkte seine diesbezügliche Arbeit auf Laborversuche. Im Jahr 1992 wurde Peschle ordentlicher Professor des Cancer Institute der Thomas Jefferson University in Philadalphia, während er sein Labor am Institut in Rom beibehielt.

Velma Gabutti, Peschles Mitarbeiterin, kehrte einfach in ihre Klinik in Turin zurück und entzog sich der Aufmerksamkeit der Öffentlichkeit. Sie war immer eine Klinikerin gewesen, keine Forscherin. Der größte Teil des öffentlichen Zorns entlud sich über Peschles Haupt. Gabutti zog sich auf ihr Fachgebiet zurück, die Betreuung von Thalassämiepatienten.

Auf der anderen Seite der Erdkugel bezahlte auch Clines Kontrahent Jeremy Thompson, der Vorsitzende des Human Subjects Protection Committee, seinen Preis. Nachdem die UCLA ihre Verantwortung in der Affäre Cline zugegeben hatte, beschloß sie, ihre allgemeine Zusicherungsklausel mit der Regierung umzuschreiben. In der Neufassung wurden Fragen über die Verantwortung der UCLA für ihre Forscher geklärt, ob sie sich auf dem Campus befanden oder nicht. Zur selben Zeit startete die UCLA eine Aufklärungskampagne für ihre Wissenschaftler, um zu verhindern, daß einer unter ihnen Clines Entschuldigung vorbringen konnte, nicht alle Vorschriften gekannt zu haben. An diesem Punkt entschied Vizekanzler Al Barber, daß das Human Subjects Protection Committee mit den Forschern der UCLA fertigwerden müsse, wenn das neue System funktionieren sollte. Im Herbst 1981 entzog er Jeremy Thompson den Vorsitz des Komitees. Thompson, der einen Professortitel innehatte, blieb noch zehn Jahre lang an der UCLA, bevor er zurücktrat und eine private Beratungspraxis aufmachte.

Nachdem alles ausgestanden war, verschwand Cline aus der klinischen Forschung. Er kümmerte sich nicht mehr um Patienten und hielt auch keine Vorlesungen mehr. Cline zog sich völlig in sein Labor zurück, in dem er Grundlagenforschung betrieb. Dort wollte er beweisen, daß seine Behandlung der Patientinnen mit dem Betaglobin-Gen nicht so weit hergeholt gewesen war. Cline behauptete hartnäckig, er habe aus jenem unseligen Experiment ein paar interessante Resultate gewonnen, die er jedoch niemals veröffentlichte. Er verfaßte gemeinsam mit Karen Mercola, Carol LeFevre und Velma Gabutti eine Skizze ihrer vorläufigen Ergebnisse, die er dem *New England Journal of Medicine*, dem *Journal of the American Medical Association*, *Lancet*, *Science* und *Nature* anbot. Alle Magazine lehnten rundweg ab.

Aus diesem Manuskript geht hervor, daß einige Gene in die Knochenmarkzellen der beiden Mädchen Eingang gefunden hatten.[36] Die Forscher entnahmen beiden Mädchen Blut- und Knochenmarksproben, die sie auf die eingeschleusten Gene hin untersuchten. Zwischen der ersten und der zweiten Woche nach der Behandlung ließen sich kleine Mengen des Thymidinkinase-Gens in den Blutzellen beider

Patientinnen entdecken. Zwischen der dritten und der zehnten Woche «wurden multiple TK-Banden auf Southern Blots [Nachweismethode für DNA, benannt nach Edward M. Southern] in der DNA hämatopoietischer (blutbildender) Zellen entdeckt.... Nach zehn Wochen wurden keine zusätzlichen TK-Sequenzen mit hohem Molekulargewicht entdeckt, und diese Sequenzen verschwanden allmählich aus der DNA der Blutzellen und waren bei einer Patientin (Ora) nach drei Monaten, bei der anderen (Maria) nach neun Monaten nicht mehr auffindbar.»

Aber die Wissenschaftler konnten nicht sagen, ob die TK-Gene Bestandteil der DNA der Zellen der Patientinnen geworden waren und sich repliziert hatten, oder ob sie nur passiv in einigen Blutzellen mitgeführt wurden und wieder verschwanden, bevor diese Zellen starben. Cline suchte und fand anscheinend niemals Anzeichen dafür, daß das Betaglobin-Gen in einige der Knochenmarkzellen Eingang gefunden hatte – aber Peschle tat es. Der Gehalt an diesem Gen war gering, lächerlich gering, und ohne therapeutischen Wert. Aber sie waren vorhanden. Winzige Mengen Betaglobin waren aus den in die defekten Zellen implantierten Genen entstanden.

Peschle hat diese Resultate wegen der Kontroversen über den genetischen Versuch an Menschen niemals veröffentlicht, und noch ein Jahrzehnt später stritt er praktisch ab, Blutprotein gefunden zu haben. «Wir hatten in einigen Fällen Ergebnisse, die interessant aussahen, aber wir fanden nie einen handfesten Beweis für die Expression von Beta-Hämoglobin», sagte Peschle. «Es gab niemals klare und reproduzierbare positive Resultate, die auf eine Betaglobin-Expression hinwiesen.»

Andere Forscher in Peschles Labor sahen die Sache anders. «Das Traurige an der Geschichte ist, daß sie das Experiment tatsächlich an Zellkulturen durchführten, und daß sie tatsächliche gute Ergebnisse hatten», sagte Fulvio Mavilio, der damals als Forscher in Peschles Gruppe tätig war. «Sie fanden etwas Betaglobin, aber diese Daten wurden nie veröffentlicht, weil Peschle sich wegen der Art und Weise Sorgen machte, in der in den USA auf Cline reagiert wurde. In den Kulturen mit menschlichen Stammzellen wurden Spuren von Hämoglobin synthetisiert, was zumindest bewies, daß man einen Teil der Betaglobin-Gene in die Zellen einbringen und sie dazu bringen konnte, Betaglobin zu produzieren.»

Obwohl die Analyse nicht viel ergab, schloß Cline: «zumindest einige fremde Gen-Sequenzen können für viele Monate in blutbildende Zellen eingebracht werden, ohne einen erkennbaren Schaden anzurichten. Dieses Wissen erlaubt uns einen bescheidenen Optimismus in Hinblick auf eine Zukunft der Gentherapie.» Worauf sich dieser Optimismus von Cline gründete, war weniger klar. Die Forscher konnten nach einer dreijährigen Nachuntersuchung sehen, daß die experimentelle Behandlung der Mädchen keine Veränderung in ihrem klinischen Bild hervorgerufen hatte. Wenn sie erfolgreich gewesen wäre, hätte ihr Knochenmark anfangen müssen, normale Erythrozyten zu produzieren, statt der fragilen, anomalen Zellen mit thalassämischem Hämoglobin. An dem Bedarf der Mädchen an fortgesetzten Bluttransfusionen änderte sich nichts.

Keines dieser vorläufigen Ergebnisse wurde jemals publiziert. Cline wandte sich von der Gentherapie ab. In den zehn Jahren von 1980 bis September 1990 veröffentlichte Cline nahezu 100 Arbeiten. Die meisten von ihnen handelten von der Grundlagenforschung über Krebs und Onkogene, obwohl er gelegentlich einen Ausblick auf die Gentherapie schrieb. Er wurde ein Teil der Geschichte, erlebte aber nicht den großartigen Triumph, den er vorhergesagt hatte. Es gab keinen Nobelpreis für Martin Cline, obwohl dies nicht auszuschließen gewesen wäre, wenn er Geduld bewiesen hätte. Statt dessen war er in Ungnade gefallen.

Seine beiden Patientinnen sollte Cline niemals wiedersehen. Das war vermutlich gut, denn Ora Morduch, die israelische Patientin, wurde sehr wütend, als sie erfuhr, daß das Experiment unerlaubt gewesen war. Sie und ihre Familie hatten das Gefühl, man habe sie wie ein Versuchskaninchen behandelt.

Trotz ihrer Krankheit war Ora eine lebhafte Frau, die in den folgenden Jahren die treibende Kraft im Verband der Thalassämie-Patienten in Jerusalem wurde. Intelligent und ehrgeizig, wie sie war, trat sie als wortgewaltige Anwältin für die Gruppe als Ganzes und für einzelne Patienten auf, die sich scheuten, die Art von Pflege zu fordern, die sie brauchten. Immer, wenn Ora Morduch Kenntnis von einem medizinischen Übergriff erhielt, stürmte sie umgehend in das Büro von Eliezer Rachmilewitz, der jetzt für alle Thalassämie-Patienten in den Krankenhäusern der Hadassah-Universität zuständig war, um durch Schmeicheln, Bitten oder wütendes Verlangen zu erreichen, was auch immer benötigt wurde. Trotz ihrer Gehbehinderung durch die Knochenanomalien bereiste sie die ganze Welt, um an medizinischen Kongressen teilzunehmen und über die Behandlungsmethoden auf dem laufenden zu bleiben. «Sie ist eine sehr zähe Kundin», sagte Rachmilewitz in zärtlichem Ton.

Ora Morduch ging es körperlich so gut, weil die Eisen-Chelatbildnertherapie endlich auch nach Israel gelangt war. Sie gehörte zu den ersten Patienten, die damit behandelt wurden. Das Medikament entfernte das Eisen aus ihrem Körper, das sich durch die langjährigen Bluttransfusionen angesammelt hatte. In seiner im *New England Journal of Medicine* erschienenen Rechtfertigung seines gentherapeutischen Experiments schrieb Cline: «Die herkömmliche Chelatbildnertherapie trägt nur wenig dazu bei, die Eisenansammlung im Herzen abzutragen oder einen frühen Tod zu verhindern.» Er irrte sich. Ora Morduch sprach ausgezeichnet auf die Therapie an. In dem Maße, in dem die wiederholte Behandlung allmählich das Eisen aus ihrem verwachsenen Körper abführte, stabilisierte sich ihr unregelmäßiger Herzschlag und kehrte zu seinen Normalwerten zurück. «Wenn sie kein Desferal erhalten hätte, wäre sie schon vor vielen Jahren an ihrem Eisenüberschuß gestorben», sagte Rachmilewitz.

Sie selbst wurde wegen der bleibenden Knochendeformationen niemals normal, aber sie führte ein recht langes, produktives Leben, das 1992 endete. Nach dem Fall des Kommunismus beschloß Ora Morduch im Sommer 1992, nach Osteuropa zu reisen. Da sie koscher lebte, aß sie sehr viel Käse. Aufgrund der mangelhaften hygienischen Verhältnisse in Osteuropa zog sich Ora eine Brucellose zu, eine durch den Erreger *Brucella abortus* hervorgerufene Infektion. Das Bakterium hatte sich vermutlich in verdorbenen Milchprodukten befunden, die sie verzehrt hatte. Von den Symptomen der Brucellose (Fieber, heftige Kopfschmerzen, Durchfall und allgemeine Unpäßlichkeit) erholen sich die meisten Patienten nach zwei bis drei Wochen. Durch 33 Jahre Thalassämie geschwächt, versagten Oras Organe jedoch, die junge Frau erholte sich nicht mehr von der Infektion und starb.

Die Italienerin Maria Addolorata hatte mehr Glück. Nach der Behandlung in Neapel kehrte sie mit ihrer Familie nach Turin zurück, wo Velma Gabutti sie weiter betreute. Die Italiener begannen ebenso wie die Israelis bald nach der genetischen Behandlung Marias von 1980 eine Eisen-Chelatbildnertherapie. Wie bei Ora Morduch setzte auch bei Maria Addolorata langsam, aber stetig eine Besserung ein. Auch ihr Herzschlag stabilisierte sich, und das häufige lebensbedrohliche Herzrasen blieb nach und nach aus.

Zur Zeit des Experiments hatte die sechzehnjährige Maria wie eine Zwölfjährige ausgesehen. Die Krankheit hatte bei ihr die Produktion der Hormone gedrosselt, ohne die die Pubertät ausbleibt. Da die entsprechenden Hormone in synthetischer Form erhältlich waren, beschloß Velma Gabutti, ihre Patientin künstlich durch die Pubertät zu bringen, indem sie ihr die Hormone in der richtigen Reihenfolge injizierte. Auch diese Behandlung schlug an. Mit knapp 25 Jahren war Maria verheiratet und nach Süditalien gezogen. 1992, als sie 28 Jahre alt war, wollte sie sogar ein Kind bekommen.

Gabutti sagte, die Gentherapie habe bei Maria keine Auswirkungen gehabt. «Wir haben keine Veränderung bemerkt. Wir konnten keine Zunahme des Hämoglobinspiegels feststellen.»

Die Wunderheilung blieb aus. Falls Martin Cline jemals gehofft hatte, vom Vorwurf der Regelverstöße freigesprochen zu werden, indem er über eine tödliche Krankheit triumphierte, zerschellte diese Hoffnung an den spärlichen Anzeichen für Gene im Blut der Mädchen.

Wenn die Affäre Cline nichts weiter als eine Geschichte über einen Forscher gewesen wäre, der gegen die Richtlinien für Experimente mit Menschen verstoßen hat, wäre sie nur eine Fußnote in der Geschichte der Wissenschaft. Der Fall lag jedoch anders. Es war das erste Mal, daß jemand versucht hatte, Gene in einen Menschen einzuschleusen. Es war die erste Erprobung der Regeln für Experimente mit Menschen. Aber am wichtigsten war, daß es sich um den ersten Vorfall handelte, der die Wortführer der biologischen Wissenschaft aus ihrem Tiefschlaf in Sachen Gentherapie aufrüttelte. Der Vorfall machte deutlich, daß die Technik vorhanden war, und daß die Forscher sie anwenden würden. Die Gentherapie war nicht länger die Technik einer fernen Zukunft. Die Gentherapie war aktuell, und man würde sich jetzt mit ihr auseinandersetzen müssen.

Wenn die Wissenschaftler keine Richtlinien ausarbeiteten, unter denen die Gentechnik fortschreiten konnte, würden andere es tun – wahrscheinlich der Kongreß in seiner Eigenschaft als ausführendes Organ der Öffentlichkeit. Sehr wahrscheinlich würde wieder heiß debattiert werden. Der Fall Cline wurde zu einem der Wendepunkte der Geschichte, an denen die Handlungen eines einzelnen Menschen – seien sie gut oder böse – die Entwicklungsrichtung vieler Menschen bestimmen.

«In den frühen Tagen der Richtlinien zur DNA-Rekombination galt die Hauptsorge nicht der Gentherapie», sagte Talbot vom NIH. «Erst der Fall Cline brachte sie in den Vordergrund.»[37]

Aber in gewisser Hinsicht schwebte die unausgesprochene Sorge um die Möglichkeit zur Veränderung der Gene immer im Hintergrund. Als das Team der Harvard Medical School 1969 verkündete, sie hätten das erste Gen isoliert, warnten sie zugleich davor, daß die Regierung diese neu gefundenen Möglichkeiten nutzen könnte, um Gene in Menschen zu verändern. Als Paul Berg Ende der 60er Jahre mit seinen SV40-Experimenten begann und zum Aufkommen der Debatten über die Rekombination von Genen beitrug, diskutierte man primär die Einschleusung von Genen in Bakterien und die Frage, ob genetisch veränderte Keime das Laboratorium verlassen könnten. Viele Forscher sprachen geheimnisvoll von der grundlegenden Furcht, daß sie eines Tages Gene in Menschen einschleusen würden. Wäre das gefährlich? Konnte diese Möglichkeit zur Schaffung einer eugenischen Polizei führen, die eine wiederbelebte NS-Bewegung in irgendeinem Land der Welt aufstellte – möglicherweise sogar in den USA?

Gentransfer war machbar und weckte bei vielen Philosophen und Ethikern die Besorgnis über eine mögliche Anwendung beim Menschen. Aber die meisten Wissenschaftler waren einhellig der Meinung, daß die Durchführung eines Gentransfers beim Menschen noch Jahrzehnte dauern würde – sicherlich bis nach der Jahrtausendwende. Cline bewies, daß sie sich irrten.

Am 20. Juni 1980 – zwölf Tage, nachdem Cline Los Angeles in Richtung Europa und Nahost verlassen hatte – verfaßten die Generalsekretäre der drei größten Religionsgemeinschaften der USA eine zukunftsweisendes Stellungnahme, in der sie ihre Besorgnis über drohende Genmanipulationen am Menschen ausdrückten, und schickten es an Präsident Jimmy Carter. Die geistlichen Führer – Dr. Claire Randall, Generalsekretärin des Nationalen Kirchenrats, Rabbi Bernard Mandelbaum, Generalsekretär des Synagogenrats der USA, und Bischof

Thomas Kelley, Generalsekretär der Katholischen Konferenz der USA, schrieben unter anderem:

> «Wir bewegen uns dank der raschen Entwicklung der Gentechnik mit großer Geschwindigkeit auf eine neue Ära zu, die grundsätzliche Gefahren mit sich bringen könnte. Obwohl sie auch Gutes bewirken mag, signalisiert allein schon der Begriff ‹Gentechnik› Gefahr. Wer soll bestimmen, wie man dem Wohl des Menschen am besten dient, wenn neue Lebensformen technisch hergestellt werden? Wer soll die genetischen Experimente und ihre Resultate, die unermeßliche Folgen für das Überleben des Menschen haben könnten, kontrollieren... ? Die Geschichte lehrt uns, daß es immer Menschen geben wird, die unsere geistigen und sozialen Anlagen auf genetische Weise ‹korrigieren› wollen, damit sie in ihre Sicht der Menschlichkeit passen. Dies wird um so gefährlicher, wenn die Werkzeuge dazu vorhanden sind. Jene, die gern Gott spielen, werden auf eine nie zuvor dagewesene Weise in Versuchung geführt.»[38]

Die wegen der «unvorhersehbaren Ausweitungen» besorgten religiösen Führer erklärten: «Diese Fragen müssen erforscht werden, und zwar jetzt.» Sie riefen Präsident Carter auf: «Sorgen Sie dafür, daß diese Fragen in weiten Kreisen unserer Gesellschaft bekannt werden, damit sie darüber nachdenken können, und erinnern Sie die Regierung an ihre Pflichten.»

Zwanzig Tage nach dieser Warnung durch die drei geistlichen Führer vermischte Martin Cline insgeheim die rekombinierte DNA des menschlichen Betaglobin-Gens mit den Knochenmarkzellen von Ora Morduch. Die Gabe der Prophetie hatte die religiösen Führer nicht im Stich gelassen. Aber dieser Umstand sollte erst Monate später bekannt werden.

Briefe wie derjenige, den die geistlichen Führer ins Weiße Haus geschickt hatten, verschwinden nicht selten auf Nimmerwiedersehen in irgendeiner Akte. Während der Präsidentschaft Jimmy Carters entstand eine Regierungskommission mit einem endlos langen Namen, die sich dieser Herausforderung stellte: The Presidents Commission for the Study of the Ethical Problems in Medicine and Biomedical and Behavioral Research (Präsidialkommission zur Untersuchung der ethischen Probleme bei der Forschung in der Medizin, in der Biomedizin und in den Verhaltenswissenschaften). Es war ein auserlesenes Komitee, das auf Veranlassung des Kongresses nach Empfehlungen der damals aufgelösten National Commission for the Protection of Human Subjects of Biomedical and Behavioral Research (Bundeskommission zum Schutz von Versuchspersonen in der Forschung in der Biomedizin und in den Verhaltenswissenschaften) zusammengestellt wurde. Die Präsidialkommission würde die Arbeit ihrer Vorgängerin fortsetzen und sich auf die Gesundheitsfürsorge der Öffentlichkeit konzentrieren. Der Brief der führenden Kirchenvertreter kam gerade zu der Zeit an, als die Präsidialkommission ihre Aufgaben neu überdachte.

Jener hagere, blonde Anwalt, der die Wissenschaftler bei Asilomar erschreckt hatte, war jetzt der geschäftsführender Direktor der Kommission. Alexander Morgan Capron hörte von dem Brief, der im Weißen Haus eingegangen war. Er erwähnte ihn dem Vorsitzenden gegenüber und fragte ihn, ob sich die Kommission mit dieser Angelegenheit befassen sollte. Die Biotechnik – insbesondere die menschliche Genetik – gehörte zwar nicht zum eigentlichen Aufgabenbereich der Kommission, aber der Kongreß stellte es sowohl dem Weißen Haus als auch der Kommission frei, sich mit zusätzlichen, aktuellen Fragen zu befassen. Auf einer ordentlichen Sitzung im Juli legte Capron die Angelegenheit der ganzen Kommission vor.[39] Das Mitglied Arno G. Motulsky, ein Arzt und Genforscher von der University of Washington in Seattle, drängte die Kommission, sich mit der Frage zu befassen. Frank Press, damals Berater des Präsidenten und Chef des White House Office of Science and Technology Policy, händigte den Brief mit Freuden aus. Die Kommission wollte nachprüfen, ob es sich tatsächlich um eine Sache handelte, derer sie sich annehmen sollte.

Die Arbeit aller Präsidialkommissionen läßt sich in zwei Haupttätigkeiten unterteilen: Sie müssen Anhörungen abhalten und Berichte verfassen. Die Kommission des Präsidenten tat beides. Bevor sie 1983 aufgelöst wurde, veröffentlichte sie elf Bände – neun Berichte über eigene Aktivitäten, die Tätigkeitsberichte eines Workshops über Korruption und Spionage in der Wissenschaft und einen Leitfaden für Komitees zum Schutz von Patienten. Die Kommission betrachtete auch die Gentechnik als Teil ihres Aufgabenbereiches, der «die weiteren ethischen und sozialen Implikationen der Gentechnik und ihre Bedeutung für die Öffentlichkeitspolitik» umfaßte. Vor allem befaßte sie sich mit der Furcht der Öffentlichkeit vor der Gentechnik – mit dem, was William Gaylin in einem Artikel, der 1977 im *New England Journal of Medicine* erschien, als den «Frankenstein-Faktor» bezeichnete. «Der sogenannte ‹Frankenstein-Faktor› vergrößert das durch das Wissen erzeugte öffentliche Unbehagen, das ‹Genspleißen› könne die Natur des Menschen verändern. Dazu kommt eine erhöhte Besorgnis, die Menschen häufig in bezug auf Eingriffe einer Spitzentechnologie empfinden, die in den Händen weniger Wissenschaftler liegt», schloß die Kommission in ihrem Bericht von 1982 mit dem Titel «Splicing Life».[40]

Es zeigte sich, daß die Vorwürfe gegen die Wissenschaftler, sie würden «Gott spielen», tiefgründiger waren, als die meisten angenommen hatten. Von der Kommission zu Rate gezogene führenden Kirchenleute sagten, bei der Molekularbiologie gehe es eher um Fragen der Verantwortlichkeit als um Dinge, die verboten werden müßten. Sie fürchteten, daß die Gentechnik «Kräfte verlieh, die der Mensch nicht besitzen sollte». Die verbotene Frucht konnte nun verzehrt werden.

Die Kirchenvertreter wollten, daß die Menschen ein Wörtchen mitzureden hatten, wenn sie wieder einmal aus dem Paradies vertrieben werden sollten. Darüber hinaus sagten sie: «Die Menschen haben nicht nur das Recht, sondern geradezu die Pflicht, ihre von Gott verliehenen Fähigkeiten einzusetzen, um die Natur zum Wohl des Menschen zu nutzen. Auch ein Verzicht auf die Genspleißen – das zu einer Methode führen könnte, Erbkrankheiten zu heilen – würde zu ernsthaften ethischen Problemen führen.» Sogar Papst Johannes Paul II, der der Gentechnik kritisch gegenübergestanden hatte, änderte seine Meinung und teilte der Pontifikalakademie der Wissenschaften im Jahr 1982 mit, er unterstütze die Anwendung der Gentherapie, um «den Zustand derjenigen zu bessern, die unter chromosomalen Krankheiten leiden...»

Schließlich kam die Präsidialkommissionen überein, daß die Gentherapie nicht *per se* unmoralisch oder unethisch war, vorausgesetzt, sie unterlag angemessenen Regeln. «Es scheint klüger, ihrer Entwicklung zu fördern und mittels des fein abgestimmten und flexiblen Gesetzessystems, das der kritischen Prüfung durch eine freie Presse unterliegt und sich im Rahmen der demokratischen Einrichtungen bewegt, landesweit zu kontrollieren», als es in den USA zu verbieten und die Forscher zu zwingen, im Ausland zu arbeiten. In den frühen Tagen der Gentechnik hatten viele Wissenschaftler ihre Experimente in andere Länder verlegt, in denen die gesetzlichen Regelungen lockerer waren. Cline war in gewissem Sinne nur seinen Vorgängern gefolgt – allerdings mit dem Unterschied, daß er Menschen zu seinem Experiment benutzte, keine Bakterienkulturen.

Die Kommission empfahl auch eine Regelung der Gentherapie. Einige Ideen zu diesem Thema kursierten bereits. Donald Fredrickson, der seinen Posten als NIH-Direktor verlor, als Ronald Reagan die Präsidentschaftswahl gewann, hatte vorgeschlagen, in Sachen DNA-Rekombination ein Beratungskomitee der «dritten Generation» ins Leben zu rufen, das die Tätigkeit des jetzigen RAC mit einem inaktiven Vermittlungsausschuß kombinieren würde, das die Tätigkeiten all jener Regierungsstellen koordinieren sollte, die mit Gentechnik befaßt waren. Fredricksons Konstruktion würde das RAC aus dem NIH herausziehen. Er würde ein übergeordnetes RAC daraus machen, das einem Kabinettsmitglied verantwortlich wäre, vermutlich dem Sekretär des Department of Health and Human Services. Es würde immer noch sachliche Unterstützung vom NIH erhalten, und es würde einen «eigenständigen Vorsitzenden aus einem Bereich [haben], der nicht der Regierung untersteht.»

Die Präsidialkommission führte Fredricksons Idee fort. «Statt Zusatzeinrichtungen zum RAC zu schaffen, mag es günstiger sein, es umzustrukturieren», es zu einer «Regierungsabteilung von größerem Aufgabenbereich als das gegenwärtige RAC...» umzuformen. Die Kommission empfahl «die Schaffung einer Genetic Engineering Commission (GEC) aus 11 bis 15 nicht zur Regierung gehörigen

Mitgliedern, die sich regelmäßig treffen und sich nur mit diesem Gebiet befassen sollten.»[41] Die Kommission sollte durch Fachleute aus den Bereichen der Laborforschung, der landwirtschaftlichen Nutzung, des Umweltschutzes, der Industrie, dem Schutz von Personen und der internationalen Kontrolle beraten werden. Außerdem würde es eng mit 16 Regierungsstellen zusammenarbeiten. «Die GEC» so schloß die Kommission «würde eine ‹Agentur zum Schutz der Zukunft› sein».

Albert Gore, der Vorsitzende des House Committee on Science and Technology's Subcommittee on Investigations and Oversight (Parlamentarischer Untersuchungs- und Aufsichtsausschuß des Subkomitees für Wissenschaft und Technik) hielt im November 1982 – im selben Monat, in dem «Splicing Life» erschien – eine dreitägige Anhörung ab.[42]

Trotz der Aufmerksamkeit des Kongresses erfolgte auf die Empfehlungen der Kommission nicht viel. Es wurde weder ein übergeordnetes RAC noch eine Gentechnikkommission geschaffen, und auch sonst kein Komitee zum Schutz der Zukunft. Es waren die ersten Tage der Reagan-Regierung; ein konservatives Weißes Haus widersetzte sich allen zusätzlichen Regeln, gleich welcher Art. Die Pläne für ein bundesweites GEC wurden zu den Akten gelegt – wie auch die Präsidialkommission, als ihr gesetzliches Mandat auslief. Ihr empfohlenes Nachfolgeorgan, ein aus sechs Senatoren und sechs Repräsentanten bestehendes Komitee für biomedizinische Ethik, trat niemals in Aktion.

Das soll nicht heißen, daß die Präsidialkommission keine Auswirkung hatte. Im NIH arbeitete das Recombinant DNA Advisory Committee immer noch und seine leitenden Mitglieder und James B. Wyngaarden, der neue NIH-Direktor, begannen sich des Themas anzunehmen, wenn auch eher zögerlich. Die Regierung sollte vier Jahre brauchen, um auf die Empfehlungen der Kommission zu reagieren, ein neues Komitee für die Erstellung von Richtlinien zu gründen. Und als es endlich so weit war, handelte es sich nur um einen Unterausschuß des RAC – das Human Gene Therapy Subcommittee.

Das RAC und sein Unterausschuß sollten eine entscheidende Rolle in der Sicherstellung spielen, daß die Öffentlichkeit über alle genetischen Experimente am Menschen informiert würde. Davon ausgenommen waren die Vorgänge, die sich gleichzeitig hinter den verschlossenen Türen der Food and Drug Administration abspielten.

Im folgenden Jahrzehnt beklagten sich viele Wissenschaftler und wissenschaftliche Kommentatoren darüber, daß Martin Clines unüberlegter und verfrühter Versuch einer Gentherapie am Menschen einen Rückschritt für das ganze Forschungsgebiet bedeutet habe. Das trifft wahrscheinlich nicht zu. Zwei Dinge waren nötig, bevor die Disziplin tatsächlich für ihren ersten Patienten bereit war: Die Regierung mußte ein Aufsichtssystem schaffen, und die Gentransfertechnik mußte ihren Wirkungsgrad steigern. Das Human Gene Therapy Subcommittee des RAC brauchte mehrere Jahre, um angemessene Aufsichtsmaßnahmen zu erarbeiten. Die «Points to Consider» (Zu bedenkende Punkte) legten exakt fest, welche Daten ein Forschungsteam zur Verfügung stellen mußte, um die Erlaubnis zu erhalten, Gene in Menschen zu transferieren. Das *Federal Register* veröffentlichte die ersten Entwürfe der «Points» im Januar 1985. Dann ruhte sich der Unterausschuß auf seinen Lorbeeren aus und wartete, daß ein Antrag auf Gentherapie einging. Die Wissenschaft war einfach noch nicht bereit.

Das Banbury Center am Cold Spring Harbor Laboratory hielt im Februar 1982 eine dreitägige Konferenz über Gentherapie ab, an der nur geladene Gäste teilnahmen. Die Konferenz war von French Anderson vom NIH, Paul Berg von der Stanford University und Theodore Friedmann, einem Gentherapie-Befürworter an der University of California in San Diego, organisiert worden. Die führenden Genetiker wollten auf diesem Treffen herausfinden, wie der Stand der Forschung in diesem Fachbereich war. Anderson bestand darauf, daß auch Cline eingeladen wurde, und er kam tatsächlich. «Der Zweck dieses Treffens», sagte Berg bei der Eröffnung, «ist... die Feststellung, ob die Aussichten für die Gentherapie illusorisch oder realistisch sind.»[43]

Aber die Stimmung auf der Konferenz war düster. Anderson gab zu, «daß wir heute [von der Gentherapie] weiter entfernt sind, als wir noch vor einem Jahr glaubten. Es scheint, als bewegten wir uns in die falsche Richtung... vielleicht liegt es daran, daß wir erst jetzt erkennen, worin die wahren Probleme bestehen.» Nachdem er die drei bestehenden Techniken zur Einschleusung von Genen in die Zelle erwähnt hatte, fragte Anderson, ob «eine dieser Techniken geeignet ist, tatsächlich Gene in Menschen einzubringen? Mein Gefühl sagt mir zum gegenwärtigen Zeitpunkt, daß es keine von ihnen ist...» Aber Anderson stellte auch klar: «Ich bin nicht gegen die Gentherapie. Ich habe mich ihr verschrieben.»

Bob Williamson vom St. Mary Hospital der Londoner Universität war gleichermaßen pessimistisch. Er teilte einen Seitenhieb gegen Cline aus: «Ich glaube, es ist noch ein langer Weg bis zur Gentherapie, aber mit beiden Füßen hineinzuspringen, nur, um der erste zu sein oder Zuschüsse zu erhalten, wäre katastrophal. Diese Übereiltheit muß unter allen Umständen vermieden werden.»

«Die Konferenz stimmte darin überein», sagte Berg später, «daß genetische Behandlungsmethoden letzten Endes wahrscheinlich akzeptabel seien, aber daß noch viele technische und soziale Probleme bestanden, die im Idealfall gelöst werden sollten, bevor etwas geschieht.»

Für die Wissenschaftler bestand die größte Schwierigkeit nicht in den ethischen Fragen, sondern in den technischen Problemen, Gene in Zellen einzubringen. Die bestehenden Methoden waren einfach nicht wirkungsvoll genug. Während der gesamten Diskussion wurde die Verwendung des wirksamsten Transportsystems, nämlich der Viren, kaum erwähnt. Nur Paul Berg deutete an, daß Viren eine mögliche Alternative darstellten. Aber ebenso deutlich war, daß die Benutzung von Viren als Übermittler für Gene keine großen Fortschritte gemacht hatte. Das sollte sich jedoch bald ändern.

Genetische Botschafter

«Wir leben inmitten tanzender Viren; sie schwirren wie Bienen von Organismus zu Organismus; von der Pflanze zum Insekt zum Säugetier zu mir und wieder zurück... und geben Erbanlagen weiter wie Lachsbrötchen auf einer Party.»

Lewis Thomas, «The Lives of a Cell»

Eines Nachmittags im Jahr 1981 kam Edward M. Scolnick in French Andersons Büro im NIH-Klinikum und bat ihn um einen Rat.[1] Scolnick, ein Arzt und Forscher wie Anderson, arbeitete für das National Cancer Institute. In den 70er Jahren war er einer der Anführer der intensiven Jagd nach Viren gewesen, die Krebs verursachen.

Jahrzehnte zuvor hatten Forscher gezeigt, daß Retroviren – jene seltsamen Viren, die RNA in DNA konvertieren mußten, um erfolgreich eine Wirtszelle infizieren zu können – Krebs bei Tieren verursachen konnten. Scolnick und viele andere Forscher hatten diese Fährte aufgenommen und sich in eine intensive Suche nach Retroviren gestürzt, die Krebs beim Menschen verursachten.[2] Die Forscher fanden viele Retroviren bei Tieren, aber nur Robert C. Gallo vom NIH fand eines, das einen seltenen Krebs der Leukozyten bei Menschen erzeugte – ein Virus namens Human T-Cell Leukemia Virus 1 oder HTLV-1. Jahre später sollte Gallo berühmt werden, weil er dazu beigetragen hatte, das Human Immunodeficiency Virus, den Verursacher des Aquired Immune Deficiency Syndrome (Aids) beim Menschen, zu isolieren.

Ende der 70er Jahre sah es nicht mehr so aus, als gäbe es Scharen menschlicher Krebsviren, und es baute sich ein politischer Druck auf, das Virus-Programm wegen seiner hohen Kosten zu kürzen. Scolnick begann, ebenso wie andere Forscher auf diesem Gebiet, sich nach anderen Betätigungsfeldern umzuschauen, darunter eine umfassendere Erforschung der Retroviren. Er isolierte und analysierte Proteine vieler Retroviren und bestimmte ihre Rolle im Lebenszyklus der Viren.

Das Virus-Programm des National Cancer Institute führte zwar nicht zur Entdeckung einer infektiösen Krebsursache, aber die Arbeit mit den Retroviren führte zu der zufälligen Erkenntnis, daß normale Zellgene – heute als Onkogene bezeichnet – in der falschen Zelle zur falschen Zeit eingeschaltet die betreffende

Zelle in eine Krebszelle verwandeln können. Diese genetischen Unfälle können sich aus vielen Gründen ereignen, zum Beispiel aufgrund einer spontanen Mutation oder durch mutationsauslösende Substanzen im Zigarettenrauch.

Scolnick half, herauszufinden, daß Retroviren normale Zellgene aus Tierzellen aufnehmen konnten, wenn sie diese infizierten. Das Retrovirus trug dann die Tiergene mit sich herum – genau so, wie Bakteriophagen und SV40 während ihrer Infektionszyklen Gene kapern können. Manchmal fügte das Retrovirus ein gekidnapptes Onkogen in eine andere Zelle ein und verwandelte sie auf diese Art in eine Krebszelle.

Diese Beobachtung führte zu einer einfachen Idee, die Scolnick, Howard Temin von der University of Wisconsin in Madison und Robert Weinberg vom Massachusetts Institute of Technology unabhängig voneinander entwickelten: Wenn die Forscher bestimmen konnten, welches Gen das Retrovirus raubte und in die nächste Zelle trug, die es infizierte, dann waren sie möglicherweise in der Lage, Retroviren zu verwenden, um Gene in Säugerzellen zu transferieren.

Scolnick beschloß den Versuch, seine Retroviren als Vektoren (lat. vehere = «tragen») zu benutzen. Sein Vektorsystem sollte dazu dienen, ein Gen seiner Wahl zu tragen und in eine Säugerzelle einzubringen. Die Methoden der Gentechnik machten es verhältnismäßig einfach, die Gene des Retrovirus zu manipulieren, einige von ihnen herauszuschneiden und sie durch diejenigen zu ersetzen, die Scolnick transplantieren wollte.

Aber ein Problem war mit dieser Vorgehensweise verbunden: Wenn man die Gene eines Virus entfernte, war es unfähig, normal zu funktionieren und sich selbst zu reproduzieren. In gewisser Hinsicht war das günstig: Ein auf Viren gestütztes Genübertragungssystem durfte sich nicht replizieren, damit es für Menschen sicher war. Immerhin konnte ein Virus, das sich vermehrte, sonst zu einer Infektionskrankheit führen. Andererseits machte Scolnick, wenn er die Reproduktionsfähigkeit des Virus zerstörte, zugleich auch die Massenproduktion von Milliarden Kopien der Genvektoren unmöglich, die nötig waren, um die Zielzellen zu infizieren.

Wenn ein Virus eine Zelle angreift, lädt es normalerweise sein genetisches Material irgendwo im Inneren der Zelle ab – entweder im Zellkern, wo die Chromosomen sitzen, oder im Zellplasma – und benutzt seine Gene dazu, all die Proteine herzustellen, die nötig sind, um neue Viruspartikel zu produzieren. Aber nachdem Scolnick das Genom aus dem Virus herausgenommen hatte, um Platz für neue Gene zu schaffen, stellte der Vektor nicht länger all die Proteine her, die für ein funktionsfähigen Virus nötig sind.

Bei einer viralen Infektion geht es nur um Reproduktion. Es ist, als stelle man Tausende von Kopien eines Dokuments mit Hilfe eines Fotokopiergeräts her. Das Originaldokument ist das Virus. Es enthält alle Informationen, die nötig sind, um

Kopien des vollständigen Dokuments herzustellen. Aber das Dokument kann sich nicht selbständig kopieren. Das Fotokopiergerät muß mit den informationstragenden Seiten beschickt und angestellt werden, um das gesamte Manuskript herstellen zu können.

Auch ein Virus kann sich nicht aus eigener Kraft kopieren. Es braucht die Einrichtungen einer lebenden Zelle – sie stellt das biologische Fotokopiergerät des Virus dar. Das Virus-«Dokument» (die informationstragenden Gene) wird eingeführt, das zelluläre «Fotokopiergerät» läuft, und auf der anderen Seite kommen zahlreiche Kopien des Virus heraus.

Scolnick wollte Duplikate von seinem genmanipulierten Virus herstellen, aber da er so viele der Gene entfernt hatte, enthielt es kein vollständiges virales Manuskript mehr. Es war, als würde man die Hälfte eines Buchs in ein Fotokopiergerät geben und hoffen, daß ein vollständiges Manuskript herauskommt. So leistungsfähig der zelluläre Fotokopierer auch sein mochte, wenn nur die Hälfte der viralen Informationen eingegeben wurden, konnte höchstens die Hälfte eines Virus herauskommen – aber wahrscheinlicher war, daß überhaupt nichts herauskam.

Alle Forschungsteams, die daran dachten, Retroviren als Genvektoren zu verwenden, sahen sich demselben Problem gegenüber. Eine Lösung des Problems zeichnete sich durch die Entdeckung defekter Retroviren ab, die zwar ihre Gene in Wirtszellen einbringen, sich aber dann nicht reproduzieren und neue Viren erzeugen konnten. Wie den genmanipulierten Viren mangelte es auch den defekten Viren an den nötigen genetischen Informationen zur Herstellung von Proteinen, die zur Produktion intakter Viren unerläßlich waren. Sie führten zu einer zum Scheitern verurteilten Infektion – die Viren drangen in die Zellen ein, kamen aber nie wieder heraus.

Damit die defekten Retroviren sich replizieren konnten, mußten die infizierten Zellen zusätzlich mit einem zweiten, verwandten Retrovirus infiziert werden – einem sogenannten Helfervirus. Das zweite Virus stellte all die Proteine her, die das erste Virus benötigte. Auf diese Weise konnte sich das defekte Virus Proteine von dem intakten Virus «ausleihen» und seine defekten Gene verpacken. Das Helfervirus rettete gewissermaßen das defekte Virus und ermöglichte ihm, sich zu reproduzieren.

Das ist, als ob man versuche, ein vollständiges Exemplar eines Buchs zu fotokopieren, indem man mit der Hälfte der Kapitel aus einem beschädigten Exemplar begann. Um eine Kopie des vollständigen Manuskripts zu erhalten, mußte man Kapitel aus einem anderen Exemplar des Buchs – das entweder den gesamten Text oder nur jene Kapitel enthält, die im ersten Exemplar fehlen – ausleihen und fotokopieren. In beiden Fällen mußte man ein komplementäres Exemplar hinzuziehen, um ein vollständiges Buch zu erhalten.

Aber die biologischen Gegebenheiten sind nicht so leicht zu handhaben wie zwei Bücher und ein Fotokopiergerät. Das biologische Fotokopiergerät kann nur eine Version des Buchs kopieren. Die Zelle, die man mit zwei verschiedenen Arten verwandter Viren – dem defekten und dem vollständigen Exemplar – infizierte, würde ein Gemisch unterschiedlicher Viren produzieren. Einige Viren würden intakte Exemplare sein; andere – der genmanipulierte Typ – wären hingegen unvollständig. Einige Exemplare enthielten das Genom des defekten Virus vom ersten Typ, andere das vom zweiten Typ beigesteuerte intakte Genom, das seine Funktion erfüllen und selbständig eine Infektion hervorrufen könnte. Da die Kapseln der Viren identisch sind, könnte man unmöglich von außen beurteilen, welches Virus vollständig und welches genetisch «verstümmelt» wäre.

Scolnick überlegte, daß es trotz dieser Beschränkungen möglich sein müßte, im Labor einige Gene in Zielzellen zu transferieren. Er wollte es ausprobieren, und er würde das Hämoglobin-Gen benutzen. Er würde im Labor gezüchtete Zellen mit seinem genmanipulierten Virus infizieren, um das Genom des Virus und seine menschliche Gen-Fracht einzubringen. Dann wollte er die Zelle zusätzlich mit einem völlig normalen Helfervirus infizieren, das die Proteine erzeugen würde, die zur Produktion von Viruspartikeln nötig waren. Das Helfervirus sollte sein defektes Virus «retten», das er im Labor als Genüberträger erschaffen hatte. Falls seine Überlegungen richtig waren, würden einige der von den Zellen freigesetzten Viruspartikel das Globin-Gen enthalten.

Zuletzt wollte er im Labor gezüchtete Zielzellen mit der erhaltenen Mixtur infizieren. In einige Zellen würden die Globin-tragenden Viren eindringen, und er hoffte, auf diese Weise eine Globinsynthese zu induzieren. Um nachweisen zu können, daß sich der Gentransfer tatsächlich auf eine Weise vollzog, daß das Protein hergestellt wurde, mußte Scolnick eine Möglichkeit finden, das Globinprotein in der infizierten Zelle zu entdecken.

Deshalb wandte sich Scolnick an Anderson. Er wollte die Techniken erlernen, Globinprotein zu entdecken, für den Fall, daß es ihm gelingen sollte, die Gene in die Zielzellen einzubringen. Anderson hatte über zehn Jahre lang mit Hämoglobin gearbeitet. Er wußte mehr als jeder am NIH über die Nachweismethoden für Globin.

Die Anfrage überraschte Anderson. Die Hämoglobinanalyse lag weit abseits der Onkogenforschung. Er fragte Scolnick, um was es ihm gehe. Scolnick legte ihm seinen Plan dar, Gene in das Friend-Leukämie-Virus – ein Retrovirus – zu transplantieren und es anschließend zu verwenden, um das Gen in Zellen einzubringen, die normalerweise kein Hämoglobin herstellten.

Scolnicks Idee gab Anderson neue Denkanstöße. Er hatte erst vor einem Jahr die Jagd nach einer Methode des Gentransfers, die bei Menschen anwendbar war, vorerst aufgegeben. Im letzten Jahr hatte er kaum mehr ernsthaft an dem Projekt gearbeitet und einen großen Teil der Zeit damit verbracht, die Tätigkeiten der Forscher in seinem Laboratorium zu beaufsichtigen, und sich im übrigen auf Taekwondo und Sportmedizin konzentriert. Keine der bekannten Techniken war für eine Gentherapie im klinischen Maßstab geeignet. Obwohl Wissenschaftler bereits seit langer Zeit über die Verwendung von Viren zum Gentransfer in Zellen sprachen, war keiner von ihnen auch nur in die Nähe des Ziels gekommen, daraus eine praktikable Methode zu machen.

Und nun war Ed Scolnick mit seinen Ideen zu einem genau durchdachten, einzigartigen Ansatz zu ihm gekommen. Anderson, der immer noch an einer Technik der Gentherapie interessiert war, die sich bei Menschen anwenden ließ, wollte mehr über Scolnicks Plan erfahren, aber er wußte nichts über Retroviren. Also vereinbarten sie einen Tauschhandel: Anderson würde Scolnick die Nachweismethoden für Hämoglobin beibringen, und Scolnick würde sein Wissen über Retroviren weitergeben. «Ich begann, über Retroviren nachzulesen, und Scolnick veröffentlichte die erste Arbeit über die Verwendung eines Retrovirus-Vektors», erinnerte sich Anderson. «Es funktionierte nicht gut. Die eingeschleusten Gene ordneten sich in den Vektoren um.»

Scolnicks Arbeit erschien 1982. Er wies zum ersten Mal nach, daß ein Gen in ein Retrovirus geladen und in eine Zelle eingebracht werden konnte. Er verwendete wie alle Forscher zu jener Zeit das TK-Gen, das in Zellen eingefügt wurde, die anschließend in einem HAT-Medium selektiert wurden. Er hatte das TK-Gen in das Retrovirus eingebracht, und das Virus hatte das Gen in eine kleine Anzahl von Zellen transferiert, die dann im HAT-Medium gediehen. Auf diese Art und Weise war bewiesen, daß der Gentransfer stattgefunden hatte.

Aber bevor Anderson eine Zusammenarbeit mit Scolnick am Hämoglobin beginnen konnte, verließ dieser das National Cancer Institute. Er wurde ein Opfer des politischen Kahlschlags wegen der Millionen von Dollar Forschungsgeldern, die augenscheinlich ergebnislos für die Suche nach menschlichen Krebsviren ausgegegeben worden waren. Scolnick verließ das NIH und wurde Präsident der Merck Research Laboratories in West Point (Pennsylvania). Diese Veränderung erlaubte Scolnick nicht, sich weiterhin mit dem Gentransfer mit Hilfe von Retroviren zu befassen, und er zog sich weitgehend aus diesem Gebiet zurück.

Anderson war von Scolnicks Fortgang enttäuscht. «Der Lebenszyklus des Retrovirus verdeutlicht, daß diese Technik funktionieren könnte. Die Gene lagen in der Mitte, die Kontrollelemente [die genetischen Schalter] direkt benachbart, und es hätte möglich sein müssen, virale Gene herauszunehmen und andere hineinzubringen. Aber ich hatte keinen Zugang. Ich wußte nicht, wie man mit Retroviren arbeitet», sagte Anderson. «Ich hatte so wenig Übung, daß ich es nicht hinkriegte.»

Bis Anfang 1983 gab es am NIH kaum Fortschritte in dem Versuch, Retroviren als molekulare Gentransporter zu benutzen. Aber Anderson setzte immer noch Erwartungen in die Retroviren. Er erahnte eine zukünftige Gentransfertechnik.

Anderen Wissenschaftlern im ganzen Land ging es ebenso. Ideen breiten sich oft wie Infektionen aus. Sobald jemand eine Idee hat, infiziert sie die nächste Person und wieder die nächste, bis sie so weit verbreitet ist, daß sich ihre Herkunft ohne aufwendige, epidemologische Untersuchungen nur noch ungenau zurückverfolgen läßt. Die Idee, ein Virus zum Transfer von Genen zu benutzen, hing schon seit Jahrzehnten in der Luft, aber die Methode, diese Idee Wirklichkeit werden zu lassen, trat erst Anfang der 80er Jahre zu Tage. Damals wetteiferten eine Handvoll sehr konkurrenzbewußter Forschergruppen an der Ost- und Westküste der USA darin, die grundlegenden Techniken auszuarbeiten, die nötig waren, um ein Retrovirus zu einem Gentransporter umzubauen. Diese Teams hatten mit denselben technischen Schwierigkeiten zu kämpfen, denen auch Scolnick ausgesetzt gewesen war. Jede dieser Gruppen steuerte ihr eigenes Mosaiksteinchen zum allgemeinen Wissen über Retroviren und zu der Frage bei, wie man das seltsamste Virus der Natur dazu verwenden konnte, die medizinischen Behandlungsmethoden zu revolutionieren.

In der Grundlagenforschung tat sich zu Beginn besonders ein Wissenschaftler hervor: Richard Mulligan. Weitere kamen hinzu, und schließlich sollte French Anderson das Grundwissen in die Klinik und zu seinen kleinen Patienten bringen. Doch zunächst mußte Anderson noch hart arbeiten, um aufzuholen.

Am Massachusetts Institute of Technology (MIT) war der Umbau von Retroviren in Gentransporter in vollem Gang. Nachdem er 1980 von Paul Bergs Labor an der Stanford University fortgegangen war, ließ Richard Mulligan sich im Krebszentrum des MIT nieder, wo er die Freiheit und die Ressourcen vorfand, die er brauchte, um seine eigenen Ideen zu verfolgen. Er richtete sich nach einem Entwurf «zukünftiger Forschungspläne», der Bestandteil seiner Dissertation gewesen war, und begann damit, Retroviren genetisch für den Gentransfer umzufunktionieren. Anfangs hielt er seine Untersuchungen für eine Ausweitung der Arbeit am SV40, die er an der Stanford University ausgeführt hatte – eine wissenschaftliche Grundlagenforschung. Aber sie sollte den Gentransfer revolutionieren.

Retroviren waren immer schon ein wenig seltsam, selbst unter den Viren. Sie führen ihre Gene in Form eines einfachen Strangs RNA mit sich, statt als DNA-Doppelstrang, wie die meisten anderen Organismen. Sobald die RNA eines Retrovirus in eine Zelle gelangt, wird sie durch das virale Enzym «Reverse Transkriptase» DNA «rückübersetzt» (daher retro, von lat. rückwärts) bevor sie in das Wirtsgenom integriert und repliziert werden kann.

Aber sogar in der DNA-Form stellt das Genom des Retrovirus eine Besonderheit dar. Die lineare virale DNA weist in der Mitte mehrere Gene auf. An den

Enden befinden sich spezialisierte genetische Elemente namens Long Terminal Repeats (LTRs = lange Endwiederholungen). Diese LTR-Gebilde machen es möglich, daß Retroviren in die Chromosomen der infizierten Zelle eingefügt werden können. Nachdem die DNA des Retrovirus in den Zellkern gewandert ist, fügen die LTR-Gebilde das virale Genom nach dem Zufallsprinzip in eines der Chromosomen ein, wenn sich die Zelle teilt. Dadurch wird das Virus zu einem ständigen Teil der Zelle.

Die retroviralen LTRs dienen außerdem als genetische Ein-Schalter; sie bringen die Zellen dazu, die viralen Gene zu entziffern und virale Messenger-RNA (mRNA) zu produzieren. Diese mRNA stellt Proteine her, die sich zu Viruskapseln vereinen, und dann kann die virale mRNA als Einzelstrang-Genom in die Viruskapseln verpackt werden. Auf diese Weise reifen infektiöse Retroviruspartikel heran.

Dieser Zyklus der viralen Genintegration und Proteinsynthese vollzieht sich, ohne daß das Virus die Zelle tötet. Entwicklungsgeschichtlich betrachtet hat sich die Beziehung zwischen Retrovirus und Wirtszelle zu einer parasitischen Form der Symbiose entwickelt. Während die meisten Viren eine infizierte Zelle im Zuge der Herstellung neuer Viren töten, sind Retroviren «gutartig». Die infizierte Zelle überlebt und reproduziert sich, und ihr viraler Passagier hat sich sicher und auf Dauer in ihren Chromosomen eingenistet und produziert in aller Ruhe neue Viruspartikel.

Die Fähigkeit des Retrovirus, in Zellen auszuharren, ist bemerkenswert. Forscher haben durch DNA-Analyse Überreste alter Retroviren in den Zellen vieler verschiedenartiger Tiere – darunter der Menschen – gefunden. Vermutlich wurden die Urahnen der heutigen Organismen vor Jahrmillionen infiziert und die Retroviren von Generation zu Generation bis in die Gegenwart weitergereicht. Die Gene des Virus funktionieren in der Regel nicht länger, weil Mutationen sie gespalten haben, deshalb rufen sie keine Krankheiten hervor. Aber die übriggebliebenen DNA-Sequenzen in den Chromosomen der Wirtszellen gleichen unauslöschlichen viralen Fußspuren.

Einige dieser fossilen Infektionsspuren sind so alt, daß die gleichen viralen Sequenzen bei heute sehr verschiedenen Tierarten auftreten. Dieser Umstand deutet darauf hin, daß die retroviralen Gene sogar weitergetragen wurden, als diese neuen Arten entstanden. Zum Beispiel weisen sowohl die Hauskatzen als auch die Paviane das gleiche genetische Fossil auf, das einen gemeinsamen Vorfahren vor mehr als 10 Millionen Jahren infiziert haben muß. Die Katzen tragen außerdem retrovirale Überreste mit sich herum, die der gemeinsame Vorfahr von ihnen und den Ratten einst aufgenommen hat, und Ratten haben ein uraltes Retrovirus mit den Schweinen gemeinsam. Dieser bemerkenswerte Grad von Ausdauer in der Zelle ließ das Retrovirus als den besten Kandidaten erscheinen, den die Natur zur

Herstellung eines zuverlässigen Gentransporters anzubieten hatte. Das Problem war allerdings, eine Methode zu finden, sich den recht komplizierten Lebensstil des Virus zunutze zu machen. Richard Mulligan glaubte, einen Weg durch die beachtlichen Hindernisse gefunden zu haben, als er mit seiner Arbeit am MIT begann.

Zunächst einmal trägt das Retrovirus seine Gene in Form von RNA mit sich herum. Die Werkzeuge der Gentechnik hatten zwar die Manipulation doppelstrangiger DNA revolutioniert, aber die RNA-Chemie ist völlig anders – und komplizierter. Um das Problem der Manipulation von RNA-Genen zu lösen, verwendeten Mulligan und die wachsende Anzahl seiner Mitarbeiter – darunter David Baltimore – das Enzym Reverse Transkriptase, um das virale RNA-Genom in komplementäre DNA (cDNA) zu konvertieren. Scolnick hatte etwa zur selben Zeit einen ähnlichen Ansatz verfolgt.

Sobald sie in der cDNA-Form vorlagen, waren die Gene des Retrovirus leicht mittels der gentechnischen Methoden zu handhaben. Mulligan wies rasch nach, daß es möglich war, Gene des Retrovirus herauszuschneiden und andere Gene wie das Globin-Gen einzufügen. Diese Manipulation erbrachte retrovirale DNA, die fremde Gene trug. Um zu sehen, ob diese zusätzlichen Gene ihre Aufgaben erfüllten, mußte Mulligan dieses rekombinierte Gebilde in eine Zelle einbringen. Retrovirale DNA ließ sich wie jedes andere Stück DNA mittels der Axel-Wigler-Methode in eine Zelle einschleusen. Sobald er sich in der Zelle befand, produzierte der retrovirale Vektor die fremden Proteine, die er codierte. Das Experiment war ein Spiegelbild der SV40-Expressionsvektoren, die Mulligan an der Stanford University gebaut hatte.

Obwohl diese Vorgehensweise zeigte, daß man Retroviren benutzen konnte, um Gene in Zellen zur Expression zu bringen, stellte sie keinen sonderlichen Fortschritt gegenüber der Arbeit mit SV40 dar. Sie war immer noch durch den geringen Wirkungsgrad der Axel-Wigler-Technik limitiert. Deshalb würde es nicht möglich sein, auf diese Weise retrovirale Gene in sehr viele Zellen einzuschleusen. Aber Mulligan wollte eine Methode des Gentransfers mit hohem Wirkungsgrad entwickeln – etwas, was so wirksam wie die virale Infektion selbst war. Er mußte sein eigenes Viruspartikel herstellen, das er mit Genen seiner Wahl statt der natürlichen Gene beladen konnte.

Unter den Wissenschaftlern waren mehrere Ideen im Umlauf, wie man das Retrovirus als Gentransportsystem nutzen könnte. Mulligan folgte im Prinzip demselben Ansatz wie Scolnick. Aber Mulligan trug eine entscheidende Abänderung zum Thema bei: Er beschloß, eine Zellart genetisch zu manipulieren, alle viralen Proteine zu produzieren, die zur Herstellung eines Retrovirus nötig waren.

Scolnick und andere hatten damit herumgespielt, Zellen mit normalen Viren und mit genetisch veränderten Viren gleichzeitig zu infizieren. Diese Vorgehensweise führte zu einem unentwirrbaren Gemisch von Viren. Wenn Mulligan eine Möglichkeit fand, Zellen die viralen Proteine herstellen zu lassen, dann konnte er auf die Doppelinfektionen verzichten und es würde nur eine Art genmanipulierter Retroviren herauskommen statt eines Gemischs.

Mulligan nannte diese hypothetischen, genmanipulierten Zellen Produktionszellen, weil sie genmanipulierte Viruspartikel produzieren sollten. Diese speziellen Retroviren trügen Gene nach Wahl ihres Manipulators; Gene, die die Eigenschaften der infizierten Zelle verändern – und eines Tages vielleicht Krankheiten heilen würden.

Dies zumindest war die Idee. Um sie in die Realität umzusetzen, untersuchte Mulligan natürliche Mutanten von Retroviren. Die meisten der defekten Viren kamen zum Stillstand, weil sie die Fähigkeit verloren hatten, eines der Proteine zu synthetisieren, die zur Herstellung reifer Viruspartikel unerläßlich sind. War es möglich, ein virales Genom herzustellen, das genügend Informationen enthielt, um sämtliche viralen Proteine herzustellen, dem aber eine entscheidende Zutat zu einem infektiösen Virus fehlte?

Die MIT-Wissenschaftler begannen, die Bildung neuer Retroviren Schritt für Schritt zu analysieren. Nachdem das Virus die DNA-Version seines Genoms in die Chromosomen der Zelle eingefügt hat, muß es die viralen Gene in Form von RNA zurückerhalten. Zu diesem Zweck benutzt es die Enzyme der Wirtszelle, welche die virale DNA im Chromosom entschlüsseln und in eine vollständige Kopie viraler Messenger-RNA transkribieren. Diese virale mRNA läßt sich in die Viruskapseln verpacken. Die Forscher rätselten, weshalb nur virale RNA in virale Partikel verpackt wurde, und nicht die Messenger-RNAs der Zellgene. Mehrere Indizien ließen vermuten, daß es ein «Verpackungssignal» in der viralen RNA selbst geben mußte. Jedes Stück mRNA, das dieses Verpackungssignal vermissen ließ, wurde nicht in das Virus aufgenommen.

Mulligan machte sich auf die Suche nach dem Signal des Retrovirus und entdeckte es tatsächlich. Er benutzte das Moloney-Mäuse-Leukämie-Virus, ein Retrovirus, das John B. Moloney am National Cancer Institute entdeckt und als Verursacher einer Leukämie bei Mäusen überführt hatte. Mulligan verfolgte eine Strategie, die Scolnick 1981 und Howard Temin und Mitarbeiter 1982 getestet hatten.

Zunächst wurde das Moloney-RNA-Genom in eine cDNA-Kopie konvertiert. Dann wurde das DNA-Genom in ein bakterielles Plasmid eingefügt. Diese Technik ermöglichte es Mulligan, Milliarden von DNA-Kopien des retroviralen Genoms in Bakterienkulturen herzustellen, um damit zu arbeiten.

Als nächstes entfernte er gezielt kleine Teile des retroviralen Genoms am linken Ende des Moleküls, zwischen dem linken LTR und dem Anfang des Gens, das das Hüllprotein des Virus herstellte. Hüllprotein bildet die äußere Schale der Viruskapsel. Mulligan bemühte sich, jedes Stück des genetischen Materials zu eliminieren, das das Verpackungssignal zur Aufnahme viraler RNA in neu hergestellte Viruspartikel enthielt. Der Rest des genetischen Materials wurde zur Herstellung der viralen Proteine benötigt. Die Gene der Reversen Transkriptase und der Kapsel- und Hüllproteine mußten unangetastet bleiben.

Nach dieser Arbeit mußte Mulligan die viralen Gene in eine Zelle einbringen, um sich davon zu überzeugen, ob das modifizierte virale Genom intakte Viren herstellen konnte oder nicht. Diese Aufgabe würde nicht leicht zu lösen sein, da sich virale Gene in der DNA-Form nicht in retrovirale Kapseln packen lassen. Auch hier wandte Mulligan die Axel-Wigler-Methode an, eine Zelle mittels der Kalziumphosphatausfällung zu transfizieren. Da das virale Genom einschließlich der Long Terminal Repeats als DNA vorlag, verhielt es sich, nachdem es in die Zelle gelangt war, wie bei einer normalen Retrovirus-Infektion und fügte sich in ein Chromosom der Wirtszelle ein.

Die defekte, retrovirale DNA blieb stabil, nachdem sie in die Zellchromosomen eingebaut war. Aber bedeutsamer war, daß einige der infizierten Zellen nach ein paar Tagen angefangen hatten, Viruspartikel herzustellen, bei denen die Fähigkeit, neue Zellen zu infizieren, normal ausgebildet war, die aber insoweit nicht normal waren, daß sie keine viralen Gene enthielten. Das defekte Virusgenom, das Mulligan erzeugt hatte, konnte seine RNA nicht in die neu hergestellten Viruspartikel verpacken. Mulligan hatte die Verpackungssequenz im Moloney-Retrovirus gefunden (und ausgeschaltet) – ein etwa 350 Nukleotide langes Stück DNA, das er die Psi-Sequenz nannte.

Nun, da die Verpackungssequenz gefunden war, konnte Mulligan einen Stamm von Produktionszellen erzeugen, der sämtliche Voraussetzungen zur Herstellung infektiöser Viren erfüllte – nur, daß die Partikel kein genetisches Material enthielten. Mulligan fügte dieses defekte, retrovirale Genom in Mausfibroblasten ein, um einen Stamm von Produktionszellen zu erzeugen, den er Psi 2 nannte.

Nachdem er den Verpackungszellenstamm geschaffen hatte, mußte Mulligan nur noch die Psi-2-Zellen mit einem zweiten retroviralen Genom infizieren, das einige Gene, die er in die retroviralen Partikel einfügen wollte – zum Beispiel das Globin- oder das Thymidinkinase-Gen – und das Psi-Verpackungssignal enthielt. Wenn alles nach Wunsch verlief, wäre das Resultat ein virales Partikel, das die Gene für Globin oder TK enthielt.

Um sein komplementäres System zu testen, räumte Mulligan ein virales Genom aus. Er nahm die Gene zur Herstellung des Hüllenproteins und der viralen Enzyme heraus. Von dem ursprünglichen, viralen Genom blieben nur noch die LTRs und das Psi-Verpackungssignal übrig. Dann fügte er ein bakterielles Gen von *E. coli* ein, das für das Enzym Xanthin-Guanin-Phosphoribosyl-Transferase (XGPRT) codiert. Das Gen stellt einen dominanten, in Säugerzellen selektierbaren

Marker dar. Es funktioniert genau wie das Herpes-TK-Gen oder das menschliche HGPRT-Gen. XGPRT verleiht den Zellen die Fähigkeit, im HAT-Medium zu überleben.

Wiederum unter Verwendung der Transfektionstechnik nach Axel und Wigler fügte Mulligan ein zweites, retrovirales Genom, das Träger des XGPRT-Gens war, in die Psi-2-Produktionszellen ein. Einige der Psi-2-Zellen nahmen das Psi-Plus-Genom mit dem XGPRT-Gen auf. Jetzt waren sie Träger zweier retroviraler Genome: Die Produktionszellen, die das GTP-Gen aufgenommen hatten, konnten so im HAT-Medium überleben und erlaubten Mulligan somit, jene Zellen zu finden, die sowohl die Psi-Minus-Gene enthielten, mit denen er angefangen hatte, als auch das Psi-Plus-Genom, das die Zelle befähigte, XGPRT zu produzieren.

Sobald sie identifiziert waren, isolierte Mulligan die wenigen, veränderten Zellen, klonte sie und züchtete sie in einem normalen Medium. Ein paar Tage später begannen die Zellen, Retroviren zu produzieren. Mulligan stellte zu seiner großen Freude fest, daß die reifen retroviralen Partikel das XGPRT-Gen enthielten, aber nicht die normalen retroviralen Gene. Die genmanipulierten Retroviren wurden aus der Nährflüssigkeit gewonnen, in der die Psi-2-Zellen gediehen, und konnten jetzt verwendet werden, um Säugerzellen zu infizieren und das XGPRT-Gen in sie einzubringen.

Mulligan verfügte somit über ein vollständiges Gentransfersystem. Die Produktionszellen enthielten zwei retrovirale Genome: Ein Psi-defektes Genom mit allen Genen, die zur Herstellung der Virenproteine gebraucht werden, das aber unfähig war, seine eigenen Gene zu verpacken; und einen Psi-enthaltenden Vektor, der in Virenpartikel verpackt werden konnte, aber nur das XGPRT-Gen trug.

Da die Kapsel des XGPRT-tragenden Virus normal war, konnte es in eine Säugerzelle eindringen und seine Gene in die Wirtschromosomen einbringen. Aber es rief keine Infektion hervor, da das genmanipulierte Virus defekt war und nicht wieder hinausgelangen konnte. Es fehlten ihm die zur Herstellung der Virusproteine nötigen viralen Gene. Es brachte jedoch das XGPRT-Gen in die Chromosomen der infizierten Zelle ein, weshalb die Zelle das XGPRT-Protein herstellen konnte, das sie unempfindlich gegen das HAT-Medium macht.

Mulligan hatte ein molekulares trojanisches Pferd geschaffen. Das Viruspartikel sah aus und funktionierte wie ein normales Retrovirus, aber wenn es erst einmal durch die zellulären «Stadttore» gelangt war, enthüllte es einen völlig andersgearteten genetischen Invasor. Darüber hinaus stellte der Psi-2-Verpackungszellenstamm ein Produktionssystem für Retroviren dar, die jedes beliebige Gen transportieren konnten. Mulligan mußte nichts weiter tun, als ein neues Gen in ein von viralen Genen befreites Genom des Moloney-Virus einzubringen, das nur noch die LTRs und das Psi-Verpackungssignal trug, und dieses Konstrukt in den Psi-2-Verpackungszellenstamm einzubringen.

Als er diese Ergebnisse im Mai 1983 in *Cell* veröffentlichte, riefen sie eine Sensation hervor.[3] Es war für jedermann offensichtlich, daß es sich hier um eine überaus wirksame Technik zum Einbringen von Genen in Säugerzellen handelte. Mulligan machte sich rasch daran, die Leistungsfähigkeit seiner Methode zu demonstrieren und zu verbessern.

Zum Beispiel konnten die Viruspartikel, die mittels der ersten Methode Mulligans hervorgebracht wurden, nur Mauszellen infizieren. Im Verlauf des folgenden Jahres rekombinierte Mulligan die Proteine in der Kapsel des Moloney-Retrovirus mit dem Gen des Kapselproteins eines anderen Virus. Das so entstandene Hybrid-Virus konnte eine weitaus größere Palette von Zellen infizieren, darunter Affen- und Menschenzellen. Dies war der entscheidende Schritt in der Nutzbarmachung für eine Gentherapie beim Menschen.

Aber Mulligan sprach nie von einer Gentherapie beim Menschen. Er war Grundlagenforscher. Er sprach davon, die Technik zu verbessern und ihre Wirksamkeit zu erhöhen, so daß sie möglicherweise eines Tages bei menschlichen Patienten verwendbar sein mochte. «Selbst am MIT zögerte ich, die Gentherapie voranzutreiben. Sie stellte [Anfang der 80er Jahre] nur eine Anwendungsmöglichkeit unter vielen dar. Wir sprachen eher über Modellsysteme für die Hämatopoiese [Blutbildung im Knochenmark] und darüber, etwas über die Funktionen der Stammzellen herauszufinden.» Aber dennoch wußte Mulligan, daß diese Arbeit zu dem Ziel führte, eines Tages Menschen genetisch behandeln zu können.[4]

Mulligan hatte sich verpflichtet, nicht über das Aufkommen der Gentherapie zu sprechen – aber andere taten es. French Anderson zum Beispiel hatte wieder Witterung aufgenommen. Auch Theodore Friedmann an der University of California in San Diego (UCSD), der sich seit langem für die Gentherapie stark machte, begann, über den Fortschritt auf diesem Gebiet zu sprechen. Und die meisten Beobachter erkannten rasch, daß mit der Entwicklung der Psi-2-Methode jetzt die technischen Voraussetzungen für einen Angriff mit Genen auf menschliche Krankheiten geschaffen waren. Obwohl es später viele technische Verbesserungen gegenüber der Psi-2-Methode geben sollte, enthielt sie alle zur Durchführung einer Gentherapie wichtigen Elemente.

Psi 2 stellte einen größeren Sprung nach vorn dar. Nur ein Jahr zuvor, im Februar 1982, hatten sich die Fachleute aus aller Welt in Cold Spring Harbor zu einer Bestandsaufnahme der Gentherapie versammelt. Das Ergebnis bot keinerlei Grund zur Hoffnung: Die existierende Technik reichte nicht aus, um auch nur an einen Versuch denken zu können, Gene in Menschen einzuschleusen.

Selbst Anderson, den Ed Scolnick angeregt hatte, noch einmal über Retroviren nachzudenken, war bei dem Treffen in Cold Spring Harbor zutiefst pessimistisch gewesen. Aber mit dieser Arbeit von Mulligan in *Cell* war es eine andere Sache. Sie war aufregend. Die Entwicklung eines viralen Verpackungsstammes, der zur

Transplantation fähige Retroviren hervorbrachte, stellte einen bedeutenden Fortschritt dar, der die Gentherapie tatsächlich ihrer Verwirklichung näher brachte. Darüber hinaus gab es – noch bevor die ersten Arbeiten veröffentlicht wurden – Nachrichten über eine erfolgreiche Verwendung von Retroviren zur Transplantation von Genen, die anderen Forschergruppen gelungen war. Die meisten Wissenschaftler, die auf diesem Gebiet zu arbeiten begannen, hatten bereits seit Jahren mit Retroviren gearbeitet, entweder im Rahmen von Krebsstudien mit Onkogenen oder in der Grundlagenbiologie der Viren selbst.

«Als die ersten Ergebnisse dieser Arbeiten gerade veröffentlicht waren», sagte Anderson, «war es für mich klar, daß dies der Weg war, der funktionieren würde. Aber ich hatte keinen Zugang. Ich wußte nicht, wie man mit Retroviren arbeitet.» Anderson würde Jahre gebraucht haben, den Anschluß zu finden, wenn er von vorne hätte beginnen wollen.

Da ereignete sich ein Glücksfall. Am 10. Februar 1983 ging Anderson an die Princeton University, um eine Vorlesung über Gentherapie zu halten. Er sprach hauptsächlich über die Möglichkeit, per Mikroinjektion Gene in befruchtete, menschliche Eizellen einzubringen, um eine angeborene Krankheit zu korrigieren. Sein Vortrag orientierte sich zwanglos an einem Ansatz, den Frank Ruddle an der Yale University und andere verfolgten, um transgene Tiere zu erzeugen – aber Anderson sprach davon, es beim Menschen zu tun.

Dem Ansatz standen zahlreiche technische Hürden im Weg: Zunächst mußten Eizellen aus dem Eierstock einer Spenderin gewonnen werden, genetisch defekte Eizellen mußten isoliert entdeckt und im Labor manipuliert werden, das injizierte Gen mußte in ein Chromosom integriert werden und normal funktionieren. Danach mußte die reparierte Eizelle in die Mutter zurückverpflanzt werden, die das Baby dann bis zur Geburt austragen mußte. Die Erfolgsaussichten waren gering. Außerdem betraf diese Art der Gentherapie nicht nur dieses eine Kind, sondern alle zukünftigen Generationen seiner Nachkommen. Dieser Ansatz der Keimbahn-Gentherapie läßt immer noch größere ethische Fragen offen.

Nachdem Anderson zu Ende gesprochen hatte, kam ein junger Dozent aus Princeton namens Eli Gilboa zu Anderson und stellte sich ihm vor. Gilboa arbeitete ebenfalls am Gentransfer, interessierte sich aber mehr für somatische Gentherapie, die Veränderung der Körperzellen in Menschen oder Tieren, als für die Keimbahn-Gentherapie. Aber er benutzte genau wie Richard Mulligan Retroviren. Anderson hörte Gilboa aufmerksam zu.

Gilboa war in Temesvár in Rumänien geboren, und seine Familie war nach Israel ausgewandert, als er elf Jahre alt war. Nach dem Besuch eines Internats und der Hebräischen Universität promovierte Gilboa am Weizmann-Institut der Wissenschaft in Rehovot, wo er mit dem SV40-Virus gearbeitet hatte. Aufgrund historischer Verbindungen zwischen dem Weizmann-Institut und dem Massachusetts Institute of Technology wurde Gilboa nach Cambridge eingeladen und ging 1977 für eine Weile als Postdoktorand in das Labor von David Baltimore.

Gilboa erhielt einen Arbeitsplatz neben Inder Verma, einem Molekularbiologen aus Indien, der auf seinem Weg nach Amerika und in den Kreis der Mitarbeiter David Baltimores ebenfalls das Weizmann-Institut durchlaufen hatte. Sobald er am MIT war, unterlag Gilboa rasch dem charismatischen Einfluß Baltimores. Er war vom Retrovirus fasziniert und begann, die Funktionsweise der Reversen Transkriptase zu studieren. Gilboa war der erste, der Baltimores Enzym dazu verwendete, das RNA-Genom des Moloney-Mausleukämie-Virus in eine cDNA zu konvertieren und in ein bakterielles Plasmid zu klonieren.

Als Mulligan 1980 am MIT ankam, war Gilboa gerade im Begriff, nach Princeton zu gehen, wo er als Dozent für Biochemie angenommen worden war. Aber Gilboa mußte trotz seiner Anstellung immer noch mit seinen eigenen staatlichen Stipendien und anderen Beihilfen zur Finanzierung seiner Forschung auskommen. Nach einer Reihe von Fehlstarts machte sich Gilboa daran, das Moloney-Retrovirus dazu zu benutzen, um Gene in Säugerzellen zu transferieren.

«Es ist keine Frage, daß dies eine selbständige Idee war», sagte Gilboa.[5] Dennoch folgten seine Ideen einer allgemeinen Vorgehensweise der Retrovirus-Forscher: «Hole das Genom aus dem Retrovirus heraus und füge das Gen ein, das transplantiert werden soll, infiziere die Zielzellen und laß' der Natur ihren Lauf.»

Da Gilboa bereits über seine eigenen Klone der Moloney-DNA verfügte, mit denen er arbeiten konnte, war es für ihn technisch gesehen verhältnismäßig einfach, die DNA des Virus genetisch zu verändern. Aber Mulligan hatte die ersten Verpakkungsstämme für das Moloney-Virus noch nicht generiert, deshalb hatte Gilboa Schwierigkeiten damit, die «Designer-Gene» in Viruspartikel zu verpacken.

Um seine Idee zu verwirklichen, nahm Gilboa die klonierte Virus-DNA, fügte die Gene ein, die er transferieren wollte, und bediente sich dann der Kalziumphosphatmethode, um die genmanipulierte Virus-DNA in Zellkulturen einzuschleusen – ebenso, wie auch Mulligan es machte. Aber um die Zellen zur Produktion von Retroviren zu bringen, die Träger der eingefügten Gene waren, mußte er sie mit normalen Retroviren infizieren, die infektiöse Viruspartikel herstellten. Während des Infektionszyklus enthielt ein gewisser Prozentsatz der neu produzierten Viren den gentragenden Vektor.

Diese Methode brachte ein Gemisch aus normalen, infektiösen Viren und genmanipulierten Viren hervor. Ebensowenig wie die anderen Forscher vor ihm konnte Gilboa die Viren voneinander unterscheiden, also wurden die Zellen mit dem Gemisch infiziert. Dann wurden die Zellen, die durch die neuen Gene transformiert worden waren, im Selektionsmedium identifiziert. Diese Methode war für die Grundlagenforschung brauchbar, für eine Gentherapie beim Menschen jedoch zu sehr dem Zufall unterworfen.

Gilboas frühe Studien zeigten auch, daß Retroviren dazu benutzt werden konnten, Gene zu transportieren, unabhängig davon, wie gemischt die Ergebnisse waren. Als Mulligan, Baltimore und Richard Mann schließlich die Details des Psi-2-Verpackungssystems ausgearbeitet hatten, sandten sie es an Gilboa. Das Netz der Verbindungen zwischen Wissenschaftlern, die früher einmal zusammen gearbeitet oder gelernt haben, vermittelt oft Hilfen, die nirgendwo sonst erhältlich sind. Gilboa profitierte von der gesellschaftlichen Verbindung zu der Baltimore-Gruppe, obwohl er auf demselben Gebiet arbeitete und als Konkurrent hätte betrachtet werden können.

Da Gilboa ein Grundlagenforscher war, wollte er verstehen, wie die Psi-Verpackungs-Sequenz in der DNA von Retroviren funktionierte. Mulligan hatte ein schnelles und unpräzises Experiment durchgeführt. Er hatte Teile des Genoms des Moloney-Virus herausgeschnitten, um herauszufinden, welcher Teil für die Verpackung erforderlich war. Es war praktisch und direkt. Gilboa wollte nun die Details erkunden.

Im Jahr 1982 hatte er eine seiner Doktorandinnen, Donna Armentano, systematische Deletionen in den viralen Genen durchführen lassen, um das winzige DNA-Stückchen zu identifizieren, das das Verpackungssignal enthielt. Sie hatte begonnen, indem sie die wichtigsten Gene des Moloney-Retrovirus mit Hilfe von Restriktionsenzymen herauslöste, aber verschiedene DNA-Stränge neben den linken und rechten Long Terminal Repeats (LTRs) unangetastet ließ. Einige dieser DNA-Sequenzen enthielten allerdings noch den Beginn des Gens, in dem das virale Kapselprotein codiert war, das Gen *gag*. Das Verpackungssignal saß irgendwo zwischen dem linken LTR und dem Beginn des *gag*-Gens.

Anstelle der normalen Gene des Virus fügten Gilboa und Armentano das kürzlich isolierte Neomycin-Resistenz-Gen ein. Es stellt ein Enzym her, das das antibiotische Neomycin inaktiviert. Ein chemischer Verwandter des Antibiotikums Neomycins, das sogenannte G418, tötet Säugerzellen auf dieselbe Weise ab, wie das Neomycin Bakterien abtötet. Eine mit G418 versetzte Nährlösung verhindert das Wachstum aller Säugerzellen, wenn sie nicht das Neomycin-Resistenz-Gen tragen und dieses Gen das schützende Enzym herstellt. Die Kombination aus dem Neomycin-Gen (*neo*) und G418 schafft ein Selektionssystem, das analog dem HAT-Medium beim Herpes-TK-Gen funktioniert.

Armentano schnitt die normalen Gene des Retrovirus zur Herstellung der Enzyme und der Kapsel heraus und fügte das *neo*-Gen an verschiedenen Stellen des viralen Genoms ein. «Ich habe zwei Serien hergestellt, so daß es vielleicht sieben im einen und sechs im anderen gab», erinnerte sie sich. Die Versuche wurden als N1, N2, N3, N4 und so weiter bezeichnet.[6]

Da es sich um ein Experiment handelte, «wiesen einige der Vektoren eine längere Sequenz vor dem *neo*-Gen auf, als dort eigentlich sein sollte, und sie hatten einen Teil der *gag*-Sequenz behalten», erklärte Gilboa in bezug auf eines der Retroviren-Gene. «Sie hätten nicht funktionieren dürfen, aber wir hatten sie nun einmal erhalten, also testeten wir sie ebenfalls. Wir erwarteten, keine Kolonien [von den transformierten Zellen, die die Extra-Sequenzen aufwiesen, wenn sie in einem mit G418 behandelten Medium gezüchtet wurden] zu erhalten, weil *neo* nicht exprimiert werden würde. Die ersten drei enthielten einen Teil der *gag*-Sequenz, und wir waren sicher, daß sie keine Kolonien bilden würden, aber sie brachten mehr Kolonien hervor als die anderen.»

Irgendwie verstärkte der Anfang der *gag*-Sequenz die Rate, mit der das *neo*-Gen das Enzym herstellte. Die Verstärkung war so groß, daß Gilboas Vektor zehnmal mehr Protein als Mulligans Vektor produzierte.

«Wir erkannten, daß sie sich als Vektoren gebrauchen ließen, um höhere Konzentrationen zu ergeben», sagte Gilboa. «Wir wählten N2 als Modell-Vektor, weil es die Mitte war. Wir hätten genausogut auch N1 oder N3 nehmen können.»

Nachdem ihm der erste Hochleistungs-Vektor zur Verfügung stand, hätte Gilboa der Erste auf dem Gebiet des retroviralen Gentransfers werden können. Aber er wurde es nicht. «Ich war sozusagen in der Wüste», sagte Gilboa. «Princeton war keine Wüste, aber ich habe es zu meiner eigenen Wüste gemacht. Ich arbeitete ganz für mich allein.» Obwohl er Verbindungen zu der Baltimore-Gruppe hatte, war Gilboa rein gesellschaftlich ein Außenseiter. Zum einen neigte er zu heftigen Temperamentsausbrüchen, besonders dann, wenn er den Eindruck hatte, daß jemand anderer den Ruhm für seine Arbeit einheimsen wollte.

Zum anderen war er ein scheuer, stiller Mensch. Gilboa war als rumänischer Jude ein Fremder in einer fremden Kultur. Die amerikanische Sprache war ihm vertraut, aber nicht angenehm. Er hatte Schwierigkeiten, sich auszudrücken, besonders schriftlich. Er hatte beim Entwurf der Vektoren eine bahnbrechende Arbeit geleistet, aber seine begrenzten, sprachlichen Fähigkeiten machten es ihm schwer, die Ergebnisse zu veröffentlichen.

In der Verständigung mit Anderson hatte er keinerlei Schwierigkeiten. Der ältere Wissenschaftler war von dem, was er in Gilboas Labor in Princeton vorfand, sehr beeindruckt. Im Verlauf dieses ersten, stundenlangen Gesprächs vereinbarten sie eine Zusammenarbeit. Obwohl die Arbeiten Armentanos erst später ausgeführt wurden, hatte Gilboa Anderson in bezug auf retrovirale Techniken viel zu bieten. Und Andersons Labor am NIH, das inzwischen wieder an Größe gewann, verfügte über Ressourcen, mit denen Gilboa nicht Schritt halten konnte. Anderson stellte dem jüngeren Mann alles zur Verfügung, wonach er verlangte. Anfangs handelte es sich um einige Reagenzien, später kamen Laboranten und wissenschaftliche Mitarbeiter hinzu.

«Ich war geschmeichelt, daß ein großer Forscher wie Anderson überhaupt willens war, mich zu beachten», erinnerte Gilboa sich an seine erste Reaktion.

Gilboa ist der Ansicht, daß Anderson ihn aus seiner «Wüste» befreit hat. «Er brachte mich ins Licht der Öffentlichkeit», sagte Gilboa. «Jeder kann sich ausmalen, was sonst mit mir geschehen wäre.»

Gilboa dachte bereits darüber nach, welche Art von Genen er in seine geplanten Vektoren einbringen wollte. Er hatte bereits bei einem anderen Forschungsprojekt in Philadalphia mit der Idee gespielt, Gene für eine Thalassämie-Therapie zu verwenden. «Wir begannen auf eine sehr naive Weise, daran zu arbeiten, die Betaglobin-Gene in Vektoren einzufügen», erinnerte sich Gilboa. Es sah fast so aus, als hätte jeder irgendwann einmal sein Glück mit Globin versucht.

Anderson hingegen hegte ein lebenslanges Interesse an Globin-Genen und der Gentherapie. Er war von der Vorstellung begeistert, beides zu kombinieren. Anfangs konzentrierte sich die Zusammenarbeit von Anderson und Gilboa auf eine Globin-Gentherapie, und Gilboa brachte das folgende Jahr mit Versuchen zu, seinen Vektoren eine Globinproduktion abzuringen. Inzwischen hatte Anderson Thalassämie-kranke Mäuse erworben. Das Tiermodell bot ihm die Gelegenheit, zu testen, ob er diese tödliche Erkrankung bei Tieren gentherapeutisch behandeln und vielleicht sogar heilen konnte.

Aber Globin führte immer wieder in eine Sackgasse; selbst mit den neuen, vielversprechenden, retroviralen Vektoren. Es war einfach mit zu vielen Schwierigkeiten verbunden, die richtige Globinmenge zur richtigen Zeit in den richtigen Zellen zu produzieren. Die Mengen an Alpha- und Betaglobin mußten genau ausgewogen sein, sonst würde sich das Ungleichgewicht einfach auf die andere Seite verlagern, und die defekten Zellen wären nicht geheilt. Es war ein einfacheres Krankheitsmodell vonnöten. Ein Modell mit einem einzigen Gen. Ein Modell, das auf komplizierte Kontrollen verzichtete. Ein Modell, in dem man die defekten Zellen – und möglicherweise auch die Patienten – einfach dadurch heilen konnten, daß man das fehlende Gen ersetzte.

Während Gilboa und Anderson wieder einmal mit dem Globin-Gen kämpften, war eine andere Wissenschaftlergruppe auf der anderen Seite des Kontinents im Begriff, der Gentherapie eine neue Richtung zu verleihen.

Seit den unbeholfenen Versuchen Ende der 60er Jahre, Säugerzellen genetisch zu transformieren, glaubte Theodore Friedmann an den Traum von der Gentherapie. Während seiner Zeit am NIH von 1965 bis 1969 hatten er und seine Kollegen versucht, «nackte» DNA in Mauszellen einzubringen, denen das Hypoxanthin-Guanin-Phosphoribosyl-Transferase- oder HGPRT-Gen fehlte. Friedmann hoffte, transformierte Zellen zu finden, indem er sie in dem kurz zuvor entwickelten HAT-Medium selektierte. Falls er Erfolg hatte, würde es ihm vielleicht gelingen, Mutationen des HGPRT-Gens bei Menschen zu behandeln – einem Gendefekt, der das Lesch-Nyhan-Syndrom verursacht, das zu schwerer geistiger Behinderung führt.

Die Experimente erwiesen sich als Fehlschläge, aber seitdem dachte Friedmann über eine Methode nach, Gene in Säugerzellen zu transferieren. Er und Anderson waren zu jener Zeit aufgrund ihres gemeinsamen Interesses an der Gentherapie Freunde geworden und dachten daran, gemeinsam an der Entwicklung der erforderlichen Techniken zu arbeiten. Außerdem waren sie gleichaltrig. Der Arzt Friedmann hatte sogar sein pädiatrisches Praktikum zur selben Zeit wie Frenchs Frau Kathy im Children's Hospital in Boston absolviert.

Als Friedmann 1969 das NIH verließ, ging er ans Salk Institute, um gemeinsam mit Renato Dulbecco und Paul Berg an Tierviren zu arbeiten. Friedmann beschloß, mit Polyoma-Viren, den Lieblingen Dulbeccos, zu arbeiten, während Paul Berg sich mit dem SV40-Virus beschäftigte.

Friedmann hielt es für möglich, das Polyoma als Vektor zum Transport von Genen zu verwenden.[7] Aber es war die Zeit vor der gentechnischen Revolution, deshalb war sein Ansatz recht naiv: Er isolierte die Bestandteile der Polyoma-Kapseln – nur das reine Protein ohne viralen DNA – und versuchte dann, gereinigte, «nackte» zelluläre DNA mit den Virusproteinen zu einer Viruskapsel zusammenzusetzen. Falls sich dies als möglich erwies, konnte er vielleicht das rekonstituierte Virus dazu benutzen, Zielzellen zu infizieren und Gene zu transferieren. Es funktionierte nie; er konnte schon allein die Rekombination der Virenpartikel mit zellulären Genen nicht kontrollieren, und er hatte gewiß keine Möglichkeit der Auswahl eines spezifischen, zellulären Gens, um eine bestimmte Krankheit zu heilen. Friedmann wie auch Anderson blieb keine andere Wahl, als in den 70er Jahren spekulative Artikel über die mögliche, zukünftige Medizin und ihre ethischen Implikationen zu schreiben.

Nach seiner Tätigkeit am Salk Institute zerschlugen sich Friedmanns Pläne, ans NIH zurückzukehren und mit Anderson an der Gentherapie zu arbeiten. Er beschloß, in La Jolla zu bleiben, wo die UCSD soeben eine Medizinische Fakultät eröffnete. Sie hatte Friedmann die Position als Professor der Pädiatrie angeboten. Er kümmerte sich nicht sehr gern um Kinder, also verbrachte er seine Zeit mit der Forschung in molekularbiologischen Labors.

Im Jahr 1976 stand für Friedmann fest, daß Polyoma niemals ein wirksamer Vektor für die Gentherapie sein würde, und er gab diesen Ansatz auf. Damals entschloß er sich zu einem Forschungsaufenthalt im Laboratorium von Frederick Sanger an der Cambridge University. Er hatte in den frühen 60er Jahren schon einmal in Sangers Labor gearbeitet, bevor er ans NIH ging. Jetzt wollte er dort lernen, wie man DNA mittels einer enzymatischen Technik sequenzierte, die Sanger soeben entwickelt und für die er seinen zweiten Nobelpreis erhalten hatte. (Den ersten hatte er bekommen, weil er eine Methode entwickelt hatte, die Reihenfolge der Aminosäuren in Proteinen zu bestimmen. Durch die DNA-Sequenzierung wird die Anordnung der Nukleotide in der DNA festgestellt, die wiederum die Anordnung der Aminosäuren in den entsprechenden Proteinen bestimmt.)

Nach Ablauf dieses Jahres kehrte Friedmann nach San Diego zurück und beschloß, das Genom des Polyoma-Virus zu sequenzieren. Er beendete seine Arbeit 1979. Das Polyoma-Genom war das dritte Genom, das vollständig sequenziert wurde. Die beiden ersten waren die Genome von SV40 und Phi X174 – ebenfalls Viren.

Nach diesem Erfolg beschloß Friedmann, zu einem anderen Thema zurückzukehren, mit dem er ebenfalls vertraut war: dem Lesch-Nyhan-Syndrom. Er entschied, daß seine Gruppe die neue Technik der DNA-Rekombination dazu benutzen würde, das HGPRT-Gen zu isolieren und zu klonieren. Friedmann hegte immer noch die Hoffnung, daß er eine Form der Gentherapie anwenden könnte, wenn es ihm gelänge, dieses Gen zu isolieren. Die Axel-Wigler-Methode war 1979 allgemein bekannt, und Friedmann glaubte – ebenso wie Martin Cline an der UCLA –, daß sie eine Möglichkeit barg, defekte Zellen zu transformieren oder sogar zu heilen.

Im Verlauf von etwa zwei Jahren gelang es Friedmann und seiner Gruppe an der UCSD, ein Bruchstück des menschlichen HGPRT-Gens zu extrahieren und in Bakterien zu klonen. Dann benutzten sie ihr kloniertes HGPRT-Genfragment als Vergleichsprobe und durchsuchten die Bibliothek der menschlichen Fibroblastengene, die Paul Berg an der Stanford University geschaffen hatte. Aus Bergs Genbank, die er Friedmann überlassen hatte, isolierten die San-Diego-Forscher ein intaktes, menschliches HGPRT-Gen. Damals lagen nur wenige menschliche Gene in gereinigter Form vor. Die Arbeit nahm eine gewisse Zeit in Anspruch und wurde erst 1982 in den *Proceedings of the National Academy of Sciences* veröffentlicht.[8]

Sobald ihm das Gen vorlag, tat Friedmann den nächsten Schritt in Richtung einer Gentherapie. Er benutzte sofort die Technik der Kalziumphosphatfällung, um das Gen in HGPRT-Minus-Mauszellen einzufügen, denen ein intaktes HGPRT-Gen fehlte, und selektierte die transformierten Zellen im HAT-Medium. Die eingefügten Gene schützten die Mauszellen vor dem HAT-Medium – und heilten sie zugleich von ihrer genetischen Krankheit. Die Methode war zwar erfolgreich, aber nicht sehr wirksam, und gewiß nicht für eine Gentherapie bei Menschen geeignet. Friedmann hatte jedoch auch einen Weg gefunden, das HGPRT-Gen in defekte Zellen einzufügen und die Zellen von ihrer biochemischen Anomalie zu heilen.

«Etwa um diese Zeit erfuhren wir durch die Literatur, daß man anfing, Gene in Viren unterschiedlicher Arten einzufügen», erinnerte Friedmann sich. «Wir hatten Polyoma bereits aufgegeben. Es funktionierte nicht.»

Retroviren schienen einen neuen Weg zu weisen. Weder Friedmann noch Douglas J. Jolly, ein älterer promovierter Mitarbeiter, der in seinem Labor arbeitete, wußten genügend über Retroviren, um sie sogleich in «Gen-Vehikel» umfunktionieren zu können. Aber Jolly hatte am Salk Institute gemeinsam mit Inder Verma an einer Untersuchung der Long Terminal Repeats (LTRs) von Retroviren gearbeitet. Diese Verbindung mit Verma mochte eine Gelegenheit für Jolly und Friedmann darstellen, sich mit ihrem neu isolierten HGPRT-Gen an der Suche nach einer Gentherapie zu beteiligen.

Das Salk Institute liegt nicht weit von der UCSD entfernt. Inder Verma war ein recht bekannter, geselliger Onkogen-Forscher, der mit den meisten der bedeutenderen Retrovirologen auf die eine oder andere Weise in Verbindung stand. Verma war vor Eli Gilboa am Weizmann-Institut und später in David Baltimores Labor am MIT gewesen. Zu jener Zeit arbeitete er unter Renato Dulbecco und kannte auch Paul Berg.

Sogar Ted Friedmann – der weder ein Experte für Onkogene noch ein Retrovirologe war – kannte Verma schon seit Jahren. Zunächst einmal unterhielt er bereits seit langer Zeit eine Beziehung zu Dulbecco und vielen weiteren Forschern, die mit dem Salk Institute in Verbindung standen. Darüber hinaus hatte Robert Weinberg – ein Onkogen-Forscher am MIT und enger Freund sowohl von Friedmann als auch von Verma – die beiden 1972 miteinander bekannt gemacht. Und schließlich lebten Friedmann und Verma nur vier Häuser voneinander entfernt an derselben Straße in La Jolla, dem Solana Beach, und wohnten oft sonntagnachmittags Vorträgen im Haus eines Nachbarn bei. Beide Forscher waren an Genetik interessiert. «Es war schwer, einander aus dem Weg zu gehen», sagte Verma lachend.[9]

Inder Verma war immer eine der schillernden Persönlichkeiten in der Molekularbiologie gewesen. Er wurde im November 1947 in Sangrur im indischen Pandschab geboren und vermittelt die weise Präsenz eines Buddhas in der Molekularbiologie. Er wuchs in einer Akademikerfamilie auf, beide Eltern sind Wirtschaftswissenschaftler. Er trat bereits früh in die Hochschule ein und stieg rasch in die höheren Fachsemester der Universität von Delhi auf. Aber er war mit seinen 19 Jahren gemäß dem strengen System Delhis – das die Reife eines 20jährigen verlangte – zu jung, um zu promovieren. Verma wich in den Süden aus und ging an die Universität von Bangalore.

Verma hatte sich anläßlich eines Besuchs in der Bücherei in eine Briefmarke vergafft, die er auf einem Brief vom Weizmann-Institut der Wissenschaften in Israel erblickte. Er wollte ebenfalls eine solche Briefmarke besitzen, also schickte er eine Bewerbung um ein Stipendium an das Institut. Er bekam seine Briefmarke auf dem Antwortbrief – und erhielt das Stipendium. Aber Indien hatte noch keine diplomatischen Beziehungen mit Israel aufgenommen, deshalb konnte kein Inder einen Paß für den jüdischen Staat erhalten. Verma wollte trotzdem nach Israel, und seine Familie trug dazu bei, daß die Sache zu einem Politikum wurde, das schließlich am Obersten Gerichtshof Indiens landete. Das Gericht entschied, daß keinem indischen Bürger ein Paß verweigert werden konnte, ganz gleich, für welches Land. Verma erhielt zwei Pässe: einen für Israel und einen, der auf der ganzen übrigen Welt galt.

Am 2. November 1967 kam Verma mit drei Pfund Sterling in der Tasche (die indischen Gesetze erlaubten die Ausfuhr von Bargeld nicht) im Nahen Osten an. Kurz nach seiner Ankunft in Israel beschlossen er und zwei belgische Freunde, sich Bärte ohne Schnäuzer («Schifferkrausen») im klassischen Hindu-Stil wachsen zu lassen.

Am Weizmann-Institut arbeitete Verma am SV40-Virus. Im Jahr 1969 – ein Jahr vor seiner Promotion – kam Robert Weinberg, ein Retrovirus-Experte vom MIT, zu einem Forschungsaufenthalt in das Institut und erhielt einen Platz in Vermas Labor zugewiesen. Die beiden wurden gute Freunde. Als Verma 1970 promovierte, stellte Weinberg ihn David Baltimore vor und verschaffte ihm eine Einladung, seine Erforschung der Retroviren am MIT durchzuführen.

In dieses Jahr (1970) fiel auch die Entdeckung der Reversen Transkriptase durch Baltimore, für die er 1975 gemeinsam mit Dulbecco und Temin den Nobelpreis erhielt. Da das Laboratorium zunächst eines der wenigen war, die das Enzym zur Verfügung hatten, begann Verma, es zu untersuchen. Im Juni 1971 stattete ein russischer Forscher dem Labor einen Besuch ab, um über seine Entdeckung zu sprechen, daß die Messenger-RNA an einem Ende einen sogenannten Poly-A-Schwanz aufwies, einen langen Abschnitt von RNA ausschließlich aus Adenosin-Nukleotiden, aber er wußte nicht, an welchem Ende. Da die DNA-Chemie einfacher war als die RNA-Chemie, hielt Verma es für möglich, Reverse Transkriptase dazu zu benutzen, die komplementäre DNA aus der mRNA des Globin-Gens herzustellen, um herauszufinden, an welchem Ende der mRNA sich die Poly-Adenosin-Sequenz befand. Dies war das erste Mal, daß jemand eine komplementäre DNA (cDNA) aus RNA herstellte. Dieses Verfahren sollte zu einer Standardtechnik in der molekularbiologischen Revolution werden und allgemein angewendet werden, um Gene zu isolieren.

Als Verma drei Jahre später seine Forschung in Baltimores Labor beendete, hatte er 14 Arbeiten veröffentlicht. «Ich war ein sehr produktiver Doktor», sagte er. Dank seiner Produktivität und seiner guten Verbindung mit Baltimore erhielt Verma 1973 einen Platz am Salk Institute, den er nie wieder verließ.

Vermas Gruppe arbeitete weiterhin mit Retroviren, aber inzwischen hatte man in diesen seltsamen intrazellulären Parasiten Onkogene entdeckt. Onkogene sind normale Zellgene, die zum falschen Zeitpunkt im Leben der Zelle angestellt werden oder derart mutiert sind, daß sie die Zelle in eine Krebszelle umformen. Vermas Gruppe betrieb Grundlagenforschungen auf diesem Gebiet und sollte im Isolieren und Identifizieren von Onkogenen führend werden. Unter anderem waren sie die ersten Forscher, die das sogenannte *fos*-Onkogen entdeckten. *fos* steht für das FBJ-Osteosarkom-Virus, das ein menschliches Onkogen aufgenommen hatte.

Im Zuge seiner Arbeit mit Onkogenen entschlüsselte Vermas Team auch *src*, ein Gen, das von einem Maus-Retrovirus aufgenommen worden war, und das Sarkome und Tumoren der Muskelzellen verursacht. Als andere Forscher auf diesem Gebiet über die Möglichkeit diskutierten, Retroviren für den Gentransfer zu benutzen, begann auch Verma, darüber nachzudenken. «Wenn sie [die Retroviren] *src* enthalten konnten, war es dann nicht möglich, *src* zu entfernen und das Gen einzubringen, um das es uns ging?» fragte Verma sich. «Es war offensichtlich, daß wir Vektoren herstellen konnten, wenn Onkogene entfernt und durch ein therapeutisches Gen ersetzt werden konnten.»

Im Jahr 1982 kam A. Dusty Miller als Postdoktorand in Vermas Labor im Salk Institute. Dusty arbeitete anfangs am *fos*-Gen. Er beschrieb gemeinsam mit anderen Forschern im Labor, wie es eine Zelle entarten läßt. Aber bald verbrachte er den größten Teil seiner Zeit mit dem Gedanken an Gentransfer und Vermas Frage, wie man Retroviren als molekulare Vehikel nutzen könnte.

Als Ted Friedmann und Doug Jolly Ende 1982 Verma den gemeinsamen Versuch vorschlugen, das HGPRT-Gen in ein Retrovirus einzufügen, nahm Verma Miller mit in die Gruppe auf. Miller war das «Mädchen für Alles» am Salk Institute, Jolly dasselbe an der UCSD. Die beiden Forschergruppen sollten ein leistungsfähiges Gespann werden und eine der ersten erfolgreichen Techniken erarbeiten, ein Gen zu transferieren, das eine Erbkrankheit beim Menschen heilen konnte.

Friedmann unterbreitete einen im Prinzip einfachen Vorschlag: Sie sollten versuchen, eine wirksame Methode zu finden, das von ihm und Jolly isolierte HGPRT-Gen in HGPRT-negative Zellen einzubringen. Vielleicht konnten sie die Retroviren benutzen, mit denen Verma und Miller arbeiteten. Falls sie aus einem Retrovirus einen Vektor herstellen konnten, der das HGPRT-Gen trug, würde es ihnen möglicherweise gelingen, das Gen in einem höheren Prozentsatz in Zellen einzubringen und dazu zu bringen, daß es eine größere Menge von Protein herstellte. Wenn ihnen das gelang, konnten sie Zellen – und vielleicht Patienten – heilen.

Jedes der beiden Teams brachte sein eigenes Fachwissen ein. «Es wäre nur fair, zu sagen, daß wir ihn in die Retrovirologie eingeführt haben», sagte Verma über Friedmann. «Andererseits waren wir nicht an HGPRT interessiert. Wir hatten nichts damit zu tun. Doug und Ted brachten uns darauf.»

Anfangs fand nicht einmal diese mit allen Wassern gewaschene Gruppe eine Möglichkeit, Retroviren als Vehikel für Gene einzuspannen. Weder Mulligans Psi-2-System noch Gilboas N2-Vektoren waren damals verfügbar. Dem San-

Diego-Team fehlte eine Methode, das rekonstruierte, retrovirale Genom so zu verpacken, daß es eine Zelle infizieren konnte.

Als Ausweg liehen sie sich eine Methode aus, die Paul Berg und Richard Mulligan zuerst angewendet hatten, um das SV40-Virus dazu zu bringen, das Betaglobin-Gen in Affennierenzellen zu transferieren. Sie stellten einen Expressionsvektor her, indem sie aus einem Retrovirusgenom die Gene des Retrovirus herausschnitten und an dessen Stelle ein HGPRT-Gen einfügten. Dank dieser Verfahrensweise erhielten sie eine rekombinierte DNA, die genügend Informationen enthielt, um die Gene derart in die Zellen einzuschleusen und zu aktivieren. Aber sie würden die Kalziumphosphatmethode anwenden müssen, um den rekonstruierten Vektor in HGPRT-Minus-Zellen einzuschleusen. Wenn der Retrovirus-Vektor seine Aufgabe erfüllte, würde er das HGPRT-Protein herstellen und die defekte Zelle heilen.

Auch diese Methode würde keinen Fortschritt gegenüber Mulligans Verwendung des SV40 als Vektor des Hämoglobin-Gens darstellen, und ganz gewiß wäre sie nicht wirksam genug, um Menschen auf diese Art zu behandeln. Aber es wäre ein erster Schritt. Es mochte zum Beispiel zeigen, daß die Retroviren aufgrund ihrer Fähigkeit, Gene dauerhaft in die Chromosomen der Zielzelle einzufügen, Vorteile gegenüber dem SV40-Expressionsvektor boten. Darüber hinaus mochte es etwas beweisen, was bisher nur eine Theorie gewesen war: Daß man eine defekte Zelle heilen konnte, indem man eine normale Kopie des mutierten, unwirksamen Gens in sie einfügte. Das Mulligan-Experiment mit Hämoglobin hatte nur gezeigt, daß das Betaglobin-Gen derart in eine Zelle eingefügt werden konnte, daß es das Protein herstellte. Die Zelle produzierte normalerweise kein Hämoglobin, also war kein zellulärer Defekt zu beheben.

Mitte 1983 hatte das San-Diego-Team einen Expressionsvektor aus einem retroviralen Plasmid hergestellt und ihn mittels der Kalziumphosphatmethode erfolgreich in eine Handvoll HGPRT-Minus-Zellen transfiziert. Die enzymatische Aktivität der korrigierten Zellen war mit 4 bis 23 Prozent des Normalwertes wiederhergestellt, und die Ansammlung der durch die Mutation entstandenen toxischen Nebenprodukte war «teilweise bis nahezu vollständig korrigiert», schrieben sie im August 1983 in den *Proceedings of the National Academy of Sciences.*[10]

Aber dieser Ansatz war zu unausgereift, um für etwas anderes als Laboruntersuchungen geeignet zu sein. Die Forscher wußten dies von Anfang an. Das San-Diego-Team wollte eine Transfertechnik mit hohem Wirkungsgrad entwikkeln, die Gene ebenso rasch im Körper ausbreitete wie eine natürliche Infektion. Noch während des Transfektionsexperiments begannen Miller und Verma nach einer Methode zu suchen, ihr rekombiniertes, retrovirales Genom in infektiöse Viruspartikel zu verpacken.

Zunächst folgten die dem gleichen Ansatz, den Scolnick rund ein Jahr zuvor beschrieben hatten: Sie fügten die rekombinierten Virus-Gene mit Hilfe der Kalziumphosphatmethode in eine Zellkultur ein und infizierten dann dieselben Zellen mit einem normalen Retrovirus. Während sich das natürliche Virus reproduzierte, würde es komplette Viruspartikel herstellen, die die Gene des Vektor-Virus verpacken konnten. Daraufhin würde die Zelle eine Mischung aus Viren hervorbringen: Einige der Viruspartikel würden die rekombinierten Viren enthalten; andere wären Vertreter der normalen, infektiösen Form.

Diese Mixtur würde dann benutzt werden, um eine Zellkultur zu infizieren, und einige der Zellen würden das Virus aufnehmen, das Träger des Vektors war. Da der Vektor ein beliebiges Gen tragen konnte, das die Zelle vor einem Toxin schützen würde, in diesem Fall das HGPRT-Gen, das der Zelle erlaubte, im HAT-Medium zu gedeihen, würde man durch eine HAT-Selektion die Zellen, die den Vektor empfangen hatten, leicht identifizieren und die mit dem normalen Virus infizierten Zellen leicht zerstören können.

Diese Versuchsanordnung bewährte sich gut genug, um ein paar rekombinierte Viren hervorzubringen und zu zeigen, daß man ein Retrovirus verwenden konnte, um das HGPRT-Gen zu transplantieren. Aber auch diese Technik würde sich nicht dazu eignen, Patienten zu behandeln, da sich eine Kontamination durch intakte Retroviren nicht ausschließen ließ.

Der Weg war jedoch vorgezeichnet. Nur drei Monate, bevor das San-Diego-Team seine Arbeit in den *Proceedings of the National Academy of Sciences* veröffentlichte, berichtete Mulligan über seine Arbeit an der Herstellung von Psi-2-Produktionszellenstämmen, die genmanipulierte Retroviren herstellen konnten. Miller erfuhr von den Fortschritten mit N2-Vektoren, die an der Princeton University gemacht worden waren, und rief Gilboa an, um ihn um Vektor-Proben zu bitten. Gilboa, der noch kein Wort über seine Arbeit veröffentlicht hatte, erklärte sich widerstrebend bereit, die Vektoren zur Verfügung zu stellen. Er stellte aber die Bedingung, daß Miller nichts über den Vektor verlauten ließ, bis er – Gilboa – seine Ergebnisse veröffentlicht hatte. Miller war einverstanden, erhielt die N2-Vektoren von Gilboa und machte sich daran, seinen eigenen Stamm von Produktionszellen herzustellen. Später sollte er seinen eigenen Vektorstamm erzeugen, der sich ebenfalls auf das N2-Konzept gründete.

In den kritischen Jahren von 1981 bis 1984 wurde das Fundament der modernen Gentherapie gelegt. Alle erforderlichen Komponenten kamen zusammen, darunter das eigentliche, retrovirale Rückgrat (das verwendet wurde, um das jeweilige Gen in die Zelle zu transportieren und in die Chromosomen der Zelle einzufügen) und ein Stamm von Produktionszellen, der die genmanipulierten Viruspartikel in Massen produzieren konnte. Es traten viele technische Probleme auf, darunter die unbeabsichtigte Herstellung von Helferviren – natürlichen Viren, die alle zur

Erzeugung einer Infektion benötigten normalen Gene enthielten – durch die Stämme von Produktionszellen. Aber 1984 existierten die grundlegenden Konzepte.

Darüber hinaus wies das HGPRT-Experiment den Forschern eine neue Richtung. Alle Gruppen hatten sich zuvor mit dem Betaglobin-Gen abgemüht – sie hatten versucht, es in das Retrovirus einzubringen und dazu zu veranlassen, daß es in der Zelle genügend Protein herstellte, daß man ernsthaft über eine Gentherapie bei Thalassämie nachdenken konnte. Vor ihm war niemand dazu in der Lage gewesen, weder Mulligan, noch Anderson oder Gilboa.

Es war deutlich geworden, daß man die Retroviren auf eine andere Krankheit ansetzen mußte, wenn man sie zu einer Waffe gegen Erbkrankheiten umfunktionieren wollte. Die Studie an der UCSD legte die dringende Vermutung nahe, daß es bei einer einfacheren Krankheit leichter sein würde. Vielleicht eignete sich ein Leiden, bei dem nur ein einzelnes Gen defekt war, so daß es ausreichen würde, die ausgefallene Funktion wiederherzustellen, um die Krankheit zu heilen.

Es herrschte kein Mangel an Krankheiten, die dafür in Frage kamen, beispielsweise Mukoviszidose (zystische Fibrose), Duchenne-Muskeldystrophie oder Hämophilie (Bluterkrankheit). Sie werden jeweils durch einen einzigen Gendefekt verursacht. Falls es gelang, die jeweilige Funktion wiederherzustellen, indem man das fehlende Gen hinzufügte, sollte das die Krankheit beheben. Anfang der 80er Jahre waren diese Gene jedoch noch nicht isoliert worden. Tatsächlich standen nur wenige isolierte Gene zur Auswahl.

Das HGPRT-Gen gehörte zu den ersten isolierten Genen, die eine Verbindung mit einer menschlichen Krankheit aufwiesen. Aber es würde vermutlich kein geeigneter Kandidat sein. Es stand fest, daß das Gen in Zellen aus Laborkulturen aktiv wurde. Dank Millers neuen Vektoren – obwohl mit Helfer-Viren kontaminiert – konnten Friedmann und die übrigen Mitglieder des Teams im Juni 1984 im *Journal of Biological Chemistry*[11] berichten, daß es möglich war, Leukozyten eines Lesch-Nyhan-Patienten *in vitro* zu heilen. Die geheilten Lymphozyten produzierten zwischen 3 und 23 Prozent der normalen Enzymmenge, etwa denselben Betrag wie bei den Transfektionsexperimenten.

«Die Forscher gehen davon aus, daß diese Aktivität in den entsprechenden Körperzellen ausreichen würde, um die Verhaltenssymptome bei Lesch-Nyhan-Patienten zu korrigieren», stand in der Presseverlautbarung der UCSD über das Ergebnis.[12] Weiterhin war in der Verlautbarung zu lesen, daß das Team versuchte, die viralen Vektoren zu verbessern, um die Gene in die Knochenmarkzellen von Mäusen einzufügen und so nachzuweisen, daß die Methode sicher angewendet werden konnte.

«Knochenmarkzellen sind wahrscheinlich die ersten Ziele einer klinischen Gentherapie, da sie aus dem Patienten extrahiert, mit neuen Genen transfiziert und reimplantiert werden können», verlautete die Presseerklärung aus San Diego. «Allerdings bleibt abzuwarten, ob die durch solche Zellen produzierte HGPRT die Auswirkungen des Lesch-Nyhan-Syndroms auf das Gehirn korrigiert. Zur Zeit steht noch kein Tiermodell zur Verfügung, mit dessen Hilfe man diese Frage klären könnte.»

Friedmann hatte sich tatsächlich Sorgen gemacht, daß dieser Ansatz Patienten nicht helfen würde. Das Lesch-Nyhan-Symptom betrifft das Zentralnervensystem. Die vielversprechenden retroviralen Vektoren konnten in Nervenzellen nicht funktionieren, weil die Zelle, die ein Gentransplantat empfangen soll, sich teilen muß, damit das Virus seine Gene in ihre Chromosomen integrieren kann. Ausgewachsene Nervenzellen teilen sich jedoch nicht, also konnten Retrovirusvektoren niemals in ihnen funktionieren.

Friedmann überlegte, ob man möglicherweise schon allein durch eine genügend hohe HGPRT-Aktivität im Blut die toxischen Substanzen aus dem gesamten Körper entfernen und dadurch den Krankheitsprozeß stoppen konnte. Aus diesem Grund begann das Team, die HGPRT-Gene in Knochenmarkzellen von Mäusen einzuschleusen, da ja das Knochenmark die Vorläufer der Blutzellen enthält.

Aber diese Vorgehensweise erwies sich als unzureichend. Es gab zwar keine Möglichkeit, die genetische Reparatur des Lesch-Nyhan-Syndroms bei Tieren zu überprüfen, aber Robert Parkman, Leiter der Abteilung für Knochenmarktransplantationen bei Kindern im Children's Hospital in Los Angeles, fand ein paar Jahre später einen Weg, das Konzept bei Menschen zu prüfen[13]. Er führte 1985 eine Knochenmarktransplantation bei einem Patienten mit Lesch-Nyhan-Syndrom mit der Absicht aus, die Krankheit zu stoppen. Da die Knochenmarkzellen eines gesunden Spenders Träger des normalen HGPRT-Gens sind, funktionierten auch die transplantierten Zellen normal in dem Patienten und verringerten den Toxinspiegel.

Das Transplantat wirkte vollkommen den Erwartungen gemäß und baute die Ansammlung von Giften im Blut des Patienten ab, doch wirkte sich der positive Effekt des Knochenmarktransplantats nicht auf das Zentralnervensystem aus. Der Patient blieb extrem geistig stark behindert und selbstdestruktiv. Die normalen HGPRT-Gene in die Knochenmarkzellen des Patienten selbst einzubringen, würde keine Heilung bringen. Man würde eine Möglichkeit finden müssen, die Gene in einem früheren Lebensabschnitt des Patienten in seine Gehirnzellen einzubringen, wenn man den anscheinend irreversiblen Hirnschaden vermeiden wollte. HGPRT wäre nicht der richtige Weg, um die Möglichkeiten der somatischen Gentherapie zu beweisen.

Friedmann war von diesem Fehlschlag zutiefst enttäuscht.

Inzwischen hatten Anderson und Gilboa in Bethesda eine ähnlich frustrierende Zeit verbracht. Sie hatten versucht, eine Betaglobin-Expression durch den N2-

Vektor zu erhalten. Im Juli 1983 hatte sich der Arzt und Forscher Philip Kantoff zu Andersons NIH-Gruppe gesellt, um mit an dem Mausmodell der Thalassämie zu arbeiten, das Anderson erworben hatte. Das Modell mochte ein geeigneter Weg sein, um die Fähigkeit von N2 zu testen, das Betaglobin-Gen in die Mäuse-Knochenmarkzellen zu tragen und genügend Globinprotein zu produzieren, um die Krankheit zu stoppen. Aber es funktionierte einfach nicht. Die Bethesda-Wissenschaftler konnten zwar nachweisen, daß der N2-Vektor in die Zellen eintrat, erhielten aber keine nennenswerte Proteinsynthese. Sie begriffen die Kontrollmechanismen des Globins nicht besser als die übrigen Forscher auf diesem Gebiet. Es sollte noch mehrere Jahre dauern, bis Thomas Maniatis an der Harvard University herausfand, daß die Kontrollelemente für die Globinexpression «meilenweit» von den codierenden Sequenzen des Globin-Proteins entfernt waren.

Gegen Ende des Jahres 1983 beschlossen Anderson und Gilboa schließlich, das Globin aufzugeben. Anfang 1984 begann Anderson, sich nach einer geeigneteren Erbkrankheit umzuschauen. Er sichtete die Gene, die bisher isoliert worden waren – und stieß auf eine der wenigen wirklich brauchbaren Möglichkeiten: Adenosin-Desaminase-Mangel; eine der Mutationen, die eine schwere, kombinierte Immunschwäche (severe combined immune deficiency = SCID) zur Folge haben. Mit SCID geborene Kinder können kein funktionierendes Immunsystem aufbauen. Sie sind für jeden Krankheitskeim angreifbar, mit dem sie in Berührung kommen. Noch 1984 starben die meisten SCID-Babys an einer Infektion, bevor sie das zweite Lebensjahr erreichten. Die einzige Behandlung war eine Knochenmarktransplantation, die diese Krankheit – anders als beim Lesch-Nyhan-Syndrom – heilen konnte, falls ein geeigneter Spender verfügbar war.

SCID ist eine seltene Erkrankung. Ein Fall ist berühmt geworden: David, der «Junge in der Blase». David lebte zwölf Jahre lang in einem keimfreien Plastikzelt im Baylor College of Medicine in Houston. David starb 1984, nach einer Knochenmarktransplantation, die ihn hatte heilen sollen, an einer Infektion mit dem Epstein-Barr-Virus.

Das für Davids Krankheit verantwortliche Gen war nicht bekannt. Das defekte Gen befand sich auf dem X-Chromosom und sollte erst 1993 isoliert werden. Hingegen wurde das auf Chromosom 20 gelegene Adenosin-Desaminase-(ADA-) Gen von drei verschiedenen Forscher-Teams, die unabhängig voneinander arbeiteten, etwa zur selben Zeit isoliert.

Stuart H. Orkin, ein geachteter Wissenschaftler von der Harvard University, der am Children's Hospital in Boston arbeitet, leitete eine der Gruppen, die als erste das ADA-Gen isolierten. Richard Mulligan, der Orkins Freund war, erkannte sofort, daß es sich hierbei um ein weiteres der wenigen klonierten Gene handelte, die er in einem seiner Vektoren unterbringen konnte. Mulligan und Orkin sollten später in einer Arbeit die Erkenntnis veröffentlichen: «Adenosin-Desaminase scheint ein idealer Kandidat für somatische Gentherapie zu sein». Die beiden Männer beschlossen, zusammenzuarbeiten. Also machte Mulligan sich daran, das ADA-Gen, das Orkin isoliert hatte, in sein Vektor-System einzubauen.

Das zweite ADA-Gen wurde in den Niederlanden von einem jungen Wissenschaftler namens Dinko Valerio kloniert, einem graduierten Studenten, der im Laboratorium Alexander J. van der Ebs am Radiobiologischen Institut arbeitete. Van der Eb hatte 1972 entdeckt, daß Säugerzellen Gene aufnehmen konnten, wenn die DNA aus einer Lösung mit Kalziumphosphat ausgefällt wurde.[14] Seine Entdeckung führte zur Entwicklung der Axel-Wigler-Technik.

Valerios ADA-Gene, die er zunächst eifersüchtig hütete, sollten eine gewundene Spur durch alle Genlabors Amerikas hinterlassen. Anfang der 80er Jahre gelang es Valerio, ein Postdoktorandenstipendium von der Firma Genentech zu erhalten. Er arbeitete im Labor von David W. Martin, dem Vizepräsidenten für Forschung bei der Genentech. Martin war zu der Überzeugung gelangt, daß die Gentherapie eine Technologie der Zukunft sei und einen großen, potentiellen Markt für seine bereits erfolgreiche Firma darstellte.

Anfangs konzentrierte Martin sich auf die Kalziumphosphatmethode, um Gene in defekte Zellen einzuschleusen, obwohl er ihre Unzulänglichkeiten kannte. Aber als sich dann allmählich die Retroviren auf der Szene zeigten, beschloß Martin, die Arbeit voranzubringen, indem er sich mit Inder Verma am Salk Institute in Verbindung setzte. Das San-Diego-Team hatte sein Labor in Sachen Gentransfer auf den ersten Platz gebracht, nachdem es seine Arbeit mit HGPRT ausgeführt hatte und nachwies, daß man genetisch defekte Zellen *in vitro* «heilen» konnte. Diese Zusammenarbeit zwischen der Genentech und dem Salk Institute bestand in einem Austausch zwischen Dinko Valerio als Stipendiat aus den Niederlanden und Dusty Miller.

Zu jener Zeit erzeugte Miller retrovirale Vektoren, mit deren Hilfe er praktisch jedes nützliche Gen transportieren konnte, dessen er habhaft werden konnte. Valerio bot das ADA-Gen an, und Miller baute es sofort in einen retroviralen Vektor ein. Zunächst war das San-Diego-Team jedoch nicht daran interessiert, eine Gentherapie für einen ADA-Mangel zu entwickeln. Und wie so viele Vereinbarungen kam auch die Zusammenarbeit zwischen dem Salk Institute und der Genentech wieder zum Erliegen, bevor ihre gemeinsame Arbeit besonders weit gedeihen konnte.

Valerios Stipendium bei Genentech endete, und er ging nach Europa zurück. Millers postdoktorale Zeit am Salk Institute war fast abgelaufen, und er wurde prompt vom Fred Hutchinson Cancer Center in Seattle (Washington) angeworben. Er nahm das Angebot an. Auch Martin zog sich aus dem Gentherapie-Geschäft zurück, um andere Ziele zu verfolgen. Und sogar Ted Friedmann – enttäuscht, daß es ihm nicht gelungen war, eine klare Verwendungsmöglichkeit für HGPRT in der Gentherapie beim Menschen zu finden – schränkte für eine Weile seine Aktivitäten auf diesem Gebiet ein. Die Beziehung zwischen den Forschern am Salk Institute und dem San-Diego-Team sank auf einen Tiefpunkt.

Anderson hatte die kalifornische Zusammenarbeit mit einer gewissen Besorgnis betrachtet. Er hielt das Salk-San-Diego-Team für die kreativste und beeindruckendste der Forschergruppen, die sich mit der Gentherapie befaßten. Er wußte von Friedmanns Wunsch, ein Verfahren für die Gentherapie zu entwickeln. Er kannte Vermas Fähigkeiten und seinen Ruf. Als die Zusammenarbeit sozusagen aufhörte, war Anderson erleichtert. «Wenn die Gruppe nicht auseinandergebrochen wäre, hätte ich niemals eine Chance gehabt», sagte er.

Das gleiche sollte später mit der Zusammenarbeit zwischen Orkin und Mulligan geschehen. Mulligan hatte Orkins ADA-Gen glücklich in seinen pZIP-Vektor und in den Psi-2-Stamm eingebracht, aber die beiden hatten nicht das Glück, eine ausreichende ADA-Expression zu erhalten.[15] Nach mehreren Jahren Arbeit stellte sich heraus, daß das Gen, das Orkin kloniert hatte, eine Mutation aufwies, so daß das produzierte Enzym nicht aktiv war. Angesichts dieser Schwierigkeiten und da sie nicht wirklich die Absicht hatten, mit dem Vektor eine Gentherapie auszuführen, gingen Orkin und Mulligan ihrer eigenen Wege. Orkin arbeitete an der Biologie der Gene und an der Frage weiter, wie sie gesteuert werden und die Zellteilung kontrollieren. Mulligan fuhr mit seinen Bemühungen fort, immer bessere Vektoren zu entwickeln.

Das dritte ADA-Gen wurde von John Hutton kloniert, Dekan der School of Medicine der University of Cincinnati. Huttons Team untersuchte intensiv, wie normale Gene funktionieren, wie sie ein- und ausgestellt werden. Die Isolierung des ADA-Gens geschah im Rahmen dieser Studien.

Im Jahr 1984 war Anderson davon überzeugt, daß der ADA-Mangel für eine Erprobung der Gentherapie die geeigneteste Krankheit war. Auch andere sahen in der Immunschwäche aus vielerlei Gründen einen passenden Kandidaten. Da inzwischen mehrere Forschergruppen das ADA-Gen geklont hatten, mußte Anderson es nur noch klonieren und in die Vektoren einbauen, die Gilboa und das NIH-Team erarbeitet hatten.

Aber Anderson wollte Gentherapie betreiben. Selbst, wenn er recht hatte und das ADA-Gen das perfekte Gen war, um den Gentransfer zu erproben, würde er Jahre brauchen, um sein Labor umzustellen und die schwere Arbeit auszuführen, das Gen zu klonieren. Die einzig sinnvolle Möglichkeit, die Sache zu beschleunigen, war, daß er das Gen von jemandem bekam. In der Forschung soll es manchmal kollegial zugehen, aber sie ist auch in hohem Maße wettbewerbsorientiert. Obwohl man von Wissenschaftlern erwartet, daß sie ihre Materialien teilen, sobald sie ihre Experimente veröffentlicht haben, glaubte Anderson nicht, daß Stu Orkin ihm das ADA-Gen überlassen würde. Ebenso klar schien ihm, daß Dinko Valerio sein ADA-Gen nicht fortgeben würde.

Aber bei John Hutton mochte die Sache anders aussehen. Hutton und Anderson waren beide etwa zur gleichen Zeit auf das Harvard College und die Harvard Medical School gegangen, obwohl sie einander nicht sonderlich gut kannten. Trotzdem bestand zwischen ihnen noch eine Verbindung, die Anderson hoffen ließ, daß er Hutton auf das ADA-Gen ansprechen konnte. Außerdem schrieb Anderson mit großem Eifer an einem Artikel über den bevorstehenden Eintritt der Gentherapie in das Stadium der klinischen Versuche, in dem er das ADA-Gen als den wahrscheinlichsten Kandidaten bezeichnete. Er hatte einen großen Teil der vergangenen Monate mit der Durchsicht der einschlägigen Literatur und Gesprächen mit den führenden Wissenschaftlern auf diesem Gebiet in Boston und San Diego verbracht. Die meisten von ihnen hatten offen über ihre Vorhaben und über Ergebnisse gesprochen, die noch der Veröffentlichung harrten. Am 28. September 1984 rief Anderson John Hutton an.[16]

Der Forscher aus Ohio beschrieb die Untersuchungen, mit denen sein Labor zur Zeit befaßt war, und schilderte, wie er das ADA-Gen isoliert hatte. Es war eine große Anstrengung gewesen und hatte die Arbeit vieler Forscher in seinem Labor und Jahre der Geduld gekostet. Das Klonen des ADA-Gens war für ein verhältnismäßig kleines Labor an einer der weniger berühmten Fakultäten des Landes eine große Leistung. Im Verlauf des Telefonats beschloß Anderson, aufs ganze zu gehen. Er wollte das Gen – Hutton hatte es. Niemand sonst würde es nach Bethesda schicken.

«John», sagte Anderson, «was machen Sie mit Ihrem ADA-Gen? Wollen Sie Vektoren damit bauen?»

Hutton verneinte es. Er hatte vor kurzem ein Laborseminar abgehalten, um die Frage zu diskutieren, ob sie mit ihrem ADA-Gen auf einen Gentransfer hinarbeiten sollten. Aber die Gruppe kam zu dem Ergebnis, daß darin nicht ihre Stärke lag, und daß sie sich auf dem Gebiet der Gentherapie nicht leicht würden behaupten können, weil sie einfach nicht über die nötigen Ressourcen verfügten. Sie würden ihr ADA-Gen einfach zur Grundlagenforschung verwenden, ohne auf eine Gentherapie abzuzielen.

Anderson wollte seinen Ohren nicht trauen. Er machte den nächsten Vorstoß und fragte: «Würden Sie uns das Gen schicken, damit wir versuchen können, es in einen Vektor zu stecken, um es zur Gentherapie zu verwenden?»[17]

«Sicher», erwiderte Hutton, «wann brauchen Sie es?»[18]

Anderson holte tief Luft. Er konnte nicht glauben, daß Hutton ihm das Gen einfach so überlassen wollte. Es würde Anderson ermöglichen, sich auf dieses neue Gebiet zu begeben. Ein paar Tage später stand ein Styropor-Kühlbehälter voller Eis und Reagenzgläsern mit dem ADA-Gen vor French Andersons Tür.

Was als nächstes geschah, war typisch für Anderson. Da er sämtliche führenden Wissenschaftler auf diesem Gebiet für seinen *Science*-Artikel interviewt hatte, machte er sich Sorgen, daß er einige von ihnen vor den Kopf stoßen könnte, wenn er plötzlich auf dem Gebiet aufkreuzte, das ihm zu erklären sie sich die Zeit genommen hatten. Am meisten Sorgen machte er sich, daß Stu Orkin verärgert sein könnte, weil Anderson versuchte, eine Abkürzung in das Gebiet zu nehmen, das Orkin durch seine Entdeckung des Gens begründen geholfen hatte. Hutton wußte natürlich von Andersons Plänen, und Anderson dachte, daß Valerio noch jung genug war, um sich nicht deswegen zu grämen.

Über das, was als nächstes geschah, gibt es verschiedene Lesarten. Anderson sagt, er habe Orkin angerufen, um ihm mitzuteilen, daß er sich auf das ADA-Gebiet begeben wolle. Er will gesagt haben: «Stu, ich muß dir erzählen, was passiert ist. Hutton hat mir das Plasmid geschickt. Das bedeutet, daß wir jetzt mit ADA arbeiten werden... Ich wollte nur, daß du es weißt, und ich werde dich auch nie wieder fragen, was du machst.» Anderson fügte hinzu: «Stu war wütend. Er hatte zwei Jahre daran gearbeitet, das Gen zu klonieren, und ich bekam es in zwei Tagen durch einen Telefonanruf.»

Orkin bestätigt zwar, daß dieses Gespräch stattgefunden hatte, aber er erinnert sich an einen anderen Verlauf.[19] «Er sagte mir, es [ADA-Forschung mit dem Ziel einer Gentherapie] sollte nicht in Form eines Wettstreites betrieben werden. Er sagte, wir haben es [das ADA-Gen]; wir wollen nicht in Wettstreit treten.» Aber Orkin sagte, er sei nicht wütend gewesen, vielmehr sei ihm das Thema gleichgültig gewesen. «Es ist typisch French, zu sagen, ich sei wütend gewesen. Es ist offensichtlich, daß zwei Labors im Wettstreit liegen, wenn sie am gleichen Thema arbeiten.»

Aber Orkin sah in Anderson keine große Bedrohung. In der Tat hielt nämlich keiner der Retrovirologen, die mit der Entwicklung von Gentransfertechniken befaßt waren, besonders viel von Anderson – am wenigsten Mulligan. «Es gibt in der Welt beträchtliche Meinungsverschiedenheiten über die Qualität einer Wissenschaft, die jene Tätigkeit fördert, der er [Anderson] nachgeht», sagte Orkin. Der Grund für ihre Geringschätzung war recht einfach: «Er hat keine Experimente ausgeführt, die zu wichtigen Erkenntnissen oder eindeutigen Ergebnissen führten oder bedeutend waren. Das ist das Urteil der Wissenschaftler», fügte Orkin hinzu.

Dies entsprach gewiß nicht dem Bild, das Anderson von sich hatte. Nun, da er die Puzzlestücke beisammen hatte, das ADA-Gen und den N2-Vektor, wollte er alles zusammenfügen und eine letzte Anstrengung unternehmen, um der erste zu sein, der ein erfolgreiches Gentherapie-Experiment an erbkranken Menschen durchführte.

Die Politik der Gene

«Was sagten die ersten TIL [tumorinfiltrierenden Lymphozyten], als sie aus der intravenösen Kanüle kamen?
‹Das war ein kleiner Schritt für ein Gen, aber ein großer Schritt für die Genetik!›»

Graffiti an einer Wand des Laboratory of Molecular Hematology, Flur 7D, NIH Clinical Center, Mai 1989

Im Oktober 1984 veröffentlichte French Anderson «Prospects for Human Gene Therapy» in *Science*;[1] den Artikel, für den er sämtliche führenden Wissenschaftler auf diesem Gebiet interviewt hatte. Der Artikel war ein Meilenstein der Wissenschaft. Er führte auf, was getan werden mußte, um die Gentherapie zu realisieren. Und er war Andersons Vorgehensplan. Er beschrieb und legte die verschiedenen Arten offen, wie Gene in Säugerzellen eingebracht werden konnten, und erklärte, weshalb Retroviren den meisten Erfolg versprachen. Er machte klar, daß die retroviralen Vektoren außerdem, dank der von Richard Mulligan am MIT und Dusty Miller vom Salk Institute geschaffenen, retroviralen Stämme von Verpakkungszellen, sicher waren, da sie keine Infektion hervorrufen konnten, weil nicht auch normale Viren entstanden.

Er beschrieb mehrere genetische Krankheiten, für die die passenden Gene kloniert worden waren, und blieb beim ADA-Mangel als der Krankheit, deren gentechnische Behandlung aus mehreren Gründen am wahrscheinlichsten war: Das Gen war in Blutzellen aktiv, und Tierexperimente zeigten, daß eine Korrektur des Knochenmarks, das alle Blutzellen erzeugt, die Krankheit stoppen konnte. «Diese Beobachtung bietet die Hoffnung, daß ein defektes Knochenmark aus dem Patienten entfernt, das normale ADA-Gen mittels Gentherapie in eine Anzahl von Zellen eingefügt und das behandelte Knochenmark in den Patienten reimplantiert werden kann, wo es einen Selektionsvorteil haben mag», schrieb er.

Dieses Konzept des Selektionsvorteils sollte Kontroversen auslösen, aber auch ein wichtiges Argument bei der Erlaubnis für einen Versuch am Menschen sein, die schließlich erteilt wurde. Da Leukozyten, denen das ADA-Gen fehlte, Toxine anreicherten, waren sie anfällig und kurzlebig. Leukozyten, denen das normale Gen eingeschleust wurde, wären nicht anfällig und fähig, die Zellen, denen das ADA-Gen fehlte, im Wettbewerb zu schlagen, sie zahlenmäßig zu übertreffen und schließlich aus dem Blut zu verdrängen. Es war allerdings noch nie zuvor erprobt worden, und viele Wissenschaftler glaubten nicht, daß es funktionieren würde.

Anderson sagte auch, ADA sei ein guter Kandidat, weil die Expression des transplantierten Gens – die Produktion des ADA-Proteins – nicht sorgfältig kontrolliert werden müsse. Sie mußte nur angestellt werden und angestellt bleiben. Experimente ließen zudem vermuten, daß ein hoher Wirkungsbereich bestand: schon fünf Prozent des normalen ADA-Spiegels würden sich günstig auswirken und selbst 5 000 Prozent würden noch keinen Schaden anrichten.

«Es scheint jetzt, als würden brauchbare Zuliefer- und Expressionssysteme verfügbar, die vertretbare Versuche in der menschlichen Gentherapie erlauben», schrieb Anderson. «Diese Systeme stützen sich auf die Behandlung von Knochenmarkzellen mit retroviralen Vektoren, die das normale Gen tragen.»

Und sobald die Einzelheiten ausgearbeitet seien, so argumentierte Anderson, «glaube ich, daß es ethisch nicht vertretbar wäre, Versuche am Menschen zu verzögern... [weil] Patienten mit ernsthaften genetischen Krankheiten zur Zeit kaum eine andere Hoffnung auf Linderung haben.»

Aber zugleich stellte Anderson die Gretchenfrage für die Patienten, die auf Linderung hofften, und für die Forscher, die gekämpft hatten, um all dies Wirklichkeit werden zu lassen: «Welche Kriterien sollte man bei der Einschätzung von Gentherapieprotokollen anwenden?» Seine Antwort lautete: «Man sollte anhand von Tierversuchen zeigen, daß (1) das neue Gen in die Zielzelle eingebracht werden kann und dort lange genug verweilt, um wirksam zu werden, (2) das neue Gen in der Zelle in ausreichendem Maße exprimiert wird, und (3) das neue Gen weder der einzelnen Zelle noch dem gesamten Organismus schadet.»

Nachdem Anderson diese Anforderungen aufgelistet und andere Wissenschaftler deren Wichtigkeit bestätigt hatten, würde er sie auch erfüllen müssen. Obwohl er jetzt dank seiner Zusammenarbeit mit Eli Gilboa dessen N2-Vektor und dank John Huttons Großzügigkeit das ADA-Gen besaß, war Anderson noch weit von dem Nachweis entfernt, daß ein ADA-Mangel durch Ersetzen des entsprechenden Gens behandelt werden konnte. Als erstes mußte er das ADA-Gen in einen der Vektoren Gilboas stecken. Dann mußte er zeigen, daß der ADA-Vektor in Säugerzellen gelangen konnte und dort das ADA-Protein erzeugte. Als drittes mußte er nachweisen, daß das Gen Zellen mit ADA-Mangel korrigieren konnte; zunächst nur in Zellkulturen (vorzugsweise menschliche Knochenmarkzellen), dann in Tierversuchen an Mäusen, Affen, und den ganzen Stammbaum der Evolution hinauf bis zum Menschen.

Neben den wissenschaftlichen gab es noch die gesetzlichen Hürden. Im *Federal Register* steht ein Memorandum des NIH vom 25. April 1984, daß jedes von der Regierung finanziell unterstützte Gentherapieexperiment, bei dem rekombinierte DNA eine Rolle spielt, der Zustimmung durch das Recombinant DNA

Advisory Committee (RAC) und den NIH-Direktor bedarf. Das RAC war 1975 als Antwort auf die Ängste der Öffentlichkeit in Verbindung mit dem Klonen von Genen in Bakterien gegründet worden. Das NIH weitete die Vollmachten des RAC als Teil der Antwort der Regierung auf den Bericht der Präsidialkommission «Splicing Life» aus,[2] der nach einer besonderen Aufsicht über alle gentherapeutischen Experimente am Menschen verlangte. Im Jahr 1983 richtete das RAC das Human Gene Therapy Subcommittee ein. Es sollte eine Liste der Kriterien zusammenstellen, die bei der Überprüfung von genetischen Experimenten mit Menschen gelten sollten, und dann die ersten Gutachten erstellen. Das RAC sollte mit seinem Unterausschuß sicherstellen, daß die Öffentlichkeit den Wissenschaftlern bei ihren Beratungen über die Techniken der Genmanipulation am Menschen auf die Finger schauen konnte.

Der Mehrzahl der Wissenschaftlern jagte diese zusätzliche, bürokratische Herausforderung Furcht ein. Die meisten von ihnen waren zufrieden damit, in ihren Laboratorien arbeiten und Fragen beantworten zu können, die ihre Kollegen als bedeutsam betrachteten, und wünschten sich im übrigen, in Ruhe gelassen zu werden. Anderson war nicht so. Er erkannte schon früh, daß er sich mit dieser Gesetzeshürde auseinandersetzen mußte, wenn er der erste sein wollte, der genetische Experimente am Menschen durchführte. Zu Beginn gesellte er sich der Gentherapie-Arbeitsgruppe des RAC zu, später trat er dem Unterausschuß bei. Seine Kritiker sagten, er tue dies nur, um eine Stimme bei der Überprüfung zu haben, um eine gute Beziehung zu den Komiteemitgliedern aufzubauen und sie für seine eigene, künftige Beurteilung günstig zu stimmen. Mehrere Wissenschaftler deuteten darauf hin, daß man es als einen Interessenkonflikt Andersons hätte betrachten können, einem Komitee zu dienen, das das erste gentherapeutische Experiment beaufsichtigen würde, von dem er öffentlich verkündete, daß er es durchführen wollte. Anderson gab ihnen recht und trat aus dem Komitee aus, bot ihm aber weiterhin technische Beratung und schriftliche Gutachten an.

Lange bevor er sich Sorgen darüber machen mußte, seine Arbeit vor dem RAC zu rechtfertigen, hatten Anderson und seine Kollegen eine Vielzahl technischer Probleme zu lösen. Der Arzt und Forscher Philip Kantoff war im Juli 1983 in Andersons Labor eingetreten und arbeitete anfangs an dem Mausmodell, mit der Absicht, an ihm den Transfer des Globin-Gens zu testen. Im Januar 1984 bat Anderson Kantoff,[3] sich dem Gentherapieprojekt zuzugesellen. Er sollte mit Eli Gilboa arbeiten und die Herstellung von Vektoren erlernen. Kantoff war einverstanden, und im Frühjahr ging er für ein paar Wochen nach Princeton, um in Gilboas Labor zu arbeiten und sich ein Grundwissen über retrovirale Vektoren anzueignen.

Gilboa und Kantoff verstanden sich sofort glänzend; Kantoff war von Gilboa und der Arbeit mit Vektoren begeistert und von ihren Möglichkeiten fasziniert.

Anfangs fuhren Gilboa und Kantoff mit Versuchen fort, einen Vektor für das Betaglobin-Gen zu konstruieren, aber die Arbeit war aufwendig und beanspruchte einen großen Teil des Jahres 1984. Keiner der Vektoren funktionierte zufriedenstellend; mehrere von ihnen wurden in Mäuse eingeschleust, aber keiner produzierte viel Protein – gewiß nicht genügend, um für eine klinische Studie in Betracht zu kommen, oder auch nur um intensive Arbeit mit dem Maus-Thalassämiemodell zu rechtfertigen. «Es war offensichtlich, daß eine Krankheit, die für den ersten Versuch mit Menschen in Frage käme, weitaus unkomplizierter als Globin[Mangel] sein mußte», sagte Kantoff.

Als das ADA-Gen (eingebaut in das Plasmid pBR322) im September 1984 aus Cincinnati eintraf, gab Anderson es Kantoff und Gilboa, damit sie es in den N2-Vektor integrierten. In wenigen Wochen intensiver Arbeit hatte das Team das ADA-Gen aus Huttons Plasmid herausgelöst und in einen Abkömmling von N2 eingefügt, den sie SAX nannten. Er bestand im Prinzip aus dem N2, mit den Long Terminal Repeats (LTRs) an beiden Enden und einem Neomycin-Resistenz-Gen, um transformierte Zellen in einem mit G418 versetzten Medium selektierbar zu machen. Zwischen dem LTR und dem *neo*-Gen fügten Gilboa und Kantoff das ADA-Gen mit einem eigenen genetischen Ein-Schalter ein, einem Promotor vom SV40-Virus, der die Protein-Herstellung in Säugerzellen einschaltet.

Der vollständige SAX-Vektor wurde in die verschiedenen Stämme von Produktionszellen eingefügt, die Richard Mulligan und Dusty Miller erstellt hatten. Die Zellstämme produzierten große Mengen genmanipulierter Moloney-Retroviren, die Träger des SAX-Vektors wurden, und das Gen in Zielzellen transfizierten. Ende 1984 war der Vektor im Prinzip fertig und bereit, zunächst in Tierzellkulturen und später in den Tieren selbst getestet zu werden. Die Arbeit machte gute Fortschritte, und Anderson und die übrigen waren umso zuversichtlicher, daß sie auf dem richtigen Weg waren, und daß Experimente mit Menschen unmittelbar bevorstünden.

Während die Entwicklung der Molekulargenetik zufriedenstellend verlief, mußte sich Anderson mit einem weiteren Problem auseinandersetzen. Er hatte einen großen Teil seiner beruflichen Laufbahn mit dem Studium von Globin-Mangelkrankheiten verbracht und wußte verhältnismäßig wenig über immunologische Störungen wie den ADA-Mangel. Er brauchte einen Experten, der die Biologie der Leukozyten beherrschte und außerdem fähig wäre, sich um die ersten Gentherapiepatienten zu kümmern, bei denen es sich höchstwahrscheinlich um Kinder handelte. Während Anderson einmal mit seiner Frau Kathryn zu Abend aß, fragte er sie, ob sie einen pädiatrischen Immunologen kenne. Kathy sagte, sie kenne einen guten Mann, dessen Zimmer nicht weit von Andersons Büro entfernt war: R. Michael Blaese[4] vom National Cancer Institute.

Blaese war Experte für das Wiskott-Aldrich-Syndrom, einer seltenen ererbten Immunschwäche, die auf dem X-Chromosom vererbt wird und nur bei Jungen auftritt. Sie starben in der Regel mit drei Jahren an Gehirnblutungen, chronischen Lungeninfektionen, oder – falls sie lange genug lebten – an Lymphomen oder Leukämie. Nach jahrelangen Forschungen hatte Blaese den grundlegenden Krankheitsprozeß genau genug studiert, um zu erkennen, daß die Jungen ständig an Blutungen litten, weil ihre Milz die abnormen Blutplättchen zerstörte, die normalerweise eine wesentliche Rolle bei der Blutgerinnung spielen.

Wenn die Milz entfernt wurde, so überlegte Blaese, sollten die Blutungen abnehmen. Aber das NIH verfügte über kein Kinderchirurgieprogramm. Blaese war gezwungen, nach einem Kinderchirurgen Ausschau zu halten, der bereit wäre, das Risiko einer Operation auf sich zu nehmen, über die in den Lehrbüchern stand, sie sei nicht ratsam. Er stieß immer wieder auf den Namen Kathy Anderson, also trat er an sie heran und fragte, ob sie interessiert sei. Nachdem er ihr die biologischen Details erklärt hatte, schlug Blaese ihr eine Zusammenarbeit vor, in der er für die Patienten sorgte und sie ihnen die Milz entfernte. Seine Überlegungen erschienen ihr logisch, also erklärte sie sich Ende der 70er Jahre bereit, die Operation als klinischen Test durchzuführen. Er würde Blaeses Hypothese entweder beweisen oder widerlegen – und vielleicht half er den Kindern.

Der chirurgische Eingriff führte nicht zur Heilung, aber das Experiment erwies sich als erfolgreich: Die Blutungen bei diesen Kindern hörten auf, sobald ihre Milz entfernt war. Blaese ließ eine ständige Vorsorgebehandlung mit Antibiotika und intravenösen Gaben von Immunoglobulin folgen – Therapien, die dazu dienten, opportunistischen Infektionen vorzubeugen. Die kombinierte Behandlung verlängerte das Leben der Jungen um ein oder zwei Jahrzehnte. Und sie festigte die Beziehung zwischen dem bärenhaften Blaese und der zierlichen Chirurgin.

Robert Michael Blaese war schon immer Immunologe gewesen. Er wurde am 16. Februar 1939 in Minneapolis geboren, hatte magna cum laude am Gustavus Adolphus College in St. Peter (Minnesota) promoviert und 1964 seinen Doktor der Medizin an der University of Minnesota School of Medicine gemacht. In der medizinischen Fakultät war Blaese als technischer Assistent Robert A. Goodes tätig gewesen, eines Arztes und immunologischen Forschers, der 1968 die erste erfolgreiche Knochenmarktransplantation durchgeführt und dadurch eine ererbte Immunschwäche geheilt hatte. Goode erweckte in Blaese ein Interesse an den Möglichkeiten der medizinischen Forschung. Während Blaeses erstem Jahr in dem Laboratorium wurde in Goodes Labor die Funktion der Thymusdrüse entdeckt.

Goode war eine herausragende Persönlichkeit in der Immunologie. Später litt sein Ruf durch ein zweifelhaftes Experiment, das sein Protegé William T. Summerlin[5] ausführte. Goode hatte Minnesota verlassen, um eine Direktorenstelle am

Sloan-Kettering Institute am Memorial Sloan-Kettering Cancer Center in New York City anzunehmen, und holte Summerlin 1974 zu sich nach New York. Summerlin führte seine Untersuchungen zum Verständnis der Biologie der Transplantation fort, die er in Minneapolis begonnen hatte. Er wollte nachweisen, daß er weiße Mäuse, denen er Stücke schwarz pigmentierter Haut aufpfropfte, gegen fremdes Gewebe immunologisch tolerant machen konnte, aber die betreffenden Experimente waren mit Schwierigkeiten verbunden. Einmal benutzte Summerlin, während er am Memorial Sloan-Kettering Cancer Center tätig war, einen Filzschreiber, um einen Bereich zu schwärzen, der ein Stück erfolgreich transplantierter Haut vortäuschen sollte. Dieser wissenschaftliche Betrugsfall wurde überall bekannt. Er kostete Goode seine Glaubwürdigkeit und seine Stellung, obwohl er niemals eines Fehlverhaltens angeklagt wurde und tatsächlich sogar die Untersuchung, die zur Entdeckung des Betrugs führte, angeregt hatte.

Nach seiner Promotion an der Medizinischen Fakultät, einem Praktikum und der Zeit als medizinischer Assistent in der Pädiatrie kam Mike Blaese 1966 als klinischer Assistent des NIH in Thomas Waldmanns Metabolismus-Abteilung des National Cancer Institute. Blaese gehörte zu jenem Schwung neuer Rekruten, die während des Vietnamkrieges Ersatzdienst im Krankenhaus leisteten, um ihrer Dienstpflicht nachzukommen – und er blieb.

Im Jahr 1984 war Blaese kurz davor, ausgebrannt zu sein. Er hatte sich fünfzehn Jahre lang mit dem Aldrich-Syndrom befaßt und mühte sich mit der zellulären Immunität beim chronischen Müdigkeitssyndrom und bei Epstein-Barr-Virusinfektionen ab. «Ich hatte die Nase voll», sagte Blaese. «Diese Krankheiten sind unangenehm.»

Zu diesem Zeitpunkt fragte ihn Anderson, ob er an einem neuen Problem interessiert sei: einer Gentherapie bei Kindern mit einer durch ADA-Mangel hervorgerufenen schweren, kombinierten Immunschwäche (SCID). «Die Vorstellung, diesen Ansatz zu verfolgen, faszinierte mich», meinte Blaese später.

Zu Beginn ihrer Zusammenarbeit im Jahr 1984 begann Blaese, im ganzen Land nach Kindern mit ADA-Mangel zu suchen. Er wollte ihnen defekte Leukozyten entnehmen, um sie im Labor zu kultivieren, damit der SAX-Vektor, den Andersons Team soeben fertigstellte, an Zellen getestet werden konnte, die tatsächlich einen ADA-Mangel aufwiesen.

Anfang 1985 sprach Blaese mit Donald Kohn, einem klinischen Forscher von der University of Wisconsin in Madison, der nach einem geeigneten Ort für seine Tätigkeit Ausschau hielt. Kohn war von einem früheren Kollegen aus Minnesota an Blaese verwiesen worden. Der Kollege war nach Madison gezogen und hatte außerdem zufällig zwei Kinder mit einem ADA-Mangel. Im Februar 1984 stieg Blaese in ein Flugzeug nach Madison, um Blut- und Knochenmarkzellen von den beiden Patienten abzuholen, von denen er Laborkulturen anlegen wollte.

Aber da SCID-Kinder aufgrund ihres ADA-Enzymmangels nur wenige Leukozyten besitzen, ist es schwierig, diese Zellen als Grundstock einer Kultur aus ihrem Blut zu isolieren, und es ist nahezu unmöglich, sie in einer Kultur zu züchten. Deshalb nahm Blaese eine Knochenmarkprobe von den Kindern und infizierte die Zellen *in vitro* mit HTLV-1, dem menschlichen T-Lymphozyten-Virus, das Robert Gallo – sein Kollege am National Cancer Institute – isoliert und als Verursacher einer Leukämie bei Menschen identifiziert hatte. Das Virus besaß die Fähigkeit, reife Lymphozyten – die normalerweise eine begrenzte Lebensdauer haben – in unsterbliche Krebszellen umzuwandeln, die man für alle Zeiten in einer Kultur züchten konnte. Genau das geschah nach der Infektion durch HTLV mit einigen der erbkranken Lymphozyten. Diese Zellen wuchsen zwar, wiesen aber immer noch einen ADA-Mangel auf und konnten von den NIH-Wissenschaftlern getestet werden. Blaese stellte auch Stämme von B-Zellen (den Lymphozyten, die Antikörper produzieren) von den Kindern mit ADA-Mangel her, indem er sie mit Hilfe des Epstein-Barr-Virus ebenfalls unsterblich machte.

«Im Frühsommer 1985 verfügten wir über mehrere T-Zellstämme von Kindern mit ADA-Mangel», sagte Blaese. «Das war außerordentlich wichtig, weil wir Zellen brauchten, die wir mit Genen zu beschicken versuchten, um zu sehen, ob wir die biochemische Anomalie beheben konnten.»

Aber würde der SAX-Vektor auch in die T-Zellen eindringen und sie heilen? Die Antwort auf diese Frage blieb offen, bis Kohn im Juli 1985 in Blaeses Labor eintraf.[6] Dort erwarteten ihn zwei völlig neue Reagenzien: Der SAX-Vektor mit dem ADA-Gen und die ADA-defizitären Zellstämme, an denen der Vektor getestet werden sollte. Kohn mußte die beiden nur noch zusammenbringen und schauen, ob SAX die T-Zellen heilen würde.

Da die unsterblichen Zellen trotz ihres Defektes gediehen, mußte Blaese ein neuartiges Testverfahren entwickeln, wenn er beweisen wollte, daß die Hinzufügung des ADA-Gens eine physiologische Auswirkung hatte. Anders als die Zellen, die eine normale ADA-Enzymaktivität entfalteten, blieben die unsterblichen T-Zellen dem Adenosin gegenüber empfindlich und wurden vergiftet, wenn zu viel davon dem Nährmedium zugefügt wurde. Blaese war der Ansicht, daß es möglich sein müßte, den unsterblichen Zellen eine normale Resistenz gegen zusätzliches Adenosin zu verleihen, wenn man das ADA-Enzym durch ein Gentransplantat wiederherstellte.

Kohn gab über die Kultur der Produktionszellen, die Gilboa und Kantoff zur SAX-Herstellung modifiziert hatten, eine Schicht unsterblicher Lymphozyten, um eine Mischkultur zu schaffen, in der beide Zelltypen gemeinsam gediehen. Die Produktionszellen stießen Retroviren aus, die SAX enthielten und durch die Kultur schwärmten, die T-Zellen infizierten und das ADA-Gen in sie einfügten. Der Wirkgrad des Gentransfers war nicht groß. Etwa 20 Prozent der Zellen nahmen das ADA-Gen auf, aber diese 20 Prozent produzierten nahezu normale Mengen des ADA-Proteins und bewiesen eine fast normale Resistenz gegen das dem Nährmedium zugefügte Adenosin.[7]

«Es verlief ganz wunderbar», erinnerte sich Blaese. «Innerhalb von rund fünf Tagen konnten wir zeigen, daß das Gen einen wirklich hohen ADA-Spiegel erzeugte und daß wir die metabolische Anomalie durch den Gentransfer behoben. Das Experiment in diesem Sommer verlief glatt; wir erhielten eine Fülle von Daten. Am Ende des Sommers 1985 wußten wir, daß ein Gentransfer diese Kinder heilen konnte.»

Die Ergebnisse wurden ein Jahr später in den *Proceedings of the National Academy of Sciences* veröffentlicht.[8] Sie zeigten zum ersten Mal, daß es möglich war, einen ADA-Mangel *in vitro* zu beheben, indem man eine normale Kopie des mutierten Gens transferierte. Es war eine aufregende Zeit im Labor, und die NIH-Wissenschaftler schienen rascher Fortschritte zu machen als die übrigen Forschergruppen. Das Team von Stuart Orkin an der Harvard University und Richard Mulligan am MIT versuchten, das ADA-Gen, das Orkin isoliert hatte, zu verwenden, um Protein in der ADA-defizitären Zelle herzustellen, nachdem sie das Gen in einen von Mulligans Vektoren gegeben hatten – aber sie schafften es niemals, eine Protein-Produktion zu erhalten. Später wiesen sie nach, daß das von Orkin isolierten Gen mutiert war. Im Wettrennen um eine Gentherapie bei ADA-defizitären Patienten lag Andersons Team damit an der Spitze.

Aber jetzt stand dem NIH-Team die schwierigere Aufgabe bevor: Sie mußten beweisen, daß sie die Produktion von ADA-Protein in den Knochenmarkzellen lebender Tiere anregen konnten. Es war eine Sache, das Gen in Laborkulturen zu züchten, aber eine völlig andere, es in lebenden Tieren ans Funktionieren zu bringen. Anderson, Blaese und die übrigen Forscher mußten nachweisen, daß sie SAX benutzen konnten, um das ADA-Gen in Knochenmarkzellen zu transplantieren, die niemals starben: die Stammzellen. Nur, wenn sie die Stammzellen reparieren konnten, bestand Hoffnung, daß die Forscher SCID-Kinder auf Dauer heilen konnten – und das war schließlich das Ziel.

Die Gentherapieforschung richtete tatsächlich ihr Hauptaugenmerk auf die Stammzellen. Es reichte schließlich nicht aus, ein Gen zu transferieren; das Gen mußte auch in die richtigen Zellen gelangen, sonst war es für den Patienten nicht von Nutzen. Und die einzigen Zellen, in denen Blutkrankheiten auf Dauer behoben werden konnten, waren die Stammzellen.

Aber es würde nicht leicht sein, diese Zellen mit Hilfe neuer Gene zu verändern. Das Knochenmark enthält nur wenige Stammzellen; wahrscheinlich sind weniger als eine unter tausend Zellen des Knochenmarks Stammzellen. Mitte der 80er Jahre war noch keine Methode bekannt, diese zu identifizieren. Es schien daher die einzige Möglichkeit zu sein, eine größere Menge von Knochenmarkzellen zu entnehmen und sie mit dem retroviralen Vektor zu infizieren, der das Gen transferierte, in der Hoffnung, daß genügend viele Stammzellen darunter waren, deren Veränderung sich auswirken würde. Aber bei einer Infektionsrate von nur 10 bis 20 Prozent schien es unwahrscheinlich, daß es gelingen könnte, Gene in jede Zelle zu transplantieren.

Anderson glaubte dennoch, eine Lösung zu kennen. Er meinte, bei Krankheiten wie dem ADA-Mangel mochte es ausreichen, einige wenige Stammzellen zu korrigieren, da ihre Nachkommenschaft einen Selektionsvorteil gegenüber den unbehandelten Zellen habe. Die noch kranken Zellen würden weiterhin durch toxische Stoffwechselprodukte vergiftet, die das ADA-Enzym abbauen konnte. Deshalb konnten wenige Urzellen schließlich Millionen von Stammzellen erzeugen, die letztlich die Gesamtheit der Leukozyten im Körper des Patienten herstellten. So zumindest lautete die Theorie.

Auf dem Gebiet der Einschleusung von Genen in Knochenmarkzellen lag Richard Mulligan immer noch vorn.[9] Er berichtete 1984 als erster, daß man Gene in Stammzellen von Mäusen einbringen könne, aber seine Gentransfer-Technik besaß einen so geringen Wirkgrad und die Expression der transplantierten Gene ebbte derart schnell ab, daß er seine Methode als zu wirkungslos betrachtete, um über ihren Einsatz bei menschlichen Patienten nachzudenken.

Das NIH-Team strengte sich an, den Vorsprung Mulligans in der Arbeit mit Knochenmarkzellen aufzuholen, und wurde rasch mit denselben Problemen konfrontiert, einen wirksamen Gentransfer und eine ausreichende Proteinproduktion zu bewerkstelligen. Es gelang ihnen zwar, die retroviralen Vektoren in die Knochenmarkzellen von Mäusen einzubringen, aber sie erhielten entweder eine geringe oder gar keine Expression des transferierten Gens.

Eine Ausnahme war das Neomycin-Resistenz-Gen, das sich in den meisten Zellen zu bewähren schien und somit bewies, daß ein transplantiertes Gen funktionieren konnte, wenn es die passenden Bedingungen vorfand. Aber worin bestanden diese Bedingungen? Die NIH-Wissenschaftler fragten sich, ob der SV40-Promoter, der genetischen Ein-Schalter, der sich als geeignet erwiesen hatte, eine ADA-Produktion in menschlichen T-Lymphozyten zu initiieren, in den Knochenmarkzellen von Mäusen auf irgendeine Weise ausgestellt wurde. Niemand konnte diese Frage beantworten, und als die fehlgeschlagenen Experimente sich häuften, begann das Team sich zu fragen, ob es jemals eine Möglichkeit finden würde, eine Genexpression im Knochenmark von Mäusen zu erreichen.

Anderson hatte in seiner 1984 in *Science* erschienen Arbeit eine Reihe aufeinander aufbauender Experimente beschrieben, die vor Versuchen an Menschen erfolgreich abgeschlossen werden müßten. Seine Liste wurde von Zellkulturen angeführt, dann folgten Versuche mit Mäusen, um den Wirkungsgrad und die Sicherheit zu testen, danach kamen Experimente mit Primaten, die eine Generalprobe unter denselben Bedingungen wie bei der geplanten Gentherapie am Menschen darstellten. Andersons Team schien Gefahr zu laufen, auf der zweiten Stufe steckenzubleiben.

An diesem Punkt traf Anderson eine fatale Entscheidung: Er beschloß, die Studien an Mäusen zu überspringen und sogleich zu den Affenexperimenten überzugehen. «Wenn man den Weg betrachtet, der vor einem liegt, und sieht, daß man die Schritte 1, 2, 3, 4 und 5 tun muß, und wenn man sehen kann, daß der Schritt 5 wichtig ist und die Schritte 3 und 4 unterlassen werden können, dann kann man die Angelegenheit beschleunigen, indem man das Unwichtige fortläßt», sagte Anderson.

Nach dem Entschluß von Anderson und Blaese, ADA-Experimente mit Menschen voranzutreiben, hatte Blaese einen Freund und früheren Kollegen von der University of Minnesota angerufen, um ihn zu fragen, ob er an dem Projekt interessiert sei. Richard O'Reilly war im Zuge eines allgemeinen Zustroms von Goode-Schülern ans Memorial Sloan-Kettering Cancer Center (MSKCC) gegangen und leitete das Knochenmarktransplantationsprogramm des Krebszentrums. Aufgrund seiner Erfahrungen auf diesem Gebiet hatte O'Reilly eine Menge zu bieten. Er leitete nicht nur ein größeres Forschungszentrum, sondern verfügte auch über Affen.

Die Verbindung zum MSKCC hatte noch eine weitere Konsequenz für das Team. Sobald die Zusammenarbeit zwischen den NIH-Wissenschaftlern und O'Reilly begann, gab Eli Gilboa seine Assistentenstelle in Princeton zugunsten einer Forschungsstelle am MSKCC auf.

Im August 1985 begann Anderson, häufig nach New York City zu fahren und dort das SAX-Virus in das Knochenmark von Affen einzuschleusen, um menschliches ADA zu erzeugen. Der Vorgang an sich war recht einfach: Dem Tier wurde eine Knochenmarkprobe entnommen und in einer Petrischale mit dem Retrovirus vermischt. Mittlerweile erhielt der Affe eine massive Bestrahlung, die sämtliche Zellen in seinem Knochenmark abtötete, um Platz für die genmanipulierten Zellen zu schaffen, die dem Tier wieder zurückerstattet wurden. Zu diesem Zweck wurden dem Tier die behandelten Knochenmarkzellen einfach in die Vene injiziert, und die Zellen fanden ihren Weg zurück ins Knochenmark. Das Tier erhielt – wie jeder Knochenmarkempfänger – eine intensive, medizinische Behandlung, die Infektionen vorbeugte, bis das Knochenmark sich erholt und das Immunsystem wiederhergestellt hatte.

Es gelang den Wissenschaftlern an NIH und MSKCC nachzuweisen, daß man das menschliche ADA-Gen in das Knochenmark von Affen einschleusen konnte. Der Wirkungsgrad war sehr gering (höchstens 0,5 Prozent des bei Affen normalen ADA-Spiegels), und selbst dieser niedrige Spiegel blieb nicht bestehen. Nach vier oder fünf Monaten hörte die ADA-Expression im Blut und im Knochenmark des

Tieres vollständig auf. Die Forscher konnten aber die Gegenwart des aktiven *neo*-Gens in T-Lymphozyten noch 256 Tage nach der Transplantation nachweisen.

Da eine gewisse Expression des transplantierten ADA-Gens stattfand, war offenbar nicht der Vektor das Problem, er lieferte das Gen in den Knochenmarkzellen ab. Nun war es vorstellbar, daß die Zellen die Expression des fremden Gens nach einer Weile ausstellten, aber die wahrscheinlichere Erklärung lautete, daß das Gen nicht in die Stammzellen gelangte, sondern nur in periphere Blutzellen oder kurzlebige Knochenmarkzellen, die bereits dabei waren, zu reifen und zu Blutzellen zu entwickeln. Sobald diese Zellen ihre Entwicklung abgeschlossen hatten und abstarben, hörte auch die Expression des ADA-Gens auf.

Anderson sah trotz dieser negativen Ergebnisse einen Hoffnungsschimmer. Anfangs glaubte er, daß auch ein Wirkungsgrad von 0,5 Prozent ausreichen würde, um einen ADA-Patienten zu behandeln, wenn dieses halbe Prozent Stammzellen betraf. Anderson erwartete aufgrund des Selektionsvorteils, den das normale ADA-Gen seiner Meinung nach mit sich bringen mußte, daß sich selbst wenige Stammzellen gegenüber den defekten Zellen im Körper des Patienten durchsetzen würden, bis schließlich alle Zellen des Knochenmarks aus deren Nachkommen bestünden. Außerdem hatte keine der Studien mit Affen – es waren insgesamt etwa 25 Tiere gewesen – eine negative Wirkung der genetischen Behandlung erkennen lassen. In Andersons Augen bedeutete dies, daß die Gentherapieexperimente mit Tieren ein Erfolg gewesen waren – sie hatten erstens zur Produktion von Protein geführt und waren zweitens sicher verlaufen.

Im Jahr 1986 glaubte Anderson, daß die Zeit für einen Versuch gekommen sei, das ADA-Gen in das Knochenmark eines menschlichen ADA-Patienten einzuschleusen. Fast niemand auf dem sich inzwischen ausdehnenden Gebiet der Gentherapie war seiner Meinung – einschließlich seiner Kollegen, die an den Versuchen mit Affen teilgenommen hatten. Fast alle dieser Forscher, von O'Reilly über Gilboa bis hin zu Blaese, betrachteten die Studien mit Affen als Fehlschläge. Und je mehr Anderson öffentlich über die bevorstehende Revolution in der Gentherapie sprach, desto mißbilligender oder sogar verächtlicher äußerten sich seine Kollegen.

Stuart Orkin von der Harvard University zum Beispiel hielt die einschlägige Technik für nicht ausgereift genug, um ein Nachdenken über den Beginn von Versuchen an Menschen zu rechtfertigen. «Wir waren nicht der Ansicht, die nötigen experimentellen Beweise dafür in Händen zu halten, daß [der Versuch, einen menschlichen Patienten zu behandeln] lohnend war», sagte Orkin ein paar Jahre später.[10]

Anderson hingegen sah die Sache anders. Er hatte den Eindruck, daß weitere Tierversuche nichts neues beweisen könnten. Natürlich waren ihre Ergebnisse in bezug auf den Gentransfer und die Expression enttäuschend, aber er hielt die Tiermodelle für unbedeutend. Nur bei Menschen mit einem ADA-Mangel ließ sich die Technik wirklich erproben. Die Zeit war gekommen, einen Vorstoß in Richtung menschlicher Patienten zu unternehmen, und Anderson war ganz aufgeregt.

Er stand mit seiner Überzeugung nicht ganz allein. Eine Gruppe risikofreudiger Investoren entschied ebenfalls, daß die Zeit der Gentherapie angebrochen sei. Und sie waren bereit, das nötige Geld bereitzustellen, damit diese Zeit anbrechen konnte. Wallace Steinberg, Vorsitzender der Healthcare Ventures of Edison (New Jersey) wollte Anderson als Leiter eines neuen Unternehmens anwerben, das er zu gründen gedachte. Anderson lehnte ab, aber er erklärte sich bereit, der Firma, die von James Barrett geleitet werden sollte, zum Start zu verhelfen.

Soeben war ein neues Bundesgesetz, der Technology Transfer Act of 1986, verabschiedet worden. Es sollte in staatlichen Labors entwickelten Techniken auf Kosten des Steuerzahlers auf den Markt bringen, wo sie der amerikanischen Wirtschaft nützen konnten. Das NIH-Labor war staatlich. Anderson traf gemäß den gesetzlichen Vorschriften ein Cooperative Research and Development Agreement (ein Kooperationsvertrag über gemeinsame Forschung und Entwicklung, kurz CRADA) mit dem neu entstehenden Unternehmen. Es war der erste und einer der größten Kooperationsverträge, die das NIH jemals unterzeichnete. Die Firma Genetic Therapy Inc. (GTI) in Gaithersburg (Maryland) wurde im Juli 1987 mit 2,5 Millionen Dollar Betriebskapital und 30 Beschäftigten eröffnet.

In den folgenden Jahren sollte die GTI zu einer Ausweitung von Andersons Labor am NIH werden. Dinge, die mit Regierungsmitteln nur schwer durchführbar waren, stellten im privatwirtschaftlichen Bereich kein Problem dar. Die GTI sollte bedeutende Beiträge zu Andersons Bemühungen beisteuern. Unter anderem produzierte sie viele wichtige Reagenzien, die bei den anstehenden Experimenten benötigt wurden.

Auch die Medien zeigten Interesse. Im Jahr 1984 begannen die führenden Zeitungen der USA, darunter die *New York Times*,[11] die *Washington Post*,[12] das *Wall Street Journal*[13] und sogar *Science*,[14] Berichte über die Fortschritte mehrerer Gentherapie-Forschungsteams zu bringen und darüber, daß sie kurz davor zu stehen schienen, Experimente an Menschen durchzuführen.

Anderson förderte diese Spekulationen natürlich. Manchmal schoß er dabei Eigentore, indem er Vorhersagen machte, die nichts mehr mit Wissenschaft zu tun hatten. Da der Fall Martin Cline erst vier Jahre zurücklag und eine Präsidialkommission 1982 «Splicing Life» herausgegeben hatte, fragten Reporter häufig bei Wissenschaftlern an, wann Tests mit Menschen beginnen würden. Die meisten Forscher lehnten es ab, Vorhersagen zu machen. Paul Berg von der Stanford University stritt mit Nachdruck ab, daß es bald so weit sein könnte. Aber

Anderson war zuversichtlicher. Er kündigte gegenüber der *Washington Post* an: «Ende nächsten Jahres.»

Er irrte sich nicht nur, sondern unterschätzte auch die Feindeligkkeit, die eine derartige Vorhersage bei anderen Wissenschaftlern hervorrufen mußte. Sein Verhalten führte dazu, daß viele andere Forscher auf diesem Gebiet ihn und das NIH-Team ablehnten und ihn als unseriösen Wissenschaftler bezeichneten, der nicht wußte, wovon er sprach, und eindeutig nicht die Grenzen der Wissenschaft erkannt hatte.

«Andersons Medienspektakel vermittelte den Menschen ein falsches Bild von den Fortschritten auf diesem Gebiet», sagte Mulligan vom MIT.[15] «Man hörte ihm zu und gelangte zu dem Schluß, daß wir [den Versuchen am Menschen] sehr nahe seien, und wir wußten, daß es nicht so war.»

Obwohl Mulligan im Jahr 1984 mit seiner Versicherung, daß die Wissenschaft längst noch nicht bereit war, Gene in Menschen einbringen zu können, wohl recht hatte, waren immer mehr Menschen von dieser Aussicht fasziniert. Das RAC rief seinen Unterausschuß für Gentherapie am Menschen ins Leben und beaufragte ihn damit, die Kriterien – die es als «Points to Consider» bezeichnete (Punkte, die zu bedenken sind) – aufzustellen, wonach man einen Vorgehensplan der Gentherapie am Menschen beurteilen würde. Selbst das Institute of Medicine ließ sich von der übersteigerten Erwartung in Hinblick auf eine Gentherapie anstecken. Im Jahr 1986 widmete das Institut sein 16. Jahrestreffen der Gentherapie, obwohl auf diesem Gebiet noch größere Probleme gelöst werden mußten und die einschlägigen Forscher längst nicht alle der Meinung waren, daß die Zeit für Versuche am Menschen gekommen war.

David W. Martin, Vizepräsident der Forschungsabteilung der Firma Genentech, hielt genau wie Anderson den ADA-Mangel für eine jener Krankheiten, die einen ausgezeichneten Testfall für die Gentherapie darstellen könnten. Daher schlug er bei dem Treffen des Institute of Medicine schon früh einen optimistischen Ton an.[16] Er handelte die wichtigsten Fragen ab, mit denen jedermann konfrontiert würde, der eine Gentherapie bei ADA-Mangel durchzuführen beabsichtigte. Er begann mit der Frage, wieviel Protein das transplantierte Gen produzieren mußte.

«Ein paar Prozent – vielleicht 5 Prozent ADA-Aktivität – würden ausreichen, um die Krankheit zu stoppen», schätzte Martin. Und was die Obergrenze betraf, so legten Studien die Vermutung nahe, daß 5000 Prozent des normalen Spiegels keinen Schaden anrichten könnten. «Das ist ein ganz schön großer Spielraum», sagte Martin. «Wir haben gute Chancen, ihn zu treffen.»

Es ist jedoch ein Spielraum der therapeutischen Dosierung, der für das restliche Leben des Patienten jeden Tag eingehalten werden mußte. Aber die Gentechniker hatten Schwierigkeiten mit der langfristigen Expression. Sie steckten die Gene in einen Vektor und erhielten anfangs eine gute Proteinproduktion. Aber dann, nach ein paar Wochen, schienen die Zellen die Gene irgendwie abzustellen, und die Proteinproduktion hörte auf.

«Das war die größte Überraschung für diejenigen unter uns, die mit der Gentherapie befaßt sind», sagte Martin auf dem Treffen. Die Forscher würden bessere Promotoren (genetische Ein/Aus-Schalter) finden müssen, die angeschaltet blieben.

Dann kam die Frage, welche Zellen des Körpers die transplantierten Gene empfangen sollten. Im Idealfall, so sagte Martin, sollten sie in die Stammzellen gelangen, und er legte die Schwierigkeiten mit dieser Forderung dar.

Zusätzlich behandelte Martin einige verwandte Fragen. War es möglich, daß die Wissenschaftler einen Weg fänden, die Gene in einigen Zellen eingeschaltet zu halten, aber nicht in den richtigen, wie zum Beispiel den Stammzellen des Knochenmarks? «Verfügen die Stammzellen über eine spezielle Eigenschaft, die die Expression eines in einen retroviralen Vektor eingebauten Promotors verhindert, der sich wirksam replizieren kann?» fragte Martin. «Wir müssen mehr über die Hämatopoiese [Blutbildung] erfahren, und über die retrovirale Replikation und die Expression von Genen, deren Träger Retroviren sind.»

Martin berichtete dem Institute of Medicine, daß eine gewebespezifische Expression bei ADA-Mangel wahrscheinlich nicht nötig war, da Transfusionen von Erythrozyten – die aus unbekannten Gründen reich an ADA sind – den Patienten entgiften und sein Immunsystem zumindest in einem gewissen Umfang funktionsfähig erhalten konnten. Aber die Frage blieb bestehen: «Wie führt man das Gen auf Dauer in zur Selbsterneuerung fähige Zellen ein, und zwar so, daß es sicher ist?»

Sicherheit war ein Problem. Die Forscher waren sicher, das Retrovirus gentechnisch derart verändern zu können, daß es sich nicht replizieren und daher keine Infektion hervorrufen würde, aber es mußte trotzdem fähig sein, die Gene in die Chromosomen der Wirtszelle zu integrieren. Arbeiten mit Onkogenen und Retroviren zeigten, daß dieser Prozeß der Integration zufällig die genetischen Kontrollmechanismen für Gene unterbrechen konnte, die das Wachstum der Zelle steuerten. Es stellte sich heraus, daß einige Krebsformen durch die zufällig erfolgte Einfügung eines tierischen Retrovirus in den falschen Teil von Zellchromosomen erzeugt werden konnten.

Selbst, wenn die Integration keinen Krebs hervorrief, konnte sie die Funktion eines anderen, wichtigen Gens in dieser speziellen Zelle lahmlagen. Dies könnte sich als bedeutsam oder unerheblich erweisen. Wenn die Integration des Gens nur bewirkte, daß eine Zelle abstarb, spielte dies vermutlich keine Rolle. Aber wenn sie zu einer Vervielfältigung jetzt gestörter Zellen führte, war sie wahrscheinlich bedeutsam. Niemand konnte es wissen.

Martin schloß: «Wir haben einen langen Weg vor uns. Er erweist sich als zunehmend... schwieriger. Was wir brauchen, ist ein größerer Austausch zwischen den auf diesem Gebiet tätigen Gruppen.»

Aber das war unwahrscheinlich. Die Animosität zwischen Mulligans und Andersons Gruppe nahm zu. 1986 erreichte sie auf dem Jahrestreffen des Institute of Medicine ihren Höhepunkt.

Bei seinem Vortrag nahm Anderson sofort sein Gebiet in Beschlag: «ADA-Mangel wird fast mit Sicherheit der erste Kandidat für eine Gentherapie sein.» Anderson wies darauf hin, daß der ADA-Mangel die meisten Kriterien erfüllte und die meisten der Fragen beantwortete, die David Martin gestellt hatte.

Aber sogar Anderson mußte zugeben, daß die frühen Experimente nicht zufriedenstellend verliefen. Die Versuche mit Affen am MSKCC waren abgeschlossen und die Ergebnisse waren enttäuschend. Man konnte das menschliche ADA-Gen in Knochenmarkzellen einfügen und eine schwache Proteinproduktion erzielen. Aber «nachdem sie ihren Höhepunkt erreicht hat, ebbt sie wieder vollständig ab», bedauerte er. «Zur Zeit sind sie alle negativ», sagte er in bezug auf die Affen.

Tatsächlich wies Andersons Gruppe nur bei vier Affen nach, daß sie eine Proteinproduktion im behandelten Knochenmark der Tiere erreichen konnte, und daß der Expressiongrad (0,1 bis 0,5 Prozent menschlicher ADA gemessen am natürlichen ADA-Spiegel der Affen) niedriger als die 5-Prozent-Rate waren, die man bei einigen gesunden Menschen vorfand. Außerdem ließ sich das ADA-Protein nur für kurze Zeit im Blut der Affen nachweisen. Das Maximum war nach 60 bis 80 Tagen erreicht und nach 170 Tagen hatte die Produktion vollständig aufgehört.[17]

Anderson erwartete, daß ein ADA-Experiment der Gentherapie den Weg freimachen würde, doch war noch nicht klar, was ein Erfolg bei ADA-Mangel über andere Krankheiten aussagte. Im Jahr 1986 erwartete man Gentherapie-Ansätze bei Erbkrankheiten wie Mukoviszidose und Muskeldystrophie. Aber «es besteht ein riesiger Unterschied zwischen ADA-Mangel und nahezu allen übrigen genetischen Krankheiten», gab Anderson zu. «Wir sind noch weit davon entfernt, andere genetische Störungen behandeln zu können.» Wenn eine Gentherapie bei ADA-Mangel anschlug, bedeutete dies nicht, daß sie auch bei anderen Erbkrankheiten helfen würde.

Trotz dieser Probleme war Anderson zur Zeit des 1986er Treffens des Institute of Medicine davon überzeugt, daß die Zeit für den Versuch einer Gentherapie bei menschlichen Patienten gekommen war. «Wir können vielleicht Menschen helfen, lange bevor wir wirklich verstehen, was wir tun», sagte Anderson. «Die Frage, die das RAC beantworten muß, lautet: ‹Wieviel von dem, was wir tun, müssen wir verstehen, bevor wir versuchen, einem Patienten zu helfen?›»

Der Arzt Anderson betrachtete diese Frage als völlig legitim. Viele medizinische Behandlungsmethoden wurden empirisch ausprobiert, bevor die entsprechende Biologie verstanden wurde. Eine wohlüberlegte Schlußfolgerung einer philosophischen Abhandlung lautete, daß es nicht nur ethisch sei, eine verzweifelte Behandlung auszuprobieren, sondern notwendig – so lange es sich um etwas handelt, was auch nur die geringste Chance bietet, ein Leben zu retten. Anderson glaubte, daß der Gentransfer an diesem Punkt angelangt war.

Dagegen bedeutet für die Grundlagenforscher der Biochemie und Molekularbiologie Verstehen alles. Experimente finden aus purer Lust am Verständnis der Natur statt, am Entschlüsseln ihrer Methoden, und, nachdem entsprechende Kenntnisse erworben wurden, auch am Eingreifen. Für die Grundlagenforscher war Andersons Vorstoß ans Krankenbett lachhaft und unverantwortlich.

Nach der ersten Pause sprach Mulligan. Als erstes legte er seine Kriterien für Gentherapie-Kandidaten und für die Indizien dar, anhand derer Forscher wissen konnten, daß sie Erfolg gehabt hatten: Die Vektoren mußten eine große Anzahl von Zellen infizieren, und es mußten Stammzellen sein. Man mußte folgende Fragen stellen: Funktionieren die eingefügten Gene in den richtigen Zellen richtig? Werden sie stabil sein? Werden sie die Krankheit heilen? Der Erfolg hinge von Zahlen ab: Eine Million Zellen reichten aus, um eine Maus zu heilen, aber «bei Menschen oder Affen benötigt man eine Anzahl von Zellen, die um mehrere Potenzen höher ist», sagte Mulligan.

Dann wandte er sich der Arbeit Andersons zu. «Bei höheren Tieren sprach nur die Hälfte der Empfänger an», sagte er in bezug auf die Studien mit Affen, und «bei den Tieren, bei denen man eine Expression der eingefügten [Gen-]Sequenzen beobachtete, galt dies nur für einen kurzen Zeitraum.»

Mulligan tat Andersons Resultate als wenig beeindruckend ab; Anderson hatte einfach zu beweisen versäumt, daß er das Gen in die Stammzellen der Affen transferiert hatte – er konnte das ADA-Gen in den Tieren nicht nachweisen – und das wenige Protein, das er entdeckt hatte, würde nicht ausreichen, einen menschlichen Patienten zu heilen. Bevor ein Experiment am Menschen gemacht wurde, so sagte Mulligan, mußte mehrere Monate lang eine signifikante Expression in den richtigen Zellen nachgewiesen werden. Er glaubte nicht, daß Anderson oder irgend jemand sonst diese Kriterien in den nächsten Jahren erfüllen könnte.

«Wenn ich ein Kliniker wäre, könnte ich verstehen, weshalb Sie dafür sind, alles auszuprobieren», sagte Mulligan zur *Los Angeles Times*,[18] «aber wir sollten besser kontrollieren, was wir sagen und tun. Es gibt absolut keine Spur eines Hinweises darauf, daß es [das ADA-Experiment] funktionieren wird. Vielleicht glaubt French an Wunder.»

Auch andere Wissenschaftler waren pessimistisch. Der Forscher Philip Leder, dessen Arbeitsplatz Anderson übernommen hatte, als er 1967 in Marshall Nirenbergs Labor gekommen war, war inzwischen Vorsitzender der Abteilung für Genetik der Harvard University und stand der Gentherapie skeptisch gegenüber. «Es ist eine Sache, die durchführbar ist», sagte Leder während seiner Schlußrede auf dem Treffen des Institute of Medicine. Aber «dieses Gebiet ist noch sehr jung. Die anfänglichen Experimente mit rekombinierter DNA liegen gerade erst hinter uns... [das Gebiet] hat sein eigentliches Ziel noch nicht erreicht.»[19]

Leder wollte erst die Antwort auf einige grundsätzliche Fragen abwarten. Er wollte einen Weg finden, den Wirkungsgrad des Gentransfers – besonders in Stammzellen – mit Hilfe von Retroviren zu erhöhen, und er wollte sicherstellen, daß die transplantierten Gene unter eine bessere Kontrolle gerieten, die sie steuerte, statt einfach nur ständig eingestellt zu sein. «Es gibt Probleme, aber wir fangen an, die Ursachen dieser Probleme zu begreifen», sagte er. «Eines Tages werden diese Probleme gelöst sein.»

«Aber», so fügte er hinzu, «es bestehen Bedenken, ob der ADA-Plan die richtige Vorgehensweise ist.»

Leder sah über diese seltene Erkrankung des Immunsystems hinaus und dachte darüber nach, wie eine Gentherapie für die häufigeren und komplizierteren Krankheiten wie Thalassämie, Mukoviszidose, Muskeldystrophie, oder Leiden, die durch das Zusammenwirken mehrerer Gene hervorgerufen wurden, aussehen müßte.

Außerdem wollte er «Gentherapie anwenden können, um ein defektes Gen an Ort und Stelle durch das normale Gens zu ersetzen.» Diese Verfahrensweise hatte sich bei Hefe als möglich erwiesen, war aber bei Säugerzellen schwer durchführbar. Diese sogenannte homologe Rekombination war sogar bei Hefe recht schwierig und ineffizient. Aber sie würde dazu führen, daß das eingefügte Gen, zum Beispiel Betaglobin, normal funktionierte und genau den richtigen Betrag an Protein produzierte.

Neben der Vielzahl der noch offenen wissenschaftlichen Fragen machten sich Andersons Kritiker darüber Sorgen, daß ein unverantwortliches Experiment, wie etwa im Fall Cline, zu mehr als einem einfachen Versagen führen könnte. Es konnte einen Patienten schädigen oder sogar zu seinem Tod führen. Dies konnte die Öffentlichkeit – die der heftigen Debatte unter den Wissenschaftlern kaum Aufmerksamkeit schenkte – gegen die Gentherapie aufbringen und verhindern, daß irgendein zukünftiger Arzt und Forscher den Schritt zu einem klinischen Experiment machte, obwohl ein Fortschritt stattgefunden hatte. Alle Experten auf diesem Gebiet erinnern sich an die Debatten um die DNA-Rekombination in den 70er Jahren, an das Moratorium der Stadt Cambridge gegen jede Gentechnik an der Harvard University und am MIT, und an die Affäre Cline, von der viele glaubten, daß sie die Gentherapie um Jahre zurückgeworfen hatte.

«Niemand möchte gern von den Leuten unter Beschuß genommen werden, die immer sagen: ‹Ach Gott, es funktioniert nicht, und was tun wir unserer Umwelt an, und was mag da noch alles passieren?›» sagte Dusty Miller, der inzwischen das Salk Institute verlassen hatte und ans Fred Hutchinson Cancer Center in Seattle gegangen war, zur *Los Angeles Times*.[20]

Stuart Orkin von der Harvard University sagte es noch deutlicher: «Der einzige Zwang ist die Konkurrenz der Labors. Außerhalb der Labors gibt es keine zwingende Notwendigkeit. Es ist nicht wie bei Aids. Es sind seltene Krankheiten. Die Gentherapie ist eine Frage der Sensation. Das müssen Sie sich klarmachen. Unser Job ist es, die Wissenschaft zu begreifen. Wenn wir genug lernen, können wir es anwenden. Intellektuell ist es interessanter, es zu begreifen. Im Augenblick raten wir nur. Wir wissen nicht, weshalb etwas funktioniert, oder was funktioniert. Wenn das ADA-Experiment, das Anderson derart vorantreibt, fehlschlägt, sind eine Menge Erklärungen nötig. Das ist ein gefundenes Fressen für die Kritiker. Dann könnten wir für zehn Jahre einpacken.»

In seinem Herzen glaubte Anderson nicht, daß er versagen würde, obwohl er mittels seiner Daten aus den Tierversuchen nicht beweisen konnte, daß das Experiment mit Menschen funktionieren würde. Anderson war immer mehr davon überzeugt, daß ein Experiment beim Menschen die einzige Möglichkeit war, eine Gentherapie bei ADA-Mangel zu testen. Da es für diese Krankheit keine Tiermodelle gab, konnte man nicht überprüfen, ob eine Gentherapie am Menschen erfolgreich sein würde – bis man es bei Patienten erprobte. Selbst wenn er nur eine Handvoll Kinder heilen konnte (weltweit gab es kaum mehr als 40 bekannte Fälle), würde Anderson der erste sein, der dies tat.

Angesichts des massiven Widerstands von anderen Wissenschaftlern auf dem Treffen des Institute of Medicine beschloß Anderson, sein Anliegen auf jeden Fall dem RAC vorzulegen und eine Entscheidung zu erzwingen, ob das derzeitige Wissen ausreichte, um an Patienten weiterzuarbeiten. Nach all seinen Experimenten an Zellkulturen und allen Tierversuchen fehlte jetzt nur noch das Experiment beim Menschen.

Sechs Monate nach dem Treffen des Institute of Medicine im Oktober 1986 legte Anderson dem Recombinant DNA Advisory Committee (RAC) ein über 500 Seiten starkes Dokument vor, um eine Entscheidung hinsichtlich seines Vorhabens zu erzwingen, Gene in Menschen einzuschleusen.[21] Da er eine glatte Ablehnung befürchtete, nannte er sein Schriftstück «Preliminary Data Document» (Vorläufige Zusammenfassung von Daten). Es sei «keine klinische Studie», schrieb er in der Einleitung. «Dieses Dokument stellt auch keinen endgültigen Antrag dar, sondern nur eine vorläufige Mitteilung.» Aber es handelte sich um eine vollständige Übersicht über den Stand der Forschung auf dem Gebiet, eine Auflistung der wichtigsten, unbeantworteten Fragen, und eine Darstellung, wie das Experiment am Menschen durchgeführt werden würde, falls es beantragt würde – was jedoch noch nicht der Fall war.

Beim Schach würde man diesen Zug ein Bauernopfer nennen. In Washington nennt man derartige Verlautbarungen Versuchsballons – gewöhnlich läßt man dabei Informationen an die Presse durchsickern. Anderson hatte die Absicht, diese Idee so gründlich wie möglich zu testen, indem er dem RAC und seinen Konkurrenten so viel Aufmerksamkeit und Kritik abverlangte, wie er nur konnte.

«Eine Möglichkeit besteht darin, daß man Kritik ignoriert», sagte Art Nienhuis, der lange Zeit Andersons Freund und Mitarbeiter gewesen war. «French fordert sie heraus. Wenn man das schafft, wenn man die Leute dazu bringen kann, sich auf ihre Kritik festzulegen, dann kann man die Kritik letztlich entkräften.»[22]

Das war Andersons Ziel. Er deckte seine Karten auf, um seine Gegner zu zwingen, das gleiche zu tun und die wissenschaftlichen Bedenken darzulegen, damit Anderson ihnen seine Entgegnung vorhalten konnte. Wenn die Einwände erst entkräftet wären, überlegte Anderson, würde das RAC keine andere Wahl haben, als ihm seinen ersten Versuch am Menschen zu genehmigen.

Aber es war ein gefährliches Spiel, ein Strategiespiel der Logik, der Argumente, Daten und Hochrechnungen. Der Herausforderer brachte die RAC-Mitglieder, die das Experiment beurteilten, zu einem Konsens – für oder gegen das Experiment. Anderson begann, seine Gegner zu entwaffnen, indem er die drei Schwächen seines eigenen Protokolls gleich zu Beginn aufführte:

> 1. [Nur eine kleine Anzahl der Affen-Knochenmarkzellen produzierte das Protein – und nur einer der Affen ließ eine signifikante ADA-Produktion erkennen, und selbst hier handelte es sich nur um ein halbes Prozent.] Wird der postulierte *in-vivo*-Selektionsvorteil der ADA-Plus-Zellen bei ADA-Mangel für eine klinische Verbesserung bei den Patienten ausreichen, die eine ADA-Gentherapie erhalten? Falls nicht, wieviele Versuche (bei wievielen Affen) wären nötig, um zu bestimmen, daß bei einem ADA-defizitären Patienten eine ausreichende ADA-Expression zu erwarten wäre?
> 2. Wird das durch einen Vektor übertragene menschliche ADA-Gen... in ausreichendem Maße in Stammzellen exprimiert..., daß der postulierte *in-vivo*-Selektionsvorteil über die gesamte Lebensdauer der T-Zelle bestehen bleibt?
> 3. [Da die NIH-Vektoren durch einen kleinen Prozentsatz an Helferviren (Retroviren, die ein normales Virusgenom enthielten, die sich reproduzieren und möglicherweise Erkrankungen verursachen konnten) kontaminiert waren – etwa 0,1 Prozent], muß die Zubereitung an retroviralen Vektor-Partikeln, die zur Behandlung der Knochenmarkzellen verwendet wird, vollständig frei

von Helferviren sein, um das Verhältnis von Risiko und Nutzen akzeptabel zu machen?

Anderson befaßte sich mit genau diesen Fragen auf den ersten 100 Seiten seines Schriftstücks. Die folgenden rund 400 Seiten enthielten Belegmaterial aus Forschungen, die in seinem und anderen Labors durchgeführt worden waren. Als er das Dokument überreichte, bat Anderson Dr. William J. Gartland – der seit langer Zeit Verwaltungssekretär des RAC war –, es auch an seine strengsten Kritiker und härtesten Konkurrenten zu schicken. Es handelte sich insgesamt um elf Personen, darunter Richard Mulligan und Stuart Orkin in Boston, Dusty Miller und Theodore Friedmann aus San Diego, Howard Temin von der University of Wisconsin und Dr. Michael Hershfield vom Medical Center der Duke University, der soeben eine potentiell revolutionäre, medikamentöse Behandlung unter anderem bei ADA-Mangel entwickelt hatte. Garland war über diese «Schießübung» glücklich. Sie würde dem RAC und seinen Beratern einen Vorgeschmack von dem geben, wie ein realer Vorschlag einer Gentherapie und seine Prüfung aussehen könnte. Wichtiger war, daß es sich bei diesem Schriftstück wahrscheinlich auch um das Protokoll handelte, über das sie letztlich würden entscheiden müssen. Dies war für das RAC eine Gelegenheit, das Protokoll zu prüfen, ohne schon riskante Entscheidungen treffen zu müssen.

Die Prüfung ging langsam vonstatten. Es dauerte fast ein halbes Jahr, bis alle Kritiken eintrafen, und sie waren vernichtend. Nur Robert M. Cook-Deegan, ein Arzt, der Molekularbiologie studiert hatte, und Verfahrensanalytiker des Congressional Office of Technology Assessment (ein Regierungsausschuß für die Bewertung technischer Neuerungen), schrieb: «Wenn der Vorschlag ein tatsächlicher Vorschlag für Versuche an Erwachsenen wäre, würde ich ihm wahrscheinlich grünes Licht geben», aber bei Kindern würde er ihn ablehnen. Die übrigen Einschätzungen waren bedingt neutral bis entschieden negativ – einige von ihnen waren so negativ, daß sie ohne Namensnennung in die öffentlichen Dokumentation des RAC eingingen.[23]

Es gab Kommentare wie: «Es ist enttäuschend, eine so dürftige Beschreibung des Affen-Knochenmark-Systems *in vitro* zu sehen», aber auch «Erstens habe ich Einwände gegen die Form des Dokuments... [und] zweitens kann keine Papiermenge die beiden Hauptschwächen vertuschen... », sowie vom selben Gutachter: «Da eine angemessener Test der Sicherheit solcher kontaminierender Helferviren fehlt, besteht nur eine geringe Wahrscheinlichkeit, daß wir einem Versuch am Menschen unter diesen Voraussetzungen zustimmen würden.»[24]

Die mit zehn Seiten längste und mit Abstand am besten durchdachte Kritik hatte Richard Mulligan verfaßt. Mulligan behandelte das Schriftstück, als sei es ein tatsächlicher Antrag, und kam zu einem Schluß, der einigermaßen vorhersehbar gewesen war: «Da die bisher erhaltenen Daten keinen Hinweis auf eine Wirksamkeit enthalten, besteht buchstäblich keinerlei Chance, daß eine solche klinische Studie nützliche Informationen liefern würde – außer dem Nachweis, daß die Methode noch nicht ausgereift genug ist, um getestet zu werden.»[25]

Mulligan sprach die Schwächen an, die Anderson selbst nur zu genau bewußt waren.

Er schrieb über die Wirksamkeit des Gentransfers: «Im Fall der Mäuse lautet die Antwort, daß das Übertragungssystem je nach dem Viren-Feinheitsgehalt sehr wirksam sein kann (an die 100 Prozent). Bei Affen oder Hunden ist das System extrem ineffizient. Im Fall menschlicher Zellen läßt sich die Wirksamkeit zur Zeit nicht abschätzen.»

Über die Zellen, in die die Gene eingefügt werden sollten: «Man kann vernünftigerweise schließen, daß das Ziel für den Gentransfer tatsächlich die Umbildung der Stammzellen sein sollte... Diese Untersuchungen haben nicht eindeutig erwiesen, daß das ADA-Gen nach einer länger dauernden Behandlung in ausreichendem Maß exprimiert wird.»

Über die Sicherheit: «Da es Stämme von «Verpackungszellen» gibt, die frei von natürlichen Helferviren sind, sollten die Viren produzierenden Zellstämme, die für klinische Studien verwandt werden, von diesen abstammen...»

Mulligans Schluß: «Zu diesem Zeitpunkt zu klinischen Studien überzugehen würde die notwendigen vorklinischen Untersuchungen übergehen, die für einen Erfolg in der Klinik unerläßlich sein werden.... Ausgehend von unserem derzeitigen Verständnis der Vorgänge bei einem Gentransfer und den Ergebnissen der *in-vitro*-Studien mit Mäusen, Affen und Hunden sind die vorgeschlagenen Versuche nicht zu verantworten.»

Auch Dusty Miller führte an, daß es Zellstämme gab, die retrovirale Vektoren ohne Kontaminationen mit infektiösen Helferviren produzierten. Deshalb bestünde keine Notwendigkeit, kontaminierte Vektor-Präparationen zu verwenden. Am Ende boten sowohl Mulligan als auch Miller – obwohl sie mit dem NIH-Team in verschiedenen Punkten nicht übereinstimmten – ihre verbesserten Stämme von Verpackungszellen an, um dem Experiment eine erhöhte Erfolgschance und Sicherheit zu verleihen.[26]

Aber das vielleicht größte Problem hatte nichts mit den Daten des NIH-Teams zu tun, sondern mit einer Revolution in der Behandlung des ADA-Mangels selbst. Inzwischen war es möglich, diese ansonsten unweigerlich tödliche Krankheit mit wöchentlichen ADA-Enzym-Ersatz-Injektionen unter Kontrolle zu halten. Im Herbst 1987 hatte Michael Hershfield von der Duke University einen vorläufigen Bericht über die Therapie zweier SCID-Kinder publiziert. Sie erhielten Injektionen von Rinder-ADA, die mit Polyethylenglykol stabilisiert worden war (PEG-ADA), so daß sie bei Menschen angewendet werden konnte – und das offenbar mit großem Erfolg. Hershfields Daten zeigten, daß die Enzym-Injektionen die Immunschwäche aufhoben.

«Mir scheint, daß ein wichtigerer Faktor, der in die Überlegungen über einem ersten Versuch einer Gentherapie des ADA-Mangels mit einfloß, der war, daß eine bestimmte Untergruppe von Patienten... vom ethischen Standpunkt aus betrachtet ideale Kandidaten seien – ideal deshalb, weil es keine wirksame Therapie für sie gab... Diese Situation besteht möglicherweise nicht länger, wenn zur Zeit laufende Großversuche mit PEG-ADA weiterhin zeigen, daß sie sicher und in der Wiederherstellung der Immunfunktion wirksam sind...» schrieb Hershfield in seiner Stellungnahme zu Andersons Schriftstück. «Auf einen Nenner gebracht, lautet meine Ansicht, *daß man jetzt noch nachdrücklicher als bisher auf der Forderung nach überzeugenden, vorklinischen Nachweisen der Effizienz und Sicherheit der Einschleusung von Genen bestehen muß, bevor man Experimente bei Menschen unternimmt.*[Hervorhebung von ihm]»[27]

Wo eine ganz und gar experimentelle Behandlungsmethode bei todgeweihten Kindern bisher ethisch vertretbar schien, gab es jetzt eine überzeugende Alternative, die wahrscheinlich ebenso wirksam, aber weniger riskant war. Die Entwicklung der PEG-ADA veränderte die ethischen Verhältnisse dramatisch zu Ungunsten der Gentherapie – besonders, da Anderson nicht beweisen konnte, daß sie bei Tieren funktionierte.

Miller faßte die übereinstimmende Meinung der Forscher am einfachsten zusammen: «Kurz gesagt, die [hier angeführten] Daten reichen nicht aus, um einen Versuch am Menschen gutheißen zu können.»

Die meisten Menschen wären durch derartige vernichtende Angriffe entnervt worden, aber für Anderson waren sie genau das, was er brauchte. Das Spiel war eröffnet, jetzt setzte Anderson an, das Mittelfeld zu erobern. Da seine heftigsten Kritiker nun ihre Einwände vorgebracht hatten, konnte er versuchen, ihnen zu begegnen. Seine Erwiderung kam am 20. November 1987 in Form eines zehnseitigen Briefs.[28]

«Insgesamt teilen wir im Prinzip alle Bedenken der Kritiker», begann er. Dann widerlegte er systematisch jeden Punkt, der die Besorgnis der Kritiker erregt hatte.

Über die Expression: «Die niedrige Infektionsrate... ist zweifellos ein Problem... Und es gab keinen überzeugenden Hinweis darauf, daß die omnipotenten Stammzellen infiziert worden wären», gab Anderson zu. «Die sehr geringe Infektionsrate wäre nur dann von therapeutischem Wert für einen Patienten, wenn die korrigierten Zellen einen Selektionsvorteil in seinem Körper besäßen.... Es gibt allerdings starke Indizien dafür, daß ADA-Plus-T-Zellen über einen Selektionsvorteil bei SCID-Patienten verfügen.» Diese Indizien ergeben sich aus Knochenmarktransplantationen speziell für SCID-Patienten, bei denen alle Blutzellen im

Körper des Patienten seine eigenen bleiben, mit Ausnahme der T-Zellen, die von einem Spender stammen.

Über PEG-ADA: Da nur zwei Kinder für mindestens eines Jahr PEG-ADA erhielten, und nur eines von ihnen objektive Anzeichen dafür hat erkennen lassen, daß sein Immunsystem zum Teil wiederhergestellt war, «hat sich bisher keine Behandlungsmethode als völlig zufriedenstellend erwiesen».

Über Sicherheit: Die NIH-Gruppe hat die Sicherheit ihrer retroviralen Vektoren überprüft, indem sie vorsätzlich große Mengen infektiöser Helferviren in Affen injizierte (bis zu 20 Prozent ihrer Blutvolumina). Nicht einmal diese große Menge von Helferviren rief Symptome hervor, selbst wenn das Immunsystem der Tiere medikamentös unterdrückt worden war.

Andersons Schlußfolgerung: «Wäre es in der spezifischen klinischen Situation, in der sämtliche verfügbaren Therapien (einschließlich wiederholter Knochenmarktransplantationen und PEG-ADA) bei einem ADA-SCID-Patienten versagt haben und man ihm nichts weiter anzubieten hat, wirklich ethisch, ihm angesichts des sicheren Todes die potentiell lebensrettende Gentherapie zu verweigern? Sicherlich würden wir uns bedeutend wohler fühlen, wenn wir besser verstünden, was beim Gentransfer vor sich geht, wenn wir über reinste Viruskulturen ohne Helferviren verfügten, wenn wir bei mehreren Affen über einen Zeitraum von mehreren Jahren hinweg eine um 10 Prozent höhere menschliche ADA-Produktion beobachtet hätten und so weiter. Aber die klinische Entscheidung im erwähnten Fall wie auch in anderen schwierigen medizinischen Situationen sollte auf eine Einschätzung des Risiko/Nutzen-Verhältnisses für den Patienten gegründet sein, und in diesem Fall muß man die Drohung des bevorstehenden Todes in Betracht ziehen. Da wir von wenigstens drei Kindern wissen, die bald in die Kategorie der ‹letzten Hoffnung› fallen könnten, und da unsere Sicherheitsstudien so weit ergeben haben, daß kein Risiko für Personen besteht, die mit den behandelten Patienten in Kontakt kommen, glauben wir, in naher Zukunft eine eng umrissene klinische Studie beantragen zu müssen, um eine definitive Beurteilung einzuholen. Unser jetziges Protokoll enthält die Mindestforderungen nach Effizienz und Sicherheit für eine solche Vorgehensweise bei Härtefällen.»

Jetzt lagen die Begründungen beider Seiten vor. Anderson hatte seine Gegner dazu gebracht, ihre Einwände darzulegen, und er hatte sie so gut er konnte entkräftet – obwohl er selbst zugab, daß er sich wünschte, bessere Gegenargumente zu haben. Trotzdem hatte er die Debatte auf wohl erwogene Weise an einem Punkt gelenkt, an dem er darlegen konnte, daß jetzt die Zeit gekommen war, zu beginnen – zumindest bei todgeweihten Patienten. Es war nichts weiter erforderlich, als das Human Gene Therapy Subcommittee bei seiner öffentlichen Versammlung im Dezember 1987 zu überzeugen und zu dem Eingeständnis zu veranlassen, daß ein formaler Antrag gestellt werden konnte. Je nach dem, was die Mitglieder des RAC-

Komitees sagen würden, plante Anderson, «mit der Vorbereitung einer begrenzten klinischen Studie für Härtefälle nach dem Treffen am 7. Dezember zu beginnen.»[29]

Das RAC und sein Unterausschuß stellen außergewöhnliche Institutionen dar, die ihren öffentlichen Pflichten mit nur geringer Auswirkung auf die öffentliche Meinung von der Genetik nachkommen. Wissenschaftler wie Anderson, die den Rahmen des Akzeptierbaren erweitern möchten und unter Ablehnung im gesellschaftlichen Bereich der Wissenschaft leiden, erhalten eine faire Anhörung, bei der sie ihren Fall darlegen und das Komitee ihrem Standpunkt geneigt machen können.

Am 7. Dezember 1987 trug Anderson seinen Fall vor und bat um Erlaubnis, mittels eines Protokolls für Härtefälle als erster das Gebiet der Gentherapie betreten zu dürfen. Seine Jury bestand aus 15 Mitgliedern des Gentherapie-Unterausschusses. Es war bewußt eine gemischte Gruppe aus drei Grundlagenforschern, drei Klinikern, drei Ethikern sowie drei Juristen und Fachleuten für Öffentliches Recht. Der Unterausschuß hatte den Nobelpreisträger Howard Temin gebeten, ihm als fachlicher Berater zu helfen, Andersons vorklinische Resultate und sein künftiges Protokoll zu beurteilen. Da Temin an diesem 7. Dezember nicht kommen konnte, nahm der Unterausschuß mit einem Vertreter vorlieb: Richard Mulligan. Andersons Wunsch, daß sein Protokoll unter den härtesten Bedingungen geprüft würde, war in Erfüllung gegangen.

Anderson begann mit der Entschuldigung, seine Gruppe sei noch nicht bereit, ein formales Protokoll vorzulegen, aber er würde über die einzelnen Punkte diskutieren. Anfangs drehte sich die Debatte wieder einmal um die Wirksamkeit und die Sicherheit des Experiments. Charles Epstein, ein Forscher von der University of California in San Francisco, der die Untersuchung für das Komitee leitete, folgerte, es wäre «besser, die Verwendung von Helferviren zu vermeiden». Weiterhin sagte er: «Die Behandlung mit Polyethylenglykol-Adenosindesaminase [PEG-ADA] muß eingehender überprüft werden, bevor andere Therapien versucht werden.»

Als die übrigen Wissenschaftler und Ärzte verlangten, daß über die technischen Einzelheiten gesprochen würde, griff James E. Childress, ein Moraltheologe von der Abteilung für religiöse Studien an der University of Virginia, die Bombe auf, die Anderson am Schluß seiner Erwiderung gelegt hatte: Er sprach nicht von einem regulären klinischen Versuch, sondern von einem Verfahren für todgeweihte Patienten, das selbst dann angebracht wäre, wenn die Fragen nach der Sicherheit und der Wirksamkeit nicht ausreichend geklärt wären, um eine Studie zu rechtfertigen. Childress nahm an, daß «ein Versuch in einem hoffnungslosen Fall [moralisch] gerechtfertigt sein könnte».

Die Meinung des Ethikexperten überraschte das Komitee. «Gibt es hier zufällig einen plötzlichen Anstieg an hoffnungslosen Fälle?» erkundigte sich Alexander

Capron, ein Anwalt von der University of Southern California, der auch an «Splicing Life» beteiligt gewesen war. Im weiteren Verlauf der Verhandlung sollte Capron anführen, daß man Gefahr liefe, «hoffnungslose Fälle» auszunutzen. Erstens konnte eine übereilte Vorlage stattfinden – übereilt, weil die Wahrscheinlichkeit eines Nutzens sehr gering war –, und zweitens blieb die Möglichkeit eines Schadens groß, selbst wenn sich ein Nutzen für andere – aber nicht für den ersten Patienten – zeigen sollte.

Diese Diskussion erstaunte Mulligan. Es sah allmählich so aus, als würde eine ethische Spitzfindigkeit Anderson das ermöglichen, was Mulligan selbst als «schlechte Wissenschaft» bezeichnete. Außerdem waren in seinen Augen sämtliche Kandidaten für eine Gentherapie so hoffnungslose Fälle, daß sie unter diese Kategorie fielen.

«Bitte, entschuldigen Sie», sagte er, «aber wie ich es verstanden habe, ging es French nie um mehr als zwei Patienten, worin besteht also der Unterschied? Ich sehe nicht ein, wieso sich das Problem geändert haben soll.» Maurice L. Mahoney von der Yale University pflichtete ihm bei, aber die Debatte über «hoffnungslose Fälle» flammte immer wieder auf.

Als Mulligan an der Reihe war, ließ er die wissenschaftlichen Probleme Revue passieren und bombardierte Anderson mit Fragen, auf die dieser nicht immer eine gute Antwort hatte.

«Ich bin neugierig, ob Sie Daten besitzen, die eine Infektion von Stammzellen beweisen?» begann Mulligan.

Das war ein entscheidender Punkt. Anderson erwiderte: «Wir haben keine Hinweise darauf, daß wir omnipotente Zellen erreicht haben.» Und wieder drehte sich die Debatte um die Frage, ob die mit Genen behandelten Knochenmarkzellen einen Selektionsvorteil hätten.

«Aber eine Expression von 0,5 Prozent ist sehr gering», sagte Mulligan. «Welchen Wirkungsgrad würde es erfordern, um einen Selektionsvorteil zu erhalten?»

«Auch das ist eine kritische Frage», soll Anderson laut der *Los Angeles Times* gesagt haben.[30] «Es gibt Daten und Untersuchungen, aber sie beantworten diese Frage immer noch nicht», sagte er. «Wir wissen es nicht genau.»

Die Debatte schoß sich immer wieder auf mögliche Gefahren durch Helferviren und die Frage ein, ob man ein Mausmodell für den ADA-Mangel erstellen könnte, um die Gentherapie an ihm zu erproben, bevor man zu Menschen überging.

Endlich wandte Mulligan sich direkt an Anderson und fragte ihn rundheraus: «Ich bin wirklich gespannt, French. Glauben Sie, daß es klappen würde, wenn Sie es versuchten?»

«Das ist die entscheidende Frage», erwiderte Anderson. «Niemand kann es mit Sicherheit sagen. Ich halte es nicht für wahrscheinlich.»

«Was hoffen Sie, dabei zu erfahren?» wollte Mulligan wissen.

«Wir werden erfahren, ob ein Selektionsvorteil für ADA-korrigierte Zellen besteht», erwiderte Anderson.

«Und wenn nichts geschieht?»

«Auch das ist eine gute Frage.»

Um 15 Uhr hatten beide Parteien das Gefühl, sich ihrem Sieg zu nähern. Aber in Wirklichkeit glich die Situation eher einem Patt. Mulligan glaubte, unwiderlegbar gezeigt zu haben, daß es keinerlei Hinweise auf eine ausreichende Wirksamkeit oder Sicherheit gab, um für einen Versuch am Menschen zu sprechen. Anderson glaubte, die Gegenstände der Debatte seien klar definiert und jedermann verstünde jetzt die Fragen, die gelöst werden mußten und über die es zu entscheiden galt.

«Nach dem heutigen Gespräch», verkündete Anderson am Schluß, «wird meine Gruppe sich zusammensetzen und ein engumrissenes Protokoll für hoffnungslose Fälle entwerfen. Dann wird das Komitee eine begründete Entscheidung treffen müssen.»

Um die Zeit der Zusammenkunft des Unterausschusses pflegte Anderson regelmäßig seine Mitarbeiter bei einem Pizza-Essen im Konferenzraum des Labors zu versammeln. Er bat sie, per Handheben anzudeuten, wieviele von ihnen an dem Experiment einer ADA-Gentherapie teilnehmen würden, wenn es sich um ihr eigenes Kind handelte. Ein Drittel von ihnen sagte, sie würden es tun, ein weiteres Drittel entschied sich dagegen, und die übrigen waren unentschieden. Anderson dachte, wenn sogar seine eigenen Leute nicht völlig auf das ADA-Protokoll eingeschworen waren, sollte er vermutlich nicht weitermachen, so sehr er sich auch wünschte, die Gentherapie an Menschen zu erproben. Das NIH-Team würde einen Weg finden müssen, die Erfolgsaussichten zu verbessern. Dem Recombinant DNA Advisory Committee sollte niemals ein Protokoll für hoffnungslose Fälle unterbreitet werden.

Einige Monate, bevor Anderson und Mulligan vor dem RAC aneinandergerieten, erreichte Michael Blaese im Sommer 1987 einen Zustand der Hoffnungslosigkeit, den er bisher nicht gekannt hatte.[31] Er saß in seinem Büro, die gesamten Daten aus den ADA-Versuchen mit Affen über den ständig überladenen Schreibtisch seines vollgestopften, überfüllten Büros gebreitet, und starrte sie an. Seit zwei Jahren rannten Anderson, O'Reilly und die übrigen gegen eine biologische Wand an, die omnipotenten Stammzellen. Alle Laboratorien waren auf dasselbe Problem gestoßen. Sie konnten Gene in Knochenmarkzellen einbringen, aber das Ergebnis war entweder äußerst ineffizient oder die genmanipulierten Zellen starben nach ein paar Monaten ab – oder beides.

Aber die Laborversuche mit transformierten T-Zellstämmen schienen das Gegenteil zu zeigen. Es war bei so gut wie allen Genen, die sie ausprobiert hatten, kinderleicht gewesen, sie stabil in diese Zellen einzufügen. Blaese hätte gern gewußt, wieso. Eine mögliche Erklärung hing mit dem Retrovirus selbst zusammen: Es kann die Gene, deren Träger es ist, nur dann integrieren, wenn die Zelle sich teilt. Die Stammzellen im Knochenmark hingegen verhielten sich anscheinend passiv und machten nur selten einen Reproduktionszyklus durch, in dem ihre DNA dann für Retroviren verfügbar wäre. «Wenn wir demnach Lymphozyten kultivieren und sie sich ständig teilen, ist es ein Kinderspiel, das Gen einzufügen», dachte Blaese in einer plötzlichen Erleuchtung. «Aber wenn die Stammzelle sich einfach nicht teilt, ist sie nicht verfügbar.»

Da Knochenmarktransplantate – wie Blaese wußte – SCID-Kinder heilten, indem sie sie mit einer Quelle von normalen T-Lymphozyten versorgten, mußten sie vielleicht nichts weiter tun, als die wenigen Lymphozyten, die sich im Blutkreislauf der Kinder befanden, genetisch zu korrigieren. Auch, wenn diesen peripheren T-Zellen – wie man glaubte – eine kurze Lebensdauer beschieden war, mochten sie einen ausreichend großen Selektionsvorteil gegenüber den erkrankten T-Zellen innehaben, um sich durchzusetzen, dachte Blaese.

Er beschloß, ein paar Untersuchungen vorzunehmen, um zu sehen, ob es möglich war, das ADA-Gen in normale T-Zellen einzubringen. Don Kohn hatte bei seinen ersten Gentransfer-Versuchen die unsterblichen T-Zellstämme verwendet, die Blaese erschaffen hatte, indem er Knochenmark von SCID-Kindern mit dem HTLV-1-Virus infizierte. Diese Zellen waren hervorragend für die Grundlagenforschungen im Labor geeignet, aber sie waren nicht «normal». Bevor Blaese vorschlagen konnte, Gene in die reifen T-Zellen von Patienten einzufügen, mußte er nachweisen, daß es im Labor möglich war.

Der Sommer 1987 war jedoch eine Übergangszeit in Blaeses Labor. Don Kohn hatte eine Stelle im Children's Hospital in Los Angeles angenommen. Dr. Kenneth Culver, sein Nachfolger, würde erst im Juli eintreffen. Ken Culver hatte nie zuvor von Mike Blaese oder der Gentherapie gehört.[32] Er war in Iowa geboren, aufgewachsen und zur Schule gegangen, hatte die University of California in San Francisco besucht und war ein Experte für pädiatrische Knochenmarktransplantationen geworden. Culver hatte Kohn bei einem wissenschaftlichen Kongreß an der Westküste kennengelernt. Dabei hatte er von der fortschrittlichen Arbeit gehört, die am NIH geplant war, und war gefesselt gewesen. Kohn bot Culver einen Schlafplatz in Bethesda an, wann immer er vorbeikam, und schlug vor, ihn Blaese vorzustellen. Aus einer Laune heraus nahm Culver Kohns Angebot an, traf sich mit Blaese und beschloß, sich um Kohns Job zu bewerben. Er erhielt ihn und übernahm sogar Kohns Haus und Auto. Es war ein fast kompletter Austausch.

Als Culver im Juli 1987 im Labor eintraf, schlug Blaese ihm vor, sich Blut abzuzapfen und zu versuchen, Stämme seiner eigenen peripheren T-Zellen zu züchten, in die sie das ADA-Gen einzufügen versuchen könnten. Culver – jung und impulsiv – zeigte sich unbeeindruckt. Da das Labor bereits Stämme von

T-Zellen der Kinder mit ADA-Mangel transformiert hatte, sah er keinen Sinn in dem Versuch, das Gen in normale T-Zellen einzubringen, die bereits menschliches ADA-Protein produzierten. Er brannte darauf, etwas Bedeutendes auszuprobieren. Blaese setzte ihn auf ein Projekt an, um zu sehen, ob er einer Maus T-Zellen entnehmen, das menschliche ADA-Gen einfügen, die genmanipulierten Zellen wieder in die Maus zurückverpflanzen und eine Produktion von menschlichem ADA entdecken konnte. Dieses Experiment erforderte Zeit, und Culver konnte nicht erkennen, was es bezwecken sollte.

In der gesamten Gentherapie – bei allen Forschungsgruppen – hatten die Stammzellen des Knochenmarks im Mittelpunkt gestanden. Nur, wenn es gelang, das Gen in die Stammzellen einzubringen, konnte man dem Patienten auf Dauer helfen oder ihn sogar heilen. Aber Blaese war Arzt; er wußte, daß die meisten medizinischen Behandlungen keine Krankheiten heilen, sondern nur Symptome beheben. Oft reichte das aus. Er wußte, daß sie den Kindern ADA-defizitäre T-Zellen entnehmen konnten, besonders jetzt, da PEG-ADA eingesetzt wurde, um die Konzentration toxischer Stoffwechselprodukte zu verringern, die normalerweise die T-Zellen abtöteten. Wenn es ihnen gelang, das ADA-Gen in die defekten peripheren T-Zellen einzubringen und ans Funktionieren zu bringen, dann konnten sie möglicherweise eine Behandlung anbieten, die besser als PEG-ADA war, weil das Protein in den Zellen hergestellt würde, in denen es gebraucht wurde.

Aber es gab zwei Probleme: T-Zellen leben nicht ewig, obwohl Blaese davon ausging, daß eine Art von T-Zellen – die sogenannten Memory-Zellen (das «Gedächtnis» des Immunsystems) – mehrere Jahre oder sogar Jahrzehnte leben konnten. Er sagte oft, wenn zum Beispiel ein Tetanus-Impfstoff gegeben wird, wird einigen T-Zellen beigebracht, das Tetanus-Antigen zu erkennen. Der Grund, weshalb der Impfstoff wirkt, ist der, daß diese «trainierten» Zellen jahrelang im Blut bleiben. Deshalb kann – wenn zehn Jahre später ein Tetanus-Hauttest gemacht wird – immer noch eine häßliche, rote Beule auf der Haut entstehen. Wenn man fremde Gene in diese langlebigen Memory-Zellen bekommen konnten, mochte sich die Behandlung tatsächlich für lange Zeit günstig auswirken.

Das zweite Problem war French Anderson. Als Culver im Herbst 1987 seine ersten guten Ergebnisse erhielt und Blaese über eine neue Richtung in der Gentherapie nachdachte, war Anderson von ADA und Knochenmark besessen. Das rechtliche Schachspiel war in vollem Gang, die kritischen Beurteilungen des vorläufigen Studienprotokolls kamen herein, und Anderson formulierte seine Erwiderung. Alles bereitete sich auf den großen Showdown bei der Zusammenkunft des RAC-Ausschusses am 7. Dezember vor. Blaese erzählte Anderson immer wieder von Culvers Daten, und daß sie vielleicht vom Knochenmark auf die peripheren T-Zellen umsteigen sollten, da sie offenbar viel besser funktionierten. Drei Monate lang weigerte sich Anderson, zuzuhören. Er war nicht an einer Gentherapie für periphere T-Zellen interessiert, sagte er Blaese immer wieder.

Aber nach dem Patt beim Treffen mit dem Unterausschuß in Dezember, der unschlüssigen Haltung seiner Mitarbeiter und den zunehmend günstigen Nachrichten über PEG-ADA, die seiner Argumentation für Gentherapie-Versuche an Kindern den Wind aus den Segeln nahmen, war Andersons Hoffnung, eine Genehmigung für seinen Therapieversuch zu erhalten allmählich geschwunden. Als Folge wurde er offener für Alternativen, und Blaese drang endlich zu ihm durch. Plötzlich ergab alles einen Sinn für Anderson, und er ließ sich dafür begeistern. Culvers Arbeit mit Mäusen zeigte, daß sie T-Zellen entnehmen, sie im Labor züchten, das ADA-Gen einfügen und zur Herstellung großer Mengen ADA-Protein bringen, und dann die T-Zellen in die Mäuse zurückgeben konnten, wo sie weiterhin das ADA-Protein herstellten. Sie hatten eine verläßliche Methode gefunden, die Gene in eine brauchbare Zelle zu transportieren, die für eine gewisse Zeit im Körper bestehen blieb (wenn auch nicht so lange wie die Stammzellen) und das Protein herstellte. Und es war ein logischer Schritt, der sie der Einschleusung von Genen in Menschen näherbringen würde.

Blaese und Culver setzten die Experimente mit Mäusen vier Monate lang fort, um sicherzugehen, daß die Expression des Gens stabil blieb. Sie tat es. Als nächstes – Anderson war jetzt voll dabei – gingen sie zu Affen über: Sie entnahmen dem Blut der Affen T-Zellen, züchteten sie im Labor, fügten das ADA-Gen ein und verpflanzten die T-Zellen wieder in die Affen. Schließlich erzielte das NIH-Team durch eine einzige Behandlung eine länger als zwei Jahre anhaltende Expression des ADA-Gens.

Und schließlich, im Herbst 1987, telefonierte Blaese herum und bat die Ärzte mit SCID-Patienten, Proben peripheren Bluts zu schicken, aus denen Culver defekte T-Zellen isolierte. Diese Zellen, die nicht mit dem HTLV-1-Virus transformiert wurden, gediehen im Labor nur zögernd, aber Culver schaffte es mit Hilfe einer wachsenden Auswahl an Wachstumsfaktoren für menschliche Lymphozyten, sie lange genug am Leben zu halten, um zeigen zu können, daß er das ADA-Gen einfügen und es für eine genügend lange Zeit Protein produzieren lassen konnte. Alles, was man von wissenschaftlicher Seite tun konnte, um die Vertretbarkeit des Ansatzes nachzuweisen, war jetzt getan oder würde bald getan sein.

In diesem Winter fanden sogar Bestrebungen statt, die wachsende Feindseligkeit zwischen der NIH-Gruppe und Mulligans Team am MIT zu entschärfen. Im Januar 1988 wurde eine der alljährlichen UCLA-Konferenzen über verschiedene Forschungsfragen in Tiborun (Kalifornien) über die Techniken des Gentransfers abgehalten. Anderson und Blaese kamen – wie auch Mulligan –, um ihre Arbeit vorzustellen. Eines Abends lud Mulligan das NIH-Team in seine Labor-Räume zu einem Bier ein, um mit ihnen über Gene zu sprechen. Alle bemühten sich angestrengt und ein wenig steif, freundlich zu sein und über Probleme auf diesem Forschungsgebiet zu sprechen.

Anderson hielt die gesellschaftlichen Bemühungen für recht erfolgreich und nannte dies oft als Beweis dafür, daß er und Mulligan in Wirklichkeit keine persönlichen Feinde waren, sondern nur im wissenschaftlichen Bereich verschiedene Ansichten hatten. Mulligan überzeugte das Treffen davon, daß Anderson ein Dünnbrettbohrer war, daß aber einige Leute in seinem Team wirklich etwas von ihrem Fach verstanden, wenn sie auch nicht die besten und klügsten waren. Letzten Endes brachte dieser Versuch der Annäherung und der Entspannung wenig Gutes.

Aber das bereitete dem NIH-Team keine Sorgen. Sie standen schließlich kurz davor, erste Gentherapie-Versuche an Menschen durchzuführen. Nachdem Blaese Anderson den T-Zellen nähergebracht hatte, glaubte er, sie sollten Steven A. Rosenberg, Chef der chirurgischen Abteilung am National Cancer Institute, der einen revolutionären, neuen Ansatz in der Krebsbekämpfung entwickelt hatte, miteinbeziehen.

In den 70er Jahren hatte Dr. Robert Gallo (der später in der Aidsforschung bekannt wurde) ein Lymphokin oder Wachstumshormon für Leukozyten entdeckt, das Interleukin-2 (IL-2), das ihm ermöglichte, normale Leukozyten im Labor zu züchten. Rosenberg begann nun, IL-2 einzusetzen, um das Immunsystem von Krebspatienten zu stärken, damit es die Krankheit selbständig bekämpfte. Eine direkte IL-2-Injektion führte zu Anzeichen einer Aktivität, aber IL-2 mußte sehr vorsichtig dosiert werden, da es toxisch wirkt. Es führt zu gefährlichen Flüssigkeitsansammlungen in der Lunge und hat noch weitere Nebenwirkungen.

In der Versuchsreihe entnahm Rosenberg Leukozyten aus dem Blut von Patienten und kultivierte sie mit Hilfe von IL-2. Seine Idee war, daß das Immunsystem Krebszellen identifizieren und abtöten konnte, aber daß es einfach nicht genug Lymphozyten gab, um den Krebs flächendeckend zu vernichten. Also züchtete er – stimuliert durch IL-2 – Milliarden von Lymphozyten (er nannte sie Lymphokin-aktivierte Killerzellen oder kurz LAK) und gab sie dann in den Körper der Krebspatienten zurück. Bei einzelnen Patienten mit einem Melanom (einem bösartigen Hautkrebs) war das Ergebnis dramatisch: Die Patienten wurden geheilt. Aber die meisten von ihnen starben, entweder, weil sich ihre Krankheit nicht besserte, oder, weil sie nach einer kurzfristigen Besserung einen Rückfall erlitten.[33]

Rosenberg begann, um die Wirksamkeit seiner Methode zu erhöhen, aus operativ entfernten Melanomen die Leukozyten zu isolieren, die in den Tumor eingedrungen waren. Diese tumorinfiltrierenden Lymphozyten (TIL) waren am ehesten fähig, Krebszellen zu erkennen, anzugreifen und zu töten. Er stimulierte die TIL mit IL-2 und produzierte Milliarden von TILs, die er in die Patienten zurückgab. TILs waren besser als LAKs: Etwa 10 Prozent der Patienten wurden geheilt. Weitere 30 bis 40 Prozent sprachen auf die Therapie an, wurden jedoch nicht völlig geheilt, und die übrigen Patienten reagierten nicht.

Rosenberg hatte keine Ahnung, weshalb das so war. Sicher waren nicht alle TIL gleich. Er wußte weder, wohin sie im Körper gingen, noch, wie lange sie am Leben blieben. Seine Gruppe markierte einige tumorinfiltrierende Lymphozyten mit einer radioaktiven Substanz, so daß sie den Weg der Zellen im Körper mit einer Gammastrahlen-Kamera verfolgen konnten. So stellten sie fest, daß sich die meisten Zellen in den Tumoren konzentrierten. Aber diese Experimente gaben keinen Aufschluß darüber, wie lange die tumorinfiltrierenden Lymphozyten lebten und wie aktiv sie waren, weil die Strahlung sowohl sie als auch den Patienten schädigten, so daß nur kurzlebige Isotope (z.B. ^{111}Indium mit einer Halbwertzeit von 2,8 Tagen) verwendet wurden.

Die Unzulänglichkeit der TIL-Behandlungen hatte Rosenberg bereits dazu veranlaßt, über eine Gentherapie nachzudenken. Wäre es möglich, so fragte er sich, die TIL-Zellen mit einem Gen zu bestücken, das das Wachstumshormon IL-2 herstellte? Oder mit einem anderen biologisch aktiven Protein wie dem Tumornekrosefaktor (TNF), der Krebszellen in Kulturen und in Tierversuchen absterben ließ? Rosenberg hatte 1986 eine kurze Zusammenarbeit mit Werner Green versucht, einem IL-2-Experten, der damals am NIH tätig war, wo er versucht hatte, das IL-2-Rezeptorgen mittels der Kalziumphosphatmethode in T-Zellen einzufügen. Rezeptoren sind wie Antennen auf den Dächern der Zellen. Sie ermöglichen den Zellen, chemische Signale zu empfangen, die sie beispielsweise auffordern, zu wachsen oder eine Krebszelle anzugreifen. Rosenberg hoffte, daß die T-Zellen auf diese Weise mehr IL-2-Rezeptoren als normalerweise produzieren würden und daher besser in der Lage wären, auf IL-2-Signale zu reagieren und den Krebs zu bekämpfen. Der Versuch hatte niemals Erfolg, weil die Transfermethode darin versagte, das Gen in die tumorinfiltrierenden Lymphozyten zu transportieren. Danach verließ Werner Green das NIH, um an die Duke University zu gehen.

Der Grund für Blaeses Wunsch nach einer Verbindung mit Rosenberg war einfach: Rosenberg wußte mehr über die Zucht großer Mengen menschlicher T-Zellen als sonst irgend jemand auf der Welt. Sein Labor, das drei Stockwerke unter dem von Blaese lag, war vollständig ausgerüstet und für die Arbeit geeignet.

Sobald Anderson mit der Idee einverstanden war, ging Blaese in Rosenbergs Flügel hinab, um sich mit Rosenberg zwanzig Minuten lang auf dem Flur zu unterhalten. Er schlug vor, daß sich alle wichtigen Beteiligten trafen, um eine Zusammenarbeit zu vereinbaren und festzustellen, welche Experimente einer

Zustimmung durch die Komitees bedurften. Rosenberg, der anfangs noch zurückhaltend war, erklärte sich schließlich einverstanden, Blaeses Plan anzuhören.

Am 17. März 1988 suchten Anderson, Blaese und Culver den überfüllten Konferenzraum der chirurgischen Abteilung auf, um Rosenberg ihre Ideen darzulegen. Culver machte den Anfang, indem er seine Resultate bei Mäusen beschrieb, aus denen hervorging, daß man Gene in T-Zellen einbringen konnte und daß sie monatelang erhalten blieben und exprimiert wurden. Dann übernahm Blaese und erklärte, daß sie aus politischen Gründen behutsam vorgehen und anfangs nur vorschlagen würden, das Neomycin-Resistenz-Gen in die TIL-Zellen einzubringen, um die Zellen zu «markieren», damit Rosenberg von Zeit zu Zeit Biopsien vornehmen konnte, um festzustellen, wohin die TIL-Zellen im Körper gingen und wie lange sie erhalten blieben. Das *neo*-Marker-Gen würde es Rosenberg ermöglichen, die TIL-Zellen von allen übrigen Leukozyten im Körper zu unterscheiden. Vielleicht könnte er letztlich herausfinden, weshalb die tumorinfiltrierenden Lymphozyten manchmal funktionierten und dann wieder versagten.

Aber Blaeses Vorschlag stellte einen dramatischen Abschied von dem dar, was alle als ersten Versuch einer Gentherapie beim Menschen erwartet hatten. Tatsächlich war es nicht einmal eine Therapie. Das *neo*-Marker-Gen würde eine positive Wirkung der tumorinfiltrierenden Lymphozyten nicht verstärken. Das Experiment würde keinen unmittelbaren Nutzen für die Patienten haben, und dieser Umstand mochte zu einem ethischen Problem führen, wenn es darum ging, eine Erlaubnis zu erwirken.

Es war auch nicht das, was Rosenberg wollte. So begierig Anderson auch sein mochte, als erster ein Gentherapieexperiment durchzuführen; Rosenberg war davon besessen, eine Heilmethode bei Krebs zu finden, und er glaubte, daß sein TIL-Ansatz oder eine Spielart davon der Schlüssel dazu war. Wenn er sich mit den Gentherapieforschern aus einer anderen Abteilung des Klinikums zusammentat, dann wollte er Gene einschleusen, die die positive Wirkung von tumorinfiltrierenden Lymphozyten verstärkten. Blaese hielt dies für möglich. Sobald sie die ersten Schritte getan, das *neo*-Gen in die TILs eingebracht und nachgewiesen hatten, daß die Gentherapie beim Menschen funktionierte, konnte das Team den nächsten Schritt ausführen und Gene für die Herstellung von IL-2, Interferon oder den Tumornekrosefaktor einfügen, in der Hoffnung, aus den tumorinfiltrierenden Lymphozyten wirksamere Krebskiller zu machen.

Rosenberg beschloß, mitzumachen. Anderson gab ihm eine Einführung in ihre Technik des Gentransfers und fing sofort mit der Planung einer Serie von Experimenten an. «Bei unserem ersten Treffen», erinnerte sich Anderson, «legten wir unser gesamtes Protokoll dar.» Und sie begannen mit einer intensiven, dreimonatigen Arbeit, in deren Verlauf sie sich jeden Mittwochnachmittag trafen, um Rückschau auf den Fortschritt der Experimente mit Mäusen und Affen zu halten. All die Versuche sollten beweisen, daß ihre Ideen begründet waren.

Im Juni 1988 war das NIH-Team bereit, beim Recombinant DNA Advisory Committee des NIH und bei der staatlichen Food and Drug Administration um die formelle Erlaubnis nachzufragen, einen Gentransfer an menschliche TIL-Zellen vorzunehmen, der dazu dienen sollte, Krebspatienten zu heilen. Schließlich sollte ja alles seine Ordnung haben.

Mit Rosenberg hatten Anderson und Blaese einen mächtigen Verbündeten gewonnen. Er war ein entschlossener Forscher und politisch mit den entscheidenden Gremien in der Krebsforschung und im NIH verbunden, so daß er gewöhnlich bekam, was er wollte. Wichtiger aber war, daß sich die ethische Sichtweise des Experiments veränderte, als man davon abging, gewagte Therapieversuche an Kindern zu erproben, zugunsten eines Versuchs, sterbende Krebspatienten zu heilen.

Diese Vorgehensweise erleichterte es auch dem RAC, seine Entscheidungen zu treffen. Schon immer war die Medizin nachsichtiger gegenüber Ärzten, die eine gewagte Therapie bei verzweifelten Patienten erproben wollten. Aber dieses Experiment würde die feine ethische Trennlinie überschreiten, weil es keinem bestimmten Patienten helfen würde: «Obwohl die Prozedur nicht von unmittelbarem Nutzen für den Patienten wäre, bei dem sie durchgeführt wird, sollten die auf diese Art erhaltenen Informationen bei der Behandlung zukünftiger Patienten und sogar bei einer späteren Behandlung desselben Patienten von Nutzen sein», schrieben die NIH-Wissenschaftler im ersten Antrag.[34]

Das NIH-Team gab zu: «Diese Technik wurde nie zuvor bei Menschen angewendet... [sie] muß einer Reihe ausgedehnter Überprüfungen unterzogen werden...», aber was folgen sollte, hatte niemand erwartet.

Am 29. Juni 1988 trat das Human Gene Therapy Subcommittee des RAC zum ersten Mal zusammen, um über ein Experiment zu beraten, bei dem Gene in Menschen eingeschleust werden sollten. Richard Mulligan erwies sich als einer der drei provisorischen Berater des Unterausschusses. Der Entschluß wurde damit begründet, daß er am besten qualifiziert sei, die Vektoren einzuschätzen, die benutzt würden, um die Gene in die TIL-Zellen zu transferieren.[35]

Niemand hatte erwartet, daß der erste Versuch, Gene in einen Patienten zu transferieren, lediglich der Markierung von tumorinfiltrierenden Lymphozyten bei Krebspatienten dienen sollte, deshalb begann die erste Zusammenkunft des Unterausschusses auf ungewohnte Weise. Die erste Frage lautete, ob es sich bei dem vorgeschlagenen Experiment überhaupt um Gentherapie handele, und ob der Unterausschuß des RAC eine Überprüfung vornehmen sollte. Nachdem es sich eine Weile mit dieser Frage herumgeschlagen hatte, schloß der Unterausschuß:

«Das Protokoll hat große Ähnlichkeit mit einer Gentherapie am Menschen, und der Ausschuß sollte es überprüfen.»

French Anderson stieg aufs Podium und erklärte, weshalb das Neomycin-Resistenz-Gen benutzt werden sollte, um TIL-Zellen zu markieren, und daß es sich um einen ethisch vertretbaren Weg handele, das Gebiet der Gentherapie zu betreten. Michael Lotze, ein Kollege Rosenbergs, erklärte die Bemühungen der chirurgischen Abteilung des National Cancer Institute, das eigene Immunsystem des Patienten zu einer Bekämpfung des Krebses veranlassen. Und schließlich beschrieb Michael Blaese, wie die TIL-Zellen – die einfach nur spezialisierte weiße Blutkörperchen waren – markiert werden sollten, und daß ihre Markierung mit einem Gen jeder anderen Markierungsmethode wie zum Beispiel mittels einer radioaktiven Substanz überlegen war.

Der Unterausschuß hörte höflich zu, bis alle Referenten gesprochen hatten, und begann dann mit der Befragung. Die Fragen entsprachen jenen, die sie Anderson im vergangenen Dezember gestellt hatten, als er sein vorläufiges Protokoll einer geplanten Gentherapie bei Kindern mit ADA-Mangel vorgelegt hatte. Sie entsprachen sogar den Fragen, die fast ein Jahrzehnt zuvor Martin Cline beantworten mußte.

An welchen Tieren war das Verfahren getestet worden? An Affen? Mäusen? Da das Team in seiner jetzigen Zusammensetzung erst vor drei Monaten gegründet worden war, konnten sie nur zeigen, daß der Gentransfer bei menschlichen TIL-Zellen in Kulturen funktionierte. Aus Gründen, die noch niemand herausfinden konnte, war es ihnen nicht gelungen, das *neo*-Gen in die TIL-Zellen von Mäusen einzubringen, aber es bestand kein Zweifel daran, daß es in menschliche Zellen hineinging.

Stellte *neo* das Neomycin-Protein in TIL-Zellen her, und wieviel produzierte es? Ja, das *neo*-Gen produzierte das Neomycin-Protein tatsächlich, aber das spielte eigentlich keine Rolle, weil das Gen kein Protein produzieren mußte, um einen therapeutischen Effekt hervorzurufen; es mußte nur in die Zellen gelangen und sie markieren, weil es mittels eines verhältnismäßig einfachen, neuen Labortests, der Polymerase-Kettenreaktion (PCR = Polymerase Chain Reaction), leicht auszumachen war.

Und wie stand es mit der Sicherheitsfrage, die Anderson im letzten Jahr wahrlich genug geplagt hatte: der Produktion von Helferviren durch die Zellstämme, die entwickelt worden waren, um die Vektoren hervorzubringen? Das NIH-Team war bereits auf einen neuen Stamm von Produktionszellen umgeschwenkt, der auf die Arbeit von Dusty Miller am Hutchinson-Krebszentrum in Seattle zurückging. Man glaubte, daß dieser Zellstamm die Möglichkeit einer Produktion von Helferviren ausschloß. Aber Richard Mulligan erhob sich, um zu fragen, ob die Sicherheitstests, die Anderson und die übrigen anwandten, tatsächlich empfindlich genug seien, um einzelne Helferviren zu entdecken.

Das Gespräch kam immer wieder auf die Sicherheit zurück und verweilte bei geringfügigen technischen Details, bis die Animosität zwischen Anderson und Mulligan einen Punkt erreichte, an dem keiner von beiden noch zuhörte, was der andere sagte.

Da keine Lösung in Sicht war, stimmte der Unterausschuß schließlich dafür, die Studie nicht zu genehmigen, bis das NIH-Team mehrere Bedingungen erfüllt hatte: Sie mußten Versuche mit Mäusen durchführen, um nachzuweisen, daß sie das *neo*-Gen in die TIL-Zellen der Tiere einfügen konnten, daß sie das Gen ausfindig machen konnten, nachdem es in den tumorinfiltrierenden Lymphozyten der Mäuse war, und daß keine unerwünschten Nebeneffekte wie die Produktion von Helferviren oder Krebsentstehung auftraten. Außerdem verlangte der Unterausschuß zusätzliche Informationen. Sie wollten wissen, ob die markierten TIL-Zellen «repräsentativ für die Zellpopulation» seien, und sie verlangten eine Blindversuch mit menschlichen tumorinfiltrierenden Lymphozyten, die beweisen sollte, daß keine infektiösen Viren im Spiel waren.

Die Abstimmung war eine bittere Enttäuschung für Anderson und das übrige Team. Obwohl Anderson wußte, daß ihr erster Versuch nicht so leicht genehmigt werden würde, war er ebenso wie die übrigen begierig darauf, anzufangen. Die Ablehnung durch den RAC-Ausschuß im Juli hatte zur Folge, daß das Experiment wegen der Regeln für Regierungsverfahren, die auch für das RAC galten, um ein halbes Jahr verzögert wurde. Zwischen Juli und Oktober 1988 – dem Zeitpunkt, an dem das RAC selbst das nächste Mal zusammentreten würde – konnte keine Ausschußsitzung stattfinden. Die Wissenschaftler sorgten sich außerdem, daß das RAC das Experiment nicht einmal in Betracht ziehen würde, wenn der Unterausschuß keine Empfehlung aussprach. Dieser würde erst im Dezember 1988 wieder zusammentreten, und der nächste Sitzungstermin des RAC wäre dann erst wieder im im Januar 1989.

Anderson drängte auf einen Kompromiß: Wenn das NIH-Team dem Unterausschuß die verlangten Informationen gab, konnte man dann telefonisch eine Konferenzschaltung herstellen und eine Empfehlung aussprechen, bevor das vollständige RAC am 3. Oktober zusammentrat? Der Unterausschuß erklärte sich dazu bereit, sobald ihm die verlangten Informationen vorlagen. Dieses Zugeständnis gab wenigstens zu einer gewissen, wenn auch nicht sehr großen Hoffnung Anlaß.

«Bei den im Ausschuß vertretenen Molekularbiologen, vor allem bei Mulligan, herrschte der Eindruck vor, daß das Projekt noch nicht weit genug gediehen war, daß es verfrüht war», sagte Anderson. «Der Vorschlag war, daß das Protokoll verschoben werden sollte, bis die Forderungen erfüllt waren; aber die Bedingungen waren unmöglich zu erfüllen, und sie sind immer noch nicht erfüllbar. Dieser Ausschuß würde uns seine Zustimmung für wer weiß wie lange verweigern», sagte Anderson, «aber wir waren fest davon überzeugt, daß unser Protokoll ausgereift war.»

Das NIH-Team machte sich daran, die verlangten Informationen zusammenzutragen, obwohl sie nie den Nachweis erbringen konnten, daß sie das *neo*-Gen in die TIL-Zellen von Mäusen eingebracht hatten – also war ein Teil der verlangten Informationen nicht zu beschaffen. Aber sie beantworteten die übrigen Fragen über die menschlichen T-Zellen und das Vorhandensein infektiöser Viren. Dann trafen Anderson und die übrigen eine verhängnisvolle Entscheidung: Sie beschlossen, nicht alle Informationen, über die sie verfügten, an das Human Gene Therapy Subcommittee zu schicken.

«Wir hatten das Gefühl, daß sie die neuen Informationen außer acht lassen würden, und daß man von uns immer noch verlangen würde, unmögliche Anforderungen zu erfüllen», sagte Anderson. «Wir dachten, unsere einzige wirkliche Hoffnung sei, unmittelbar vor das RAC zu gehen, das Elternkomitee, obwohl unsere wichtigsten Gegner im Human Gene Therapy Subcommittee auch im RAC saßen.»

Am 29. September 1988 hielt das Human Gene Therapy Subcommittee eine Telefonkonferenz ab, um über Andersons Antworten zu beraten. Der Ausschuß fand sie dürftig. Im Protokoll dieser Konferenz hieß es: «Dr. Mulligan stellte fest, daß zuvor vom Unterausschuß gestellte Fragen, die ein angemessenes Tiermodell betrafen, nicht beantwortet wurden.... Dr. Mulligan wollte Daten über die PCR sehen, um ihre Empfindlichkeit einschätzen zu können.... Dr. Mulligan äußerte einige allgemeine Vorbehalte gegen Daten..., die zeigten, daß markierte TIL-Zellen sich nicht von unmarkierten Zellpopulationen unterschieden.... Endlich stellte Dr. Mulligan die Empfindlichkeit der Überprüfung nach Helferviren in Frage, da keine entsprechenden Daten vorgelegt worden waren.»[36]

Mehrere weitere Wissenschaftler äußerten ebenfalls Bedenken, die meistens den Einwänden Mulligans entsprachen. Als der Ausschußvorsitzende LeRoy Walter eine Stunde später anrief, um die allgemeine Stimmung des Komitees zu erkunden, befürworteten die meisten Ausschußmitglieder, daß dieser erste klinische Versuch eines Gentransfers in Menschen «unter den strengsten Bedingungen ausgeführt werden sollte. Die erste Hürde besteht in der Entwicklung eines geeigneten Tiermodells. Die meisten Teilnehmer waren nach wie vor davon überzeugt, daß dieses Ziel nicht mit genügendem Nachdruck verfolgt worden war.... Außerdem herrschte Übereinstimmung darin, daß viele der im Juli aufgeworfenen Punkte noch nicht geklärt worden waren, zum Beispiel weiterer quantitativer Daten, empfindlicherer Nachweismethoden auf virale Replikation Rekonstruktion und Tumorbildung, sowie ein besserer Nachweis, daß markierte TIL-Zellen für die betreffenden Zellpopulationen repräsentativ sind.»

Am Ende stimmte der Unterausschuß wiederum für einen Aufschub des Experiments. Anderson war nicht überrascht, als er die Ergebnisse der Telefonkonferenz erfuhr.[37] Er hoffte auf den 3. Oktober. Es war strategisch gesehen die beste Chance, die Erlaubnis für das erste Gentherapie-Experiment am Menschen zu erhalten. Sehr wahrscheinlich würde es zu einem Showdown zwischen Mulligan und Anderson vor der versammelten Öffentlichkeit kommen – letztere hauptsächlich durch die Medien vertreten.

Der Saal war bis auf den letzten Platz besetzt: Nahezu hundert Beobachter drängten sich um die fast dreißig Komiteemitglieder und Berater, die an dem riesigen Tisch in der Mitte des Saales saßen.

Anderson sprach für das Team. Er begann mit einer Erklärung, weshalb sie die verlangten Daten nicht an den Unterausschuß geschickt hatten: Die Forscher, so sagte er, hatten die Herausgeber von *Science* und dem *New England Journal of Medicine* angerufen, um herauszufinden, ob es ihre Chancen gefährden würde, wichtige Arbeiten in diesen Zeitschriften zu veröffentlichen, wenn sie ihre Daten bei einem öffentlichen Treffen des RAC oder des Unterausschusses preisgaben. Sie fürchteten, daß die Medien durch das RAC Zugang zu ihren unveröffentlichten Forschungsergebnissen erhielten und sie publizierten. Beide Magazine zogen es vor, keine Forschungsergebnisse zu publizieren, die bereits weitgehend bekannt oder anderswo veröffentlicht worden waren.

«Die Daten wurden wegen dieser Gefahr einer vorzeitigen Bekanntgabe nicht herausgegeben», sagte Anderson. «Als Kompromiß wollen wir Ihnen die Daten [in Form von Diapositiven, aber nicht in schriftlicher Form] zeigen.» Das ist ein Problem, das das NIH in Zukunft berücksichtigen und mit den Zeitschriften abklären müsse, meinte er.[38]

Diese Erklärung sorgte für einen Aufruhr und führte dazu, daß Dr. James Wyngaarden,[39] leitender Direktor des NIH, die Herausgeber der Journale – Daniel Koshland[40] von *Science* und Arnold Relman[41] vom *New England Journal of Medicine* – anrief, um sich zu beschweren. Beide Herausgeber schworen, daß es sich um ein Mißverständnis handele, und daß die Freigabe wissenschaftlicher Daten als Bestandteil der Überprüfung durch ein ordnungsgemäß vom Staat eingesetztes Komitee niemals die Aussichten eines Forschers zunichte machen könne, in ihren Zeitschriften zu veröffentlichen.

Anschließend brachte Anderson seine Argumente vor: Es handelt sich um mündige Erwachsene, die aufgrund fortgeschrittener, nicht zu behandelnder Krebserkrankungen im Sterben liegen. Sie hatten ihr Einverständnis gegeben, mit einem Verfahren behandelt zu werden, bei dem ein minimales Risiko mit einem enormen Potential verbunden war. Die anhand von Tierversuchen gewonnenen

Daten versprachen eine große Erfolgschance. Zumindest wäre das Verfahren ungefährlich. Es war mit einem minimalen Risiko für den Patienten und gar keinem Risiko für die Öffentlichkeit oder die Angestellten im öffentlichen Gesundheitsdienst verbunden.

Dann bat Anderson Rosenberg, zu erklären, auf welche Weise dieses Experiment die Krebsbehandlung verbessern würde und weshalb es unbedingt genehmigt werden müsse. Rosenberg erhob sich, trat auf das Podium und faßte das Komitee durch seine stahlgefaßte Brille ins Auge.

«458 000 Amerikaner sind im vergangenen Jahr an Krebs gestorben, und einer von jeweils sechs jetzt lebenden Amerikanern wird an Krebs sterben, wenn keine neue Behandlungsmethoden entwickelt werden», begann Rosenberg. «Es sterben mehr Amerikaner an Krebs, als im Zweiten Weltkrieg und in Vietnam zusammengenommen gestorben sind. Wir stehen offensichtlich vor der verzweifelten Notwendigkeit, neue Wege der Krebsbehandlung zu finden.» Tumorinfiltrierende Lymphozyten stellten eine solche, neue Möglichkeit dar. Aber sie bewährte sich nicht so gut, wie sie könnte; zwei Drittel der Patienten reagierten gar nicht oder nicht in ausreichendem Maß darauf. Diese Patienten waren auf eine neue Methode angewiesen, um die Behandlung wirksamer zu machen. «Dieser Therapieansatz steckt noch weitgehend in den Kinderschuhen», sagte Rosenberg. «Eine der wichtigsten Fragen, die wir beantworten müssen, ist die nach der langfristigen Überlebensrate der menschlichen TIL. Die beste Methode, diese Frage zu beantworten, ist, die Zellen mit einem Marker-Gen zu kennzeichnen.»

Aber sogar in seiner Darlegung des Experiments mit dem Marker-Gen dachte Rosenberg an die Zukunft und erlaubte dem Komitee einen Ausblick auf seine weiteren Pläne. «Diese tumorinfiltrierenden Lymphozyten stellen Material dar, das wir gezielt zu den Tumoren schicken können. Wenn wir Gene hinzufügen können, können wir TNF oder Alpha-Interferon hinzufügen und haben so die Möglichkeit, die Behandlung dramatisch zu verbessern. Ich hoffe, daß wir dann sehr rasch wieder wegen einer Zustimmung zu Ihnen kommen können, diese Gene in die Zellen einfügen zu dürfen.»

Als nächstes sprach Michael Blaese. Er führte die Fragen auf, die das Gentransfer-Experiment beantworten sollte: Wie lange bleiben TIL im Körper, wohin gehen sie, und haben ihre Langlebigkeit oder ihr Sitz eine klinische Wirkung? Indem sie die tumorinfiltrierenden Lymphozyten mit einem Gen markierten, das sich im Körper verfolgen ließ, würden sie diese Fragen beantworten können. Es handelte sich um ein Experiment, das für Blaese außerordentlich wichtig war – zum Teil, weil es seine Idee gewesen war, zum Teil, weil es die Möglichkeiten der Gentransfertechniken demonstrieren würde, und zum Teil, weil es eine Überraschung darstellte. Jedermann hatte erwartet, daß die erste Gentherapie im Fall einer Erbkrankheit durchgeführt werden würde, und nicht bei Krebsfällen.

Danach führte Blaese einige der Details des geplanten Experiments aus – wie es durchgeführt werden sollte und wie sie die *neo*-Gene in die im Labor kultivierten TIL-Zellen von fünfzehn Patienten eingefügt hatten, um die Verfahrensweise zu testen, und wie sie das Protokoll bei sechs Patienten verfolgt hatten, um eine Generalprobe des Experiments durchzuführen. «Wir haben alles getan, nur, daß wir es nicht in die Patienten zurückgaben», sagte Blaese. «Wir haben alle Fragen beantwortet.»

Und schließlich referierte Anderson über die neuerdings von den neuen «Verpackungszellen» erhaltenen Sicherheitsdaten.

Jetzt war es am Komitee, seine Fragen zu stellen. Richard Mulligan, der inzwischen tatsächlich zum RAC gehörte und nicht länger nur als provisorischer Berater fungierte, kam auf die fehlenden Tierdaten zurück, die zeigten, daß das Team keine signifikante Anzahl von Genen in die TIL-Zellen von Mäusen einbringen konnte. Und dann war da noch die Frage nach der Sicherheit. Mulligan und Anderson wärmten den Streit um die Empfindlichkeit der Tests auf, die angewendet wurden, um nach potentiell infektiösen Retroviren zu suchen.

Zusätzlich ging Anderson noch einmal die Sicherheitstests mit Tieren durch, darunter eine Studie, bei der er fünf Affen mit infektiösen Varianten des retroviralen Vektors infiziert hatte. «Wir schleusten enorme Mengen von Viren in drei [dieser fünf] Affen ein, und nichts geschah», sagte Anderson. Selbst noch nach 17 Monaten war bei diesen Affen – bei einem von ihnen hatte man fast ein Viertel des Blutes durch das infektiöse Virus ersetzt – keine Erkrankung nachzuweisen. Dieser Affe bekam zwar geschwollene Lymphknoten, aber es zeigte sich keine länger anhaltende nachteilige Wirkung. «Wir können diese Tiere nicht infizieren», sagte Anderson. «Es ist ein sicheres Verfahren.»

Einige RAC-Mitglieder wurden der wissenschaftlichen Details allmählich überdrüssig. Bernard D. Davis, ein Bakteriologe von der Harvard Medical School und ein geachteter Arzt und Forscher, ergriff zum ersten Mal das Wort: «Ich störe mich an dem Herumreiten auf Kleinigkeiten – zumindest sehe ich das so. Mir scheint, als trete dieses Komitee als Untersuchungsausschuß auf, der nur nach Zahlen verlangt.... Der Zweck von Tierversuchen ist es, Daten zu erhalten, die wir nicht von Menschen bekommen können, oder Experimente auszuführen, die für Menschen zu gefährlich sind. Tierversuche sind in keiner Weise ein Ersatz.»

Dann fügte Davis ein entscheidendes Argument hinzu: «In der Medizin bestand schon immer das Prinzip, daß das Risiko, das man bei einem Experiment an einem Patienten eingeht, umso höher sein darf, je stärker er erkrankt ist. Wir kommen einem Risiko, das eine Verzögerung durch das RAC rechtfertigen würde, nicht einmal nahe.»

In der Kaffeepause vor dem Schlußwort fragte jemand Anderson: «Na, French, wie stehen die Chancen?»

Anderson gab diese Frage in seiner Erwiderung an das RAC wieder. «Dieses Komitee täte gut daran, der Krebsstation einen Besuch abzustatten und sich mit jenen Patienten zu unterhalten, die im Sterben liegen. Stellen Sie einem Patienten, der noch eine Lebenserwartung von zwei Monaten hat, die Frage: ‹Wie stehen die Chancen?›»

«Ich habe ein unbehagliches Gefühl bei dem emotionsgeladenen Appell Dr. Andersons», sagte Davis. «Aber ich habe den Eindruck, daß wir ihn nicht von der Hand weisen können. Wir können mit Patienten, die das Ende ihres Lebens erreicht haben, vorwärtskommen. Man wird zukünftige Fälle einer Gentherapie beim Menschen nach ihrem eigenen Wert beurteilen.»

Donald C. Carner, ein Laienmitglied des RAC und Präsident der Firma Carner in Tiborun (Kalifornien), schlug vor, das geplante Experiment zu genehmigen, es aber auf zehn Krebspatienten zu begrenzen, deren Lebenserwartung bei 90 Tagen oder weniger lag, und denen voll bewußt war, daß sie sich einem Risiko aussetzten ohne als Gegenwert allzugroße Hoffnungen zu erhalten. Als die Stimmen ausgewertet wurden, hatten sechzehn RAC-Mitglieder dafür gestimmt, das Experiment zu genehmigen, und fünf waren dagegen.

«Ich denke, das ist eine historische Entscheidung», sagte Gerard J. McGarrity, Präsident des Coriell Institute for Medical Research in Camden (New Jersey). «Sie hat einen Präzedenzfall geschaffen.»

Ein frohlockendes NIH-Team sprach im Konferenzraum mit Reportern und nahm Glückwünsche entgegen. «Es war die einzig vernünftige Entscheidung», sagte Steve Rosenberg strahlend. «Ich hoffe, wir machen dieses Experiment vor Jahresende. Zehn Patienten reichen nicht aus, um die Fragen zu beantworten, aber für den Anfang sind es genug. Wir sind bereit, heute noch anzufangen. Ich sehe keinen Grund, weshalb die Genehmigung nicht im nächsten Monat spruchreif sein sollte.»

Aber Rosenberg sollte sich irren. Zwar hatte das RAC das Projekt befürwortet, aber seine Entscheidungen waren nur eine Beratungshilfe für James B. Wyngaarden, den NIH-Direktor, der aber außer Landes war, als die Entscheidung getroffen wurde. Als er zurückkehrte, war er über diesen Schiedsspruch alles andere als glücklich. Die Art und Weise, wie sein Beratungskomitee die Überprüfung durchgeführt hatte, mißfiel ihm ganz und gar. Als erstes hatte das RAC den Rat seines aus Experten bestehenden Komitees in den Wind geschlagen, das speziell dazu ins Leben gerufen worden war, das Protokoll des ersten gentherapeutischen Versuchs am Menschen zu überprüfen. Der Unterausschuß selbst hatte möglicherweise staatliche Versammlungsvorschriften verletzt, indem es eine Telefonkonferenz abhielt. Und dann war die letzte Abstimmung nicht einstimmig gewesen: 16 zu 5, und die wirklichen Experten waren mit der Entscheidung nicht einverstanden gewesen. Wyngaarden stieß die Entscheidung des RAC um und wies es an, von vorn anzufangen. Diesmal sollte die Reihenfolge eingehalten werden, d.h., daß zunächst der Unterausschuß die Zustimmung empfahl bevor das RAC über den Antrag beriet. Außerdem hatte auch die Food and Drug Administration die Studie zu prüfen und ihre Zustimmung zu geben.

Anderson und die übrigen NIH-Forscher klammerten sich an den letzten Strohhalm. «Wyngaarden würde es nicht an das RAC zurückgeben; das paßt nicht zu ihm», äußerte Anderson mit Unglauben in der Stimme. «Er will alle Daten selbst überprüfen, und das ist durchaus angebracht. Ich finde es gut, daß er sich die Zeit nimmt und genügend Interesse aufbringt, sich [die Daten] persönlich anzuschauen.»

Anderson irrte sich ebenfalls gewaltig. Storm Whaley, Pressesprecher des NIH, bestätigte, daß Wyngaarden vorgehabt hatte, die Entscheidung an das RAC und seinen Unterausschuß zurückzuschicken.[42] Sie hätten noch einmal ganz von vorn anfangen – und diesmal den ganzen Regelkatalog befolgen müssen. Es wäre das schlimmste gewesen, das sich Anderson, Blaese und Rosenberg hätten vorstellen können. Sie hätten den ganzen Prüfungsprozeß noch einmal durchlaufen müssen und wären um Monate – vielleicht ein ganzes Jahr – zurückgeworfen worden. Die nächste Sitzung des Unterausschusses war im Dezember 1988; so lange hätten sie warten müssen, um ihr Anliegen erneut vorzubringen.[43] Dann würde das RAC im Januar 1989 zusammentreten, um die Entscheidung des Ausschusses zu überprüfen. Wyngaarden war nicht so sehr gegen die Entscheidung des RAC, den Versuch zu genehmigen, denn er hielt ihn ebenfalls für vertretbar, aber er wollte nicht, daß die Sache übers Knie gebrochen wurde, da es immerhin um den ersten Versuch einer Gentherapie am Menschen ging.

Als der Unterausschuß im Dezember erneut zusammentrat, standen die Zeichen eindeutig auf Zustimmung. Anderson und die übrigen hatten das ganze Protokoll noch einmal durchgearbeitet, um möglichst viele der noch offenstehenden Fragen zu beantworten. Es waren nur noch wenige technische Fragen offen, trotzdem brauchte der Unterausschuß den ganzen Tag, um sie noch einmal durchzugehen.

«Wir entschuldigen uns beim Unterausschuß für den rauhen Ton in der Vergangenheit», begann Anderson, bevor er wieder einmal erklärte, was sie zu tun beabsichtigten. Die Debatte verlief weitaus friedlicher als bei früheren Gelegenheiten, denn Richard Mulligan nahm nicht an der Versammlung teil. Aber Anderson gab zu, daß die Überprüfung – so unangenehm sie auch sein mochte – dennoch einen unerwarteten Vorteil mit sich brachte: Obwohl ihr eigentlicher Zweck der Schutz von Patienten und der Öffentlichkeit vor unnötigen Risiken war, hatte sie auch zur Verbesserung des Experiments beigetragen. Indem die versammelten Experten des RAC – darunter Richard Mulligan – das Protokoll kritisierten, hatten Anderson und die übrigen deren Verbesserungsvorschläge berücksichtigt, um das Experiment zu modifizieren. Am Ende wurde eine Übereinstimmung erreicht, und alle waren mit der endgültigen Form des Experiments zufrieden – sogar Mulligan. «Ich denke, daß wir vom wissenschaftlichen Standpunkt alle Punkte abgeklärt haben, und ich glaube, daß wir jetzt zufrieden sein können», sagte er bei dem RAC-Treffen einen Monat später.

Im Dezember 1988 stimmte der Unterausschuß zu guter Letzt einstimmig für die Genehmigung des TIL-Markierungs-Experiments. Wyngaarden forderte die RAC-Mitglieder schriftlich auf, eine Aktennotiz anzufertigen, aber er verlangte nicht, daß sie das Experiment noch einmal vollständig durchgingen, da sie ihm bereits im Oktober 1988 zugestimmt hatten. Anfang Januar 1989 erteilte das RAC seine endgültige Zustimmung, und Wyngaarden erklärte sich ebenfalls einverstanden. Auch die FDA folgte bald, aber die Forscher sahen sich einer weiteren, unerwarteten Hürde gegenüber: Jeremy Rifkin, Präsident der Foundation on Economic Trends und ein Gegner fast aller Arten der Genforschung, erhob am Bundesgerichtshof Klage gegen das NIH. Das Institut habe die Bundesversammlungsvorschriften verletzt, als es dem Unterausschuß erlaubte, eine unangekündigte Telefonkonferenz abzuhalten, so daß die Öffentlichkeit von der Beratung ausgeschlossen war.[44] Das Gericht wies die Klage ab, und das NIH-Team konnte endlich die ersten *neo*-Gene in einen Patienten einschleusen.

Anderson und die übrigen waren begierig, anzufangen, und erwarteten, sofort einen Patienten behandeln zu können. Aber sie stießen auf eine Unzahl technischer Hindernisse. Kulturen von TIL-Zellen wurden kontaminiert; Personen, die als Patienten in Frage kamen, waren zu krank, um der TIL-Behandlung unterzogen werden zu können, oder die Forscher konnten das *neo*-Gen nicht in genügend viele Zellen einbringen. Endlich schienen sie bei einem Patienten alles richtig getroffen zu haben: Die Zellen, die anfangs nur dürftig gediehen, begannen, sich rapide zu reproduzieren. Ein Drittel von ihnen war mit den gentragenden Vektoren ausgestattet und schien ausreichende Mengen *neo*-Protein zu produzieren. Der Patient, dessen Name nicht genannt wurde, kam am Sonntag, dem 21. Mai 1989 (fünf Monate, nachdem die Wissenschaftler grünes Licht erhalten hatten) ins NIH-Krankenhaus zurück. Eine letzte Testserie ergab, das alles bereit war. Am Montag, dem 22. Mai 1989, wurden die gentragenden TIL-Zellen in den Körper eines 52 Jahre alten Lastwagenfahrers aus Indiana mit einem malignen Melanom infundiert.[45]

Die erste genetische Behandlung verlief ohne Probleme. Im Verlauf von rund einem Jahr folgten dem Lastwagenfahrer neun weitere Patienten, aber das Ergebnis war enttäuschend. Nach den ganzen Vorbereitungen auf den ersten Gentransfer in einen Menschen hatte man eigentlich ein Wunder erwartet; aber es blieb aus. Ein Jahr später, am Ostersonntag 1990, war der Lastwagenfahrer tot; das ungehemmte Fortschreiten seines Melanoms hatte ihn umgebracht. Auch von den übrigen Patienten starben die meisten an ihrer Krankheit. Die Hinzufügung des *neo*-Gens machte die tumorinfiltrierenden Lymphozyten nicht wirksamer, und letzten Endes trug das historische Experiment wenig zur Klärung der Frage bei, weshalb einige Patienten besser als andere auf eine TIL-Behandlung ansprechen. Die dem Experiment zu Grunde liegende Idee, daß das *neo*-Gen dazu verwendet werden konnte, eine Zelle zu markieren und ihren weiteren Weg im Körper des Betreffenden nachzuweisen, erwies sich als zutreffend. Die TIL-Versuche zeigten auch, daß ein Transfer retroviraler Gene in Menschen vollkommen sicher war. Es gab bei den ersten zehn Patienten keine durch die Vektoren oder die transplantierten Gene verursachte Nebenwirkungen.

Als das Jahr 1989 sich seinem Ende näherte, beschloß French Anderson, daß es an der Zeit war, sich wieder mit seinem eigentlichen Plan zu befassen, einen ADA-Mangel durch einen Gentransfer zu behandeln. Die TIL-Experimente waren gut genug verlaufen, um Anderson und Blaese davon zu überzeugen, daß sie das ADA-Gen in menschliche Lymphozyten einfügen konnten, und daß es sicher war. Sie beschlossen, sich noch einmal dem Überprüfungsprozeß zu unterziehen und vom RAC und der FDA die Erlaubnis zu dem Versuch einzuholen, das ADA-Gen in die Leukozytenen eines menschlichen Patienten einzuschleusen, statt in das Knochenmark oder die Stammzellen. Diese grundsätzliche Veränderung der Zielzellen bedeutete, daß sie nicht versuchen würden, die Krankheit zu heilen, sondern vielmehr, die Kinder zu behandeln und ihr Immunsystem zumindest vorübergehend wiederherzustellen. Während sie ihre Idee weiter verfolgten, stellten sie sich vor, die Kinder mehrmals innerhalb eines Jahres mit dem ADA-Gen zu behandeln und ihnen somit alle paar Monate frische Leukozyten zuzuführen, sobald die alten abstarben.

Inzwischen wurde die Zusammenarbeit zwischen Anderson, Blaese und Rosenberg einer Belastungsprobe unterzogen. Obwohl Anderson bemüht war, den Kontakt der verschiedenen Forscherteams untereinander aufrechtzuerhalten, kühlte die Beziehung zwischen Blaese und Rosenberg schließlich ab. Und Rosenberg hatte ohnehin von Anfang an geplant, daß das Markierungsexperiment nur einen ersten Schritt in Richtung einer Bestückung von TIL-Zellen mit einem Gen wie demjenigen für den Tumornekrosefaktor oder Interleukin-2 sein würde, um sie zu wirksameren Krebskillern zu machen. Rosenberg weitete seine Zusammenarbeit mit der Biotechnikfirma Cetus aus, die versuchte, ihm einen Vektor zu konstruieren, der TNF und IL-2 produzierte. Rosenberg beschloß also, seine eigenen Gentherapieversuche zu entwickeln.

Aus der Zusammenarbeit zwischen den beiden Teams wurde das Wettrennen um den ersten Platz. Obwohl das Genmarkierungsexperiment die Einführungsarbeit in die Behandlung von Menschen mit Genen gewesen war, stellte sie im Grunde genommen keine Gentherapie dar, sondern nur ein Gentransferexperiment. Erst die geplante Behandlung des ADA-Mangels oder von Melanomen mit TNFbildenden, tumorinfiltrierende Lymphozyten wäre eine echte Therapie. Sowohl Anderson als auch Rosenberg wollten der Erste sein. Beide würden sich nochmals dem vorgeschriebenen Spießrutenlauf unterziehen müssen. Das nächste, anstehende Treffen des RAC-Unterausschusses sollte am 30. März 1990 stattfinden.

Anderson und Blaese waren die ersten, die ihren ADA-Vorschlag vorbrachten, und sahen sich sofort einem Sturm der Kritik ausgesetzt. «Weshalb brauchen wir diese Behandlung?» erkundigte sich Richard Mulligan. «Und worin unterscheidet sie sich von PEG-ADA?» Kinder mit ADA-Mangel erhielten jetzt das neue Medikament, und allem Anschein nach fuhren sie damit recht gut, auch wenn sie nicht über ein normales Immunsystem verfügten. Und dann folgten all die sattsam bekannten Fragen nach der Sicherheit des Vektorsystems, aber auch ein Neuaufguß der Besorgnis um eine zufällige Bildung infektiöser Viren, zumal es sich diesmal um Kinder handeln sollte, die zwar nicht gesund waren, deren Zustand aber stabil war, und die erwarten konnten, noch viele Jahre zu leben – und nicht um Krebspatienten mit einer maximalen Lebenserwartung von 90 Tagen. Außerdem drehte sich die Diskussion um Tiermodelle, die für den ADA-Mangel bekanntermaßen nicht existierten. Der Unterausschuß lehnte das ADA-Experiment vorläufig ab und überreichte Anderson und Blaese eine Liste mit Fragen über Sicherheit und Wirksamkeit, die sie beantworten sollten.

Dann war Rosenberg an der Reihe. Während bei dem TIL-Markierungsexperiment und sogar bei dem Versuch einer ADA-Gen-Therapie gutartige Gene verwendet wurden, bestand bei seinem Plan, TNF-Gene in tumorinfiltrierende Lymphozyten einzubringen, die Wahrscheinlichkeit, daß massive Nebenwirkungen auftraten, da der TNF für Menschen toxisch ist. Es wurden technische Fragen über den Grad der TNF-Expression gestellt, aber auch darüber, welche unerwünschten Nebenwirkungen TNF im Körper hervorrufen könnte – besonders dann, wenn die genmanipulierten Zellen im Körper zu wachsen anfingen und zuviel TNF bildeten. Der Unterausschuß lehnte auch Rosenbergs Experiment ab. Wegen der Frage der Toxizität mußte Rosenberg noch mehr Fragen als Anderson und Blaese beantworten. Im Mai lehnte das Institutional Biosafety Committee des NIH Rosenbergs TNF-TIL-Studie rundum ab.

Beide Wissenschaftlerteams kämpften das Frühjahr und den Frühsommer 1990 hindurch, die Daten zu erhalten, die sie benötigten, um ihre Kritiker in den verschiedenen Gremien zu befriedigen. Das RAC und sein Gentherapie-Unterausschuß beschlossen, am 30. Juli 1990 eine gemeinsame Sitzung abzuhalten, um sich nochmals die Gründe für eine Fortsetzung der Versuche anzuhören. Anderson und Blaese gingen wiederum ihre Daten durch, aber diesmal erhielten sie unerwartete Hilfe aus Italien. Dr. Claudio Bordignon, ein Arzt und Forscher, der Mitte der 60er Jahre am MSKCC gewesen war und Anderson und Blaese bei ihren gemeinsam mit Richard O'Reilly durchgeführten Affenstudien geholfen hatte, war wieder nach Mailand an das Institut für Labormedizin am Hospitale San Raffaele gegangen, eine Klinik mit Forschungseinrichtungen. Bordignon war ebenfalls an einer Gentherapie bei ADA-Mangel interessiert, arbeitete aber an einem Modellsystem, bei dem sogenannte SCID-Mäuse benutzt wurden, die über kein eigenes Immunsystem verfügten, jedoch als Träger menschlicher Immunität manipuliert werden konnten. Bordignon zeigte, daß es möglich war, bei SCID-Mäusen ein ADA-Mangel-Immunsytem zu erzeugen und es dann durch einen Gentransfer in die Lymphozyten zu korrigieren. Er kam in die USA zurück, um dem RAC Bericht zu erstatten. Man sagte Bordignons Arbeit nach, daß sie das Blatt für Anderson gewendet habe, weil diese Tierversuche zeigten, daß man Patienten durch eine Korrektur der peripheren Leukozyten mittels des ADA-Gens wahrscheinlich helfen konnte.

Das RAC war überzeugt und stimmte 12 zu 1 für die Genehmigung des ADA-Experiments. Die eine Gegenstimme stammte von Richard Mulligan, der eine Protestnote einreichte, weil seiner Meinung nach «die ganzen wissenschaftlichen Normen für das Experiment... so niedrig, so oberflächlich waren, daß sie nicht einmal den Mindestanforderungen einer Diplomarbeit entsprächen. Genausogut hätte Anderson gestehen können, weder Daten noch irgendeine Veranlssung zu besitzen, an den Erfolg zu glauben, daß die Sache aber gut klänge und man es deshalb versuchen solle. Es hätte mich kein bißchen verwundert.»

Das RAC genehmigte bei demselben Treffen im Juli auch Rosenbergs TNF-TIL-Experiment. Beide Teams hatten diese Ziellinie gemeinsam überschritten, und beide reichten gleichzeitig einen Antrag bei der Food and Drug Administration ein, aber Rosenberg lief bei der FDA gegen eine Mauer. Die Mitglieder der FDA hatten eine Menge technischer Fragen und verlangten grundlegende Änderungen des Protokolls, wogegen Rosenberg sich widersetzte. Während Anderson und Blaese Anfang September 1990 ihre erste Behandlung bei Ashanti DeSilva durchführen konnten, mußte Rosenberg sich noch annähernd sechs Monate lang bis zur Zustimmung des RAC für sein verändertes Protokoll im Januar 1991 gedulden. Erst dann konnte er seine erste TNF-TIL-Behandlung bei einem Patienten testen. Zu diesem Zeitpunkt waren Anderson und Blaese schon bereit, Cynthia Cutshall, ihre zweiten Patientin, zu behandeln.

Anderson und Blaese hatten das Rennen gewonnen. Sie waren die ersten, die eine erfolgreiche Gentherapie am Menschen durchführten. Zwar hatte Martin Cline es vor ihnen probiert, aber weder mit Genehmigung noch erfolgreich. Der Erfolg des Anderson-Blaese-Experiments würde erst nach einiger Zeit sichtbar werden, aber der Versuch selbst war schon ein Erfolg.

Er eröffnete das Gebiet der Gentherapie. Anderson sagte wiederholt, die erste gentechnische Behandlung sei eher ein kultureller als ein wissenschaftlicher Durchbruch. Die bei dem Versuch benutzten Techniken existierten seit 1984, und das Experiment selbst hätte in mancherlei Hinsicht schon viel früher durchgeführt werden können. Wenn man Michael Blaese auf den Wert einer derart technisch aufwendigen und kostspieligen Behandlung für eine außerordentlich seltene Krankheit anspricht, erwidert er, seltene Krankheiten hätten schon oft zur Entwicklung von Behandlungen geführt, die sich auf einem weiteren Gebiet als nützlich erwiesen. Tatsächlich war der ADA-Mangel die erste Krankheit, bei der eine Knochenmarktransplantation durchgeführt wurde, und er bewies den Wert dieser Methode. Es war die erste Krankheit, für die eine Therapie entwickelt wurde, bei der das fehlende Enzym ersetzt wurde, und die erste Erbkrankheit, die mittels eines genetischen Transplantats behandelt wurde.

Nachdem die Leistungsfähigkeit des Gentransfers bei Kindern bewiesen, in Schlagzeilen gefeiert worden war und die Phantasie beflügelt hatte, beeilten sich Dutzende von Arbeitsgruppen, am Kuchen des Ruhms teilzuhaben. Innerhalb der folgenden drei Jahre wurde weltweit in über 50 unterschiedlichen Gentherapiestudien an mehr als 100 Patienten Gentherapie durchgeführt. Krebs blieb die führende und am wenigsten erwartete Art der behandelten Krankheiten. Auch Erbkrankheiten wurden auf diesem Wege angegangen, darunter Mukoviszidose, Hämophilie und familiäre Hypercholesterinämie (angeborene Form eines stark überhöhten Cholesterinspiegels).

Epilog

Im Mai 1993 kam Cynthia Cutshall wieder einmal zu einer neuen Gentherapie ins NIH. Aber diesmal würde es anders sein. French Anderson und Michael Blaese hatten sich wieder einmal mit einem anderen NIH-Team zusammengetan. Diesmal handelte es sich um eine Gruppe, die von Arthur Nienhuis, einem langjährigen Kollegen Andersons, geleitet wurde. Das Team von Nienhuis hatte nach Methoden gesucht, die Stammzellen des Knochenmarks zu identifizieren. Die Forscher hofften nun, eine Technik gefunden zu haben, die sich auf Entdeckungen anderer Laboratorien und einer kleinen Biotechnologie-Firma im Nordwesten der USA gründete, und mit deren Hilfe sie Stammzellen aus dem Blutkreislauf isolieren konnten.

In den beiden Jahren, seit man zum ersten Mal neue Gene in ihre Leukozyten eingefügt hatte, hatte sich Cynthia Cutshalls klinischer Zustand gemäß den Laborbefunden stetig gebessert, wenn auch nicht so sehr wie bei Ashanti DeSilva. Beide Kinder hatten angefangen, bei verschiedenen Hauttests Antikörper zu produzieren; auch entwickelten sich bei ihnen nun die Mandeln. Die Mädchen waren trotz einer absichtlichen, fast ein Jahr dauernden Unterbrechung ihrer genetischen Behandlung gesund geblieben und schienen dadurch Blaeses Hypothese zu bestätigen, daß es langlebige Lymphozyten gab, die jahrelang bestehen bleiben konnten, und daß die Forscher anscheinend in einige von ihnen das normale ADA-Gen eingebracht hatten. Bei Ashanti DeSilva wurde beispielsweise das ADA-Enzym von etwa 25 Prozent ihrer Leukozyten synthetisiert, und diese Produktionsrate war offenbar gleichbleibend.

Allerdings gab es Probleme mit der experimentellen Behandlung. Die Kinder erhielten weiterhin Injektionen des Medikaments PEG-ADA. Blaese fühlte sich immer noch unbehaglich bei der Vorstellung, das Medikament abzusetzen. Das erschwerte wiederum die Interpretation der Versuchsergebnisse. Außerdem mußte die Behandlung mit den peripheren Leukozyten von Zeit zu Zeit wiederholt werden. Die Kinder waren nicht geheilt.

Doch nun glaubten die NIH-Wissenschaftler, sie tatsächlich heilen zu können. Die ersten Modelle einer Gentherapie hatten so ausgesehen, daß man die Gene in die unsterblichen, sich selbst erneuernden Stammzellen des Knochenmarks einbrachte. Wenn man diese Zellen heilen konnte, wären auch alle anderen Blutzellen, die aus ihnen entstanden, normal – und zwar so lange der betreffende Patient lebte. Dann wäre der Patient wirklich geheilt.

Die Behandlung, die Arthur Nienhuis zusammen mit der Forscherin und Ärztin Cynthia Dunbar entwickelt hatten, stimulierte zunächst Cynthia Cutshalls Knochenmark mit einem Medikament, das die Stammzellen mobilisierte, so daß sie in den Blutkreislauf gelangten. Nach einigen Behandlungstagen ging die Anzahl ihrer Leukozyten sprunghaft in die Höhe. Dann wandten die Ärzte eine als Plasmaphorese bezeichnetet Technik an, um Leukozyten aus Cynthias Blutkreislauf zu erhalten. Anschließend isolierten sie aus den gewonnenen Leukozyten diejenigen Zellen, die auf ihrer Oberfläche den sogenannten CD34-Rezeptor trugen. (Zum Trennen der Zellen ließen sie diese durch eine Glasröhre laufen, die mit einer weißen Gelmatrix gefüllt war. Die Matrix wirkte wie ein biologischer Filter, der nur die Zellen mit dem Marker (dem CD34-Rezeptor) festhielt. Unter anderem hatten einige Forscher an der Johns Hopkins University gezeigt, daß die Zellpopulationen, die den CD34-Marker trugen, einen hohen Prozentsatz an Stammzellen aufwiesen. Indem sie die CD34-Zellen isolierten, erhielten die NIH-Wissenschaftler zugleich eine große Anzahl Stammzellen.

Die NIH-Forscher behandelten diese stammzellenreiche Probe von Cynthia Cutshalls Blutzellen mit dem gleichen Vektor (der das ADA-Gen trägt), den sie auch benutzten, um das ADA-Enzym in ihre reifen Leukozyten einzubringen. Falls die Behandlung wie erwartet verlief, würden die genetisch korrigierten Stammzellen, die in ihren Körper zurückgegeben wurden, sich in ihren Knochenmark einnisten und für den Rest ihres Lebens normale Blutzellen produzieren. Damit fiele die Notwendigkeit sowohl für die wöchentlichen Injektionen von PEG-ADA als auch für die wiederholten genetischen Behandlungen ihrer reifen Leukozyten fort. Cynthia Cutshall wäre geheilt. Das NIH-Team plante, diese Behandlung im Sommer 1993 auch bei Ashanti DeSilva vorzunehmen.

Darüber hinaus behandelten zwei Forscherteams in Kalifornien – eines an der University of California in San Francisco und das andere am Children's Hospital in Los Angeles – Neugeborene, die einen ererbten ADA-Mangel aufwiesen, mit einer abgewandelten Form der Stammzellen-Gentherapie. Dr. Donald Kohn, der Arzt, der früher in Mike Blaeses Labor mit dem ADA-Gen gearbeitet hatte, leitete das Team am Children's Hospital.

Das Team der NIH-Wissenschaftler löste sich schließlich auf. Steven Rosenberg ging seiner eigenen Wege. Er konzentrierte sich ausschließlich auf die Techniken des Gentransfers, um seine immunologischen Attacken auf Krebszellen wirksamer zu machen. Im Sommer 1992 – nach mehr als 25 Jahren – verließ French Anderson das NIH, um in das sonnige Südkalifornien zu gehen. Der Grund war, daß seine Frau, die Chirurgin Kathryn Anderson, Leiterin der chirurgischen Abteilung des Children's Hospital in Los Angeles wurde. Anderson ging an die University of Southern California und eröffnete ein Gentherapieinstitut im Krebszentrum der Universität.

Kenneth Culver verließ das NIH im selben Sommer und trat in die Firma Genetic Therapy ein, ein kleines Biotechnologieunternehmen, dem Anderson durch eine Forschungs- und Entwicklungsübereinkunft mit dem NIH zum Start verholfen hatte. Im Juni 1993 kehrte Culver in seinen Geburtsstaat Iowa zurück, um ein eigenes Gentherapieinstitut einzurichten und die Entwicklung einer neuartigen und vielversprechenden genetischen Behandlungsmethode bei tödlichen Gehirntumoren fortzuführen. Culver entdeckte, daß es möglich war, Mauszellen, die ein bestimmtes Retrovirus, nämlich den Träger des Herpes-Thymidinkinase-Gens, bildeten, direkt in das Gehirn eines Tumorpatienten zu injizieren. Die retroviralen Vektoren fügten das TK-Gen in die Tumorzellen ein und führten dazu, daß die Krebszellen nun durch Gancyclovir (ein Medikament gegen Herpes-Viren) bekämpft werden konnten. Tierstudien zeigten auf überzeugende Weise, daß man dank dieser Behandlung Gehirntumoren «abtöten» konnte. Im Dezember 1992 wurde diese Methode in Zusammenarbeit mit Neurowissenschaftlern des NIH erstmalig an Menschen erprobt. Mitte 1993 ergaben Untersuchungen, daß fünf der ersten acht Patienten dank dieser Methode geholfen worden war. Ihre Tumoren schrumpften eindeutig, aber die Forscher wußten für eine Weile nicht, ob die Patienten geheilt waren.

Nur Michael Blaese blieb am NIH. Er verbrachte einen großen Teil seiner Zeit mit Reisen um die Welt, um über den Fortschritt der Gentherapie in den Vereinigten Staaten zu referieren.

Über den Autor

Larry Thompson, Korrespondent von «Medical News Network», einer interaktiven Fernseh-Nachrichten-Show für Ärzte, ist seit 1977 medizinischer Journalist. Er ist Mitbegründer der 1984 geschaffenen Gesundheitsrubrik in der *Washington Post*; bei dieser Zeitung war er bis 1992 als Wissenschaftsjournalist tätig. Darüber hinaus begründete er 1982 die Wissenschafts- und Medizinrubrik der *San Jose Mercury-News*. 1987 war Thompson Mitbegründer des *Science Journal*, eines wöchentlich erscheinenden Wissenschaftsmagazins des *Public Broadcasting Service*. Er schreibt für viele Magazine, u.a. *Time*, *Discover* und *Science*. Thompson besitzt einen Master-Degree in Molekularbiologie, war Stipendiat an der Yale University School of Medicine und erhielt neben anderen Preisen 1992 den «Lewis Thomas Award for Excellence in Writing about the Life Sciences».

Anmerkungen

Ashanti soll geheilt werden

1 Michael S. Hershfield u.a., «Treatment of Adenosine Deaminase with Polyethylene Glycol-modified Adenosine Deaminase», *The New England Journal of Medicine*, 316 (1987), S. 589–96
2 Interview mit Paul Van Nevel, National Cancer Institute.
3 Interview mit W. French Anderson, National Heart, Lung and Blood Institute.
4 Gespräche zwischen Verantwortlichen der Food and Drug Administration und der National Institutes of Health wurden anhand von Telefonlisten rekonstruiert.
5 Interview mit Kenneth Culver, National Cancer Institute.
6 Interview mit R. Michael Blaese, National Cancer Institute.
7 Interview mit Van DeSilva aus North Olmsteadt, Ohio.
8 Interview mit Raj DeSilva aus North Olmsteadt, Ohio.
9 Interview mit Susan Cutshall aus Canton, Ohio.
10 Interview mit Ricardo U. Sorensen an der Louisiana State University School, New Orleans, Louisiana.
11 Interview mit Raj DeSilva.
12 Interview mit R. Michael Blaese.
13 Interview mit William T. Shearer am Baylor College of Medicine und Texas Children's Hospital, Houston, Texas.
14 Interview mit Jay J. Greenblatt, National Cancer Institute.
15 Die Beschreibung der ersten Behandlung basiert auf einem Videoband, das vom National Cancer Institute aufgezeichnet wurde.

Die Idee, menschliche Gene zu ändern

1 *The New York Times*, 23. November 1969. Der Leitartikel auf der ersten Seite beschreibt die Isolierung des ersten Gens.
2 Jonathan R. Beckwith, «Gene Expression in Bacteria and Some Concerns About the Misuse of Science», *Bacteriological Reviews* 34, 1970, S. 222–27.
3 The New York Times, 30. November 1969. Fortsetzung des Sonntagsartikels über die erste Isolierung des Gens.
4 Marshall W. Nirenberg, «Will Society be Ready?» *Science*, August 1967.
5 Louis Harris et al., Artikel über eine Bürgerbefragung in den USA über die Anwendung

der Gentherapie. Die Befragungen wurde im Frühjahr 1992 durchgeführt, die Ergebnisse wurden im September 1992 veröffentlicht.

6 Charles Darwin, *The Origin of Species by Means of Natural Selection, or the Preservation of Favoured Races in the Struggle for Life*, New York: Macmillan Publishing Co., 1962. (*Die Entstehung der Arten*, Stuttgart: Philip Reclam, 1963).

7 Daniel J. Kevles, *In the Name of Eugenics: Genetics and Uses of Human Heredity*, Berkeley: University of California Press, 1985.

8 L.C. Dunn, *A Short History of Genetics: The Development of Some of The Main Lines of Thought: 1864–1939*, Ames, Iowa: Iowa State University Press, 1991. Originalausgabe bei McGraw-Hill, Inc., 1965.

9 Franklin H. Portugal und Jack S. Cohen, *A Century of DNA: A History of the Discovery of the Structure and Function of the Genetic Substance*, Cambridge: MIT Press, 1977.

10 E.B. Wilson, *The Cell in Development and Inheritance*, New York: Macmillan, 1900.

11 F. Griffith, *Journal of Hygiene*, 27, 1928, S. 113,

12 Oswald T. Avery, Colin MacLeod und Maclyn McCarthy, «Studies on the Chemical Nature of the Substance Inducing Transformation of Pneumococcal Types. I. Induction of Transformation by a Desoxyribonucleic Acid Fraction Isolated from *Pneumococcus* Type III», *Journal of Experimental Medicine*, 79 (1944), S. 137–58.

13 A.D. Hershey und M. Chase, «Independent Function of Viral Protein and Nucleic Acid in Growth of Bacteriophage», *Journal of General Physiology*, 36 (1952), S. 39–56.

14 J.D. Watson und Francis H. Crick, «Molecular Structure of Nucleic Acids: A Structure for Desoxyribonucleic Acid», *Nature*, 171 (1953), S. 737–38.

15 F.H.C. Crick, «Central Dogma of Molecular Biology», *Nature*, 227 (1970), S. 1209–11.

16 M. Meselson und F.W. Stahl, «The Replication of DNA in *Escherichia Coli*», *Proceedings of the National Academy of Sciences*, 44 (1973), S. 671–82.

17 M.W. Nirenberg und H.J. Matthaei, «The Dependence of Cell-free Protein Synthesis in *E. coli* on Naturally Occurring or Synthetic Polyribonucleotids», *Proceedings of the National Academy of Sciences*, 47 (1961), S. 1589.

18 Rollin D. Hotchkiss, «Portents for a *Genetic* Engineering», *Journal of Heredity*, 56 (1965), S. 5. (Die Arbeit war ursprünglich als Beitragsthema zum 17. August 1965, dem Jahrestreffen des American Institute of Biological Sciences der University of Illinois in Urbana, gedacht.)

19 Elizabeth Hunter Szybalski und Waclaw Szybalski, «Genetics of Human Cell Lines, IV. DNA-Mediated Heritable Transformation of a Biochemical Trait», *Proceedings of the National Academy of Sciences*, 48 (1962), S. 2026.

20 Interview mit Theodore Friedmann, Medizinische Fakultät der University of California in San Diego.

21 Interview mit J. Edwin Seegmiller, Medizinische Fakultät der University of California in San Diego.

22 M.L. Morse, E.M. Lederberg und J. Lederberg, «Transductional Heterogenotes in *Escherichia Coli, Genetics*, 41 (1956), S. 758.

23 C.R. Merril, M. Geier und J. Petricciani, «Induction of Galactose Operon in Human Cells Using Lambda Phage», *Nature*, 233 (1971), S. 398.

24 T. Friedmann, J.H. Subak-Sharpe, W. Fujimoto u.a., Arbeit zur Vorlage beim Treffen der Society of Human Genetics in San Francisco im Oktober 1969.

25 Stanfield Rogers, «Induction of Arginase in Rabbit Epithelium by the Shope Papilloma Virus», *Nature*, 183 (1959), S. 1815.

26 Interview mit Joshua Lederberg.

27 H.G. Terheggen, A. Schwenk, M. Van Sande u.a., «Argininemia with Arginase Deficiency», *Lancet*, 2 (1969), S. 748.
28 Stanfield Rogers, «Reflections on Issues Posed by Recombinant DNA Molecule Technology», *Annals of the Academy of Sciences*, 265 (1976).
29 Stanfield Rogers, «Shope Papilloma Virus: A Passenger in Man and Its Significance to the Potential Control of the Host Genome», *Nature*, 212 (1966), S. 1220.
30 Yvonne Baskin, *The Gene Doctors: Medical Genetics at the Frontier*, William Morrow und Co., 1984.
31 Theodore Friedmann und Richard Roblin, Briefe an den Herausgeber, *Science* (1972).
32 Theodore Friedmann und Richard Roblin, «Gene Therapy for Human Genetic Disease?», *Science*, 175 (1972), S. 949–55.
33 Ernst Freese, Bericht aus der Konferenz über Gentherapie, veröffentlicht vom Fogarty International Center, NIH, Bethesda, Maryland. (1972).

Lehrjahre eines Wissenschaftlers

1 Interviews mit W. French Anderson.
2 W. French Anderson, «Arithmetical Computations in Roman Numerals», *Classical Philology*, LI (1956), S. 145–50. Die Arbeit beschreibt, wie man Berechnungen mit römischen Zahlen durchführt.
3 *TIME*, 19. März 1956. Beschreibt French Anderson als Wunderkind.
4 *Harvard Alumni Bulletin*, 3. März 1956. Die Schilderung von French Andersons erstem Jahr an der Harvard University.
5 Ernie Roberts, «Dawn-to-Dark Runner, Mathematical Miler Pacing Harvard», *Harvard Crimson*, 22. März 1956.
6 *Boston Traveler*, 11. Juni 1958, berichtet über sportliche Treffen an der Harvard University, an denen auch French Anderson teilgenommen hat.
7 Robert Kanigel, *Apprentice to Genius: The Making of a Scientific Dynasty*, New York: MacMillan Publishing Co., 1986.
8 Harriet Zuckerman, *Scientific Elite: Nobel Laureates in the United States*, New York: The Free Press, 1977.
9 Kistiakowsky-Geschichte aus Anderson-Interview.
10 Richard Rhodes, *The Making of the Atomic Bomb*, New York: Simon & Schuster, 1986.
11 W.F. Anderson, J.A. Bell, J.M. Diamond u.a., «Rate of Thermal Isomerization of cis-butene-2», *Journal of the American Chemical Society*, 80 (1958), S. 2384–86.
12 Interview mit Paul Doty, Harvard University.
13 Interview mit Lauren Chang.
14 Larry Thompson, «NIH at 100: Where Big Government Meets Big Science», *The Washington Post*, 13. Januar 1987, Gesundheitsrubrik.
15 NIH Almanac 1986, US Department of Health and Human Services, NIH Publication No. 86–5, September 1986.
16 Interview mit Marshall Nirenberg, National Heart, Lung and Blood Institute.
17 Horace Freeland Judson, *The Eighth Day of Creation: The Makers of the Revolution in Biology*, New York: Simon & Schuster, 1979.
18 Robert G. Martin, «A Revisionist›s View of the Breaking of the Genetic Code», *NIH: An Account of Research in Its Laboratories and Clinics*, DeWitt Stetten, Jr. und W.T. Carrigan (Hrsg.), San Diego: Academic Press, 1984.
19 W. French Anderson, «From the Genetic Code to Beta Thalassemia», *NIH: An Account of Research in Its Laboratories and Clinics*, DeWitt Stetten, Jr. und W.T. Carrigan (Hrsg.), San Diego: Academic Press, 1984.

20 H.F. Judson, *The Eighth Day of Creation*, a.a.O.
21 Interview mit W. French Anderson.
22 Interview mit Donald S. Fredrickson, ehemaliger Direktor der National Institutes of Health.
23 Interview mit Marshall Nirenberg, National Heart, Lung and Blood Institute.
24 *Pediatric News*, 2:6, Juni 1968. Der erste Artikel zitiert French Anderson, der in Chicago über seine Vision der Gentherapie spricht.
25 Brief von Dr.med Franz J. Ingelfinger, Herausgeber des *The New England Journal of Medicine*, an W. French Anderson vom 19. August 1968. Ingelfinger lehnte einen Artikel über die Möglichkeit einer Gentherapie ab.
26 P.M. Prichard, J.M. Gilberg, D.A. Shafritz u.a., «Factors for the Initiation of Hemoglobin Synthesis by Rabbit Reticulocyte Ribosomes», *Nature*, 266 (1970), S. 511–14.
27 J.M. Gilbert und W.F. Anderson, «Cell-free Hemoglobin Synthesis. II. Characteristics of the Transfer Ribonucleic Acid-dependent Assay System», *Journal of Biological Chemistry*, 245 (1970), S. 2342–49.
28 Arthur W. Nienhuis, klinischer Bericht, Zusammenfassung über Nicholas Lambis, 9. Januar 1971.
29 Dr.med Joseph L. Goldstein, klinischer Bericht, Zusammenfassung über Julis Lambis, 10. Februar 1969.
30 Barbara J. Culliton, «Cooley's Anemia: Special Treatment for Another Ethnic Disease», *Science*, 178 (1972), S. 590–93.
31 Natalie Davis Stringarn, *Heartbeat: The Politics of Health Research*, Manchester, N.H.: Robert B. Luce, Inc., 1976.

Die wachsende Angst vor der Gentechnik

1 E.P. Fischer und C. Lipson, *Thinking About Science: Max Delbruck and the Origins of Molecular Biology*, New York: W.W. Norton & Co., 1988.
2 Max Delbrück, «Experiments in Bacterial Viruses (Bacteriophages)», *Harvey Lectures*, 41 (1946), S. 161.
3 Renato Dulbecco, «Reactivation of Ultraviolet-inactivated Bacteriophage by Visible Light», *Nature*, 163 (1949), S. 949–50.
4 Interview mit Renato Dulbecco.
5 Paul Berg, *Le Prix Nobel* (1980). Bergs Nobelpreis-Vortrag und Biographie.
6 H.F. Judson, *The Eighth Day of Creation*, a.a.O.
7 Jane S. Smith, *Patenting the Sun: Polio and the Salk Vaccine, the Dramatic Story Behind One of the Greatest Achievements of Modern Science*, New York: William Morrow und Co., 1990.
8 David Baltimore, *Le Prix Nobel*, Nachdruck seiner Nobelpreis-Ansprache und Autobiographie, 1975.
9 *Nature*, 228 (1970), S. 609.
10 Interview mit Inder Verma, Salk Institute, La Jolla, Kalifornien.
11 Michael Rogers, *Biohazards*, New York: Alfred A. Knopf, 1977.
12 Sheldon Krimsky, *Genetic Alchemy: The Social History of the Recombinant DNA Controversy*, Cambridge: The MIT-Press, 1982.
13 Michael Rogers, «The Pandora›s Box Congress», *Rolling Stone*, 19. Juni 1975.
14 Nicholas Wade, *The Ultimate Experiment: Man-Made Evolution*, New York: Walker and Co., 1977.
15 Nicholas Wade, «Microbiology: Hazardous Profession Faces New Uncertainties», *Science*, 182 (1973), S. 566.

16 Donald S. Fredrickson. «Asilomar and Recombinant DNA», *Bio-Medical Politics*, The Institute of Medicine, Committee to Study Decision Making Staff, Kathy E. Hanna (Hrsg.), Washington, D.C.: National Academy Press, 1991.
17 J. Shapiro, L. Machattia, L. Eron u.a. (darunter John Beckwith), «Isolation of Pure Lac Operon DNA», *Nature*, 224 (1969), S. 768–74.
18 S. Krimsky, Genetic Alchemy, a.a.O.
19 Daniel Nathan, *Le Prix Nobel*, 1978.
20 Judith P. Swazey, James R. Sorenson und Cynthia B. Wong, «Risks and Benefits, Rights and Responsibilities: A History of the Recombinant DNA Controversy», 51 *Southern California Law Review*, 1019 (1978), S. 1021–29; Nachdruck in *Law, Science and Medicine* (1984).
21 Nicholas Wade, «Microbiology: Hazardous Profession Faces New Uncertainties», *Science*, 182 (1973), S. 566.
22 Das Zitat stammt von Andrew Lewis, Abschrift eines Interviews mit Rae Goodell vom 30. Juli 1975, «Recombinant DNA Controversy», Oral History Collection, IASC, MIT, S. 7.
23 A.M. Lewis, Jr., M.H. Lewin, W.H. Wiese u.a., «A Non- defective (Competent) Adenovirus-SV40 Hybrid Isolated from the AD2-SV40 Hybrid Population», *Proceedings of the National Academy of Sciences*, 63 (1969), S. 1128.
24 *Rolling Stone*, a.a.O.
25 S.E. Luria und S.L. Human, *Journal of Bacteriology*, 64 (1952), S. 557–69.
26 W. Arber und D. Dussoix, *Annual Revue of Microbiology*, 19 (1962), S. 365–78.
27 Janet E. Mertz und Ronald W. Davis, «Cleavage of DNA by R1 Restriction Endonuklease Generates Cohesive Ends», *Proceedings of the National Academy of Sciences*, 69 (1972), S. 3370–74.
28 John Lear, *Recombinant DNA*, New York: Crown Publishing Group, 1978.
29 J.P. Swazey, J.R. Sorenson und C.B. Wong, «Risks and Benefits, Rights and Responsibilities: A History of the Recombinant DNA Controversy», *Southern California Law Review*, 1019 (1978), S. 1021–29.
30 Michael Crichton, *The Andromeda Strain*, New York: Alfred A. Knopf, Inc., 1969;(*Andromeda*, München: Droemer, 1969).
31 Nicholas Wade, «Recombinant DNA: NIH Group Stirs Storm by Drafting Laxer Rules», *Science*, 190 (1975), S. 767.
32 Victor McElheny, *The New York Times*, 9. Dezember 1975.
33 Erwin Chargaff, «On the Dangers of Genetic Meddling», *Science*, 192 (1976), S. 938.
34 Robert Sinsheimer, «An Evolutionary Perspective for Genetic Engineering», *New Scientist*, 20. Januar 1977.
35 Stephen S. Hall, *Invisible Frontiers: The Race to Synthesize a Human Gene*, New York: The Atlantic Monthly Press, 1987.
36 Charles Gottlieb und Ross Jerome, «Biohazards at Harvard», *The Boston Phoenix*, 8. Juni 1976.
37 Burke K. Zimmerman, «The Gene-Splicing Wars», *Science and Politics: DNA Comes to Washington*, Raymond A. Zilinskas und Burke K. Zimmerman (Hrsg.), Washington, D.C.: American Association for the Advancement of Science, 1986.

Manipulation am Genom von Säugerzellen

1 Interview mit W. French Anderson, National Heart, Lung and Blood Institute.
2 Interview mit Joshua Lederberg, Rockefeller University.
3 J.B. Gurdon, «Adult Frogs Derived from the Nuclei of Single Somatic Cells», *Developmental Biology*, 4 (1962), s. 256–73.

4 J.W. Gordon, G.A. Scangos, D.J. Plotkin u.a., «Genetic Transformation of Mouse Embryos by Microinjection of Purified DNA», *Proceedings of the National Academy of Sciences*, 77 (1980), S. 7380–84.
5 Yvonne Baskin, *The Gene Doctors: Medical Genetics at the Frontier. How the Breakthroughs in Gene Therapy Will Change Your Future*, New York: William Morrow und Co., 1984.
6 Interview mit W. French Anderson, National Heart, Lung and Blood Institute.
7 Interview mit Thomas P. Maniatis, Harvard University.
8 S. Kit, D. Dubbs, L. Piekarski u.a., Experimental Cell Research, 21 (1963), S. 297–312.
9 W. French Anderson und Elaine Diacumakos, «Genetic Engineering in Mammalian Cells», *Scientific American*, 245 (1981), S. 106–121.
10 Interview mit Thomas P. Maniatis, Harvard University.
11 Richard Pearson, «Obit: Nicholas Lambis, Patient in NIH Anemia Research», *The Washington Post*, November 1979.
12 Harold M. Schmeck, Jr., «Injection of a Gene Cures Flaw in Cell», *The New York Times*, 10. Oktober 1979: A14.
13 Interview mit Mario Capecchi, University of Utah, Salt Lake City, Utah, und am Howard Hughes Medical Institute.
14 James D. Watson, Jan Witkowski, Michael Gilman u.a., *Recombinant DNA*, New York: W.H. Freeman und Co., 2. Aufl. 1992, S. 256.
15 J.W. Gordon, G.A. Scangos, D.J. Plotkin u.a., «Genetic Transformaton of Mouse Embryos by Microinjection of Purified DNA», *Proceedings of the National Academy of Sciences*, 77 (1980), S. 7380–84.
16 Elizabeth Antebi und David Fishlock, *Biotechnology: Strategies for Life*, Cambridge: MIT Press, 1986.
17 F.L. Graham und A.J. van der Eb, *Virology*, 52 (1973), S. 456–67.
18 Interview mit Angel Pellicer, New York University, New York, N.Y.
19 Michael Wigler, Saul Silverstein, Lih-Syng Lee u.a., «Transfer of Purified Herpes Virus Thymidine Kinase Gene to Cultured Mouse Cells», *Cell*, 11, Mai 1977, S. 223–32.
20 Richard Pearson, «Obit: Nicholas Lambis, Patient in NIH Anemia Research», *The Washington Post*, November 1979.
21 Interview mit Richard Mulligan, Massachusetts Institute of Technology, Cambridge, Massachusetts.
22 Interview mit Paul Berg, Stanford University, Palo Alto, Kalifornien.
23 Y. Baskin, *The Gene Doctors*, a.a.O.
24 Richard C. Mulligan, Bruce H. Howard und Paul Berg, «Synthesis of Rabbit B-globin in Cultured Monkey Kidney Cells Following Infection with a SV40 B-globin Recombinant Genome», *Nature*, 277 (1979), S. 108–14.
25 Interview mit W. French Anderson, National Heart, Lung and Blood Institute.

Die Gefahren des Fortschritts

1 Interview mit Charles Haskett, Veterans Administration Hospital, Los Angeles, Kalifornien.
2 »Protecting Human Subjects: The Adequacy and Uniformity of Federal Rules and their Implementation.» Ein Bericht von der President's Commission for the Study of Ethical Problems in Medicine and Biomedical and Behavioral Research, Dezember 1981. GPO Stock Number 81-6001-90. Der Bericht erwähnt Gale nicht direkt, aber die Anwältin Barbara Mishkin – damals stellvertretende Direktorin der Kommission und die für den Be-

richt Verantwortliche – identifizierte Gale in einen Interview als Gegenstand der Untersuchung.

3 Interview mit Cesare Peschle, Istituto Superiore di Sanità, Rom.
4 Interview mit Winston Salser, University of California in Los Angeles, Kalifornien.
5 Martin J. Cline u.a., «Insertion of a Foreign Gene into Hematopoietic Cells of Two Patients with B-Thalassemia», unveröffentlicht.
6 Martin J. Cline u.a., «Gene Transfer in Intact Animals», *Nature*, 284 (1980), S. 422–25.
7 Karen E. Mercola, Howard Stang, Jeffrey Browne u.a., «Insertion of a New Gene of Viral Origin into Bone Marrow Cells of Mice», *Science*, 208 (1980), S. 1033–35.
8 Interview mit Martin J. Cline, University of California in Los Angeles, Kalifornien.
9 Abschrift des Protokolls der Konferenz des UCLA Human Subjects Protection Committee am 15. Juni 1979.
10 Abschrift des Protokolls der Konferenz des UCLA Recombinant DNA Committee am 27. Juli 1979.
11 Brief von Martin J. Cline und Winston Salser an das UCLA Human Subjects Protection Committee und das UCLA Institutional Biosafety Committee vom 18. September 1979.
12 Interview mit Jeremy H. Thompson, ehemaliger Vorsitzender des UCLA Human Subjects Protection Committee, Los Angeles, Kalifornien.
13 Brief von Martin J. Cline an Jeremy Thompson vom 29. Februar 1980.
14 Brief von Jeremy Thompson an Martin J. Cline vom 3. April 1980.
15 Briefe von Martin J. Cline an Eliezer A. Rachmilewitz vom 5. März 1980 und vom 14. April 1980 zur Begründung einer Zusammenarbeit.
16 Briefe von Eliezer A. Rachmilewitz an Martin J. Cline vom 27. Februar 1980, vom 20. Mai 1980 und vom 2. Juni 1980 zur Begründung einer Zusammenarbeit.
17 Brief von Martin J. Cline an Cesare Peschle vom 30. April 1989, zur Begründung einer Zusammenarbeit.
18 Interview mit Dr. Velma Gabutti.
19 Das National Institutes of Health Ad Hoc Committee über den UCLA Report Concerning Certain Research Activities of Dr. Martin J. Cline vom 21. Mai 1981.
20 Interview mit Leo Sacks, Weizmann Institute of Science, Rehevot, Israel.
21 Paul Jacobs, «Treatment Delayed in U.S.: Italy, Israel Quickly Okd Gene Testing on Humans», *Los Angeles Times*, 25. Oktober 1980.
22 *Los Angeles Times*, a.a.O.
23 Brief von Eliezer A. Rachmilewitz an Martin J. Cline über das Befinden der Patientin nach der ersten genetischen Behandlung vom 28. Juli 1980.
24 Bericht des NIH Ad Hoc Committee, a.a.O.
25 Auf dem NIH-Bericht – einer schriftlichen Darlegung durch Martin J. Cline – basierende Beschreibung der Behandlung, sowie Interviews mit Martin J. Cline und Eliezer A. Rachmilewitz.
26 »Human Genetic Engineering»-Hearing vor dem U.S. House of Repräsentatives Committee on Science and Technology, Subcommittee on Investigations and Oversight am 16. November 1982.
27 Brief von Jeremy H. Thompson, dem Vorsitzenden des UCLA Human Subjects Protection Committee, an Martin J. Cline, in dem er dessen Ersuchen um Erlaubnis, eine Gentherapie in Los Angeles durchzuführen, ablehnt, 22. Juni 1980.

Der Sturz eines Engels

1 Interview mit W. French Anderson, National Heart, Lung and Blood Institute.
2 Interview mit Donald S. Fredrickson, ehemaliger Direktor der National Institutes of Health.

3 Notiz von W. French Anderson an Donald S. Fredrickson vom 25. August 1980.
4 Brief von Charles R. McCarthy, Direktor des Office for Protection from Research Risks, NIH, an Dr. Charles E. Young, Kanzler der UCLA, vom 8. September 1980.
5 Henry K. Beecher, «Ethics and Clinical Research», *The New England Journal of Medicine*, 274 (1966), S. 1354–60.
6 Saul Krugman, «The Willowbrook Hepatitis Studies Revisited: Ethical Aspects», *Reviews of Infectious Diseases*, 8 (1986), S. 157–62.
7 The Tuskegee story, Hastings Center Report vom 21. Dezember 1978.
8 Interview mit Charles R. McCarthy, ehemaliger Direktor des NIH Office for Protection from Research Risks.
9 Interview mit John C. Fletcher, University of Virginia Medical Center, Charlottesville, Virginia.
10 Interview mit Martin J. Cline, University of California in Los Angeles, Kalifornien.
11 Brief von Martin J. Cline an David H. Soloman, Leiter der medizinischen Abteilung der UCLA, in dem er seine Experimente im Ausland erläutert, vom 8. September 1980.
12 Paul Jacobs, «Human Engineering: Pioneer Genetic Implant Revealed», *Los Angeles Times*, 8. Oktober 1980.
13 Paul Jacobs, «Use of Gene for 2 Patients Stirs Protests», *Los Angeles Times*, 12. Oktober 1980.
14 Philip J. Hilts, «Scientists Criticise Gene Engineering in People; Scientists Assail Gene Engineering in People», *The Washington Post*, 16. Oktober 1980.
15 Gina Bari Kolata und Nicholas Wade, «Human Gene Treatment Stirs New Debate: UCLA Researchers Have Conducted Abroad a Gene Experiment They Are Not Yet Allowed to Do Here», *Science*, 210, 24. Oktober 1980, S. 407.
16 Interview mit Paul Jacobs, *Los Angeles Times*.
17 Interview mit Winston Salser, University of California in Los Angeles, Kalifornien.
18 Brief von Martin J. Cline an Albert A. Barber, Vizekanzler der UCLA-Forschungsabteilung, vom 15. Oktober 1980.
19 Interview mit Martin J. Cline, University of California in Los Angeles, Kalifornien.
20 Brief von Evie Cline an David H. Soloman, Leiter der medizinischen Abteilung der UCLA, vom 18. Oktober 1980.
21 Brief von David H. Soloman, Leiter der medizinischen Abteilung der UCLA, an Martin J. Cline, in dem er ihn auffordert, von seiner Stellung als Chef der Abteilung für Hämatologie-Onkologie zurückzutreten, 20. Oktober 1980.
22 Martin J. Clines Rücktrittserklärung an David H. Soloman vom 23. Oktober 1980.
23 Paul Jacobs, «UCLA Genetic Researcher Steps Down During Probe», *Los Angeles Times*, 23. Oktober 1980.
24 Nicholas Wade, «Gene Therapy Caught in More Entanglements: With Five Review Committees Overseeing Him, a UCLA Researcher Did an Experiment His Own Way», *Science*, 212 (1981), S. 24–25.
25 Donald S. Fredrickson, Tagebuch, Band VII, 25. Oktober 1980.
26 Interview mit Charles R. McCarthy, a.a.O.
27 W. French Anderson und John C. Fletcher, «Gene Therapy in Human Beings: When Is It Ethical to Begin?» *The New England Journal of Medicine*, 303 (1980), S. 1293–97.
28 Karen E. Mercola und Martin J. Cline, «The Potentials of Inserting New Genetic Information», *The New England Journal of Medicine*, 303 (1980), S. 1297–1300.
29 Brief von Charles R. McCarthy an Martin J. Cline vom 26. Mai 1981.
30 Brief von Martin J. Cline an das Ad-hoc-Komitee des NIH, das seinen Fall untersuchen sollte.

31 Statement von Donald S. Fredrickson, Direktor der National Institutes of Health, zum Beginn der NIH-Untersuchung des Falles Martin Cline vom 26. Mai 1981.
32 National Institutes of Health Ad Hoc Committee über den UCLA Report Concerning Certain Research Activities of Dr. Martin J. Cline, 21. Mai 1981.
33 Philip J. Hilts, «NIH Punish Research for Genetic Work», *The Washington Post*, 29. Mai 1981.
34 Harold M. Schmeck, Jr., «U.S. Agency Disciplines Gene-Splicing Researcher», *Los Angeles Times*, 29. Mai 1981.
35 »The Crime of Scientific Zeal», *The New York Times*, Editorial am 5. Juni 1981.
36 Martin J. Clines endgültige Rücktrittserklärung an Sherman M. Mellinkoff, Dekan der medizinischen Fakultät der UCLA, vom 26. Februar 1981.
37 Öffentliche Erklärung vom 10. Oktober 1980, in der 13 italienische Forscher das Beta-Thalassämie-Experiment in Neapel verurteilen.
38 Interview mit Fulvio Mavilio, Hospitale San Raffaele Istituto di Ricovero e Cura a Carattere Scientifico, Mailand.
39 Martin J. Cline, Karen Mercola, Carol LeFevre u.a., «Insertion of a Foreign Gene into Hematopoietic Cells of Two Patients with B-Thalassemia». Entwurf einer Arbeit, der niemals zur Veröffentlichung angenommen wurde.
40 Interview mit Bernard Talbot, früherer Sonderassistent des NIH-Direktors Donald S. Fredrickson.
41 Botschaft von Three General Secretaries (den General-Sekretariaten religiöser Organisationen, die Katholiken, Juden und Protestanten repräsentieren), vom 29. Juni 1980. Neudruck in *Law, Science and Medicine*, University Casebook Series, von Judith Areen, Patricia A. King, Steven Goldberg u.a., Westbury, N.Y.: Foundation Press, Inc., 1984.
42 Interview mit Alexander C. Capron, University of Southern California, Los Angeles, Kalifornien.
43 President's Commission for the Study of Ethical Problems in Medicine and Biomedical and Behavioral Research, *Splicing Life: The Social and Ethical Issues of Genetic Engineering with Human Beings*, Washington, D.C.: Government Printing Office, Stock no. 83-600500, 1982.
44 Donald S. Fredrickson in Raymond A. Zilinskas und Burke K. Zimmerman (Hrsg.), *The Gene-Splicing Wars: Reflections on the Recombinant DNA Controversy*, New York: Macmillan Publishing Co., 1986.
45 Hearings vor dem U.S. House of Representatives Committee on Science and Technology, Subcommittee on Investigations and Oversight am 16.–18. November 1982. 97th Congress V.36, Record #170.
46 Theodore Friedmann, *Gene Therapy: Fact and Fiction in Biology's New Approaches to Disease*, Cold Spring Harbor, N.Y.: Cold Spring Harbor Laboratory Press, 1983.

Genetische Botschafter

1 Interview mit W. French Anderson, a.a.O.
2 Edward M. Scolnick, «Virogenes to Oncogenes», NIH: *An Account of Research in Its Laboratories and Clinics*, DeWitt Stetten, Jr. und W.T. Carrigan (Hrsg.), San Diego: Academic Press, 1984.
3 Y. Baskin, *The Gene Doctors*, a.a.O.
4 Richard Man, Richard C. Mulligan und David Baltimore, «Construction of a Retrovirus Packaging Mutant and Its Use to Produce Helper-Free Defective Retrovirus», *Cell*, 33 (1983), S. 153–59.

5 Interview mit Richard Mulligan, Massachusetts Institute of Technology, Cambridge, Massachusetts.
6 Interview mit Eli Gilboa, Memorial Sloan-Kettering Cancer Center, New York.
7 Interview mit Donna Armentano, Genzyme Corp., Boston, Massachusetts.
8 Interview mit Theodore Friedmann, University of California in San Diego, La Jolla, Kalifornien.
9 D.J. Jolly, A.C. Esty, H.U. Bernard u.a., «Isolation of a Genomic Clone Partially Encoding Human Hypoxanthine Phosphoribosyltransferase», *Proceedings of the National Academy of Sciences*, 79 (1982), S. 5038–41.
10 Interview mit Inder Verma, Salk Institute, La Jolla, Kalifornien.
11 A. Dusty Miller, Douglas J. Jolly, Theodore Friedmann u.a., «A Transmissible Retrovirus Expressing Human Hypoxanthine Phosphoribosyltransferase (HPRT): Gene Transfer into Cells Obtained from Humans Deficient in HPRT», *Proceedings of the National Academy of Sciences*, 80 (1983), S. 4709–13.
12 C. Willis Randall u.a., «Partial Phenotypic Correction of Human Lesch-Nyhan (Hypoxanthine-Guanine Phosphoribosyltransferase-deficient) Lymphoblasts with a Transmissible Retroviral Vector», *Journal of Biological Chemistry*, 259 (1985), S. 7842–49.
13 Presseverlautbarung der medizinischen Fakultät der University of California vom 6. April 1984.
14 Interview mit Robertson Parkman, Children's Hospital, Los Angeles, Kalifornien.
15 Interview mit Dinko Valerio.
16 David A. Williams, Stuart H. Orkin und Richard C. Mulligan, «Retrovirus-mediated Transfer of Human Adenosine Deaminase Gene Sequences into Cells in Culture and into Murine Hematopoietic Cells in Vivo», *Proceedings of the National Academy of Sciences*, 83 (1986), S. 2566–70.
17 Barry Siegel, *Los Angeles Times*, 13. Dezember 1987, S. 1.
18 Interview mit W. French Anderson, a.a.O.
19 Interview mit John Hutton, University of Cincinnati School of Medicine, Cincinnati, Ohio.
20 Interview mit Stuart Orkin, Children's Hospital, Boston, Massachusetts.

Die Politik der Gene

1 W. French Anderson, «Prospects for Human Gene Therapy», *Science*, 226 (1984), S. 401–09.
2 *Splicing Life*, a.a.O.
3 Interview mit Philip Kantoff, Dana Farber Cancer Center, Harvard University, Boston, Massachusetts.
4 Interview mit R. Michael Blaese, National Cancer Institute.
5 Joseph Hixon, *The Patchwork Mouse: Politics and Intrigues in the Campaign to Conquer Cancer*, New York: Anchor Press, 1976.
6 Interview mit Donald Kohn, Children's Hospital, Los Angeles, Kalifornien.
7 Philip W. Kantoff u.a., «Prospects for Gene Therapy for Immunodeficiency Diseases», *Annual Review of Immunology*, 6 (1988), S. 581–94.
8 Philip W. Kantoff u.a., «Correction of Adenosine Deaminase Deficiency in Human T and B Cells Using Retroviral-mediated Gene Transfer», *Proceedings of the National Academy of Sciences*, 83 (1986), S. 6563–67.
9 D.A. Williams, I.R. Lemishka, D.G. Nathan u.a., «Introduction of New Genetic Material into Pluripotent Haematopoietic Stem Cells of the Mouse», *Nature*, 310 (1984), S. 476–80.
10 Interview mit Stuart Orkin, a.a.O.

11 Marilyn Chase, *The Wall Street Journal*, 26. Januar 1984.
12 Gina Kolata, *Science*, 223 (1984), S. 1376.
13 Harold M. Schneck, Jr., *The New York Times*, 10. April 1984: C1.
14 Larry Thompson, *The Washington Post*, Oktober 1984, in der Gesundheitsrubrik.
15 Interview mit Richard Mulligan, a.a.O.
16 Notizen vom Treffen des Institute of Medicine am 15. Oktober 1986.
17 Barry Siegel, «More Labs Than Patients: Desire to be First Colors Gene Studies», *Los Angeles Times*, 14. Dezember 1987.
18 W. French Anderson, R. Michael Blaese, Arthur W. Nienhuis u.a., «Human Gene Therapy Preclinical Data Document», zur Vorlage beim Human Subcommittee of the Recombinant DNA Advisory Committee, 24. April 1987.
19 Barry Siegel, *Los Angeles Times*, 13. Dezember 1987.
20 Aus dem Vortrag Phil Leders bei der Konferenz des Institute of Medicine, NAS, Washington, D.C., Oktober 1986.
21 Barry Siegel, «More Labs Than Patients: Desire to be First Colors Gene Studies», *Los Angeles Times*, 14. Dezember 1987.
22 W. French Anderson u.a., «Human Gene Therapy Preclinical Data Document», a.a.O.
23 Interview mit Arthur Nienhuis, National Heart, Lung and Blood Institute.
24 Interview mit Robert Cooke-Deegan, Institute of Medicine, Washington, D.C., und aus schriftlichen Dokumenten, die dem RAC überreicht wurden.
25 Anonymer Brief vom 22. Juli 1987 an William Gartland, Jr., auf Seite 21 des RAC-Materials für das Treffen im Dezember 1987.
26 Richard Mulligans Prüfung vom 31. Juli 1987 von Andersons Preclinical Data Document für das Treffen des RAC im Dezember 1987.
27 Dusty Millers Prüfung vom 9. Juli 1987 von Andersons Preclinical Data Document für das Treffen des RAC im Dezember 1987 sowie Interview mit Dusty Miller.
28 Michael Hershfields Prüfung vom 27. Juli 1987 von Andersons Preclinical Data Document für das Treffen des RAC im Dezember 1987.
29 Brief vom 29. November 1987 von French Anderson an William Garland, in Erwiderung auf dessen kritische Prüfung des vorläufigen Prüfprotokolls, das in das zusätzliche Material über das Treffen des RAC Human Gene Therapy Subcommittee im Dezember 1987 aufgenommen wurde.
30 RAC Human Gene Therapy Subcommittee Minutes of Meeting, 7. Dezember 1987.
31 Barry Siegel, «More Labs Than Patients: Desire to be First Colors Gene Studies», *Los Angeles Times*, 14. Dezember 1987.
32 Interview mit R. Michael Blaese, a.a.O.
33 Steven A. Rosenberg und John M. Barry, *The Transformed Cell: Unlocking the Mysteries of Cancer*, New York: The Putnam Publishing Group, 1992.
34 RAC Minutes of Meeting, 3. Juni 1988.
35 RAC Human Gene Therapy Subcommittee Minutes of Meeting, 29. Juli 1988.
36 RAC Human Gene Therapy Subcommittee Minutes of Telephone Conference Call, 29. September 1988.
37 French Anderson, Ethik-Vorträge vor dem NIH Masur-Auditorium, 6. März 1992.
38 RAC Minutes of Meeting, 3. Oktober 1988.
39 Interview mit James B. Wyngaarden, früherer Direktor des NIH.
40 Interview mit Arnold Relman, früherer Herausgeber des *The New England Journal of Medicine*.
41 Interview mit Daniel Koshland, Herausgeber des Magazins *Science*.
42 Interview mit Storm Whaley, früherer Direktor des NIH-Informationsbüros.

43 RAC Human Gene Therapy Subcommittee Minutes of Meeting, 9. Dezember 1988.
44 Interview mit Jeremy Rifkin, Direktor der Foundation for Economic Trends, Washington, D.C.
45 S.A. Rosenberg und J.M. Barry, *The Transformed Cell*, a.a.O.

Index